Spring Boot+Vue 3
大型前后端分离项目实战

十三 尼克陈 / 著

电子工业出版社
Publishing House of Electronics Industry
北京·BEIJING

内 容 简 介

本书详细讲解Spring Boot+Vue 3大型前后端分离项目实战，涉及前后端分离开发模式的基本学习方法、技术趋势、开发环境和开发工具等基础知识；涉及核心源码、模板引擎、数据库等分析，以及分页、文件上传等功能的编码实现；涉及从0开始动手搭建一个企业级的商城项目，包括其前后端所有功能模块的技术开发。本书重在引导读者进行真实的项目开发体验，围绕Spring Boot+Vue 3技术栈全面展开，兼顾相关技术的知识拓展，由浅入深，步步为营，使读者既能学习基础知识，又能掌握一定的开发技巧。本书的目标是让读者拥有一个完整且高质量的学习体验，远离"Hello World"项目，为技术深度的挖掘和薪水、职位的提升提供保障。

本书适合Spring Boot、Vue 3和Java Web开发者，对大型商城项目开发感兴趣的技术人员，以及对相关技术栈感兴趣的读者。

未经许可，不得以任何方式复制或抄袭本书之部分或全部内容。
版权所有，侵权必究。

图书在版编目（CIP）数据

Spring Boot+Vue 3大型前后端分离项目实战 / 十三，尼克陈著. —北京：电子工业出版社，2023.1
ISBN 978-7-121-44620-7

Ⅰ. ①S… Ⅱ. ①十… ②尼… Ⅲ. ①JAVA语言—程序设计 Ⅳ. ①TP312.8

中国版本图书馆CIP数据核字（2022）第229113号

责任编辑：陈　林
文字编辑：戴　新
印　　刷：三河市良远印务有限公司
装　　订：三河市良远印务有限公司
出版发行：电子工业出版社
　　　　　北京市海淀区万寿路173信箱　　邮编：100036
开　　本：787×980　1/16　印张：44.75　字数：930千字
版　　次：2023年1月第1版
印　　次：2023年4月第2次印刷
定　　价：138.00元

凡所购买电子工业出版社图书有缺损问题，请向购买书店调换。若书店售缺，请与本社发行部联系，联系及邮购电话：（010）88254888，88258888。
质量投诉请发邮件至zlts@phei.com.cn，盗版侵权举报请发邮件至dbqq@phei.com.cn。
本书咨询联系方式：（010）51260888-819，faq@phei.com.cn。

自　　序

大家好，我是十三。

非常感谢大家阅读本书，在技术道路上，从此我们不再独行。

写作背景

2017 年 2 月 24 日，笔者正式开启技术写作之路，同时也开始在 GitHub 网站上做开源项目，由于一直坚持更新文章和开源项目，因此慢慢地被越来越多的人所熟悉。2018 年 6 月 7 日，电子工业出版社的陈林编辑通过邮件联系笔者并邀请笔者写书。从此，笔者与电子工业出版社结缘。2018 年笔者也被不同的平台邀请制作付费专栏课程。从 2018 年 9 月起，笔者陆陆续续在 CSDN 图文课、实验楼、蓝桥云课、掘金小册、极客时间等平台上线了多个付费专栏和课程。2020 年，笔者与电子工业出版社的陈林编辑联系并沟通了写作事宜，之后签订了图书写作意向合同，笔者的第一本书在 2021 年正式出版。本书是我们合作的第二本书。

笔者写作的初衷是把自己对技术的理解及实战项目开发的经验分享给读者。过去几年的经历可以整理成下面的图，"免费文章→付费专栏→付费视频→实体图书"，从 0 到 1，从无到有，都是一步一步走过来的。这些就是笔者的写作背景。

同时，笔者也会将付费专栏和本书中用到的实战项目开源到 GitHub 和 Gitee 两个开源代码平台上。本书中 Spring Boot+Vue 3 前后端分离的实战项目 newbee-mall-vue3-app 就是笔者开发的一个开源项目，预览图如下。

从项目的构思到图书的编写笔者都选择了当前非常受欢迎的技术栈——Spring Boot 和 Vue。为了让读者更好地学到可用于实践的知识，在写作过程中，从项目的初始化构建到应用落地，每一步都有详细的代码和分步解读。本书讲解的 Spring Boot+Vue 3 前后端分离项目并不是一个"Hello Word"项目，这个项目代码量充足、组件完善、页面美观、交互完整，能够给读者提供充足的支持和良好的学习体验。本书中的很多代码逻辑在真实工作环境中是普遍适用的，灵活运用这些代码逻辑，利用发散思维将其移植到其

他形式的项目中，是笔者在书中一直强调的观点。如果本书能够帮助读者学会 Spring Boot 和 Vue，并且开发一些实际项目，那么笔者就非常满足了，这一次的写作也变得意义非凡。

你会学到什么

本书的代码基于 Spring Boot 2.3.7.RELEASE 版本和 Vue 3.0 版本。通过 28 章的内容全面、深入地讲解 Spring Boot 技术栈和 Vue 3 技术栈的技术原理、功能点开发和项目实战。

工欲善其事，必先利其器。本书注重基础环境的搭建和开发工具的使用，以帮助读者少走弯路，快速掌握 Spring Boot+Vue 3 前后端分离项目的开发技能。

学习完本书，读者会有以下收获：

- 掌握 Vue 3 框架的使用方法和实战技巧；
- 积累前后端分离项目开发的实战经验；
- 掌握 Spring Boot 技术栈的基本使用方法和开发技巧；
- 积累 Spring Boot 项目开发的实战经验；
- 具有 Vue-Router 路由原理的解析能力；
- 具有企业级项目开发和统筹的能力；
- 如果你在发愁毕业设计或缺少项目经验，那么这个项目可以给你提供很多思路。

读者对象

本书定位 Spring Boot+Vue 前后端项目的实战和进阶，资深开发人员可按需选择对应的章节阅读。为了照顾有一定编程经验的初学者，本书也设置了入门章节。以下读者非常适合学习本书：

- 需要学习 Spring Boot 完整项目的开发人员；
- 需要学习 Vue 3 完整项目的开发人员；
- 前端开发人员；
- 需要前后端分离项目实战的开发人员；
- 想要成为全栈开发工程师的开发人员；
- 从事 Java Web 开发的技术人员；

- 计算机/软件专业大学生；
- 想完成一个完整项目作为面试敲门砖的开发人员；
- 想要将自己的项目上线到互联网的开发人员。

源代码

本书每个实战章节都有对应的源码并提供下载，读者可以在本书封底扫码获取。

最终的实战项目是笔者的开源项目 newbee-mall-vue3-app 和 newbee-mall-api，最新的源码可以在开源网站 GitHub 和 Gitee 上搜索并下载。

致谢

感谢本书的另一位作者尼克陈，能够最终成书和出版离不开他的支持与奉献。没有他的认真负责和辛苦付出，本书的知识点不会如此丰富和充足。7 年的从业经验让他对前端知识体系有了更深刻的理解。他的授业理念不是生搬硬套，而是教你如何学习一个知识点、如何用学到的知识点解决业务上遇到的问题。

感谢本书编辑陈林老师。从第一封邮件开始，他就展现了出版人员的专业性和耐心。在写作中，陈老师对本书的内容脉络做了非常多的指导工作，也给予笔者非常多的帮助和鼓励。在书稿整理完成后，陈老师不断调整和优化稿件中的内容，以确保图书质量，获得读者认可。感谢电子工业出版社的美术编辑李玲和文字编辑戴新等老师，本书能够顺利出版离不开他们的奉献，感谢他们辛苦、严谨的工作。

感谢 newbee-mall 系列开源仓库的各位用户及笔者的专栏文章的所有读者，他们提供了非常多的修改和优化意见，使这个 Spring Boot+ Vue 3 前后端分离项目变得更加完善，也为笔者提供了持续写作的动力。

感谢掘金社区运营负责人优弧和运营人员 Captain。本书部分内容是基于掘金小册《Vue 商城项目开发实战》中的章节来扩展的，本书能顺利出版也得到了掘金社区的大力支持。

特别感谢家人，没有他们的默默付出和巨大的支持，笔者不可能有如此多的时间和精力专注于本书的写作。

感谢每一位没有被提及名字，但是曾经帮助过笔者的贵人。

韩　帅

2022 年 5 月 20 日于杭州

目 录

第 1 章 前后端分离开发模式介绍 ················1
1.1 传统的 MVC 开发模式 ················1
1.2 传统的 MVC 开发模式的痛点 ················2
1.3 什么是前后端分离 ················4
1.3.1 前后端分离是一种项目开发模式 ················4
1.3.2 前后端分离是一种人员分工模式 ················5
1.3.3 前后端分离是一种项目部署模式 ················7
1.4 前后端分离的优点和注意事项 ················7

第 2 章 Spring Boot+Vue 3 前后端分离实战商城项目的需求分析与功能设计 ················9
2.1 通关 Spring Boot+Vue 3 前后端分离项目开发，升职加薪快人一步 ················9
2.1.1 新潮美观的页面和完整的开发流程，不要错过 ················9
2.1.2 最热门的前后端开发技术栈，必须掌握 ················11
2.1.3 即学即用，辅助开发者选择合适的开发方向 ················13
2.2 选择开发商城系统的原因 ················14
2.2.1 什么是商城系统 ················14
2.2.2 为什么要做商城系统 ················15
2.3 认识新蜂商城系统 ················16
2.3.1 新蜂商城系统介绍 ················16
2.3.2 新蜂商城系统开发背景 ················16

		2.3.3 新蜂商城系统开源过程 ································· 18
2.4	新蜂商城功能详解 ··· 19	
	2.4.1 商城端功能整理 ·· 20	
	2.4.2 后台管理系统功能整理 ··· 20	

第 3 章 后端技术栈选择之 Spring Boot ································· 22

- 3.1 认识 Spring Boot ··· 22
  - 3.1.1 越来越流行的 Spring Boot ·· 22
  - 3.1.2 Java 开发者必备的技术栈 ··· 24
- 3.2 选择 Spring Boot ··· 24
  - 3.2.1 Spring Boot 的理念 ·· 24
  - 3.2.2 Spring Boot 可以简化开发 ·· 26
  - 3.2.3 Spring Boot 的其他特性 ··· 27

第 4 章 后端代码运行环境及开发工具安装 ································ 30

- 4.1 JDK 的安装和配置 ··· 30
  - 4.1.1 下载安装包 ·· 30
  - 4.1.2 安装 JDK ·· 32
  - 4.1.3 配置环境变量 ··· 33
  - 4.1.4 JDK 环境变量验证 ··· 34
- 4.2 Maven 的安装和配置 ·· 34
  - 4.2.1 下载安装包 ·· 34
  - 4.2.2 安装并配置 Maven ··· 35
  - 4.2.3 Maven 环境变量验证 ·· 36
  - 4.2.4 配置国内 Maven 镜像 ··· 36
- 4.3 开发工具 IDEA 的安装和配置 ··· 38
  - 4.3.1 下载 IDEA ·· 38
  - 4.3.2 安装 IDEA 及其功能介绍 ··· 39
  - 4.3.3 配置 IDEA 的 Maven 环境 ·· 42

第 5 章　Spring Boot 项目创建及快速上手 ·················· 44

5.1　Spring Boot 项目创建 ·················· 44
5.1.1　认识 Spring Initializr ·················· 44
5.1.2　Spring Boot 项目初始化配置 ·················· 45
5.1.3　使用 Spring Initializr 初始化一个 Spring Boot 项目 ·················· 46
5.1.4　用其他方式创建 Spring Boot 项目 ·················· 48

5.2　Spring Boot 项目的目录结构介绍 ·················· 49

5.3　启动 Spring Boot 项目 ·················· 51
5.3.1　在 IDEA 编辑器中启动 Spring Boot 项目 ·················· 51
5.3.2　Maven 插件启动 ·················· 52
5.3.3　java -jar 命令启动 ·················· 53
5.3.4　Spring Boot 项目启动日志 ·················· 54

5.4　开发第一个 Spring Boot 项目 ·················· 56

第 6 章　Spring Boot 实战之 Web 功能开发 ·················· 59

6.1　Spring MVC 自动配置内容 ·················· 59
6.2　WebMvcAutoConfiguration 源码分析 ·················· 60
6.3　自动配置视图解析器 ·················· 61
6.4　自动注册 Converter、Formatter ·················· 64
6.5　消息转换器 HttpMessageConverter ·················· 66
6.6　Spring Boot 对静态资源的映射规则 ·················· 69
6.7　welcomePage 配置和 favicon 图标 ·················· 74
6.7.1　welcomePage 配置 ·················· 74
6.7.2　favicon 图标 ·················· 76

第 7 章　Spring Boot 实战之操作 MySQL 数据库 ·················· 81

7.1　Spring Boot 连接 MySQL 实战 ·················· 81
7.1.1　Spring Boot 对数据库连接的支持 ·················· 81
7.1.2　Spring Boot 整合 spring-boot-starter-jdbc ·················· 82

	7.1.3	Spring Boot 连接 MySQL 数据库验证 ··· 85
7.2	使用 JdbcTemplate 进行数据库的增、删、改、查 ··· 87
	7.2.1	JdbcTemplate 简介 ··· 87
	7.2.2	使用 JdbcTemplate 进行数据库的增、删、改、查 ··· 88
7.3	Spring Boot 整合 MyBatis 框架 ··· 93
	7.3.1	MyBatis 简介 ··· 93
	7.3.2	mybatis-springboot-starter 简介 ··· 94
	7.3.3	添加依赖 ··· 95
	7.3.4	application.properties 配置 ··· 97
	7.3.5	启动类增加 Mapper 扫描 ··· 98
7.4	Spring Boot 整合 MyBatis 进行数据库的增、删、改、查 ··· 98
	7.4.1	新建实体类和 Mapper 接口 ··· 99
	7.4.2	创建 Mapper 接口的映射文件 ··· 101
	7.4.3	新建 MyBatisController ··· 102

第 8 章 Spring Boot 实战之整合 Swagger 接口管理工具 ··· 108

8.1	认识 Swagger ··· 108
8.2	Swagger 的功能列表 ··· 109
8.3	Spring Boot 整合 Swagger ··· 111
	8.3.1 依赖文件 ··· 111
	8.3.2 创建 Swagger 配置类 ··· 113
	8.3.3 创建 Controller 类并新增接口信息 ··· 115
8.4	接口测试 ··· 117
	8.4.1 用户列表接口测试 ··· 118
	8.4.2 用户添加接口测试 ··· 119
	8.4.3 用户详情接口测试 ··· 121

第 9 章 商城后端 API 项目启动和运行注意事项 ··· 122

9.1	下载后端 API 项目的源码 ··· 122
	9.1.1 使用 clone 命令下载源码 ··· 122

目　录

- 9.1.2　通过开源网站下载源码 123
- 9.2　目录结构讲解 125
- 9.3　Lombok 工具 126
  - 9.3.1　认识 Lombok 126
  - 9.3.2　Spring Boot 整合 Lombok 129
  - 9.3.3　未安装 Lombok 插件的情况说明 130
  - 9.3.4　安装 Lombok 132
- 9.4　启动后端 API 项目 134
  - 9.4.1　导入数据库 134
  - 9.4.2　修改数据库连接配置 135
  - 9.4.3　静态资源目录设置 136
  - 9.4.4　启动并查看接口文档 137
- 9.5　接口参数处理及统一结果响应 138
  - 9.5.1　接口参数处理 139
  - 9.5.2　统一结果响应 141

第 10 章　后端 API 实战之用户模块接口开发及功能讲解 145

- 10.1　用户登录功能及表结构设计 145
  - 10.1.1　什么是登录 145
  - 10.1.2　用户登录状态 146
  - 10.1.3　登录流程设计 147
  - 10.1.4　用户模块表结构设计 149
- 10.2　登录接口实现 151
  - 10.2.1　新建实体类和 Mapper 接口 151
  - 10.2.2　创建 Mapper 接口的映射文件 153
  - 10.2.3　业务层代码的实现 157
  - 10.2.4　用户登录接口的参数设计 160
  - 10.2.5　控制层代码的实现 161
  - 10.2.6　接口测试 163

10.3 用户身份验证代码实现 164
　　10.3.1 前端存储和使用 token 164
　　10.3.2 后端处理 token 及身份验证 166
　　10.3.3 用户身份验证功能测试 170
10.4 用户模块接口完善 174
10.5 用户模块接口测试 176
　　10.5.1 登录接口测试 177
　　10.5.2 获取用户信息接口测试 178
　　10.5.3 修改用户信息接口测试 179
　　10.5.4 登出接口测试 181

第 11 章 后端 API 实战之首页接口开发及功能讲解 183

11.1 商城首页设计 183
　　11.1.1 商城首页的设计注意事项 183
　　11.1.2 商城首页的排版设计 184
11.2 商城首页数据表结构设计和接口设计 187
　　11.2.1 轮播图模块介绍 187
　　11.2.2 商品推荐模块介绍 189
　　11.2.3 表结构设计 190
11.3 商城首页接口编码实现 191
　　11.3.1 新建实体类和 Mapper 接口 191
　　11.3.2 创建 Mapper 接口的映射文件 195
　　11.3.3 首页接口响应结果的数据格式定义 199
　　11.3.4 业务层代码的实现 201
　　11.3.5 首页接口控制层代码的实现 205
11.4 首页接口测试 206

第 12 章 后端 API 实战之分类接口开发及功能讲解 209

12.1 商品分类介绍 209
　　12.1.1 商品分类 209

12.1.2 分类层级 ································ 211
12.1.3 分类模块的主要功能 ···················· 211
12.2 分类列表接口实现 ························· 212
12.2.1 商品分类表结构设计 ···················· 212
12.2.2 新建实体类和Mapper接口 ················ 213
12.2.3 创建Mapper接口的映射文件 ··············· 215
12.2.4 分类接口响应数据的格式定义 ············· 216
12.2.5 业务层代码的实现 ······················ 220
12.2.6 分类列表接口控制层代码的实现 ··········· 224
12.3 分类列表接口测试 ························· 226

第13章 后端API实战之商品模块接口开发及功能讲解 ··· 229
13.1 商品搜索功能分析及数据格式定义 ············· 229
13.1.1 商品搜索功能分析 ······················ 229
13.1.2 商品列表接口传参解析及数据格式定义 ······· 231
13.2 商品搜索接口实现 ························· 234
13.2.1 数据层代码的实现 ······················ 234
13.2.2 业务层代码的实现 ······················ 236
13.2.3 商品列表接口控制层代码的实现 ··········· 239
13.3 商品详情接口实现 ························· 241
13.3.1 数据层代码的实现 ······················ 241
13.3.2 业务层代码的实现 ······················ 242
13.3.3 商品详情接口控制层代码的实现 ··········· 243
13.4 商品模块接口测试 ························· 244
13.4.1 商品搜索接口测试 ······················ 246
13.4.2 商品详情接口测试 ······················ 247

第14章 后端API实战之购物车模块接口开发及功能讲解 ··· 249
14.1 购物车模块简介 ··························· 249
14.2 购物车表结构设计及数据层编码 ··············· 250
14.2.1 购物车表结构设计 ······················ 250

- 14.2.2 新建购物车模块的实体类和 Mapper 接口 ·········· 251
- 14.2.3 创建 Mapper 接口的映射文件 ·········· 254
- 14.3 将商品加入购物车接口的实现 ·········· 258
  - 14.3.1 业务层代码的实现 ·········· 258
  - 14.3.2 控制层代码的实现 ·········· 261
- 14.4 购物车列表接口的实现 ·········· 263
  - 14.4.1 数据格式的定义 ·········· 263
  - 14.4.2 业务层代码的实现 ·········· 265
  - 14.4.3 控制层代码的实现 ·········· 267
- 14.5 编辑购物项接口的实现 ·········· 269
  - 14.5.1 业务层代码的实现 ·········· 269
  - 14.5.2 控制层代码的实现 ·········· 271
- 14.6 接口测试 ·········· 273
  - 14.6.1 购物车列表接口测试 ·········· 274
  - 14.6.2 添加商品到购物车接口测试 ·········· 275
  - 14.6.3 修改购物项数据接口测试 ·········· 276
  - 14.6.4 删除购物项接口测试 ·········· 276

第 15 章 后端 API 实战之订单模块接口开发及功能讲解 ·········· 278

- 15.1 订单确认页面接口的开发 ·········· 279
  - 15.1.1 商城中的订单确认步骤 ·········· 279
  - 15.1.2 订单确认的前置步骤 ·········· 280
  - 15.1.3 订单确认页面的数据整合 ·········· 281
  - 15.1.4 业务层代码的实现 ·········· 282
  - 15.1.5 订单确认页面接口的实现 ·········· 283
- 15.2 订单模块的表结构设计 ·········· 285
  - 15.2.1 订单主表及关联表设计 ·········· 285
  - 15.2.2 订单项表的设计思路 ·········· 287
  - 15.2.3 用户收货地址管理表 ·········· 288

15.3 订单生成的流程及编码 289
  15.3.1 新蜂商城订单生成的流程 289
  15.3.2 订单生成接口的实现 291
  15.3.3 订单生成逻辑的实现 293
15.4 订单支付模拟接口的实现 297
15.5 订单详情接口的实现 299
  15.5.1 订单详情页面的作用 299
  15.5.2 订单详情页面的数据格式定义 300
  15.5.3 订单详情接口的编码实现 303
15.6 订单列表接口的实现 304
  15.6.1 订单列表数据格式的定义 305
  15.6.2 订单列表接口的编码实现 307
15.7 订单处理流程及订单状态介绍 309
  15.7.1 订单处理流程 309
  15.7.2 订单状态介绍 310

第 16 章 Vue 3 项目搭建及 Vite 原理浅析 313

16.1 前端发展史 313
  16.1.1 原始时代 313
  16.1.2 Ajax 时代 314
  16.1.3 MVC 时代 315
  16.1.4 模块化时代 316
  16.1.5 ES6 时代 317
  16.1.6 SPA 时代 318
  16.1.7 小程序时代 320
  16.1.8 低代码（LowCode）时代 320
16.2 认识 Vue.js 321
16.3 前端编辑器 VSCode 323
  16.3.1 前端常用编辑器介绍 323
  16.3.2 Visual Studio Code 的安装及插件介绍 324

16.3.3 Visual Studio Code 内置终端的使用 ·············· 327
   16.3.4 Visual Studio Code 属性设置 ····················· 328
 16.4 Vue.js 开发方式 ··· 329
   16.4.1 使用 CDN 方式 ·· 329
   16.4.2 使用 Vue CLI 方式 ······································· 330
   16.4.3 使用 Vite 方式 ··· 332
 16.5 Vite 原理浅析 ·· 335
   16.5.1 Vite 是什么 ··· 335
   16.5.2 Vite 与 Webpack 相比的优势 ························· 336
   16.5.3 Vite 构建原理 ·· 337
   16.5.4 依赖预构建浅析 ·· 341

第 17 章 Vue.js 数据绑定 ··· 343

 17.1 Vue.js 指令 ··· 343
   17.1.1 Mustache 插值 ··· 343
   17.1.2 v-text 指令 ·· 344
   17.1.3 v-html 指令 ··· 345
   17.1.4 v-once 指令 ··· 346
   17.1.5 v-memo 指令 ··· 347
   17.1.6 v-cloak 指令 ·· 348
   17.1.7 v-bind 指令 ··· 348
   17.1.8 指令的缩写 ··· 350
 17.2 Vue.js 双向绑定 ··· 350
   17.2.1 v-model 指令的使用 ······································ 351
   17.2.2 在 select 标签中使用 v-model 指令 ··················· 352
   17.2.3 在 radio 标签中使用 v-model 指令 ···················· 353
   17.2.4 在 checkbox 标签中使用 v-model 指令 ··············· 355
   17.2.5 在 a 标签中使用 v-bind:指令 ··························· 356
   17.2.6 v-model 指令的修饰符 ··································· 357

17.3 条件指令 ·· 360
    17.3.1 v-if 指令的使用方法 ·· 360
    17.3.2 v-else 指令的使用方法 ·· 361
    17.3.3 v-else-if 指令的使用方法 ··· 363
    17.3.4 v-show 指令的使用方法 ·· 364
    17.3.5 v-if 指令和 v-show 指令的区别 ··· 366

17.4 v-for 循环指令 ··· 368
    17.4.1 v-for 指令的使用方法 ··· 368
    17.4.2 数组遍历 ·· 368
    17.4.3 对象遍历 ·· 373
    17.4.4 迭代一个整数 ·· 375
    17.4.5 使用 v-for 指令和 v-if 指令时的注意事项 ··· 376

17.5 class 与 style 绑定 ··· 379
    17.5.1 绑定 class 属性 ··· 380
    17.5.2 绑定内联样式 style 属性 ··· 383
    17.5.3 三元运算符 ··· 386

第 18 章 Vue 3 新特性 ·· 389

18.1 新特性之 setup 函数 ·· 389
    18.1.1 setup 函数简介 ·· 389
    18.1.2 在模板中使用 setup 函数 ·· 391
    18.1.3 在 setup 函数中使用渲染函数 ·· 392
    18.1.4 setup 函数接收的参数 ··· 393

18.2 Vue 3 之响应式系统 API ·· 398
    18.2.1 reactive ··· 399
    18.2.2 ref ·· 401
    18.2.3 computed ·· 403
    18.2.4 readonly ·· 405
    18.2.5 watchEffect ·· 406
    18.2.6 watch ·· 412

18.3 生命周期 413
18.3.1 Vue 2 生命周期解读 413
18.3.2 Vue 3 生命周期解读 415
18.4 Vue 3 在性能上的提升 420
18.4.1 静态标记 420
18.4.2 静态提升（hoistStatic） 422
18.4.3 事件监听缓存 423
18.4.4 SSR 服务端渲染 424
18.4.5 静态节点（StaticNode） 424

第 19 章 CSS 预处理工具 Less 的介绍和使用规范 426
19.1 初识 Less 426
19.2 在浏览器中使用 Less 427
19.3 Less 变量的使用 429
19.4 Less 中的嵌套语法 431
19.5 Less 的混合 436
19.6 Less 中的运算 440
19.7 Less 中的导入 440
19.8 开发中常用的 Less 示例 442
19.8.1 文本超出截断 442
19.8.2 文字居中 444
19.8.3 背景+选中高亮 446

第 20 章 Vue.js 组件的应用 448
20.1 组件的定义和引用 448
20.1.1 全局组件 448
20.1.2 局部组件 452
20.1.3 动态组件 453
20.2 组件间的值传递 455
20.2.1 父子组件通信 455

20.2.2 兄弟组件通信 ……458
20.2.3 祖孙组件通信 ……467

第 21 章 路由插件 Vue-Router 库的使用和原理浅析 ……471

21.1 路由的作用 ……471
21.2 路由插件的安装 ……473
21.3 路由简单应用 ……473
21.4 路由的实例方法 ……477
    21.4.1 事件监听 ……477
    21.4.2 跳转方法 ……478
    21.4.3 获取路径参数 ……479
21.5 router-link 相关属性 ……481
21.6 路由原理分析 ……484
    21.6.1 Hash 模式原理 ……484
    21.6.2 History 模式原理 ……486

第 22 章 全局状态管理插件 Vuex 的介绍和使用 ……489

22.1 认识 Vuex ……489
    22.1.1 什么是 Vuex ……489
    22.1.2 Vuex 如何存储数据 ……490
    22.1.3 Vuex 核心概念 ……490
22.2 Vuex 的使用方法 ……496
    22.2.1 初始化项目 ……496
    22.2.2 创建 Cart.vue 组件和 Home.vue 组件 ……497
    22.2.3 添加配置内容 ……498
    22.2.4 Cart 组件触发购物车物品数量的增减 ……499
    22.2.5 Actions 实现异步请求示例 ……503

第 23 章 Vue 3 项目实战之开发环境搭建 ……504

23.1 创建项目 ……504
23.2 添加 Vue-Router 库的路由配置 ……506

23.3 添加 Vant UI 组件库 509
23.4 移动端 rem 适配 512
23.5 添加 iconfont 字体图标库 515
23.6 二次封装 Axios 请求库 519
23.7 添加 CSS 预处理器 Less 521
23.8 添加全局状态管理插件 Vuex 522

第 24 章 Vue 3 项目实战之底部导航栏和公用组件提取 526
24.1 需求分析和前期准备 526
24.2 编写导航栏的代码 529
24.3 添加导航栏容器组件 535
24.4 公用头部组件提取 538
24.5 接口文档及请求地址封装 541

第 25 章 Vue 3 项目实战之用户模块 544
25.1 需求分析和前期准备 544
25.2 注册页面和登录页面的制作 545
25.3 验证码的制作 551
25.4 鉴权验证跳转 558
25.5 个人中心页面的制作 559
25.6 账号管理页面的制作 565

第 26 章 Vue 3 项目实战之首页和分类页面 570
26.1 需求分析和前期准备 570
26.2 首页的制作 572
  26.2.1 首页顶部的代码编写 572
  26.2.2 轮播图模块的代码编写 576
  26.2.3 中部导航栏模块的代码编写 580
  26.2.4 商品推荐模块的代码编写 583
  26.2.5 头部搜索框滚动优化 592
26.3 分类页面的制作 594

第 27 章 Vue 3 项目实战之商品搜索和商品详情 ... 605

27.1 需求分析和前期准备 ... 605
27.2 商品搜索列表页面的制作 ... 607
27.2.1 商品搜索列表页面的布局 ... 608
27.2.2 实现商品搜索列表页面的上滑加载 ... 615
27.2.3 实现商品搜索列表页面的下拉刷新 ... 621
27.3 商品详情页面的制作 ... 624

第 28 章 Vue 3 项目实战之下单购物流程 ... 633

28.1 需求分析和前期准备 ... 633
28.2 地址管理模块功能实现 ... 636
28.2.1 新增地址 ... 636
28.2.2 地址列表 ... 644
28.2.3 编辑地址 ... 647
28.3 购物车模块页面实现 ... 652
28.3.1 商品加入购物车功能实现 ... 652
28.3.2 购物车列表页面编码 ... 656
28.4 订单模块页面实现 ... 665
28.4.1 生成订单页面编码 ... 665
28.4.2 个人订单中心 ... 678
28.5 商城系统的展望 ... 693

第 1 章
前后端分离开发模式介绍

本章介绍前后端分离的概念、选择前后端分离开发模式的原因、与传统的开发模式相比前后端分离模式的优点,以及是否选择前后端分离开发模式。在本章,笔者是从"后端开发者"的视角来讲解的。

1.1 传统的MVC开发模式

在介绍前后端分离开发模式前,回顾一下在进行 Java Web 项目开发时所选择的开发模式。在初学 Java Web 开发时,通常使用 JSP+ Servlet 完成前端视图和后端业务逻辑的开发,这种开发模式属于 Model1 模式,虽然实现了逻辑功能和显示功能的分离,但是视图层和控制层都是由 JSP 或其他后端的模板引擎技术实现的,即视图层和控制层并没有实现分离。随着学习的深入,以及开始渐渐熟悉企业应用开发,开发人员渐渐地摒弃这种技术选型,开始在项目中使用若干开源框架。常用的框架组合有 Spring+Struts/Spring MVC+Hibernate/Mybatis 等。框架的优越性及良好的封装性使得这些开发框架组合迅速成为各个企业开发中的不二之选,这些框架的出现也减少了开发者的重复编码工作,简化开发,加快开发进度,降低维护难度,随之而火热的是这些技术框架背后的开发模式,即 MVC 开发模式,它是为了克服 Model1 的不足而设计的。

MVC 的具体含义是 Model+View+Controller,即模型层+视图层+控制层,如图 1-1 所示。

Model(模型层):常常使用 JavaBean 编写它,接收视图层请求的数据,之后进行相应的业务处理并返回最终的处理结果。它负担的责任最为核心,利用 JavaBean 具有的特性实现了代码的重用和扩展,并且维护方便。

View(视图层):代表和用户交互的界面,负责数据的采集和展示,通常由 JSP 实现。

Controller（控制层）：从用户端接收请求，之后将请求传递给模型层并告诉模型层应该调用什么功能模块来处理该请求，它能够协调视图层和模型层之间的工作，起到中间枢纽的作用，一般交由 Servlet 实现。

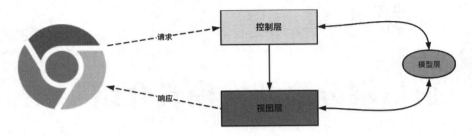

图 1-1　MVC 开发模式简图

同时，项目开发在进行模块分层时也会分为三层：控制层、业务层和持久层。控制层负责接收参数、调用相关业务层、封装数据，以及路由并将数据渲染到 JSP，并在 JSP 中将后台的数据展现出来。开发者对这种开发模式十分熟悉，不管是企业开发还是个人项目的搭建，这种开发模式逐渐成为开发者的首选。

1.2　传统的MVC开发模式的痛点

随着开发团队的扩大和项目架构的不断演进，传统 MVC 开发模式渐渐有些"力不从心"。接下来笔者结合自身的开发经历分析传统 MVC 开发模式的一些痛点。

痛点一：效率问题

以 Java Web 项目开发中的 JSP 技术为例。JSP 必须在 Servlet 容器（例如 Tomcat、Jetty 等）中运行。在请求 JSP 时也需要进行一次编译过程，最后被编译成 Java 类和 Class 文件，这些都会占用 JVM 的内存空间，同时也需要一个新的类加载器进行加载。JSP 技术与 Java 语言和 Servlet 强关联，在解耦上无法与模板引擎或纯 HTML 页面相媲美。另外，每次请求 JSP 后得到的响应都是 Servlet 通过输出流对象返回 HTML 页面，效率上没有直接使用 HTML 高。由于 JSP 与 Servlet 容器强关联，在项目优化时无法直接使用 Nginx 等吞吐量较高的 Web 服务器作为 JSP 的 Web 服务器，因此可供选择的优化方案不多。

痛点二：人员分工不明

MVC 开发模式下的工作流程通常是设计人员提供页面原型设计后，前端工程师负责将设计图划分成 HTML 页面，之后由后端开发工程师将 HTML 页面转换为 JSP 页面进行逻辑处理和数据展示。在这种工作模式下，人为的出错率较高，后端开发工程师的任务更重，修改问题时需要前端工程师和后端开发工程师协同工作，效率比较低。一旦出现问题，前端工程师面对的就是充满标签和表达式的 JSP，而后端开发工程师在面对样式代码或前端交互问题时，处理起来也有些吃力。

在某些紧急情况下，也会出现前端工程师调试后端代码、后端开发工程师调试前端代码的现象。分工不明确且沟通成本大，一旦某些功能需要返工，就需要前后端开发人员同时在场。这种情况对前后端人员的后期技术进步也不利，后端开发工程师追求的是高并发、高可用、高性能、安全、架构优化等，而前端工程师追求的是模块化、组件整合、速度流畅、兼容性、用户体验等。MVC 开发模式显然会对这些技术人员产生影响。

痛点三：不利于项目演进

在项目初期，为了快速上线应用，使用 MVC 开发模式进行 Java Web 项目开发是非常正确的选择。此时项目的流量不大，用户量也不是很多，并不会有非常苛刻的性能问题出现。但是随着项目的不断完善，用户量和请求压力也会不断增加，对互联网项目的性能要求也会越来越高，此时的前后端模块依旧耦合在一起是非常不利于后续扩展的。

例如，为了提高负载能力，通常选择做集群分担单个应用的压力，但是模块的耦合会使得性能的优化空间越来越小，因为单个项目压力会越来越大，不进行合理的拆分就无法做到最好的优化；在发布上线的时候，明明只改了后端的代码，但是前端也需要重新发布，或者明明只改了部分页面或部分样式，后端代码也需要一起发布上线，这些都是耦合较严重时常见的不良现象。因此，原始的前后端耦合在一起的架构模式已经不能满足项目的演进方向，需要寻找一种解耦的方式替代当前的开发模式。

痛点四：无法满足业务需求

随着公司业务的不断发展，只有浏览器端的 Web 应用是不够的。如今，移动互联网用户数量急剧增长，手机端的原生 App 应用已经非常成熟，随着 App 软件的大量普及，越来越多的企业加入 App 软件开发的行列。为了尽可能地抢占商机和提升用户体验，企业不会把所有的开发资源都放在 Web 应用上，而是多端应用、同时开发，此时公司的业务线可能是如下几种或其中一部分：浏览器端的 Web 应用、iOS 原生 App、Android 端原生 App、微信小程序等。如图 1-2 所示是丰富的前端承载端。可能只是开发其中的一部分产品，但是除 Web 应用能够使用传统的 MVC 模式开发外，其他的都无法使用该模式进行开发，像原生 App 或微信小程序，前端 UI 和用户交互部分都有各自的技术实现，再通过调用 RESTful API 的方式与后端进行数据交互。

图 1-2　丰富的前端承载端

这就是 MVC 开发模式的第四个痛点：无法满足业务需求。当然，笔者觉得 MVC 开发模式非常优秀，但是它也有一些不足，当业务线扩大时，仅仅只有 MVC 一种开发模式显然是无法让人满意的。

以上四个痛点亟待解决，这也是为什么需要前后端分离的几点原因。

1.3　什么是前后端分离

本节重点讲解前后端分离的相关概念。

1.3.1　前后端分离是一种项目开发模式

当业务变得越来越复杂或产品线越来越多时，原有的开发模式就无法满足业务需求了。产品越来越多，展现层的变化越来越快、越来越多，此时应该进行前后端分离的分层抽象，简化数据获取过程。比如，目前比较常用的是前端人员自行实现跳转逻辑和页面交互，后端人员只负责提供接口数据，二者之间通过调用 RESTful API 的方式进行数据交互，如图 1-3 所示。

此时就不会出现 HTML 代码需要转换成 JSP 进行开发的情况，前端人员只负责前端部分，并不会掺杂后端代码，这样代码就不再耦合。同时，前端项目与后端项目也不会再出现耦合严重的现象，只要前后端人员协商和定义好接口规范及数据交互规范，双方就可以并行开发，互不干扰，业务也不会耦合，两端只通过接口进行交互。

在使用 MVC 模式开发项目时，后端任务往往过重，"控制权"也比较大，既要负责处理业务逻辑、权限管理等后端操作，也需要处理页面跳转等逻辑。在前后端分离的模式中，后端由原来的大包大揽似的"独裁者"变成了接口提供者，而前端也不仅仅是原来那样只处理小部分业务,页面跳转也不再由后端处理和决定,整个项目的控制权已经由后端过渡至前端,前端需要处理的工作更多。

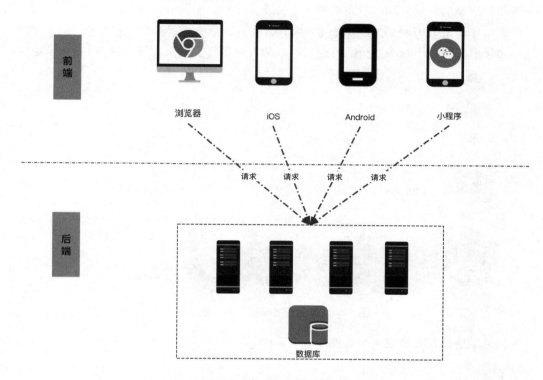

图 1-3　前后端分离模式下的交互方式简图

前端项目和后端项目隔离开来、互不干涉,通过接口和数据规范完成项目功能需求,这也是目前比较流行的一种开发方式。

1.3.2　前后端分离是一种人员分工模式

前后端分离的核心就是后端负责数据和逻辑的处理,前端负责页面显示和动效的交互。在这种开发模式下,前端开发人员和后端开发人员分工明确,职责划分十分清晰,双方各司其职,不会存在边界不清晰的情况。

前端开发人员通常包括 Web 开发人员、原生 App 开发人员。后端开发人员则是指 Java 开发人员(以 Java 语言为例)。不同的开发人员只负责自己的项目即可。后端人员专注于控制层（RESTful API）、服务层、数据访问层，前端人员专注于前端控制层、视图层，不会再出现前端人员需要维护部分后端代码，或者后端人员需要调试样式等职责不清和前后端耦合的情况。下面用两张项目开发流程的简图进行对比。

如图 1-4 所示为 MVC 开发模式下的开发流程，该开发过程中存在前后端耦合的情况，如果出现问题，前端人员需要返工、后端人员也需要返工，开发效率会有所降低。

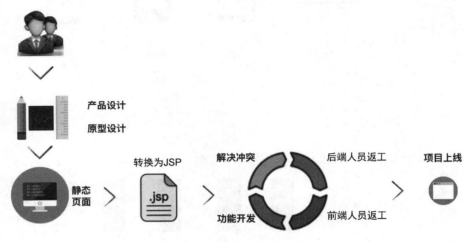

图 1-4　MVC 开发模式下的开发流程

前后端分离后，开发流程如图 1-5 所示。

图 1-5　前后端分离开发模式下的开发流程

前后端分离后，与原有的开发模式有了较大的不同，此时就可以并行开发多端产品。在设计完成后，Web 端开发人员、App 端开发人员、后端开发人员都可以快速投入到开发工作中，能够做到并行开发。前端开发人员与后端开发人员职责分离，即使出现问题，也是修复各自的问题而不会互相影响和耦合，开发效率高且满足企业对多产品线的开发需求。

1.3.3　前后端分离是一种项目部署模式

前后端分离后，各端应用可以独立打包部署，并针对性地对部署方式进行优化，不再是将前端代码和后端代码耦合在一起，最终形成一个部署包进行部署。以 Web 应用为例，部署前端项目后，不再依赖 Servlet 容器，可以使用吞吐量更大的 Nginx 服务器，采用动静分离的部署方式，既提升了前端的访问体验，也减轻了后端服务器的压力，再进一步优化，可以使用页面缓存、浏览器缓存，也可以使用 CDN 等产品提升静态资源的访问效率。对于后端服务而言，可以进行集群部署，提升服务的响应效率，也可以进行服务化的拆分等。前后端分离后的独立部署维护及针对性的优化，可以加快整体响应速度和吞吐量。

1.4　前后端分离的优点和注意事项

前文中已经提到了很多前后端分离模式的优点，下面再简单地进行总结和补充。

- 可以真正实现前后端的解耦，不仅是开发方式的改进，前后端开发人员的职责也更加清晰，对于整个技术团队有很大的益处。
- 并行开发可以有效地提升开发效率，因为可以前后端并行开发，而不再是前后端代码强依赖。
- 职责分明意味着出现问题可以快速找到负责人，不会出现互相推诿的现象。
- 前后端开发的解耦也会增加各端代码的维护性和易读性。
- 尽早地使用前后端分离的开发模式，一旦业务扩展需要进行多产品开发，如 App、微信小程序等，后端接口只要进行些许的增、改即可，因为有大量的复用接口，大幅度提升效率。
- 在前端项目部署时不需要重启服务器，无缝升级。
- 分开部署会进一步减轻后端服务器的压力。

当然，并不是说一定要采用前后端分离的开发模式，有一些注意事项是不得不考虑的。

1. 前端开发资源是否充足

如果所在公司以往项目采用传统开发模式，即以后端 MVC 为主的开发模式，前端开发人员仅提供静态 HTML 页面，那么采用前后端分离的开发模式会将后端的控制权弱化并增强前端的控制权，也就是后端开发人员的压力会减轻，同时前端开发人员负责的工作更多了，不再是简单的交互效果和静态页面，路由规则、跳转逻辑、数据交互和页面渲染都需要考虑。现在前端技术百花齐放，组件化、模块化等都使得对前端开发人员的要求更高，所以在进行开发模式更改前一定要量力而行，在没有足够知识和人才储备的情况下不要贸然开展重构工作。

2. 软件迭代周期需要慎重估算

对于中小型团队来说，一般需要比较快的软件迭代周期，此时不仅是前端开发人员配备不足，后端开发人员也不是十分充足，这种情况下采用前后端分离开发模式，增加了接口制定流程和前后端联调流程，可能会延长迭代周期。如果是项目转型，可能需要多次重构，因此不能盲目进行。

3. 并不是所有的项目开发都需要前后端分离的开发模式

如果项目比较简单或一个项目需要快速开发上线，就可以采用普遍使用的 MVC 开发模式快速迭代。此时需要考虑的是实用性和迭代速度，在不熟悉前后端分离开发模式的情况下不要贸然做出定论。

4. 前后端开发人员的沟通成本

前后端分离后，无论是 API 的对接还是测试工作，都涉及前后端人员的沟通。很多公司采用前后端分离开发模式后，前后端人员协作模式配合力度低、互相等待，开发效率低下，反而不如使用传统的开发模式。

在笔者的理解中，"前后端分离"既是一种项目开发模式，也是一种人员分工模式，同时也是一种项目部署模式，能够使得前后端开发工作不再强耦合，提升开发人员的整体效率。

最后也提醒读者，并不是所有项目或所有团队都适合前后端分离的开发模式，需要对当前的开发团队和所开发的项目进行合理的评估。因为前后端分离开发模式对前后端开发人员有一定的要求，如果在不熟悉的情况下贸然使用，反而有可能拖慢整体的开发进度，所以一定要慎重考虑，在有足够把握的情况下再去进行项目的重构和优化。

第 2 章

Spring Boot+Vue 3 前后端分离实战商城项目的需求分析与功能设计

本章介绍使用 Spring Boot+Vue 3 为主要技术栈开发的前后端分离项目——新蜂商城 Vue 3 版本，让读者了解本书最终的实战项目成品，包括新蜂商城的运行预览图、新蜂商城的开发背景、新蜂商城项目的开发流程、新蜂商城项目的迭代记录和新蜂商城的功能模块设计。

2.1 通关 Spring Boot+Vue 3 前后端分离项目开发，升职加薪快人一步

本书内容偏向于项目实战，具有很强的实操性，读者可以边读边实践。希望本书可以为读者答疑解惑，降低一些学习成本。学习完本书，读者既能够学会实操一个完整的项目，也能够掌握目前炙手可热的技能——Spring Boot 和 Vue 3，有助于升职加薪。

2.1.1 新潮美观的页面和完整的开发流程，不要错过

如图 2-1 所示是本书最终实战商城项目的宣传图，包含 11 张实战项目的页面截图。

图 2-1　最终实战项目页面截图

这是一个前后端分离的线上商城项目，技术栈为 Spring Boot 和 Vue 3。帮助读者具备开发和统筹一个完整项目的能力是笔者编写本书的目标，读者跟随本书的内容进行 Spring Boot+Vue 3 的开发实战，可在实战中融会贯通当下的热门技术栈。

其实，Spring Boot 技术栈和 Vue 技术栈这些开发技术本身并没有特别大的难点，只要愿意花时间去学，就能够掌握它们的基本用法，学习的难点往往在于从 0 到 1 搭建一个完整的实践项目，以及项目开发过程中对很多技术细节的再学习和处理。本书通过对技术栈和多个功能模块的开发实战的详细讲解，并结合实际项目开发中的产品流程帮助读者完成这个任务。

实战项目包含一个前后端分离的线上商城项目，功能模块包括登录认证模块、首页商品推荐模块、商品分类模块、商品搜索模块、购物车模块、下单模块、收货地址管理模块、订单管理模块等。本书围绕 Spring Boot 和 Vue 3 两个目前比较流行的技术栈向读者呈现一个大型项目完整的开发流程。本书的目录完全按照项目的开发和上线流程进行设计，如图 2-2 所示。

图 2-2　项目开发和上线流程

2.1.2　最热门的前后端开发技术栈，必须掌握

一个可以实操练手的完整项目，再配备上详细的技术讲解文案，相信无论身处哪个技术领域，都是提高自身技术水平最高效的方式。

本书实战项目以 Spring Boot 和 Vue 技术栈为主线，采用前后端分离开发模式，如图 2-3 所示。

不管是初入职场还是即将进入职场，想深入学习和了解 Spring Boot 技术栈和 Vue 技术栈，这个实战项目和这本书都是非常不错的选择。本书的内容分为前端部分和后端部分。其中，第 3～9 章为 Spring Boot 基础知识讲解，第 10～15 章为实战商城项目后端接口的开发讲解，第 16～23 章为 Vue 3 基础知识讲解，第 24～28 章为实战商城项目前端功能的开发讲解。读者可根据自身的开发经验灵活地安排学习计划。

2021 年笔者在电子工业出版社出版了《Spring Boot 实战：从 0 开始动手搭建企业级项目》一书，主要介绍了 Spring Boot 技术栈和新蜂商城 v1 版本的开发内容。该书发售之后，笔者收到了一些读者的反馈和新蜂商城项目关注者的留言，希望笔者能够继续整理新蜂商城 Vue 3 版本的开发讲解内容。Vue 3 和 Spring Boot 确实是当下非常流行的前端开发技术栈和后端开发技术栈，于是，笔者与电子工业出版社再次合作，推出了本书，希望能够帮助读者在掌握 Vue 3 基础知识及使用技巧的同时，通过实战项目打通 Vue 3 项目开发和上线链路中的技能，真正做到学完即用。

本书内容包含前端知识和后端知识，前端开发人员和后端开发人员可以选择相关内容进行学习。为了让读者拥有更好的阅读体验，笔者将本书的优点和特性整理在一张图片中，方便读者查看，如图 2-4 所示。

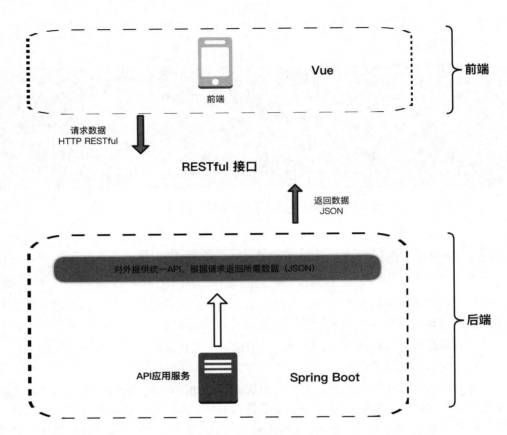

图 2-3　前后端分离开发模式

图 2-4　实战项目的优点和特性

2.1.3 即学即用，辅助开发者选择合适的开发方向

新蜂商城项目开源之后，笔者始料未及的是，这个商城项目被很多在校大学生作为毕业设计项目、被求职者作为求职时的项目经历。新潮美观的页面和交互、完善的商品管理和购物流程、简易的启动方式和较低的学习成本，与其他相关项目相比很有优势。

现在，对于这部分读者来说又多了一个前后端分离版本可以学习和使用。新蜂商城 v1 版本只有 PC 端的页面，加入前后端分离 Vue 版本之后，新蜂商城的展现形式更加丰富，此时的项目总览图如图 2-5 所示。

图 2-5 新蜂商城项目总览图

图 2-5 从左到右依次为新蜂商城 Vue 3 版本后台管理系统页面、新蜂商城 v1 版本页面、新蜂商城 Vue 版本商城端的 3 个页面。不仅是展现形式的增加和产品线的丰富，技术栈还加入了 Vue，开发模式也变成了前后端分离开发模式。

新蜂商城 v1 版本主要面向后端 Java 开发人员，后来直接加入了 Vue 技术栈，也就是本书所实战的项目版本。这个项目进化成前后端分离的项目，后续还会逐渐升级迭代，让开发者可以学习更多的实战知识和理论知识。

对于大多数在校生来说，选择毕业后的从业方向是一个让人很头疼的问题，本书也会给读者一些学习方向和职业选择上的指引。书中的实战项目包括两个方向，服务端语言是 Java，前端框架是 Vue。如果读者可以认真地看完整本书，就会更立体地认识这两个开发方向，明白前端和后端的职责和主要任务，从而确定自己更倾向于去做前端开发还是去做服务端开发。商城项目也是对技术栈的一次全面考核。读者通过学习本书能够掌握从环境搭建到最后部署上线一整套前端开发的流程，线上接口及开发文档也会让读者快人一步熟悉真实职场的开发环境。

2.2 选择开发商城系统的原因

程序开发人员是一个非常务实的群体，他们的性格用一句经典的话来概括就是"Talk is cheap, show me the code（废话少说，放'码'过来）"，特别强调项目和实战经验。

大部分开发人员都特别注重项目实战。项目的种类很多，会随着个人技术的不断提升而不同，简单的项目可能是学生管理系统、工资管理系统等，难一点的项目可能是博客或论坛项目，大型的项目可能是商城系统。本书最终的实战项目新蜂商城就属于商城系统。

2.2.1 什么是商城系统

商城系统就是功能完善的网上销售系统，与传统的市场一样，商城系统也会提供在交易时所必需的信息交换、支付结算和实物配送等基础服务，它可以让用户通过网络实现购物行为。

线上商城为个人用户和企业用户提供人性化的全方位服务，可以为用户创造亲切、轻松和愉悦的购物环境。京东、唯品会、天猫、拼多多等都属于线上商城。线上商城通常包含会员模块、商品模块、订单模块和支付模块等。

当然，由于系统的完善程度不同，可能还会有仓库模块、物流模块、营销模块等。如图 2-6 所示是商城系统的抽象图。

图 2-6　商城系统的抽象图

2.2.2 为什么要做商城系统

1. 热度高

电子商务的高速发展加速了为电子商务服务的软件行业的发展，并随之诞生了很多与之密切相关的商城系统。无论是开源的还是商业性质的商城系统，其实现技术都非常丰富，热度也很高。因此，很多开发人员都会尝试开发一套商城系统。

2. 知识点复杂

商城系统是一个比较复杂的系统，涉及的技术内容比较多，而且对功能和技术栈的要求也比较高。从零搭建一个商城系统，这个过程不仅考验开发人员的技术储备丰富度，更考验开发人员技术使用的熟练度，同时对开发人员的系统设计能力也有要求（系统如何切分、功能如何设计、页面结构和交互如何优化等），这些技术栈的掌握程度和项目整体的统筹规划都在一定程度上代表一名技术人员的能力。

开发和统筹一个完整的大型商城系统往往要求技术人员了解很多不同的技术或框架，比如常用的前端页面模板和基本的 Web 开发知识、Vue 3 及相关技术栈、后端开发技术框架（如 Spring Boot、ORM 框架等）、服务器基础设施（如基本的 shell 命令、Nginx、MySQL 等常用软件的搭建和使用）都需要进行全局考虑和选择。

3. 产品流程完整

商城系统具有完整的产品开发流程，产品设计、原型设计、功能开发、功能测试、项目上线等环节都会涉及，如图 2-7 所示。开发人员一般不太关注完整的产品开发流程，但是掌握整个产品开发流程对日后的职业提升有极大的帮助。

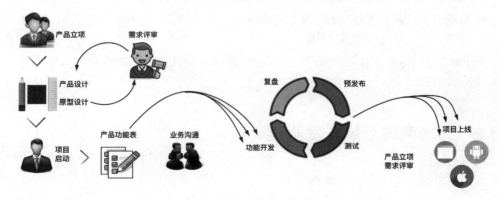

图 2-7 产品开发流程示意图

2.3　认识新蜂商城系统

2.3.1　新蜂商城系统介绍

newbee-mall（新蜂商城）项目是笔者发布到开源平台的一套商城系统，包括 newbee-mall 商城系统及 newbee-mall-admin 商城后台管理系统。该项目基于 Spring Boot 2.x 及相关技术栈开发。新蜂商城系统前台包含首页、商品分类、新品上线、首页轮播、商品推荐、商品搜索、商品展示、购物车、订单结算、订单流程、个人订单管理、会员中心、帮助中心等模块。后台管理系统包含数据面板、轮播图管理、商品管理、订单管理、会员管理、分类管理、设置等模块。

新蜂商城系统对应的用户体系包括商城会员和商城后台管理员。商城系统是所有用户都可以浏览和使用的系统，用户在这里可以浏览、搜索、购买商品。管理员在商城后台管理系统中管理商品信息、订单信息、会员信息等，具体包括商城基本信息的录入和更改、商品信息的添加和编辑、处理订单的拣货和出库，以及商城会员信息的管理。

新蜂商城系统项目具体特点如下。

- 该项目对开发人员十分友好，无须复杂的操作步骤，仅需 2 秒就可以启动完整的商城项目。
- 该项目是一个企业级别的 Spring Boot 大型项目，对于各个阶段的 Java 开发人员都是极佳的选择。
- 开发人员可以把该项目作为 Spring Boot 技术栈的综合实战项目，其在技术上符合要求，并且代码开源、功能完备、流程完整、页面美观、交互顺畅。
- 该项目涉及的技术栈新颖、知识点丰富，有助于读者理解和掌握相关知识，进一步提升开发人员的职场竞争力。

本书讲解的 Spring Boot+Vue 3 前后端分离商城项目就是在新蜂商城系统项目的基础上开发出来的。

2.3.2　新蜂商城系统开发背景

如图 2-8 所示是笔者的开源仓库主页。

第 2 章　Spring Boot+Vue 3 前后端分离实战商城项目的需求分析与功能设计

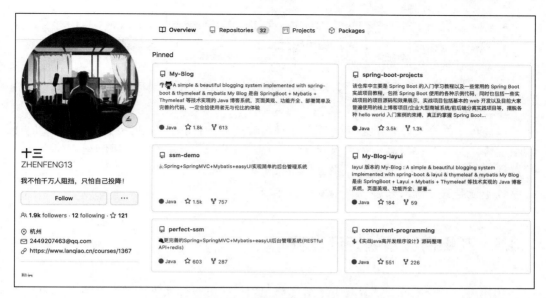

图 2-8　笔者的开源仓库主页

2017 年 2 月 23 日,笔者在 GitHub 网站上发布了第一个开源项目,即 Spring+Spring MVC+MyBatis 框架的整合实战项目,仓库名称是 ssm-demo。后来,由于公司切换了开发框架,全面"拥抱"了 Spring Boot 体系,因此笔者所做的开源项目也直接调转方向,使用与 Spring Boot 相关的仓库制作,包括 Spring Boot 框架基础整合、实战源码和在 Spring Boot 基础上的一些实战项目。笔者先后发布了很多基础代码,以及让开发人员能上手的实战项目,包括基础的后台管理系统、咨询发布系统、博客系统等。

笔者经过 3 年的整理和动手开发,从无到有、由小至大,最终制作并开源了一系列的项目。可以看出这是一个循序渐进的过程。为了完善这些开源项目,笔者还创建了几个交流群以供使用这些开源项目的开发人员交流和答疑。在交流过程中,笔者收到了不少反馈,其中大家对商城类的项目尤其感兴趣。

结合在交流群中的反馈和商城系统特点,开发一个开源商城的想法逐渐浮现在笔者脑海中。

当时,网上已经有很多开源的商城项目,再做一个商城项目显得很多余。于是笔者实际调研了一些开源商城项目,发现它们有不少问题,导致学习和使用起来不方便,其主要问题如下。

- 项目不完整,没有完整的文档,要么缺少前端页面,要么缺少依赖,要么缺少 SQL 数据库文件。

- 技术栈庞杂，Spring Cloud、Dubbo、Redis、Elasticsearch、Docker 等同时存在，导致运行一个商城项目需要安装和配置很多软件，对于新手来说是一个极大的挑战，甚至让他们望而却步。
- 部分开源商城项目存在技术老旧、页面不美观、交互体验差、更新迭代慢的问题。

考虑以上 3 个问题，笔者决定开发一个商城项目并将其发布到开源网站。当时的计划很明确，弥补某些开源商城项目存在的不足，开发一个能够轻松、顺利运行的商城项目，保证文件齐全、页面美观、交互体验良好。

以上就是开源项目新蜂商城的开发背景。

2.3.3　新蜂商城系统开源过程

2019 年 8 月 12 日，笔者写下了新蜂商城项目的第一行代码，经过近两个月的开发和测试，新蜂商城项目于 2019 年 10 月 9 日正式开源在 GitHub 网站上，当时的提交记录如图 2-9 所示。

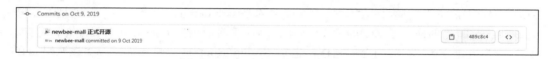

图 2-9　新蜂商城开源代码提交记录

因为弥补了其他开源商城项目的不足之处，并且学习和使用起来的成本不高，所以新蜂商城项目开源的第一年就取得了不错的成绩，获得近 6000 个 Star 和 1500 个 Fork，成为一个比较受欢迎的开源项目。

最让笔者感到欣慰的一点是新蜂商城开源项目帮助了很多开发人员。在开源之后，笔者经常收到网友的留言和邮件，里面讲述他们在学习和使用该开源商城项目后，对 Spring Boot 技术栈有了更深刻的认识并且拥有了项目实战经验，让他们可以顺利地完成课程作业，甚至在找到心仪工作的过程中起到了关键作用。

这些反馈不仅让人欣慰，也让笔者更加有动力不断地完善新蜂商城开源项目。为了让新蜂商城开源项目保持长久的生命力，并且帮助更多的人，笔者也在一直优化和升级。截至笔者整理本书书稿时，新蜂商城已经发布了 5 个重要的版本。

（1）新蜂商城 v1 版本，于 2019 年 10 月 9 日开源，主要技术栈为 Spring Boot + MyBatis + Thymeleaf。

（2）新蜂商城 Vue 2 版本，于 2020 年 5 月 30 日开源，主要技术栈为 Vue 2.6。

（3）新蜂商城 Vue 3 版本，于 2020 年 10 月 28 日开源，主要技术栈为 Vue 3。

（4）新蜂商城后台管理系统 Vue 3 版本，于 2021 年 3 月 29 日开源，主要技术栈为 Vue 3 + Element Plus。

（5）新蜂商城 Vue 3 升级版本，于 2021 年 6 月 2 日开源，增加了秒杀、优惠券等功能。

由于篇幅原因，笔者不可能将新蜂商城 3 个版本的开发内容都写在同一本书中。本书主要讲解新蜂商城 Vue 3 版本商城端，技术栈为 Spring Boot + Vue 3。

关于新蜂商城的版本迭代记录，笔者整理了重要版本的时间轴，如图 2-10 所示。

软件的需求是不断变化的，技术的更新迭代也越来越快，新蜂商城系统会一步步跟上技术演进的脚步，笔者在未来会不断地进行更新和完善。

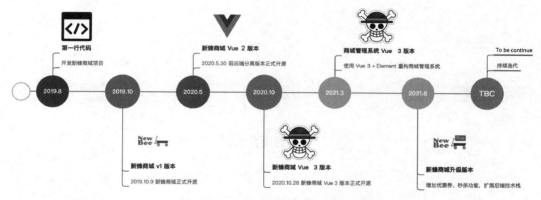

图 2-10　新蜂商城重要版本的时间轴

2.4　新蜂商城功能详解

商城系统属于大型项目，大型项目虽然复杂，但也不是完全无法实现。只要计划合理，选用的解决方案有效就能够完成。行业内普遍的一个解决方案就是"拆"。

"拆"的核心思路是化繁为简，即将大项目拆解成若干个小项目，将大系统拆分出若干个功能模块，将大功能拆解成若干个小功能，之后对各个环节或各个功能进行具体的实现和完善。比如做好功能、接口、表结构设计。具体到功能可能有实现登录、文件上传、分页、分类的三级联动、搜索、订单流程等。当开发人员将这些功能模块各个击破并且全部完善的时候，这个完整的项目就逐渐被建立起来了。

为了加深读者的理解并且让读者能够更好地学习该项目，下面笔者将项目中涉及的功能全部列举出来。

2.4.1 商城端功能整理

新蜂商城的商城端功能汇总如图 2-11 所示，主要包括商城首页、商品展示、商品搜索、会员模块、购物车模块、订单模块和支付模块。

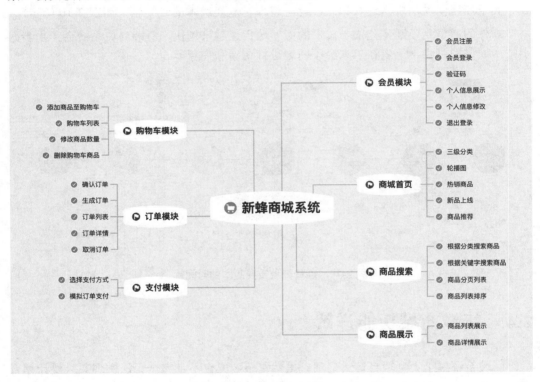

图 2-11 商城端功能汇总

2.4.2 后台管理系统功能整理

新蜂商城后台管理系统功能汇总如图 2-12 所示，主要包括系统管理员、轮播图管理、热销商品配置、新品上线配置、推荐商品配置、分类管理、商品管理、会员管理和订单管理。后台管理系统中的功能模块主要是为了让商城管理员操作运营数据及管理用户交易数据，通常就是基本的增、删、改、查的功能。

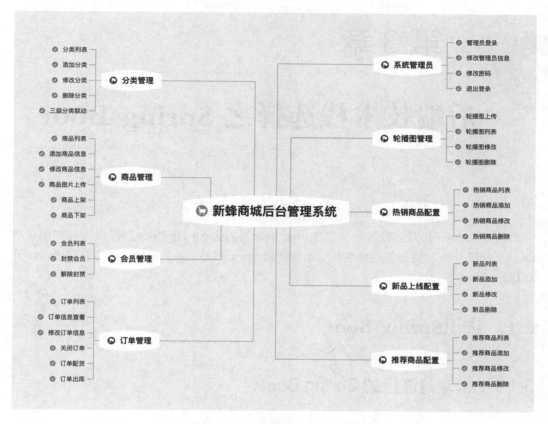

图 2-12　后台管理系统功能汇总

由于篇幅原因，本书主要讲解新蜂商城 Vue 3 版本商城端的内容，后台管理系统部分的讲解笔者会整理到另外一本书中。

第 3 章

后端技术栈选择之 Spring Boot

为什么 Java 开发人员需要掌握 Spring Boot？因为 Spring Boot 已经成为其在职业道路上"打怪升级"的必备技能包了。本章将对 Spring Boot 的基本情况、特点和优势展开具体讨论。

3.1 认识Spring Boot

3.1.1 越来越流行的 Spring Boot

Spring Boot 是目前 Java 社区最有影响力的技术之一，也是下一代企业级应用开发的首选技术。Spring Boot 是伴随 Spring 4 而产生的技术框架，具有良好的技术基因。在继承 Spring 框架所有优点的同时，Spring Boot 为开发人员带来了巨大的便利。与普通的 Spring 项目相比，Spring Boot 可以简化项目的配置和编码，使项目部署更方便，而且还为开发人员提供了"开箱即用"的良好体验，可以进一步提升开发效率。

Spring Boot 正在成为越来越流行的开发框架。从 Spring Boot 词条的百度指数可以明确地看出，开发人员对 Spring Boot 技术栈的关注度越来越高，如图 3-1 所示。

Spring Boot 以其优雅简单的启动配置和便利的开发模式深受好评，其开源社区也空前的活跃。截至 2022 年 4 月，Spring Boot 项目在 GitHub 网站上已经有 60.5k stars、36.1k forks（如图 3-2 所示），并且数量仍在高速增长。另外，各种基于 Spring Boot 的项目也如雨后春笋般出现在开发人员的面前,其受欢迎程度可见一斑。现在,很多技术团队在使用 Spring Boot 进行企业项目的开发。

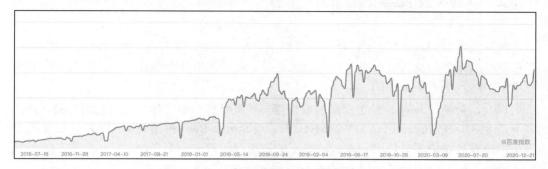

图 3-1　Spring Boot 词条的百度指数

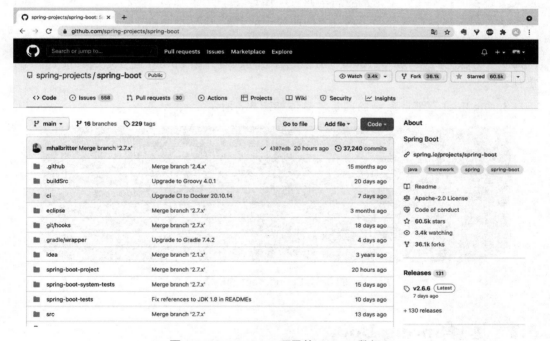

图 3-2　Spring Boot 项目的 GitHub 数据

笔者 2016 年开始接触并学习 Spring Boot。在完成第一个项目后,笔者立即被这种简捷的开发方式所震撼,并逐步将其运用到实际的项目开发中。

3.1.2　Java 开发者必备的技术栈

在五六年前，Java 开发工程师只要掌握 JSP 和 Servlet，并且有一些简单的项目经验，就可以获得很多面试机会。在面试中表现良好，得到录用并不困难。然而，在如今的大环境下，这几乎是不可能的。

现在，企业对 Java 开发工程师的要求更高，需要有一些实际开发项目的经验，并且多半是 SSM（Spring+Spring MVC+MyBatis）或 Spring Boot 相关的项目经验。如果求职简历中没有足够的项目经验，那么被投出的简历可能就会杳无音信。

Spring Boot 已经成为企业招聘要求的重要部分，这也使得 Spring Boot 成为 Java 开发人员必备的技术栈。无论是应届毕业生，还是有经验的 Java 开发人员，Spring Boot 技术栈及相关项目经验都已经成为他们简历中的必要元素。

除此之外，Java 技术社区和 Spring 官方团队也对 Spring Boot 有非常多的资源倾斜。Spring 官方极力推崇 Spring Boot，后续笔者会向读者介绍 Spring 官方对 Spring Boot 的重视。

Spring Boot 有着非常好的前景，具体如图 3-3 所示。

图 3-3　Spring Boot 的前景

3.2　选择Spring Boot

3.2.1　Spring Boot 的理念

关于 Spring Boot 的理念，可以通过 Spring 官网探知一二，如图 3-4 所示。

图 3-4 Spring Boot 的理念

在图 3-4 所示的页面中，Spring 官方毫不吝啬对 Spring Boot 的赞美之词，也极力推荐开发人员使用 Spring Boot 升级 Java 项目的代码。

同时，Spring 官方也引用了 Netflix 高级开发工程师的话："I'm very proud to say, as of early 2019, we've moved our platform almost entirely over to Spring Boot."其中的含义不言自明。

Spring 官方也在不断鼓励开发人员使用 Spring Boot，并使用 Spring Boot "升级"项目代码，进而达到优化 Java 项目的目的。图 3-4 是改版后的 Spring 官网，比改版之前的话术略微有一些改变。在 2018 年的 Spring 官网中，官方对 Spring Boot 的描述是"Spring Boot BUILD ANYTHING"。

翻译过来就是"用 Spring Boot 构造一切"。

2018 年的 Spring 官网如图 3-5 所示。Spring Boot 位于 Spring 3 个重量级产品的第一位，可以看出 Spring 官方非常重视 Spring Boot 的发展。

使用 Spring Boot 的目的在于用最少的 Spring 预先配置，让开发人员尽快构建和运行应用，最终创建产品级的 Spring 应用和服务。

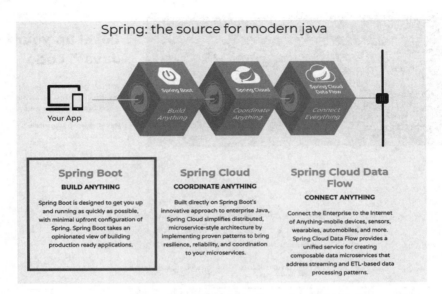

图 3-5　2018 年 Spring 官网对 Spring Boot 的描述文案

3.2.2　Spring Boot 可以简化开发

"当你终于把 Spring 的 XML 配置文件调试完成的时候，我已经用 Spring Boot 开发 N 个功能了。"

这可不是一句玩笑话，相信熟悉 Spring 开发项目的读者都深有体会。无论是 Spring 框架的初学者，还是具有经验的开发人员，对 Spring 项目的配置文件多少都会感到"头疼"，尤其在项目日渐庞大之后，纷繁复杂的 XML 配置文件让开发人员十分苦恼。在一个项目开发完成后，这种苦恼也许会消除，但是一旦接手新项目，又要复制、粘贴一些十分雷同的 XML 配置文件，周而复始地进行这种枯燥死板的操作让人不胜其烦。

Spring Boot 的横空出世解决了这个问题。Spring Boot 通过大量的自动化配置等方式简化了原 Spring 项目开发过程中开发人员的配置步骤。其中，大部分模块的设置和类的装载都由 Spring Boot 预先做好，使得开发人员不用重复地进行 XML 配置，极大地提升了开发人员的工作效率。开发人员可以更加注重业务的实现而不是繁杂的配置工作，从而可以快速地构建应用。这也是"你在配置 XML 的时候我已经开发了 N 个功能"的原因。

框架的封装和抽象程度的完善提高了代码的复用性和项目的可维护性，也降低了开发和学习成本，能加快开发进度并最终形成行业开发标准。从这个角度来说，越简捷的开发模式就越能减轻开发人员的负担并提升开发效率，行业内普遍认可并接受的框架也会越来越流行，并最终形成一套用户都认可的开发标准。Spring Boot 正在逐渐改变原有的开发模式，形成行业认可的开发标准。接下来笔者将总结 Spring Boot 的几个重要特性及其优势。

3.2.3 Spring Boot 的其他特性

1. 继承 Spring 的优点

Spring Boot 来自 Spring 家族，因此 Spring 所具有的功能和优点，Spring Boot 都拥有。Spring 官方还对 Spring Boot 做了大量的封装和优化，从而使开发人员更容易上手和学习。相对于 Spring 来说，使用 Spring Boot 完成同样的功能和效果，开发人员需要操作和编码的工作更少了。

2. 可以快速创建独立运行的 Spring 项目

Spring Boot 简化了基于 Spring 的应用开发，通过少量的代码就能快速构建一个个独立的、产品级别的 Spring 应用。

Spring Initializr 方案是 Spring 官方提供的创建新 Spring Boot 项目的不错选择。开发人员以往根据自身业务需求选择和加载可能使用的依赖，现在使用官方的初始化方案创建 Spring Boot 项目能够确保获得经过测试和验证的依赖项，这些依赖项适用于自动配置，能够极大地简化项目创建流程。同时，IDEA 和 STS 编辑器也支持这种直接初始化 Spring Boot 项目的方式，使开发人员在一分钟之内就可以完成一个项目的初始化工作。

3. 习惯优于配置

Spring Boot 遵循习惯优于配置的原则，在使用 Spring Boot 后，开发人员只需要进行很少的配置甚至零配置即可完成项目开发，因为大多数情况下使用 Spring Boot 默认配置即可。

4. 拥有大量的自动配置

自动进行 Spring 框架的配置，可以节省开发人员大量的时间和精力，能够让开发人员专注在业务逻辑代码的编写上。

5. starter 自动依赖与版本控制

Spring Boot 通过一些 starter 的定义可以减少开发人员在依赖管理上所花费的时间。

开发人员在整合各项功能的时候，不需要自己搜索和查找所需依赖，可以在 Maven 的 pom 文件中进行定义。可以将 starter 简单地理解为"场景启动器"，开发人员可以在不同的场景和功能中引入不同的 starter。如果需要开发 Web 项目，就在 pom 文件中导入 spring-boot-starter-web。在 Web 项目开发中所需的依赖都已经被放入 spring-boot-starter-web 中了，无须再次导入 Servlet、Spring MVC 等所需要的 JAR 包。在项目中如果需要使用 JDBC，在 pom 文件中导入 spring-boot-starter-jdbc 即可。针对其他企业级开发中遇到的各种场景，Spring Boot 都有相关 starter。如果没有对应的 starter，开发人员也可以自行定义。

使用 Spring Boot 开发项目可以非常方便地进行包管理，所需依赖及依赖 JAR 包的关系和版本都由 starter 自行维护，在很大程度上减少了维护依赖版本所造成的 JAR 包冲突或依赖的版本冲突。

Spring Boot 官方 starter 节选如图 3-6 所示。详细内容可以参考 Spring Boot-starter-*。

Name	Description	Pom
spring-boot-starter	Core starter, including auto-configuration support, logging and YAML	Pom
spring-boot-starter-activemq	Starter for JMS messaging using Apache ActiveMQ	Pom
spring-boot-starter-amqp	Starter for using Spring AMQP and Rabbit MQ	Pom
spring-boot-starter-aop	Starter for aspect-oriented programming with Spring AOP and AspectJ	Pom
spring-boot-starter-artemis	Starter for JMS messaging using Apache Artemis	Pom
spring-boot-starter-batch	Starter for using Spring Batch	Pom
spring-boot-starter-cache	Starter for using Spring Framework's caching support	Pom
spring-boot-starter-cloud-connectors	Starter for using Spring Cloud Connectors which simplifies connecting to services in cloud platforms like Cloud Foundry and Heroku. Deprecated in favor of Java CFEnv	Pom
spring-boot-starter-data-cassandra	Starter for using Cassandra distributed database and Spring Data Cassandra	Pom
spring-boot-starter-data-cassandra-reactive	Starter for using Cassandra distributed database and Spring Data Cassandra Reactive	Pom
spring-boot-starter-data-couchbase	Starter for using Couchbase document-oriented database and Spring Data Couchbase	Pom
spring-boot-starter-data-couchbase-reactive	Starter for using Couchbase document-oriented database and Spring Data Couchbase Reactive	Pom
spring-boot-starter-data-elasticsearch	Starter for using Elasticsearch search and analytics engine and Spring Data Elasticsearch	Pom
spring-boot-starter-data-jdbc	Starter for using Spring Data JDBC	Pom
spring-boot-starter-data-jpa	Starter for using Spring Data JPA with Hibernate	Pom
spring-boot-starter-data-ldap	Starter for using Spring Data LDAP	Pom
spring-boot-starter-data-mongodb	Starter for using MongoDB document-oriented database and Spring Data MongoDB	Pom
spring-boot-starter-data-mongodb-reactive	Starter for using MongoDB document-oriented database and Spring Data MongoDB Reactive	Pom
spring-boot-starter-data-neo4j	Starter for using Neo4j graph database and Spring Data Neo4j	Pom
spring-boot-starter-data-redis	Starter for using Redis key-value data store with Spring Data Redis and the Lettuce client	Pom
spring-boot-starter-data-redis-reactive	Starter for using Redis key-value data store with Spring Data Redis reactive and the Lettuce client	Pom
spring-boot-starter-data-rest	Starter for exposing Spring Data repositories over REST using Spring Data REST	Pom

图 3-6　Spring Boot 官方 starter 节选

6. 使用嵌入式的 Servlet 容器

Spring Boot 直接嵌入 Tomcat、Jetty 或 Undertow 作为 Servlet 容器，降低了对环境的要求，在开发和部署时都无须安装相关 Web 容器，调试方便。在开发完成后，可以将项目打包为 JAR 包，并使用命令行直接启动项目，简化部署环节，省去了打包并发布到 Servlet 容器中的流程。

使用嵌入式的 Servlet 容器使得开发调试环节和部署环节的工作量有所减少，同时开发人员也可以通过 Spring Boot 配置文件修改内置 Servlet 容器的配置，简单又灵活。

7. 对主流框架无配置集成，使用场景全覆盖

Spring Boot 集成的技术栈丰富，不同公司使用的技术框架大部分可以无配置集成，即使不行，也可以通过自定义 spring-boot-starter 进行快速集成。这就意味着 Spring Boot 的应用场景非常广泛，包括常见的 Web、SOA 和微服务等应用。

在 Web 应用中，Spring Boot 提供了 spring-boot-starter-web 支持 Web 开发。spring-boot-starter-web 为开发人员提供了嵌入的 Tomcat 和 Spring MVC 的依赖，可以快速构建 MVC 模式的 Web 工程。在 SOA 和微服务中，用 Spring Boot 可以包装每个服务。Spring Cloud 是一套基于 Spring Boot 实现分布式系统的工具，适用于构建微服务。Spring Boot 提供了 spring-boot-starter-websocket 来快速实现消息推送，同时也可以整合流行的 RPC 框架，提供 RPC 服务接口（只要简单地加入对应的 starter 组件即可）。

从以上各个特性可以看出，Spring Boot 改进了 Spring 项目开发过程中冗余复杂的弊端。另外，引入 spring-boot-start-actuator 依赖并进行相应的设置即可获取 Spring Boot 进程的运行期性能参数，让运维人员也能体验 Spring Boot 的魅力。

随着不断学习和使用 Spring Boot，它的这些优点和特性会越来越清晰地构建在读者的脑海中。

由于 Spring 官方力推，加上 Spring Boot 框架本身足够成熟，因此 Spring Boot 在开源社区、Java 平台和企业项目实战中都处于炙手可热的状态。各类公司和技术团队都在使用和推广 Spring Boot，它已经成为技术人员需要常规掌握的开发框架，更是 Java 求职者简历中不可或缺的技能。

第 4 章

后端代码运行环境及开发工具安装

工欲善其事，必先利其器。本章介绍搭建 Spring Boot 项目的基础开发环境，包括 JDK 的安装和配置、Maven 的安装和配置，以及开发工具 IDEA 的安装和配置。

4.1 JDK的安装和配置

由于 Spring Boot 2.x 版本要求 Java 8 作为最低语言版本，因此需要安装 JDK 8 或以上版本运行。而目前大部分公司或 Java 开发人员都在使用 Java 8，因此笔者选择 JDK 8 进行安装和配置。

4.1.1 下载安装包

JDK 的安装包可以在 Oracle 官网免费下载。在下载之前，需要确定所使用的计算机的系统信息，这里以 Windows 系统为例。在计算机桌面上右击"计算机"或"此电脑"，在弹出的快捷菜单中选择"系统属性"选项，在打开的对话框中查看"系统类型"。如果是 64 位操作系统，则需要下载对应的 64 位 JDK 安装包；如果是 32 位操作系统，则需要下载对应的 32 位 JDK 安装包。

打开浏览器，在 Oracle 官网找到对应的 JDK 下载页面。

如果还没有 Oracle 官网的账号，则需要注册一个账号，否则无法在 Oracle 官网下载 JDK 安装包，注册页面如图 4-1 所示。

第 4 章　后端代码运行环境及开发工具安装

图 4-1　Oracle 官网注册页面

在 JDK 下载页面中可以看到不同系统的安装包，选择对应的 JDK 安装包进行下载，如图 4-2 所示。

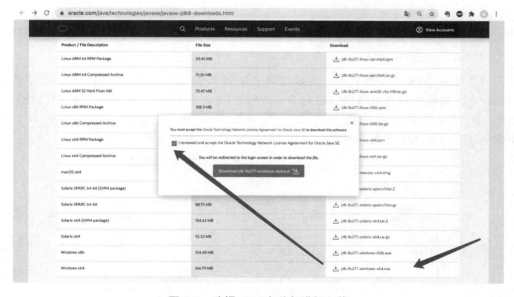

图 4-2　选择 JDK 安装包进行下载

笔者选择 Windows x64 的 JDK 安装包，下载前需要同意 Oracle 的许可协议，否则无法下载。

4.1.2　安装 JDK

JDK 安装包下载完成后，双击下载好的"jdk-8u271-windows-x64.exe"文件进行安装，会出现 JDK 安装界面，如图 4-3 所示。

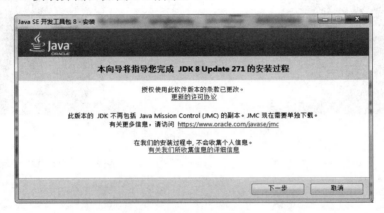

图 4-3　JDK 安装界面

按照 JDK 安装界面的提示，依次单击"下一步"按钮即可完成安装。

需要注意 JDK 的安装路径，可以选择安装到 C 盘的默认路径，也可以自行更改安装路径，比如笔者将安装路径修改为 D:\Java\jdk1.8.0_271。另外，因为 JDK 中已经包含 JRE，所以在安装过程中需要取消公共 JRE 的安装。在安装完成后，可以看到 D:\Java\jdk1.8.0_271 目录下的文件（如图 4-4 所示），表示 JDK 安装成功了。

图 4-4　JDK 安装文件

4.1.3 配置环境变量

JDK 安装成功后，还需要配置 Java 的环境变量，具体步骤如下。

（1）在计算机桌面上右击"计算机"或"此电脑"，在弹出的快捷菜单中选择"属性"选项，打开"设置"窗口，选择"高级系统设置"选项，在弹出的"系统属性"对话框中选择"高级"选项卡，单击"环境变量"按钮。

（2）在弹出的"环境变量"对话框中，单击"系统变量"下方的"新建"按钮，弹出"新建系统变量"对话框，在"变量名"文本框中输入"JAVA_HOME"；在"变量值"文本框中输入安装步骤时选择的 JDK 安装目录，比如"D:\Java\jdk1.8.0_271"，之后单击"确定"按钮，如图 4-5 所示。

编辑 Path 变量，在变量的末尾添加如下代码：

```
;%JAVA_HOME%\bin;%JAVA_HOME%\jre\bin;
```

具体如图 4-6 所示。

图 4-5 新建 JAVA_HOME 环境变量

图 4-6 编辑 Path 环境变量

（3）添加 CLASS_PATH 变量，方法与添加 JAVA_HOME 变量的方法一样，变量名为"CLASS_PATH"，变量值为";%JAVA_HOME%\lib;%JAVA_HOME%\lib\tools.jar"。

至此，环境变量设置完成。

4.1.4 JDK 环境变量验证

在完成环境变量配置后，还需要验证配置是否正确。

打开 cmd 命令窗口，输入 java-version 命令和 javac-version 命令。刚入门的读者在安装 JDK 后一定要运行 javac-version 命令，笔者已经遇到多次只安装 JRE 环境而未安装 JDK 环境的情况了，只运行 java-version 命令无法判断是否已正确安装 JDK 环境。运行 java -version 命令正常，而运行 javac -version 命令出现错误，一定是未正确安装 JDK 环境。

这里演示安装的 JDK 版本为 1.8.0_271，如果环境变量配置正确，则命令窗口会输出正确的 JDK 版本号：

```
java version "1.8.0_271"
```

如果验证结果如图 4-7 所示，则表示 JDK 安装成功。如果输入命令后报错，则需要检查在环境变量配置步骤中是否存在路径错误或拼写错误并进行改正。

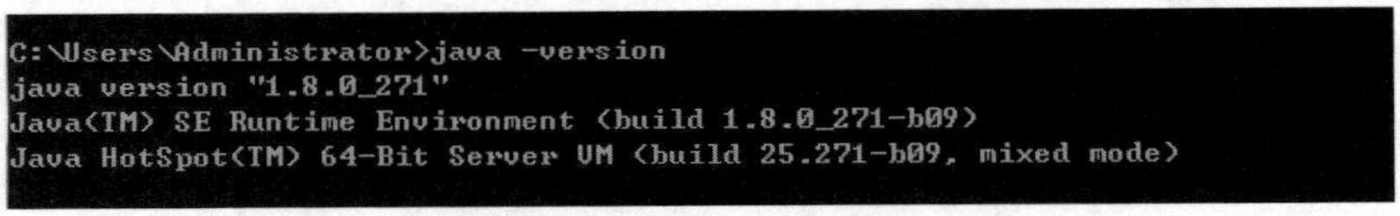

```
C:\Users\Administrator>java -version
java version "1.8.0_271"
Java(TM) SE Runtime Environment (build 1.8.0_271-b09)
Java HotSpot(TM) 64-Bit Server VM (build 25.271-b09, mixed mode)
```

图 4-7 JDK 安装验证结果

4.2 Maven 的安装和配置

Maven 是 Apache 的一个软件项目管理和构建工具，它可以对 Java 项目进行构建和依赖管理。本书中的所有源码都选择 Maven 作为项目依赖管理工具，本节将讲解 Maven 的安装和配置。

当然，Gradle 也是目前比较流行的项目管理工具，感兴趣的读者可以尝试使用。

4.2.1 下载安装包

打开浏览器，在 Apache 官网找到 Maven 下载页面，其下载文件列表如图 4-8 所示。单击"apache-maven-3.6.3-bin.zip"即可完成下载。

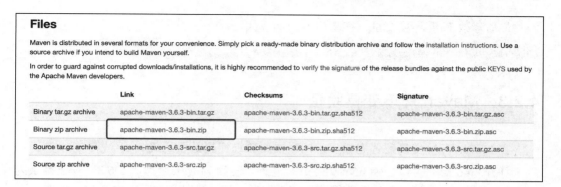

图 4-8　Maven 下载文件列表

4.2.2　安装并配置 Maven

安装 Maven 并不像安装 JDK 那样需要执行安装程序，直接将下载的安装包解压到相应的目录下即可。这里笔者解压到 D:\maven\apache-maven-3.6.3 目录下，如图 4-9 所示。

图 4-9　Maven 解压目录

下面配置 Maven 命令的环境变量，步骤与配置 JDK 环境变量的步骤类似。在"环境变量"对话框中，单击"系统变量"下方的"新建"按钮，弹出"新建系统变量"对话框，在"变量名"文本框中输入"MAVEN_HOME"，在"变量值"文本框中输入安装目录，比如"D:\maven\apache-maven- 3.6.3"，单击"确定"按钮，如图 4-10 所示。

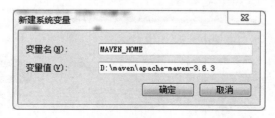

图 4-10　新建 MAVEN_HOME 环境变量

最后修改 Path 环境变量，在末尾增加如下代码：

;%MAVEN_HOME%\bin;

4.2.3 Maven 环境变量验证

在 Maven 环境变量配置完成后，同样需要验证配置是否正确。

打开 cmd 命令窗口，输 mvn-v 命令。笔者安装的 Maven 版本为 3.6.3，安装目录为 D:\maven\apache-maven-3.6.3。如果环境变量配置正确，则在命令窗口中会输出如图 4-11 所示的验证结果，表示 Maven 安装成功。

图 4-11　Maven 安装验证结果

如果在输入命令后报错，则需要检查在环境变量配置步骤中是否存在路径错误或拼写错误并进行改正。

4.2.4 配置国内 Maven 镜像

完成以上操作后就可以正常使用 Maven 工具了。为了获得更好的使用体验，建议国内开发人员修改一下 Maven 的配置文件。

国内开发人员在使用 Maven 下载项目的依赖文件时，通常会遇到下载速度缓慢的情况，甚至出现"编码 5 分钟，启动项目半小时"的窘境，这是因为 Maven 的中央仓库在国外的服务器中，如图 4-12 所示。

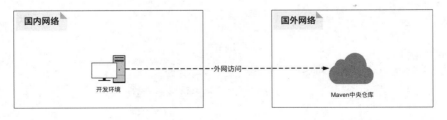

图 4-12　Maven 中央仓库示意图

每次下载新的依赖文件时都需要通过外网访问 Maven 中央仓库,如果不对配置进行优化,就会极大地影响开发流程。笔者建议使用国内公司提供的中央仓库镜像,比如阿里云的镜像、华为云的镜像;还有一种做法是自己搭建一个私有的中央仓库,并修改 Maven 配置文件中的 mirror 标签来设置镜像仓库。

下面以阿里云镜像仓库为例,介绍配置国内 Maven 镜像,加快依赖的访问速度的方式。

进入 Maven 安装目录 D:\maven\apache-maven-3.6.3,在 conf 文件夹中打开 settings.xml 配置文件,添加阿里云镜像仓库的链接,修改后的 settings.xml 配置文件如下:

```xml
<?xml version="1.0" encoding="UTF-8"?>
<settings xmlns="http://maven.apache.org/SETTINGS/1.0.0"
        xmlns:xsi="http://www.w3.org/2001/XMLSchema-instance"
        xsi:schemaLocation="http://maven.apache.org/SETTINGS/1.0.0
http://maven.apache.org/xsd/settings-1.0.0.xsd">

<!-- 本地仓库的路径设置的是 D 盘 maven/repo 目录下(自行配置一个文件夹即可,默认是 ~/.m2/repository) -->
<localRepository>D:\maven\repo</localRepository>

<!-- 配置阿里云镜像服务器-->
<mirrors>
  <mirror>
     <id>alimaven</id>
     <name>aliyun maven</name>
     <url>http://maven.aliyun.com/nexus/content/groups/public/</url>
     <mirrorOf>central</mirrorOf>
  </mirror>
</mirrors>
</settings>
```

配置完成后,可以直接访问国内的镜像仓库,使 Maven 下载 JAR 包依赖的速度更快,可以节省很多时间,如图 4-13 所示。

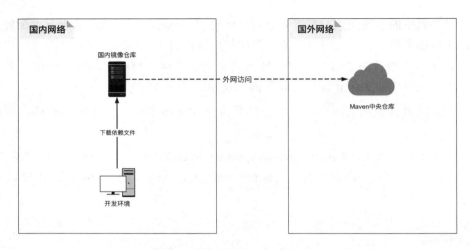

图 4-13　访问 Maven 国内镜像仓库

4.3　开发工具IDEA的安装和配置

4.3.1　下载 IDEA

打开浏览器，登录 JetBrains 官网，打开 IDEA 页面后能够查看其基本信息和特性介绍，如图 4-14 所示。感兴趣的读者可以在该页面了解 IDEA 编辑器更多的信息。

图 4-14　IDEA 编辑器介绍页面

单击页面中的"Download"按钮,打开 IDEA 编辑器的下载页面,如图 4-15 所示。笔者在整理本章的书稿时,IDEA 编辑器的最新版本为 2021.2.3。

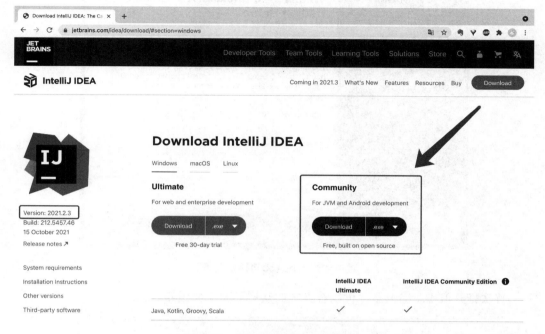

图 4-15　IDEA 编辑器的下载页面

在 IDEA 编辑器的下载页面中可以看到两种收费模式的版本。

- Ultimate 为商业版本,需要付费购买使用,功能更加强大,插件更多,使用起来也会更加顺手,可以免费使用 30 天。
- Community 为社区版本,可以免费使用,功能和插件相较于付费版本有一定的减少,不过对于项目开发并没有太大的影响。

根据所使用的系统版本下载对应的安装包即可,本书以 Community 社区版本为例进行讲解。

4.3.2　安装 IDEA 及其功能介绍

下载完成后,双击下载的安装包程序,按照 IDEA 安装界面的提示,依次单击"Next"按钮完成安装,如图 4-16 所示。

图 4-16　IDEA 编辑器安装界面

首次打开 IDEA 编辑器，可以看到它的欢迎界面，如图 4-17 所示。

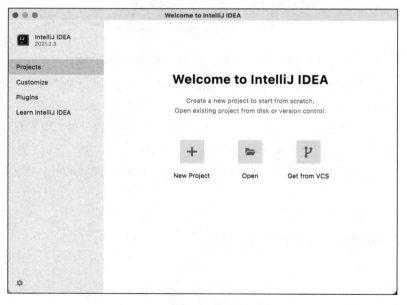

图 4-17　IDEA 编辑器欢迎界面

欢迎界面中有 3 个按钮，功能分别如下。

- New Project：创建一个新项目。
- Open：打开计算机中一个已有的项目。
- Get from VCS：通过版本控制上的项目获取一个项目，比如 GitHub、Gitee、GitLab 或自建的版本控制系统。

在创建或打开一个项目后，进入 IDEA 编辑器界面。这里以一个基本的 Spring Boot 项目为例进行介绍（关于 Spring Boot 项目的创建方式会在后续章节中介绍）。打开项目后，IDEA 编辑器界面如图 4-18 所示。

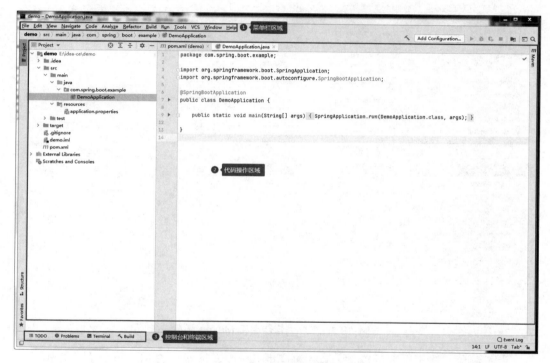

图 4-18　IDEA 编辑器界面

由上至下，依次为菜单栏区域、代码操作区域、控制台和终端区域。代码操作区域是开发时主要操作的区域，包括项目结构、代码编辑区、Maven 工具栏。菜单栏区域的主要作用是放置功能配置的按钮和增强功能的按钮。控制台和终端区域主要显示项目信息、程序运行日志、代码的版本提交记录、终端命令行等内容。

4.3.3 配置 IDEA 的 Maven 环境

IDEA 编辑器是自带 Maven 环境的，如图 4-19 所示。

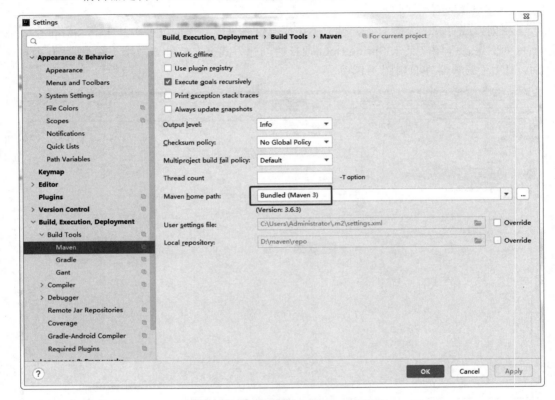

图 4-19　IDEA 编辑器自带 Maven 环境

为了避免一些不必要的麻烦，笔者建议将 IDEA 编辑器中的 Maven 设置为之前已经全局设置的 Maven 环境。

想让之前安装的 Maven 可以正常地在 IDEA 中使用，需要进行以下配置：依次单击菜单栏中的"File"→"Settings"→"Build,Execution,Deployment"→"Build Tools"→"Maven"，在 Maven 设置对话框中配置 Maven 目录和 settings.xml 配置文件位置，如图 4-20 所示。

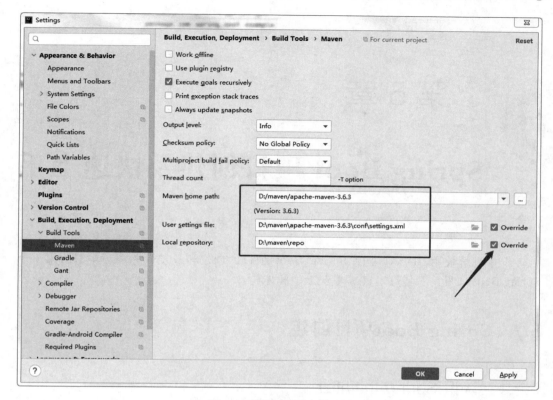

图 4-20　配置 Maven 环境

　　磨刀不误砍柴工，准备好基本的开发环境和开发工具才有利于后续的编码实践。这里还要提醒读者，如果已经习惯使用其他代码编辑工具，则可以继续使用。这里只是考虑到对 Spring Boot 项目的支持，笔者建议使用 IDEA 编辑器。本书使用的 MySQL 数据库版本为 5.7，为了避免一些问题，建议读者使用 MySQL 5.7 或以上版本。本书中的所有源码选择的 Spring Boot 版本为 2.3.7，要求 JDK 的最低版本为 JDK 8，建议读者安装 JDK 8 及以上版本。

第 5 章

Spring Boot 项目创建及快速上手

本章讲解使用 IDEA 进行 Spring Boot 项目的创建和开发，并编写本书的第一个 Spring Boot 项目，希望读者能够尽快上手和体验。

5.1 Spring Boot项目创建

5.1.1 认识 Spring Initializr

Spring 官方提供 Spring Initializr 进行 Spring Boot 项目的初始化。这是一个在线生成 Spring Boot 基础项目的工具，可以将其理解为 Spring Boot 项目的"初始化向导"，可以帮助开发人员快速创建一个 Spring Boot 项目。接下来讲解如何使用 Spring Initializr 快速初始化一个 Spring Boot 骨架工程。

访问 Spring 官方提供的 Spring Initializr 网站，打开浏览器并输入 Spring Initializr 的网址，如图 5-1 所示。

从图 5-1 中可以看到 Spring Initializr 页面展示的内容。如果想初始化一个 Spring Boot 项目，需要提前对其进行简单的配置，我们直接对页面中的配置项进行勾选和输入即可。在默认情况下，相关配置项已经有缺省值，可以根据实际情况进行简单的修改。

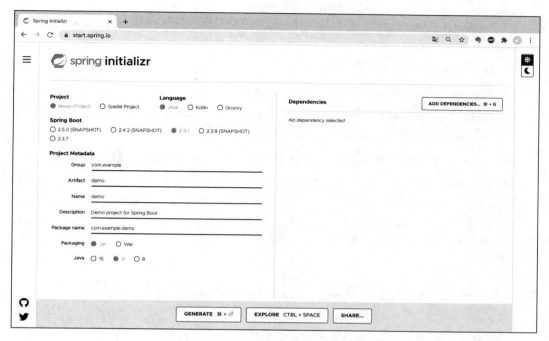

图 5-1　Spring Initializr 页面

5.1.2　Spring Boot 项目初始化配置

Spring Boot 项目需要配置的参数如下。

- Project：表示将要初始化的 Spring Boot 项目类型，可以选择 Maven 构建方式或 Gradle 构建方式，这里选择常用的 Maven 构建方式。

- Language：表示选择编程语言，支持 Java、Kotlin 和 Groovy。

- Spring Boot：表示将要初始化的 Spring Boot 项目所使用的 Spring Boot 版本。由于版本更新迭代较快，因此 Spring Initializr 页面只会展示最新的几个 Spring Boot 版本号。其他的版本号虽然不会在这里展示，但是依然可以正常使用。

- Project Metadata：表示项目的基本设置，包括项目包名的设置、打包方式和 JDK 版本的选择等。

- Group：即 GroupID，是项目组织的标识符，实际对应 Java 的包结构，是 main 目录里 Java 的目录结构。

- Artifact：即 ArtifactId，是项目的标识符，实际对应项目的名称，也就是项目根目录的名称。
- Description：表示项目描述信息。
- Package name：表示项目包名。
- Packaging：表示项目的打包方式，有 JAR 和 WAR 两种选择。在 Spring Boot 项目初始化时，如果选用的方式不同，那么导入的打包插件也有区别。
- Java：表示 JDK 的版本，有 15、11 和 8 共 3 个版本供开发人员选择。
- Dependencies：表示将要初始化的 Spring Boot 项目所需的依赖和 starter（场景启动器）。如果不选择此项，则在默认生成的项目中仅有核心模块 spring-boot-starter 和测试模块 spring-boot-starter-test。在这个配置项中可以设置项目所需的 starter，比如 Web 开发所需的依赖、数据库开发所需的依赖等。

5.1.3 使用 Spring Initializr 初始化一个 Spring Boot 项目

Spring Initializr 页面中的配置项需要开发人员逐一进行设置，过程非常简单，根据项目情况依次填写即可。

在本书演示中，开发语言选择 Java。因为本地安装的项目管理工具是 Maven，所以 Project 项目类型选择 Maven Project。Spring Boot 版本选择 2.3.7，根据实际开发情况也可以选择其他稳定版本。即使在这里已经选择了一个版本号，在初始化成功后也能够在项目中的 pom.xml 文件或 build.gradle 文件中修改 Spring Boot 版本号。

在项目基本信息设置界面中，在 Group 文本框中输入"ltd.newbee.mall"，在 Artifact 文本框中输入"newbee-mall"，在 Name 文本框中输入"newbee-mall"，在 Description 文本框中输入"NEWBEE 商城"，在 Package name 文本框中输入"ltd.newbee.mall"，Packaging（打包方式）选择 Jar，JDK 版本选择 8。

由于即将开发的是一个 Web 项目，因此需要添加 web-starter 依赖，单击 Dependencies 右侧的"ADD DEPENDENCIES"按钮，在弹出的设置界面中输入关键字"web"并选择"Spring Web：Build web, including RESTful, applications using Spring MVC. Uses Apache Tomcat as the default embedded container"，如图 5-2 所示。

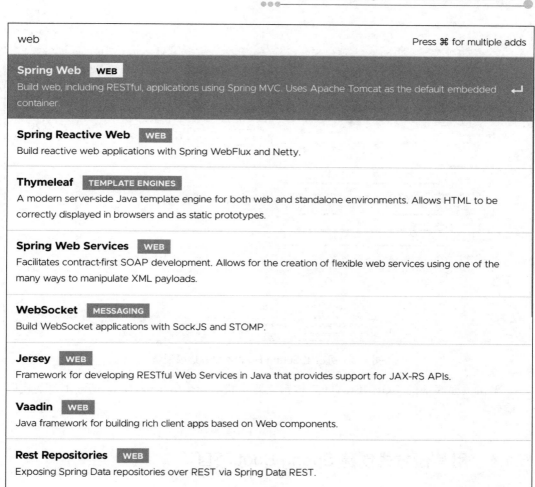

图 5-2　选择 web-starter 依赖

很明显，该项目将会采用 Spring MVC 开发框架并且使用 Tomcat 作为默认的嵌入式容器。

至此，初始化 Spring Boot 项目的选项设置完成，如图 5-3 所示。

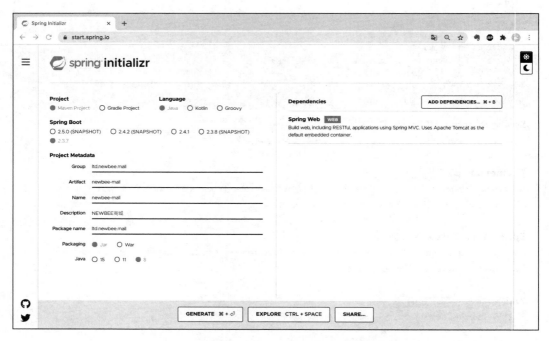

图 5-3　初始化 Spring Boot 项目的选项配置

单击页面底部的"GENERATE"按钮，即可获取一个 Spring Boot 基础项目的代码压缩包。

5.1.4　用其他方式创建 Spring Boot 项目

除使用官方推荐的 Spring Initializr 方式创建 Spring Boot 项目外，开发人员也可以使用其他方式创建 Spring Boot 项目。

1. 使用 IDEA 编辑器初始化 Spring Boot 项目

在 IDEA 编辑器中内置了初始化 Spring Boot 项目的插件，可以直接新建一个 Spring Boot 项目，创建过程如图 5-4 所示。

需要注意的是，这种方式仅支持在商业版本的 IDEA 编辑器中新建 Spring Boot 项目，社区版本的 IDEA 编辑器在默认情况下不支持。

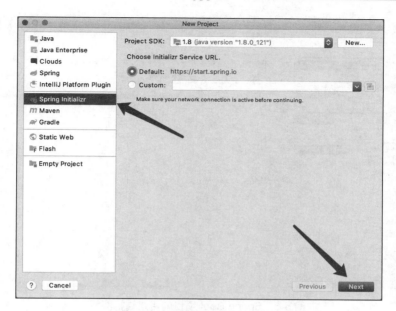

图 5-4　使用 IDEA 编辑器初始化 Spring Boot 项目

2. 使用 Maven 命令行新建 Spring Boot 项目

使用 Maven 命令也可以新建一个项目，操作方式如下。

打开命令行工具并将目录切换到对应的文件夹中，之后运行以下命令：

```
mvn archetype:generate -DinteractiveMode=false -DgroupId=ltd.newbee.mall -DartifactId=newbee-mall -Dversion=0.0.1-SNAPSHOT
```

在构建成功后会生成一个 Maven 骨架项目。由于生成的项目仅是骨架项目，因此在 pom.xml 文件中需要自己添加依赖，主方法的启动类也需要自行添加。该方法没有前面讲解的两种创建方法方便快捷，因此不推荐。

当然，如果计算机中已经存在 Spring Boot 项目，则直接打开即可。单击"Open"按钮弹出文件选择框，选择想要导入的项目目录，导入成功后就可以进行 Spring Boot 项目开发了。

5.2　Spring Boot 项目的目录结构介绍

在使用 IDEA 编辑器打开项目后，就可以看到 Spring Boot 项目的目录结构，如图 5-5 所示。

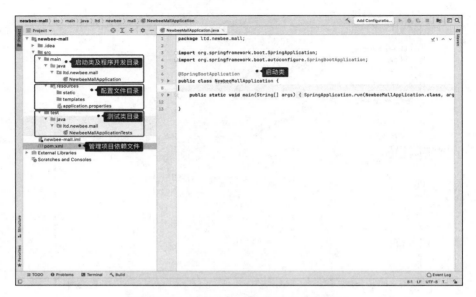

图 5-5　Spring Boot 项目的目录结构图解

Spring Boot 的目录结构主要由以下部分组成：

```
newbee-mall
├── src/main/java
├── src/main/resources
├── src/test/java
    └── pom.xml
```

- src/main/java 是 Java 程序开发目录，开发人员在该目录下进行业务代码的开发。这个目录对于 Java Web 开发人员来说应该比较熟悉，唯一的不同是 Spring Boot 项目中会多一个主程序类。

- src/main/resources 是配置文件目录，主要用于存放静态文件、模板文件和配置文件。它与普通的 Spring 项目有一些区别，该目录下有 static 和 templates 两个目录，是 Spring Boot 项目默认的静态资源文件目录和模板文件目录。在 Spring Boot 项目中是没有 webapp 目录的，它默认使用 static 和 templates 两个文件夹。static 目录用于存放静态资源文件，如 JavaScript 文件、图片、CSS 文件。templates 目录用于存放模板文件，如 Thymeleaf 模板文件和 FreeMarker 文件。

- src/test/java 是测试类文件夹，与普通的 Spring 项目差别不大。

- pom.xml 文件用于配置项目依赖。

以上即为 Spring Boot 项目的目录结构，与普通的 Spring 项目存在一些差异，但是在正常开发过程中这个差异的影响并不大。真正差别较大的地方是部署和启动方式，接下来将详细介绍 Spring Boot 项目的启动方式。

5.3 启动 Spring Boot 项目

5.3.1 在 IDEA 编辑器中启动 Spring Boot 项目

IDEA 编辑器对 Spring Boot 项目非常友好，项目导入成功后会被自动识别为 Spring Boot 项目，可以很快地进行启动操作。

在 IDEA 编辑器中，有以下 3 种方式可以启动 Spring Boot 项目。

- 单击主程序类上的"启动"按钮：打开程序启动类，比如本书演示的 NewBeeMall Application.java，在 IDEA 代码编辑区域可以看到左侧有两个绿色的三角形"启动"按钮，单击任意一个按钮即可启动 Spring Boot 项目。
- 右击运行 Spring Boot 的主程序类：与普通 Java 类的启动方式类似，在左侧 Project 侧边栏或类文件编辑器中，执行右击操作，可以看到启动 main()方法的选项，选择 "Run 'NewbeeMallApplication.main()'"选项即可启动 Spring Boot 项目，如图 5-6 所示。

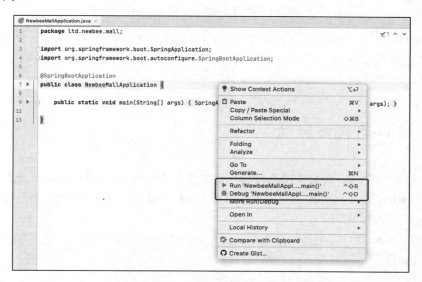

图 5-6　右击运行 Spring Boot 的主程序类

- 单击工具栏中的"Run"按钮或"Debug"按钮：单击工具栏中的"Run"按钮或"Debug"按钮，也可以启动 Spring Boot 项目，如图 5-7 所示。

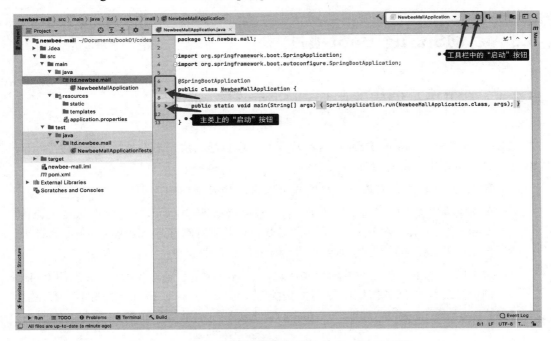

图 5-7 单击工具栏中的按钮启动 Spring Boot 项目

Spring Boot 项目的启动比普通的 Java Web 项目的启动更便捷，减少了几个中间步骤，不用配置 Servlet 容器，也不用打包并且发布到 Servlet 容器再启动，而是直接运行主方法启动，其开发、调试都十分方便且节省时间。

5.3.2　Maven 插件启动

在项目初始化时，为配置项选择的项目类型为 Maven Project，在 pom.xml 文件中会默认引入 spring-boot-maven-plugin 插件依赖，因此可以直接使用 Maven 命令启动 Spring Boot 项目，插件配置如下：

```
<build>
    <plugins>
        <plugin>
            <groupId>org.springframework.boot</groupId>
```

```
            <artifactId>spring-boot-maven-plugin</artifactId>
        </plugin>
    </plugins>
</build>
```

如果在 pom.xml 文件中没有该 Maven 插件配置，则无法通过这种方式启动 Spring Boot 项目，这一点需要读者注意。

使用 Maven 插件启动 Spring Boot 项目的步骤如下：首先单击界面下方工具栏中的"Terminal"按钮，打开命令行窗口，然后在命令行中输入 mvn spring-boot:run 命令并执行，即可启动 Spring Boot 项目，如图 5-8 所示。

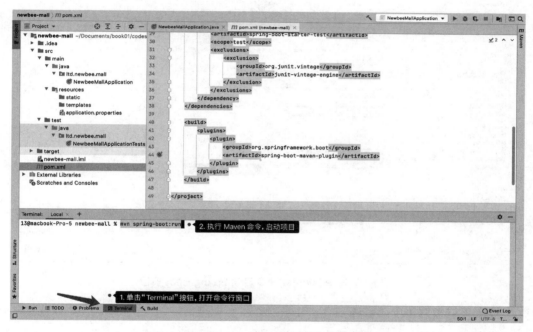

图 5-8　使用 Maven 插件启动 Spring Boot 项目

5.3.3　java -jar 命令启动

在项目初始化时，为配置项选择的打包方式为 JAR，那么当项目开发完成时，打包后的结果就是一个 JAR 包文件。通过 Java 命令行运行 JAR 包的命令为 java -jar xxx.jar，因此可以使用这种方式启动 Spring Boot 项目，如图 5-9 所示。具体启动步骤如下。

(1)单击界面下方工具栏中的"Terminal"按钮,打开命令行窗口。

(2)使用 Maven 命令将项目打包,执行的命令为"mvn clean package -Dmaven.test.skip=true",等待打包结果即可。

(3)打包成功后进入 target 目录,切换目录的命令为"cd target"。

(4)启动已经生成的 JAR 包文件,执行的命令为"java -jar newbee-mall-0.0.1-SNAPSHOT.jar"。

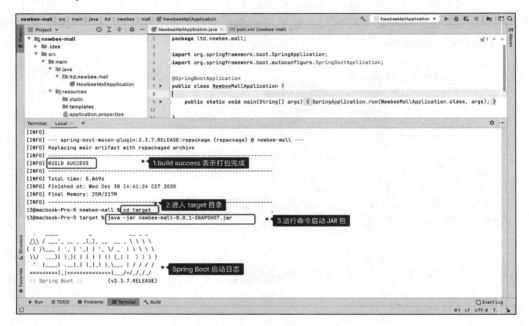

图 5-9　使用 java-jar 命令启动 Spring Boot 项目

读者可以按照以上步骤练习几次。

需要注意的是,每次在项目启动之前,如果使用了其他方式启动项目工程,则需要将其关掉,否则会因为端口占用导致启动报错,进而无法正常启动 Spring Boot 项目。

5.3.4　Spring Boot 项目启动日志

无论使用以上哪种启动方式,在启动时都会在控制台上输出启动日志,如果一切正常,很快就能够启动成功,启动日志如下:

```
  .   ____          _            __ _ _
 /\\ / ___'_ __ _ _(_)_ __  __ _ \ \ \ \
( ( )\___ | '_ | '_| | '_ \/ _` | \ \ \ \
 \\/  ___)| |_)| | | | | || (_| |  ) ) ) )
  '  |____| .__|_| |_|_| |_\__, | / / / /
 =========|_|==============|___/=/_/_/_/
 :: Spring Boot ::        (v2.3.7.RELEASE)

2022-04-13 14:50:10.137  INFO 21651 --- [           main] ltd.newbee.mall.NewbeeMallApplication    : Starting NewbeeMallApplication with PID 21651
2022-04-13 14:50:10.143  INFO 21651 --- [           main] ltd.newbee.mall.NewbeeMallApplication    : No active profile set, falling back to default profiles: default
2022-04-13 14:50:12.492  INFO 21651 --- [           main] o.s.b.w.embedded.tomcat.TomcatWebServer  : Tomcat initialized with port(s): 8080 (http)
2022-04-13 14:50:12.517  INFO 21651 --- [           main] o.apache.catalina.core.StandardService   : Starting service [Tomcat]
2022-04-13 14:50:12.518  INFO 21651 --- [           main] org.apache.catalina.core.StandardEngine  : Starting Servlet engine: [Apache Tomcat/9.0.41]
2022-04-13 14:50:12.702  INFO 21651 --- [           main] o.a.c.c.C.[Tomcat].[localhost].[/]       : Initializing Spring embedded WebApplicationContext
2022-04-13 14:50:12.702  INFO 21651 --- [           main] w.s.c.ServletWebServerApplicationContext : Root WebApplicationContext: initialization completed in 2405 ms
2022-04-13 14:50:13.105  INFO 21651 --- [           main] o.s.s.concurrent.ThreadPoolTaskExecutor  : Initializing ExecutorService 'applicationTaskExecutor'
2022-04-13 14:50:13.695  INFO 21651 --- [           main] o.s.b.w.embedded.tomcat.TomcatWebServer  : Tomcat started on port(s): 8080 (http) with context path ''
2022-04-13 14:50:13.725  INFO 21651 --- [           main] ltd.newbee.mall.NewbeeMallApplication    : Started NewbeeMallApplication in 3.634 seconds (JVM running for 6.557)
```

启动日志的前面部分为 Spring Boot 的启动标志和 Spring Boot 的版本号，中间部分为 Tomcat 启动信息及 ServletWebServerApplicationContext 加载完成信息，后面部分则是 Tomcat 的启动端口和项目启动时间。通过以上日志信息，可以看出 Spring Boot 启动成功共花费 3.634 秒，Tomcat 服务器监听的端口号为 8080。

5.4 开发第一个Spring Boot项目

在项目成功启动后，打开浏览器，访问 8080 端口，页面显示"Whitelabel Error Page"，如图 5-10 所示。

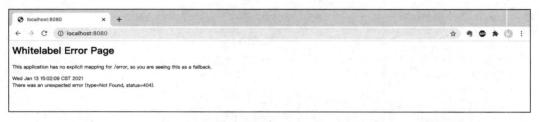

图 5-10 显示"Whitelabel Error Page"

这个页面是 Spring Boot 项目的默认错误页面，由页面内容可以看出此次访问的报错为 404 错误。访问其他地址也会出现这个页面。原因是此时在 Web 服务中并没有任何可访问的资源。在生成 Spring Boot 项目后，由于并没有在项目中添加任何代码，因此没有接口，也没有页面。

此时，需要自行实现一个控制器来查看 Spring Boot 如何处理 Web 请求。接下来使用 Spring Boot 实现一个简单的接口，操作步骤如下。

（1）在根目录 ltd.newbee.mall 上右击，在弹出的快捷菜单中选择"New"→"Package"选项，如图 5-11 所示。之后将新建的 Java 包命名为"controller"。

（2）在 ltd.newbee.mall.controller 上右击，在弹出的快捷菜单中选择"New"→"Java Class"选项，之后将新建的 Java 类命名为"HelloController"，此时的目录结构如图 5-12 所示。

（3）在 HelloController 类中输入如下代码：

```
package ltd.newbee.mall.controller;

import org.springframework.stereotype.Controller;
import org.springframework.web.bind.annotation.GetMapping;
import org.springframework.web.bind.annotation.ResponseBody;

@Controller
public class HelloController {

    @GetMapping("/hello")
```

```
@ResponseBody
public String hello() {
    return "hello,spring boot!";
}
```

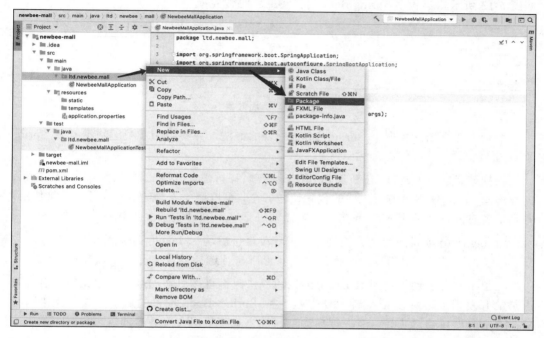

图 5-11 选择 "New" → "Package" 选项

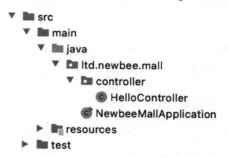

图 5-12 新建 Java 包和 Java 类后的目录结构

读者应该很熟悉以上这段代码的实现,写法与 Spring 项目开发中的写法相同。这段代码的含义是处理路径为/hello 的 GET 请求并返回一个字符串。

· 57 ·

在编码完成后，重新启动项目，启动成功后在浏览器中输入以下请求地址：

```
http://localhost:8080/hello
```

这时页面上展示的内容就不是错误信息了，而是 HelloController 中正确返回的信息，如图 5-13 所示。第一个 Spring Boot 项目实例就制作完成了！

图 5-13 页面效果

本章主要介绍创建一个 Spring Boot 项目的方法，并使用 IDEA 编辑器开发 Spring Boot 项目。

根据笔者的开发经验，在新建 Spring Boot 项目时，建议开发人员使用 Spring Initializr 向导构建。因为使用该方式生成的代码比较齐全，可以避免人为错误，也可以直接使用，并且节省时间，而使用 Maven 构建方式需要进行 pom.xml 文件配置和主程序类的编写。

Spring Boot 项目的启动方式列举了 IDEA 直接启动、Maven 插件启动和命令行启动 3 种。这 3 种方式都很简单，在练习时读者可以自行选择适合自己的启动方式。

在日常开发中通常使用 IDEA 上的按钮或快捷键直接启动项目，这也比较符合开发人员的开发习惯。Maven 插件启动也是一种 Spring Boot 项目的启动方式，直接运行 Maven 命令即可启动项目。命令行启动项目的方式一般用在服务器部署项目时，因为项目在上线时通常在生产环境的服务器上直接上传 JAR 包文件，再运行 java -jar xxx.jar 命令启动 Spring Boot 项目。

第 6 章

Spring Boot 实战之 Web 功能开发

Spring Boot 为 Spring MVC 的相关组件提供了自动配置内容，使得开发人员能够非常方便地进行 Web 项目开发。本章将讲解 Spring Boot 针对 Web 开发增加的功能。

6.1 Spring MVC 自动配置内容

图 6-1 所示是 Spring Boot 2.3.7 版本的官方解释文档，介绍了 Spring MVC 的自动配置内容，文档地址为 boot-features-spring-mvc-auto-configuration。

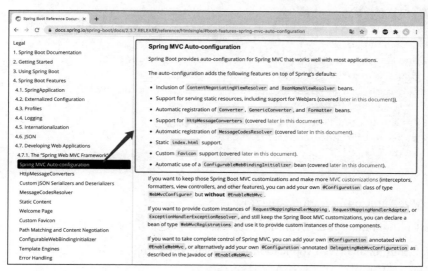

图 6-1　Spring MVC 自动配置内容

通过官方文档的介绍可以发现，除装载 DispatcherServlet 类外，Spring Boot 还做了如下默认配置。

- 自动配置了视图解析器。
- 静态资源文件处理。
- 自动注册了大量的转换器和格式化器。
- 提供 HttpMessageConverters 对请求参数和返回结果进行处理。
- 自动注册了 MessageCodesResolver。
- 默认欢迎页配置。
- Favicon 自动配置。
- 可配置的 Web 初始化绑定器。

以上自动配置都是在 WebMvcAutoConfiguration 自动配置类中操作的。

6.2 WebMvcAutoConfiguration源码分析

WebMvcAutoConfiguration 自动配置类定义在 spring-boot-autoconfigure-2.3.7.RELEASE.jar 包的 org.springframework.boot.autoconfigure.web 包中，它的源码如下：

```
@Configuration(proxyBeanMethods = false)
@ConditionalOnWebApplication(type = Type.SERVLET)
@ConditionalOnClass({ Servlet.class, DispatcherServlet.class,
WebMvcConfigurer.class })
@ConditionalOnMissingBean(WebMvcConfigurationSupport.class)
@AutoConfigureOrder(Ordered.HIGHEST_PRECEDENCE + 10)
@AutoConfigureAfter({ DispatcherServletAutoConfiguration.class,
TaskExecutionAutoConfiguration.class,
        ValidationAutoConfiguration.class })
public class WebMvcAutoConfiguration {
   ... 省略部分代码
}
```

WebMvcAutoConfiguration 类的注解如下。

- @Configuration(proxyBeanMethods=false)：指定该类为配置类。
- @ConditionalOnWebApplication(type=Type.SERVLET)：只有在当前应用是一个 Servlet Web 应用时，这个配置类才会生效。

- @ConditionalOnClass({ Servlet.class, DispatcherServlet.class, WebMvcConfigurer.class})：判断当前 classpath 是否存在指定类，如 Servlet 类、DispatcherServlet 类和 WebMvcConfigurer 类，存在则生效。
- @ConditionalOnMissingBean(WebMvcConfigurationSupport.class)：判断 IOC 容器中是否存在 WebMvcConfigurationSupport 类型的 Bean，不存在则生效。
- @AutoConfigureOrder(Ordered.HIGHEST_PRECEDENCE+10)：类的加载顺序，数值越小越优先加载。
- @AutoConfigureAfter({DispatcherServletAutoConfiguration.class, TaskExecutionAutoConfiguration.class,ValidationAutoConfiguration.class})：自动配置的生效时间在 DispatcherServletAutoConfiguration 等 3 个自动配置类之后。

通过源码可知 WebMvcAutoConfiguration 自动配置类的自动配置触发条件：当前项目类型必须为 SERVLET，当前 classpath 存在 Servlet 类、DispatcherServlet 类和 WebMvcConfigurer 类，未向 IOC 容器中注册 WebMvcConfigurationSupport 类型的 Bean，并且 @AutoConfigureAfter 注解定义了自动配置类生效时间在 DispatcherServletAutoConfiguration、TaskExecutionAutoConfiguratio、ValidationAutoConfiguration 自动配置之后。

WebMvcAutoConfiguration 类中有 3 个主要的内部类，如图 6-2 所示。具体的自动配置逻辑都是在这 3 个内部类中实现的。

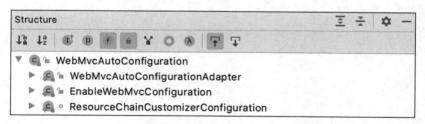

图 6-2 WebMvcAutoConfiguration 类的 3 个内部类

6.3 自动配置视图解析器

Spring MVC 中的控制器可以返回各种各样的视图，比如 JSP、JSON、Velocity、FreeMarker、Thymeleaf、HTML 字符流等。这些视图的解析涉及各种视图（View）对应的视图解析器（ViewResolver）。视图解析器的作用是将逻辑视图转换为物理视图，所有的视图解析器都必须实现 ViewResolver 接口。

Spring MVC 提供了不同的方式在 Spring Web 上下文中配置一种或多种解析策略，并可以指定它们之间的先后顺序，每种映射策略对应一个具体的视图解析器实现类。开发人员可以设置一个视图解析器或混用多个视图解析器并指定解析器的优先顺序。Spring MVC 会按视图解析器的优先顺序对逻辑视图名进行解析，直到解析成功并返回视图对象，否则抛出异常。

在 WebMvcAutoConfigurationAdapter 内部类中，在前置条件满足的情况下，自动配置类会向 IOC 容器中注册三个视图解析器，分别是 InternalResourceViewResolver、BeanNameViewResolver 和 ContentNegotiatingViewResolver。

源码和注释如下：

```java
public static class WebMvcAutoConfigurationAdapter implements
WebMvcConfigurer {
    ...省略部分代码



    @Bean
    @ConditionalOnMissingBean // IOC 容器中没有
InternalResourceViewResolver 类的 Bean 时，向容器中注册一个
InternalResourceViewResolver 类型的 Bean
    public InternalResourceViewResolver defaultViewResolver() {
        InternalResourceViewResolver resolver = new
InternalResourceViewResolver();
        resolver.setPrefix(this.mvcProperties.getView().getPrefix());
        resolver.setSuffix(this.mvcProperties.getView().getSuffix());
        return resolver;
    }

    @Bean
    @ConditionalOnBean(View.class) // IOC 容器中存在 View.class
    @ConditionalOnMissingBean // 满足上面一个条件，同时 IOC 容器中没有
BeanNameViewResolver 类的 Bean 时，向容器中注册一个 BeanNameViewResolver 类型的 Bean
    public BeanNameViewResolver beanNameViewResolver() {
        BeanNameViewResolver resolver = new BeanNameViewResolver();
        resolver.setOrder(Ordered.LOWEST_PRECEDENCE - 10);
        return resolver;
    }

    @Bean
    @ConditionalOnBean(ViewResolver.class) // IOC 容器中存在
```

```
ViewResolver.class
        @ConditionalOnMissingBean(name = "viewResolver", value = 
ContentNegotiatingViewResolver.class) // 满足上面一个条件，同时 IOC 容器中没有名
称为 viewResolver 且类型为 ContentNegotiatingViewResolver 类的 Bean 时，向容器中
注册一个 ContentNegotiatingViewResolver 类型的 Bean
        public ContentNegotiatingViewResolver viewResolver(BeanFactory 
beanFactory) {
            ContentNegotiatingViewResolver resolver = new 
ContentNegotiatingViewResolver();
    
    resolver.setContentNegotiationManager(beanFactory.getBean(ContentNego
tiationManager.class));
            // ContentNegotiatingViewResolver uses all the other view 
resolvers to locate
            // a view so it should have a high precedence
            resolver.setOrder(Ordered.HIGHEST_PRECEDENCE);
            return resolver;
        }
```

- **BeanNameViewResolver**：在控制器中，一个方法的返回值的字符串会根据 BeanNameViewResolver 查找 Bean 的名称并匹配已经定义好的视图对象。
- **InternalResourceViewResolver**：常用的视图解析器主要通过设置在前缀、后缀和控制器中的方法来返回视图名的字符串，从而得到实际视图内容。
- **ContentNegotiatingViewResolver**：特殊的视图解析器，它并不会自己处理各种视图，而是委派给其他不同的视图解析器来处理不同的视图，级别最高。

在普通的 Web 项目中，开发人员需要自己手动配置视图解析器，配置代码如下：

```xml
<!-- 视图解析器 -->
<bean id="viewResolver"
      class="org.springframework.web.servlet.view.InternalResource
ViewResolver">
    <property name="prefix" value="/"/>
    <property name="suffix" value=".jsp"></property>
</bean>
```

与之相比，Spring Boot 的自动配置机制会直接在项目启动过程中将视图解析器注册到 IOC 容器中，而不需要开发人员再做过多的配置。当然，如果不想使用默认的配置策略，也可以自行添加视图解析器到 IOC 容器中。

6.4 自动注册Converter、Formatter

在 WebMvcAutoConfigurationAdapter 内部类中含有 addFormatters()方法，该方法会向 FormatterRegistry 添加在 IOC 容器中所拥有的 Converter、GenericConverter、Formatter 类型的 Bean。

addFormatters()方法的源码如下：

```
@Override
public void addFormatters(FormatterRegistry registry) {
    ApplicationConversionService.addBeans(registry, this.beanFactory);
}
```

实际调用的逻辑代码为 ApplicationConversionService 类的 addBeans() 方法，该方法的源码如下：

```
public static void addBeans(FormatterRegistry registry,
ListableBeanFactory beanFactory) {
    Set<Object> beans = new LinkedHashSet<>();
    beans.addAll(beanFactory.getBeansOfType(GenericConverter.class).values());
    beans.addAll(beanFactory.getBeansOfType(Converter.class).values());
    beans.addAll(beanFactory.getBeansOfType(Printer.class).values());
    beans.addAll(beanFactory.getBeansOfType(Parser.class).values());
    for (Object bean : beans) {
        if (bean instanceof GenericConverter) {
            registry.addConverter((GenericConverter) bean);
        }
        else if (bean instanceof Converter) {
            registry.addConverter((Converter<?, ?>) bean);
        }
        else if (bean instanceof Formatter) {
            registry.addFormatter((Formatter<?>) bean);
        }
        else if (bean instanceof Printer) {
            registry.addPrinter((Printer<?>) bean);
        }
        else if (bean instanceof Parser) {
            registry.addParser((Parser<?>) bean);
```

```
        }
    }
}
```

为了方便读者理解，这里简单地举一个案例。

在 controller 包中新建 TestController 类并新增 typeConversionTest()方法，参数如下。

- goodsName：参数类型为 String。
- weight：参数类型为 float。
- type：参数类型为 int。
- onSale：参数类型为 Boolean。

typeConversionTest()方法的代码如下：

```
@RestController
public class TestController {

  @RequestMapping("/test/type/conversion")
  public void typeConversionTest(String goodsName, float weight, int type,
Boolean onSale) {
      System.out.println("goodsName:" + goodsName);
      System.out.println("weight:" + weight);
      System.out.println("type:" + type);
      System.out.println("onSale:" + onSale);
  }
}
```

编码完成后重启 Spring Boot 项目，项目启动成功后在浏览器中输入地址进行请求，看一下控制台中的打印结果。

第一次请求：

```
http://localhost:8080/test/type/conversion?goodsName=iPhoneX&weight=174.5&type=1&onSale=true
```

打印结果如下：

```
goodsName:iPhoneX
weight:174.5
type:1
onSale:true
```

第二次请求：

```
http://localhost:8080/test/type/conversion?goodsName=iPhone8&weight=174.5&type=2&onSale=0
```

打印结果如下：

```
goodsName:iPhone8
weight:174.5
type:2
onSale:false
```

其实这就是 Spring MVC 中的类型转换，HTTP 请求传递的数据都是 String 类型的。typeConversionTest()方法在控制器中被定义。该方法确保对应的地址接收到浏览器的请求，并且请求中 goodsName（String 类型）、weight（float 类型）、type（int 类型）、onSale（Boolean 类型）参数的类型转换都已经被正确执行。读者可以在本地自行测试几次。

以上是简单的类型转换。如果有业务需要，也可以自定义类型转换器并添加到项目中。

6.5 消息转换器HttpMessageConverter

HttpMessageConverter 的设置也是通过 WebMvcAutoConfigurationAdapter 内部类完成的，源码如下：

```
@Override
public void configureMessageConverters(List<HttpMessageConverter<?>> converters) {
    this.messageConvertersProvider
        .ifAvailable((customConverters) ->
converters.addAll(customConverters.getConverters())));
}
```

在使用 Spring MVC 开发 Web 项目时，使用@RequestBody 和@ResponseBody 注解进行请求实体的转换和响应结果的格式化输出非常普遍。以 JSON 数据为例，这两个注解的作用分别是将请求中的数据解析成 JSON 并绑定为实体对象，以及将响应结果以 JSON 格式返回给请求发起者，但 HTTP 请求和响应是基于文本的。也就是说，在 Spring MVC 内部维护了一套转换机制，即开发人员通常所说的"将 JSON 格式的请求信息转换为一个对象，将对象转换为 JSON 格式并输出为响应信息"。这些就是 HttpMessageConverter 的作用。

举一个简单的例子，在项目中新建 entity 包并定义一个实体类 SaleGoods，之后通过 @RequestBody 和 @ResponseBody 注解进行参数的读取和响应，代码如下：

```java
// 实体类
public class SaleGoods {
    private Integer id;
    private String goodsName;
    private float weight;
    private int type;
    private Boolean onSale;
    public Integer getId() {
        return id;
    }
    public void setId(Integer id) {
        this.id = id;
    }
    public String getGoodsName() {
        return goodsName;
    }
    public void setGoodsName(String goodsName) {
        this.goodsName = goodsName;
    }
    public float getWeight() {
        return weight;
    }
    public void setWeight(float weight) {
        this.weight = weight;
    }
    public Boolean getOnSale() {
        return onSale;
    }
    public void setOnSale(Boolean onSale) {
        this.onSale = onSale;
    }
    public int getType() {
        return type;
    }
    public void setType(int type) {
        this.type = type;
    }
    @Override
    public String toString() {
        return "SaleGoods{" +
```

```
        "id=" + id +
        ", goodsName='" + goodsName + '\'' +
        ", weight=" + weight +
        ", type=" + type +
        ", onSale=" + onSale +
        '}';
    }
}
```

在 TestController 控制器中新增 httpMessageConverterTest()方法，代码如下：

```
@RestController
public class TestController {

    @RequestMapping(value = "/test/httpmessageconverter", method = RequestMethod.POST)
    public SaleGoods httpMessageConverterTest(@RequestBody SaleGoods saleGoods) {
        System.out.println(saleGoods.toString());
        saleGoods.setType(saleGoods.getType() + 1);
        saleGoods.setGoodsName("商品名: " + saleGoods.getGoodsName());
        return saleGoods;
    }
}
```

上述代码的作用是获得封装好的 SaleGoods 对象，并进行简单的属性修改，最后将对象数据返回。

编码完成后重启项目，并发送请求数据进行测试，请求数据如下：

```
{
    "id":1,
    "goodsName":"Spring Boot 2 教程",
    "weight":10.5,
    "type":2,
    "onSale":true
}
```

由于这里是 POST 请求，因此没有直接使用浏览器访问，而是使用 Postman 软件进行模拟请求，最终得到的结果如图 6-3 所示。

第 6 章 Spring Boot 实战之 Web 功能开发

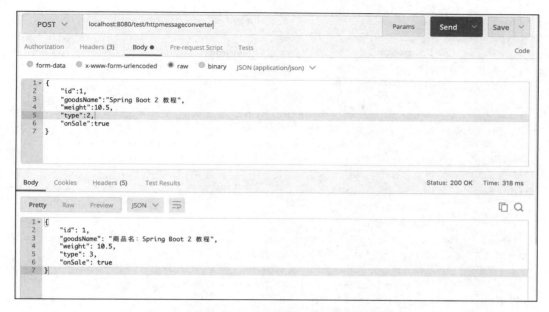

图 6-3 使用 Postman 软件发送请求并得到结果

消息转换器的存在使得对象数据的读取不仅简单而且完全正确，响应时也不用自行封装工具类，开发过程变得更加灵活和高效。开发人员使用 Spring Boot 开发项目完全不用再做额外的配置工作，只关心业务编码即可。

6.6　Spring Boot 对静态资源的映射规则

与普通 Spring Web 项目相比，Spring Boot 项目的目录结构中仅有 java 和 resources 两个目录，用于存放资源文件的 webapp 目录在 Spring Boot 项目的目录结构中根本不存在。那么 Spring Boot 是如何处理静态资源的呢？WebMVC 在自动配置时针对资源文件的访问又做了哪些配置呢？

由源码可知，这部分配置依然是通过 WebMvcAutoConfigurationAdapter 内部类完成的，源码如下：

```
@Override
public void addResourceHandlers(ResourceHandlerRegistry registry) {
    if (!this.resourceProperties.isAddMappings()) {
        logger.debug("Default resource handling disabled");
        return;
    }
```

```
            Duration cachePeriod = this.resourceProperties.getCache().
getPeriod();
            CacheControl cacheControl = this.resourceProperties.getCache().
getCachecontrol().toHttpCacheControl();
        // webjars 文件访问配置
        if (!registry.hasMappingForPattern("/webjars/**")) {
            customizeResourceHandlerRegistration(registry.
addResourceHandler("/webjars/**")
                    .addResourceLocations("classpath:/META-INF/
resources/webjars/")
                    .setCachePeriod(getSeconds(cachePeriod)).
setCacheControl(cacheControl));
        }
        // 静态资源映射配置
        String staticPathPattern =
this.mvcProperties.getStaticPathPattern();
        if (!registry.hasMappingForPattern(staticPathPattern)) {
            customizeResourceHandlerRegistration(registry.
addResourceHandler(staticPathPattern)
                    .addResourceLocations(getResourceLocations(this.
resourceProperties.getStaticLocations()))
                    .setCachePeriod(getSeconds(cachePeriod)).
setCacheControl(cacheControl));
        }
    }
```

如以上源码所示，静态资源是在 addResourceHandlers()方法中进行映射配置的，类似于 Spring MVC 配置文件中的如下配置代码：

```
<mvc:resources mapping="/images/**" location="/images/" />
```

回到 addResourceHandlers()源码中，staticPathPattern 的变量值为"/**"，其默认值在 WebMvcProperties 类中。实际的静态资源存放目录通过 getResourceLocations()方法获取，该方法的源码如下：

```
@ConfigurationProperties(prefix = "spring.resources", ignoreUnknownFields
= false)
public class ResourceProperties {

    private static final String[] CLASSPATH_RESOURCE_LOCATIONS = {
            "classpath:/META-INF/resources/", "classpath:/resources/",
            "classpath:/static/", "classpath:/public/" };
```

```
    private String[] staticLocations = CLASSPATH_RESOURCE_LOCATIONS;

    public String[] getStaticLocations() {
        return this.staticLocations;
    }
}
```

由此可知，Spring Boot 默认的静态资源处理目录为"classpath:/META-INF/resources/""classpath:/resources/""classpath:/static/""classpath:/public/"。

由于访问当前项目的任何资源都能在静态资源的文件夹中查找，而不存在的资源则会显示相应的错误页面，因此在开发 Web 项目时只要包含这几个目录中的任意一个或多个，之后将静态资源文件放入其中即可。

为了验证该配置，可以在类路径下分别创建 public 目录（PNG 格式文件）、resources 目录（CSS 格式文件）、static 目录（HTML 格式文件和 JS 格式文件），并分别在 3 个文件夹中放入静态资源文件，如图 6-4 所示。

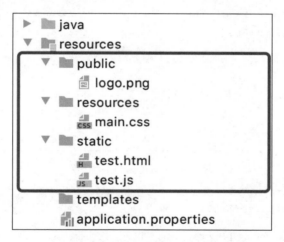

图 6-4　将静态资源文件放入文件夹

重启 Spring Boot，启动成功后，打开浏览器并输入以下请求地址分别进行请求：

```
http://localhost:8080/logo.png
http://localhost:8080/main.css
http://localhost:8080/test.html
http://localhost:8080/test.js
```

访问结果如图 6-5～图 6-8 所示。

图 6-5　logo.png 请求结果

图 6-6　main.css 请求结果

图 6-7　test.html 请求结果

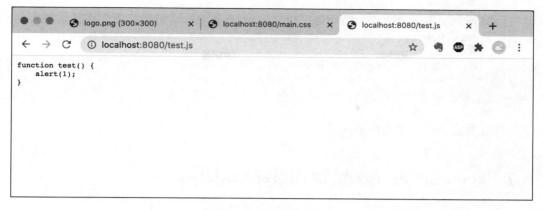

图 6-8 test.js 请求结果

观察以上请求结果可以发现,静态资源文件虽然在不同的目录中,但都能被正确返回。这就是 Spring Boot 对静态资源的拦截处理。

当然,开发时也可以在 Spring Boot 项目配置文件中修改这些属性。比如,将拦截路径改为"/static/",并将静态资源目录修改为"/file-test",那么默认配置就会失效并使用开发人员自定义的配置。修改 application.properties 文件,添加如下配置:

```
spring.mvc.static-path-pattern=/static/**
spring.resources.static-locations=classpath:/file-test/
```

在修改后重启 Spring Boot 项目,再次使用原来的 URL 访问以上 3 个资源文件将会报 404 错误,如图 6-9 所示。

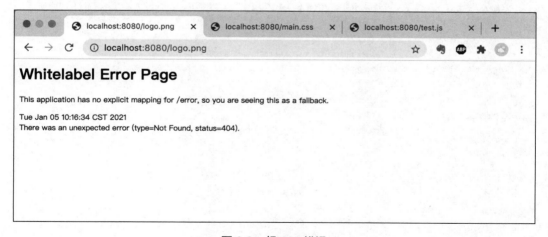

图 6-9 报 404 错误

如果想要正常访问文件，则需要新建 static-test 目录并将静态资源文件移至 file-test 目录下，且修改访问路径：

```
http://localhost:8080/static/logo.jpg
http://localhost:8080/static/main.css
http://localhost:8080/static/test.js
```

此时页面中就不会出现 404 错误。

6.7 welcomePage配置和favicon图标

6.7.1 welcomePage 配置

除静态资源映射外，Spring Boot 还默认配置了 welcomePage 和 favicon，这两个配置都和静态资源映射相关联。welcomePage 即默认欢迎页面，其配置源码如下：

```
        @Bean
        public WelcomePageHandlerMapping welcomePageHandlerMapping
(ApplicationContext applicationContext,
                FormattingConversionService mvcConversionService,
ResourceUrlProvider mvcResourceUrlProvider) {
            WelcomePageHandlerMapping welcomePageHandlerMapping = new
WelcomePageHandlerMapping(
                    new TemplateAvailabilityProviders(applicationContext),
applicationContext, getWelcomePage(),
                    this.mvcProperties.getStaticPathPattern());

    welcomePageHandlerMapping.setInterceptors(getInterceptors(mvcConversi
onService, mvcResourceUrlProvider));
            welcomePageHandlerMapping.setCorsConfigurations
(getCorsConfigurations());
            return welcomePageHandlerMapping;
        }

        private Optional<Resource> getWelcomePage() {
            String[] locations = getResourceLocations(this.
resourceProperties.getStaticLocations());
            return Arrays.stream(locations).map(this::getIndexHtml).
filter(this::isReadable).findFirst();
```

```
        }

        private Resource getIndexHtml(String location) {
   // 静态资源目录下的 index.html 文件
            return this.resourceLoader.getResource(location + "index.html");
        }
```

通过源码可以看出,在进行 Web MVC 自动配置时程序会向 IOC 容器注册一个 WelcomePageHandlerMapping 类型的 Bean,即默认欢迎页。其路径为静态资源目录下的 index.html。

在对该功能进行实际测试时,可以先访问当前项目根路径,比如在启动项目后访问 http://localhost:8080 地址,结果如图 6-10 所示。

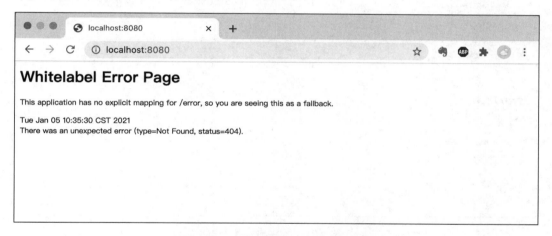

图 6-10 访问项目根路径的页面结果

此时,服务器返回的是 404 错误页面。

如果开发人员在静态资源目录下增加 index.html 文件,就能够看到欢迎页面了。比如,在默认的/static/目录下增加 index.html 文件,如图 6-11 所示。

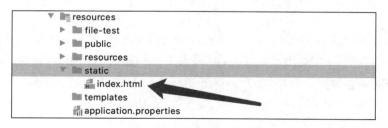

图 6-11 增加 index.html 文件

index.html 文件代码如下：

```html
<!DOCTYPE html>
<html lang="en">
<head>
    <meta charset="UTF-8">
    <title>welcome page</title>
</head>
<body>
这里是默认欢迎页
</body>
</html>
```

编码完成，在重启项目成功后，访问 http://localhost:8080，将显示默认欢迎页，如图 6-12 所示。

图 6-12　显示默认欢迎页

此时，可以看到首页已经不再是错误页面了。

6.7.2　favicon 图标

favicon 是 favorites icon 的缩写，也被称为 website icon（网页图标）、page icon（页面图标）和 urlicon（URL 图标）。favicon 是与某个网站或网页相关联的图标。

不同的网站会放置自身特有的 favicon 图标，图 6-13 分别是 Spring、百度、掘金、GitHub 官网的 favicon 图标。

图 6-13　不同网站的 favicon 图标

Spring Boot 支持开发人员对 favicon 图标进行配置并显示。不过由于版本的迭代，官方对 favicon 图标的支持做了一些调整。在 Spring Boot 2.2.x 版本之前，Spring Boot 会默认提供一个 favicon 图标，比如图 6-14 左侧类似绿色叶子的图标。而 Spring Boot 2.2.x 版本之后不再提供默认的 favicon 图标。本书所讲解的案例和源码选择的 Spring Boot 版本都是 2.3.7。对于该版本，网页已经不显示 favicon 图标了，右侧的浏览器标签栏也不存在 favicon 图标。但是，开发人员可以自定义 favicon 图标。

图 6-14　Spring Boot 项目的 favicon 图标

Spring 官方并没有对 favicon 图标做出特别的说明。不过，官方开发人员在 Spring Boot 开源仓库的 issue 中提及了此事，删除默认图标的原因是担心网站信息泄露。如果 Spring Boot 继续提供默认的 favicon 图标，则这个类似绿色叶子的小图标很容易被看出是用 Spring Boot 开发的。

在 Spring Boot 2.2.x 之前的版本中，官方对 favicon 图标进行了默认设置，源码如下：

```java
    @Configuration  //配置类
    @ConditionalOnProperty(value = "spring.mvc.favicon.enabled",
matchIfMissing = true)  //通过 spring.mvc.favicon.enabled 配置确定是否进行设置，
默认为 true
    public static class FaviconConfiguration implements
ResourceLoaderAware {

        private final ResourceProperties resourceProperties;

        private ResourceLoader resourceLoader;

        public FaviconConfiguration(ResourceProperties
resourceProperties) {
            this.resourceProperties = resourceProperties;
        }

        @Override
        public void setResourceLoader(ResourceLoader resourceLoader) {
            this.resourceLoader = resourceLoader;
        }

        @Bean
        public SimpleUrlHandlerMapping faviconHandlerMapping() {
            SimpleUrlHandlerMapping mapping = new SimpleUrlHandlerMapping();
            mapping.setOrder(Ordered.HIGHEST_PRECEDENCE + 1);
            mapping.setUrlMap(Collections.singletonMap("**/favicon.ico",
                    faviconRequestHandler()));
            return mapping;
        }

        @Bean
        public ResourceHttpRequestHandler faviconRequestHandler() {
            ResourceHttpRequestHandler requestHandler = new
ResourceHttpRequestHandler();
```

```
            requestHandler.setLocations(resolveFaviconLocations());
            return requestHandler;
        }

        private List<Resource> resolveFaviconLocations() {
            String[] staticLocations = getResourceLocations(
                    this.resourceProperties.getStaticLocations());
            List<Resource> locations = new ArrayList<> (staticLocations.length + 1);
            Arrays.stream(staticLocations).map(this.resourceLoader::getResource)
                    .forEach(locations::add);
            locations.add(new ClassPathResource("/"));
            return Collections.unmodifiableList(locations);
        }
```

而在 Spring Boot 2.2.x 之后的版本中，这部分源码已经被删除，spring.mvc.favicon.enabled 配置项也被标记为"过时"。从 Spring Boot 官方文档中也能够看出，其实 Spring Boot 依然支持 favicon 图标的显示，只是该图标文件需要开发人员自行配置。

接下来通过一个实际案例讲解如何在 Spring Boot 项目中配置开发人员自定义的 favicon 图标。

首先需要制作一个 favicon 文件，并将其放入 static 目录或其他静态资源目录。然后重启项目并访问，可以看到页面上已经替换为自定义的 favicon 图标了，如图 6-15 所示。由于浏览器缓存的原因，可能会出现"自定义 favicon 图标未生效"的错觉，读者可以尝试刷新几次页面。

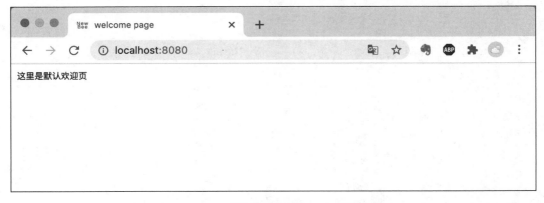

图 6-15　显示自定义的 favicon 图标

通过部分源码的学习和案例讲解，可以发现在进行 Web 项目开发时，Spring Boot 为开发人员提供了全面而便利的默认配置，以往需要在 web.xml 或 Spring MVC 配置文件中设置的内容，都改为以编码的方式进行自动注入和实现。开发人员在使用 Spring Boot 进行项目开发时，甚至可以零配置，直接上手开发。不用做任何配置就已经有了视图解析器，也不用自行添加消息转换器，Spring MVC 需要的一些功能都已经默认加载完成，对于开发人员来说，在开发 Web 项目时 Spring Boot 算得上是一件"神兵利器"。当然，如果这些默认配置不符合实际的业务需求，开发人员也可以自行配置，Spring Boot 提供了对应的配置参数和辅助类进行实现，非常灵活。

第 7 章

Spring Boot 实战之操作 MySQL 数据库

本章介绍在 Spring Boot 中进行数据库相关的功能开发，包括基础的整合操作、JDBC 的整合和 MyBatis 框架的整合。本章将通过案例代码让读者掌握 Spring Boot 项目中的 MySQL 数据库连接和数据操作，达到简单、高效操作数据库的目的。

7.1 Spring Boot连接MySQL实战

7.1.1 Spring Boot 对数据库连接的支持

无论是关系型数据库（如 PostgreSQL、MySQL、Oracle 等），还是非关系型数据库（如 Elasticsearch、Redis、Cassandra、MongoDB 等），都是软件系统不可或缺的一部分。Spring Boot 底层针对这些数据库都提供了良好的支持，这些技术方案可以很方便地整合到 Spring Boot 项目中。通过查看 Spring Boot 提供的与数据相关的场景启动器也能知晓一二，如图 7-1 所示。

Spring Boot 默认提供的关于数据操作的场景启动器有很多，如 Redis 场景启动器、JDBC 场景启动器、Elasticsearch 场景启动器、MongoDB 场景启动器等。对于在企业级项目开发中的大部分数据库选型，Spring Boot 都已经提供了对应的解决方案，可以很方便地实现这些数据库的整合。

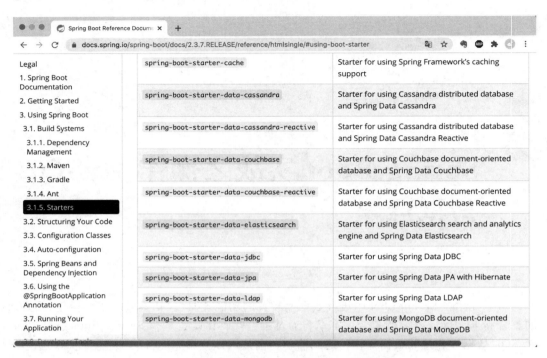

图 7-1　Spring Boot 提供的与数据相关的场景启动器

由于本书使用 MySQL 数据库作为底层的数据存储工具，因此本章将讲解 MySQL 的相关知识及实战内容。

7.1.2　Spring Boot 整合 spring-boot-starter-jdbc

MySQL 是最流行的关系型数据库管理系统之一。在 Web 应用开发中，MySQL 关系型数据库是一个十分不错的选择，接下来讲解在 Spring Boot 项目中如何连接 MySQL 数据库。

Java 程序在与 MySQL 连接时需要通过 JDBC 来实现。JDBC 全称为 Java Data Base Connectivity（Java 数据库连接），主要由接口组成，是一种用于执行 SQL 语句的 Java API。各个数据库厂商基于它都各自实现了自己的驱动程序（Driver），如图 7-2 所示。

第 7 章 Spring Boot 实战之操作 MySQL 数据库

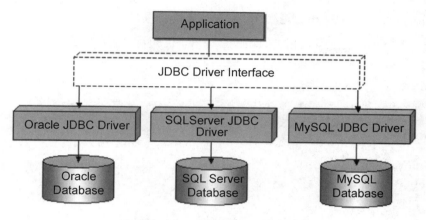

图 7-2　不同厂商的数据库驱动程序

Java 程序在获取数据库连接时，需要以 URL 方式指定不同类型数据库的驱动程序，在获得特定的连接后，可按照 JDBC 规范对不同类型的数据库进行数据操作，代码如下：

```
// 第一步，注册驱动程序
//com.MySQL.jdbc.Driver
Class.forName("数据库驱动的完整类名");
// 第二步，获取一个数据库的连接
Connection conn = DriverManager.getConnection("数据库地址","用户名","密码");
// 第三步，创建一个会话
Statement stmt=conn.createStatement();
// 第四步，执行 SQL 语句
stmt.executeUpdate("SQL 语句");
// 或者查询记录
ResultSet rs = stmt.executeQuery("查询记录的 SQL 语句");
// 第五步，对查询的结果进行处理
while(rs.next()){
// 操作
}
// 第六步，关闭连接
rs.close();
stmt.close();
conn.close();
```

上面的几行代码读者并不陌生，这是初学 JDBC 连接的代码。虽然现在可能用了一些数据层 ORM 框架（比如 MyBatis 或 Hibernate），但是底层实现依然和这里的代码一样。通过使用 JDBC，开发人员可以直接使用 Java 程序对关系型数据库进行操作。接下来将对 Spring Boot 如何使用 JDBC 进行实际演示。

首先，需要在项目中引入相应的场景启动器，也就是引入依赖的 JAR 包，添加的代码如下：

```xml
<dependency>
  <groupId>org.springframework.boot</groupId>
  <artifactId>spring-boot-starter-jdbc</artifactId>
</dependency>

<dependency>
  <groupId>mysql</groupId>
  <artifactId>mysql-connector-java</artifactId>
  <scope>runtime</scope>
</dependency>
```

或者在 Spring Boot Initializr 创建时选择 MySQL 场景依赖和 JDBC 场景依赖，如图 7-3 所示。

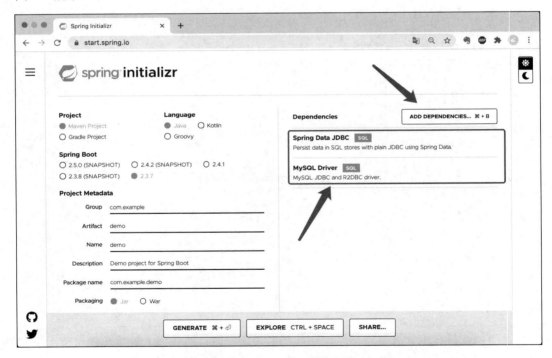

图 7-3　在 Spring Boot Initializr 创建时选择相关依赖

在添加完相关依赖后，需要启动 MySQL 数据库并在新建的 Spring Boot 项目中配置数据库连接的地址和账号密码，这样才能正确连接数据库。在 application.properties 配置文件中添加如下配置代码：

```
spring.datasource.name=newbee-mall-datasource
spring.datasource.driverClassName=com.mysql.cj.jdbc.Driver
spring.datasource.url=jdbc:mysql://localhost:3306/test_db?useUnicode=true&serverTimezone=Asia/Shanghai&characterEncoding=utf8&autoReconnect=true&useSSL=false&allowMultiQueries=true&useAffectedRows=true
spring.datasource.username=root
spring.datasource.password=123456
```

7.1.3 Spring Boot 连接 MySQL 数据库验证

下面编写一个测试类来测试能否连接数据库。在测试类 NewbeeMallApplicationTests 中添加 datasourceTest() 单元测试方法，源码及注释如下：

```
package ltd.newbee.mall;

import org.junit.jupiter.api.Test;
import org.springframework.beans.factory.annotation.Autowired;
import org.springframework.boot.test.context.SpringBootTest;

import javax.sql.DataSource;
import java.sql.Connection;
import java.sql.SQLException;

@SpringBootTest
class NewbeeMallApplicationTests {

    // 注入数据源对象
    @Autowired
    private DataSource defaultDataSource;

    @Test
    public void datasourceTest() throws SQLException {
        // 获取数据库连接对象
        Connection connection = defaultDataSource.getConnection();
        System.out.print("获取连接: ");
        // 判断连接对象是否为空
```

```
        System.out.println(connection != null);
        connection.close();
    }

    @Test
    void contextLoads() {
    }
}
```

编码完成后,运行该单元测试方法,操作步骤如下。

(1)单击 datasourceTest()方法左侧工具栏中的"启动"按钮。

(2)弹出操作栏后,单击"Run 'datasourceTest()'"就可以运行该单元测试方法了,如图 7-4 所示。

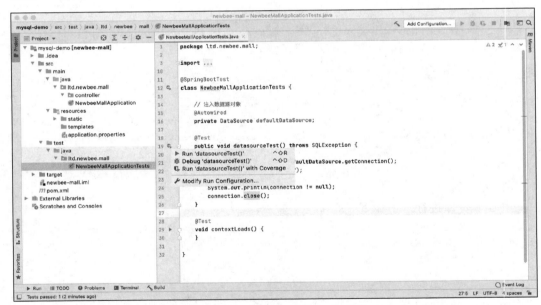

图 7-4　运行单元测试方法 datasourceTest()

单元测试方法 datasourceTest()运行结果如图 7-5 所示。

在控制台中可以查看打印结果,如果 connection 对象不为空,则证明数据库连接成功。在对 connection 对象进行判空操作时,得到的结果是 connection 非空。如果数据库连接对象 connection 没有被正常获取,则需要检查数据库是否正确启动或数据库信息是否配置正确。

第 7 章 Spring Boot 实战之操作 MySQL 数据库

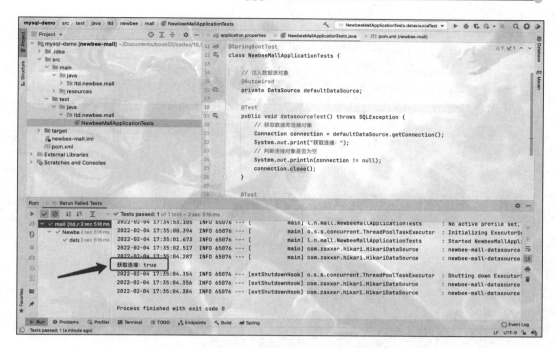

图 7-5 单元测试方法 datasourceTest() 运行结果

7.2 使用 JdbcTemplate 进行数据库的增、删、改、查

在完成数据源的配置和数据库的正确连接后,接下来讲解在 Spring Boot 项目中对 MySQL 数据库进行常规的 SQL 操作。

7.2.1 JdbcTemplate 简介

在平时的项目开发中,开发人员对数据库的操作通常是基于 ORM 框架实现的,如 MyBatis 框架、Hibernate 框架等。当然,也可以直接使用 JDBC 原生 API 进行数据库操作。不过,使用 JDBC 原生 API 进行数据库操作非常烦琐,Spring Boot 也没有默认集成相关的 ORM 框架,只是提供了 JdbcTemplate 对象来简化开发人员对数据库的操作流程。

JdbcTemplate 是 Spring 对 JDBC 的封装,目的是让 JDBC 更加易于使用。更为关键的一点是,JdbcTemplate 对象也是通过自动配置机制注册到 IOC 容器中的。JdbcTemplate

的自动配置类是 JdbcTemplateAutoConfiguration，该自动配置类在 spring-boot-autoconfigure-2.3.7.RELEASE.jar 的 org.springframework.boot.autoconfigure.jdbc 包中。感兴趣的读者可以自行查看和分析其源码。这里给出 JdbcTemplateAutoConfiguration 自动配置类的结果：在 DataSourceAutoConfiguration 自动配置后，程序会使用 IOC 容器中的 dataSource 对象作为构造参数创建一个 JdbcTemplate 对象并注册到 IOC 容器中。

在正确配置数据源后，开发人员可以直接在代码中使用 JdbcTemplate 对象进行数据库操作。

7.2.2 使用 JdbcTemplate 进行数据库的增、删、改、查

下面通过编码使用 JdbcTemplate 进行数据库的增、删、改、查操作。

首先在数据库中创建一张测试表，建表代码如下：

```sql
DROP TABLE IF EXISTS 'jdbc_test';

CREATE TABLE 'jdbc_test' (
  'ds_id' int(11) NOT NULL AUTO_INCREMENT COMMENT '主键id',
  'ds_type' varchar(100) DEFAULT NULL COMMENT '数据源类型',
  'ds_name' varchar(100) DEFAULT NULL COMMENT '数据源名称',
  PRIMARY KEY ('ds_id') USING BTREE
) ENGINE = InnoDB CHARACTER SET = utf8;

/*Data for the table 'jdbc_test' */

insert into 'jdbc_test'('ds_id','ds_type','ds_name') values
(1,'com.zaxxer.hikari.HikariDataSource','hikari 数据源
'),(2,'org.apache.commons.dbcp2.BasicDataSource','dbcp2 数据源');
```

为了演示方便，这里在 controller 包中新建 JdbcController 类并直接注入 JdbcTemplate 对象。然后创建 4 个方法，分别实现根据传入的参数向 jdbc_test 表中新增数据、修改 jdbc_test 表中的数据、删除 jdbc_test 表中的数据、查询 jdbc_test 表中的数据，实现代码如下：

```java
package ltd.newbee.mall.controller;

import org.springframework.beans.factory.annotation.Autowired;
import org.springframework.jdbc.core.JdbcTemplate;
import org.springframework.util.CollectionUtils;
```

```java
import org.springframework.util.StringUtils;
import org.springframework.web.bind.annotation.GetMapping;
import org.springframework.web.bind.annotation.RestController;

import java.util.List;
import java.util.Map;

@RestController
public class JdbcController {

    //已经自动配置,可以直接通过 @Autowired 注入进来
    @Autowired
    JdbcTemplate jdbcTemplate;

    // 新增一条记录
    @GetMapping("/insert")
    public String insert(String type, String name) {
        if (StringUtils.isEmpty(type) || StringUtils.isEmpty(name)) {
            return "参数异常";
        }
        jdbcTemplate.execute("insert into jdbc_test('ds_type','ds_name') value (\"" + type + "\",\"" + name + "\")");
        return "SQL 执行完毕";
    }

    // 删除一条记录
    @GetMapping("/delete")
    public String delete(int id) {
        if (id < 0) {
            return "参数异常";
        }
        List<Map<String, Object>> result = jdbcTemplate.queryForList("select * from jdbc_test where ds_id = \"" + id + "\"");
        if (CollectionUtils.isEmpty(result)) {
            return "不存在该记录,删除失败";
        }
        jdbcTemplate.execute("delete from jdbc_test where ds_id=\"" + id + "\"");
        return "SQL 执行完毕";
    }

    // 修改一条记录
    @GetMapping("/update")
    public String update(int id, String type, String name) {
```

```java
        if (id < 0 || StringUtils.isEmpty(type) || StringUtils.isEmpty(name)) {
            return "参数异常";
        }
        List<Map<String, Object>> result = jdbcTemplate.queryForList("select * from jdbc_test where ds_id = \"" + id + "\"");
        if (CollectionUtils.isEmpty(result)) {
            return "不存在该记录，无法修改";
        }
        jdbcTemplate.execute("update jdbc_test set ds_type=\"" + type + "\", ds_name= \"" + name + "\" where ds_id=\"" + id + "\"");
        return "SQL 执行完毕";
    }

    // 查询所有记录
    @GetMapping("/queryAll")
    public List<Map<String, Object>> queryAll() {
        List<Map<String, Object>> list = jdbcTemplate.queryForList("select * from jdbc_test");
        return list;
    }
}
```

编码完成后启动 Spring Boot 项目，项目启动成功后，在浏览器中打开并对以上 4 个功能进行验证。

（1）使用 JdbcTemplate 向数据库中新增记录。

在地址栏中输入如下地址：

`http://localhost:8080/insert?type=test&name=测试类`

传递的参数分别为 test 和"测试类"，表示向数据库中新增一条记录，其中 dstype 字段值为 test、dsname 字段值为"测试类"，页面返回结果如图 7-6 所示。

图 7-6　JdbcTemplate 新增记录测试

此时查看数据库中的记录，可以看到已经添加成功，如图 7-7 所示。

	ds_id	ds_type	ds_name
1	1	com.zaxxer.hikari.HikariDataSource	hikari数据源
2	2	org.apache.commons.dbcp2.BasicDataSource	dbcp2数据源
3	3	test	测试类

图 7-7　JdbcTemplate 新增记录测试结果

（2）使用 JdbcTemplate 删除数据库中的记录。

在地址栏中输入如下地址：

```
http://localhost:8080/delete?id=3
```

传递的参数为 3，表示从数据库表中删除一条 ds_id 为 3 的记录。在 JdbcController 中，delete()方法的实现逻辑是先查询是否存在对应的记录，如果不存在，则不执行删除的 SQL 语句；如果存在，则执行删除的 SQL 语句。页面返回结果如图 7-8 所示。

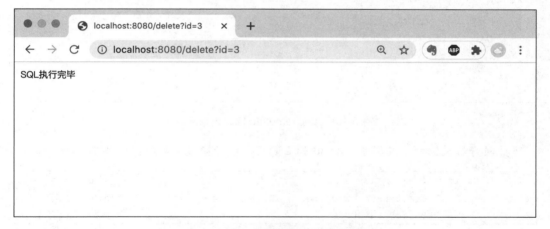

图 7-8　JdbcTemplate 删除记录测试

此时查看数据库中的记录，ds_id 为 3 的记录已经被成功删除，如图 7-9 所示。

	ds_id	ds_type	ds_name
1	1	com.zaxxer.hikari.HikariDataSource	hikari数据源
2	2	org.apache.commons.dbcp2.BasicDataSource	dbcp2数据源

图 7-9　JdbcTemplate 删除记录测试结果

(3)使用 JdbcTemplate 修改数据库中的记录。

在地址栏中输入如下地址：

```
http://localhost:8080/update?id=2&type=BasicDataSource&name=数据源修改测试
```

传递的参数分别为 2、BasicDataSource 和"数据源修改测试"，表示修改数据库表中 ds_id 为 2 的记录。在 JdbcController 中，update()方法的实现逻辑是先查询是否存在对应的记录，如果不存在，则不执行修改的 SQL 语句；如果存在，则执行修改的 SQL 语句。页面返回结果如图 7-10 所示。

图 7-10 JdbcTemplate 修改记录测试

此时查看数据库中的记录，ds_id 为 2 的记录已经被成功修改，如图 7-11 所示。

	ds_id	ds_type	ds_name
1	1	com.zaxxer.hikari.HikariDataSource	hikari数据源
2	2	BasicDataSource	数据源修改测试

图 7-11 JdbcTemplate 修改记录测试结果

(4)使用 JdbcTemplate 查询数据库中的记录。

在地址栏中输入如下地址：

```
http://localhost:8080/queryAll
```

该请求会查询数据库中的所有记录，页面返回结果如图 7-12 所示。

图 7-12　JdbcTemplate 查询记录测试

以上为笔者进行功能测试的步骤。读者在测试时也可以尝试多添加几条记录，如果能够正常获取记录并正确操作 jdbc_test 表中的记录，就表示功能整合成功。

在 Spring Boot 项目中，仅需要几行配置代码即可完成数据库的连接操作，并不需要多余的设置。另外，Spring Boot 自动配置了 JdbcTemplate 对象，开发人员可以直接上手进行数据库的相关开发工作。

作为知识的补充和拓展，接下来将讲解 Spring Boot 和 ORM 框架（MyBatis）的整合实战。

7.3　Spring Boot整合MyBatis框架

7.3.1　MyBatis 简介

MyBatis 的前身是 Apache 社区的一个开源项目 iBatis，于 2010 年更名为 MyBatis。

MyBatis 是支持定制化 SQL、存储过程和高级映射的优秀持久层框架。它避免了几乎所有的 JDBC 代码、手动设置参数和获取结果集的操作，使得开发人员更加关注 SQL 本身和业务逻辑，不用再花费时间关注整个复杂的 JDBC 操作过程。

图 7-13 所示为 MyBatis 的结构图。

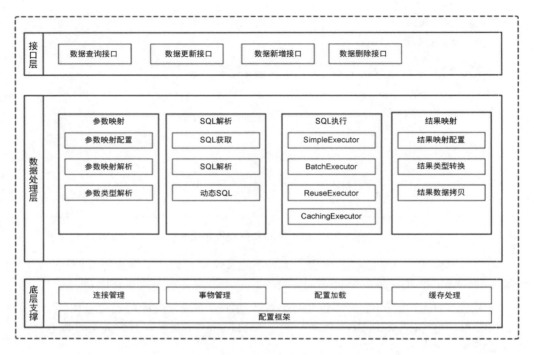

图 7-13　MyBatis 的结构图

MyBatis 的优点如下。

- 封装了 JDBC 大部分操作，减少了开发人员的工作量。
- 半自动化的操作对于编写 SQL 语句灵活度更高。
- Java 代码与 SQL 语句分离，降低了维护难度。
- 自动映射结果集，减少重复的编码工作。
- 开源社区十分活跃，文档齐全，学习成本低。

7.3.2　mybatis-springboot-starter 简介

Spring 官方并没有提供 MyBatis 场景启动器，但是 MyBatis 官方却提供了 MyBatis 整合 Spring Boot 项目的场景启动器，也就是 mybatis-springboot-starter。通过命名方式也能够发现，Spring 官方提供的启动器的命名方式都为 spring-boot-starter-*，与 MyBatis 官方提供的 starter 组件的命名方式不同。接下来介绍 mybatis-springboot-starter 场景启动器。

mybatis-springboot-starter 可以帮助开发人员快速创建基于 Spring Boot 的 MyBatis 应用程序。那么使用 mybatis-springboot-starter 具体可以做什么呢？

- 构建独立的 MyBatis 应用程序。
- 零模板搭建。
- 更少甚至无 XML 配置代码。

与在 Spring 项目中需要手动配置 MyBatis 相比，Spring Boot 自动配置了使用 MyBatis 框架时所需的相关组件。这个过程对于开发人员来说是无感知的。虽然其源码看起来比较吃力，但是实际使用的时候并不会有这种感觉。

在实际开发过程中，开发人员只需引入 starter 依赖即可零配置使用 MyBatis 框架进行编码。这也是 Spring Boot 框架约定优于配置特性的体现。开发人员也可以自己配置 MyBatis 框架相关的组件，有了自定义的配置，MyBatis 自动配置流程的部分步骤就不会被执行。

接下来将结合实际的案例讲解 Spring Boot 整合 MyBatis 对数据库进行操作的流程。

7.3.3 添加依赖

想要把 MyBatis 框架整合到 Spring Boot 项目中，首先需要将其依赖配置添加到 pom.xml 文件中。本书案例选择的 mybatis-springboot-starter 版本为 2.1.3，需要 Spring Boot 版本达到 2.0 或以上才行。同时，需要将数据源依赖和 JDBC 依赖也添加到配置文件中。由于前文中已经将这些依赖放入 pom.xml 配置文件中，因此只要将 mybatis-springboot-starter 依赖放入 pom.xml 文件中即可。更新后的 pom.xml 配置文件如下：

```xml
<?xml version="1.0" encoding="UTF-8"?>
<project xmlns="http://maven.apache.org/POM/4.0.0"
xmlns:xsi="http://www.w3.org/2001/XMLSchema-instance"
    xsi:schemaLocation="http://maven.apache.org/POM/4.0.0
https://maven.apache.org/xsd/maven-4.0.0.xsd">
    <modelVersion>4.0.0</modelVersion>
    <parent>
        <groupId>org.springframework.boot</groupId>
        <artifactId>spring-boot-starter-parent</artifactId>
        <version>2.3.7.RELEASE</version>
        <relativePath/> <!-- lookup parent from repository -->
    </parent>
    <groupId>ltd.newbee.mall</groupId>
    <artifactId>newbee-mall</artifactId>
```

```xml
    <version>0.0.1-SNAPSHOT</version>
    <name>newbee-mall</name>
    <description>mysql-demo</description>

    <properties>

    <project.build.sourceEncoding>UTF-8</project.build.sourceEncoding>
        <project.reporting.outputEncoding>UTF-8</project.reporting.outputEncoding>
        <java.version>1.8</java.version>
    </properties>

    <dependencies>
        <dependency>
            <groupId>org.springframework.boot</groupId>
            <artifactId>spring-boot-starter-web</artifactId>
        </dependency>

        <dependency>
            <groupId>org.springframework.boot</groupId>
            <artifactId>spring-boot-starter-jdbc</artifactId>
        </dependency>

        <dependency>
            <groupId>mysql</groupId>
            <artifactId>mysql-connector-java</artifactId>
            <scope>runtime</scope>
        </dependency>

        <!-- 引入 MyBatis 场景启动器，包含其自动配置类及 MyBatis 3 相关依赖 -->
        <dependency>
            <groupId>org.mybatis.spring.boot</groupId>
            <artifactId>mybatis-spring-boot-starter</artifactId>
            <version>2.1.3</version>
        </dependency>

        <dependency>
            <groupId>org.springframework.boot</groupId>
            <artifactId>spring-boot-starter-test</artifactId>
            <scope>test</scope>
            <exclusions>
                <exclusion>
                    <groupId>org.junit.vintage</groupId>
```

```xml
                    <artifactId>junit-vintage-engine</artifactId>
                </exclusion>
            </exclusions>
        </dependency>
    </dependencies>

    <build>
        <plugins>
            <plugin>
                <groupId>org.springframework.boot</groupId>
                <artifactId>spring-boot-maven-plugin</artifactId>
            </plugin>
        </plugins>
    </build>

    <repositories>
        <repository>
            <id>alimaven</id>
            <name>aliyun maven</name>
            <url>http://maven.aliyun.com/nexus/content/repositories/central/</url>
            <releases>
                <enabled>true</enabled>
            </releases>
            <snapshots>
                <enabled>false</enabled>
            </snapshots>
        </repository>
    </repositories>

</project>
```

至此，MyBatis 的场景启动器和相关依赖就被整合进 Spring Boot 项目中了。

7.3.4　application.properties 配置

在 Spring Boot 中整合 MyBatis 时，有几个需要注意的配置参数，如下所示：

```
mybatis.config-location=classpath:mybatis-config.xml
mybatis.mapper-locations=classpath:mapper/*Dao.xml
mybatis.type-aliases-package=ltd.newbee.mall.entity
```

- mybatis.config-location：配置 mybatis-config.xml 文件路径，在 mybatis-config.xml 文件中配置 MyBatis 基本属性，如果项目中配置了 mybatis-config.xml 文件，就需要设置该参数。
- mybatis.mapper-locations：配置 Mapper 文件对应的 XML 文件路径。
- mybatis.type-aliases-package：配置项目中实体类包的路径。

在开发时只配置 mapper-locations 即可，最终的 application.properties 文件代码如下：

```
spring.datasource.name=newbee-mall-datasource
spring.datasource.driverClassName=com.mysql.cj.jdbc.Driver
spring.datasource.url=jdbc:mysql://localhost:3306/test_db?useUnicode=true&serverTimezone=Asia/Shanghai&characterEncoding=utf8&autoReconnect=true&useSSL=false&allowMultiQueries=true&useAffectedRows=true
spring.datasource.username=root
spring.datasource.password=123456

mybatis.mapper-locations=classpath:mapper/*Mapper.xml
```

7.3.5 启动类增加 Mapper 扫描

在启动类中增加对 Mapper 包的扫描@MapperScan，Spring Boot 在启动的时候会自动加载包路径下的 Mapper 接口，代码如下：

```
@SpringBootApplication
@MapperScan("ltd.newbee.mall.dao") //添加 @Mapper 注解
public class NewbeeMallApplication {
    public static void main(String[] args) {
        SpringApplication.run(Application.class, args);
    }
}
```

当然，也可以直接在每个 Mapper 接口上面添加@Mapper 注解。但是如果 Mapper 接口数量较多，在每个 Mapper 接口上添加注解是比较烦琐的，建议扫描注解。

7.4 Spring Boot整合MyBatis进行数据库的增、删、改、查

在开发项目之前，需要在 MySQL 中创建一张表，SQL 语句如下：

```sql
DROP TABLE IF EXISTS 'tb_user';

CREATE TABLE 'tb_user' (
  'id' INT(11) NOT NULL AUTO_INCREMENT COMMENT '主键',
  'name' VARCHAR(100) NOT NULL DEFAULT '' COMMENT '登录名',
  'password' VARCHAR(100) NOT NULL DEFAULT '' COMMENT '密码',
  PRIMARY KEY ('id')
) ENGINE=INNODB AUTO_INCREMENT=1 DEFAULT CHARSET=utf8;

/*Data for the table 'jdbc_test' */
insert into 'tb_user'('id','name','password') values (1,'Spring Boot','123456'),(2,'MyBatis','123456'),(3,'Thymeleaf','123456'),(4,'Java','123456'),(5,'MySQL','123456'),(6,'IDEA','123456');
```

在数据库中新建了一个名称为 tb_user 的数据表，表中有 id、name 和 password 共 3 个字段，在本机上测试时，可以直接将以上 SQL 语句复制到 MySQL 中执行。

接下来讲解功能实现步骤，使用 MyBatis 进行数据的增、删、改、查操作。

7.4.1 新建实体类和 Mapper 接口

新建 entity 包并在 entity 包中新建 User 类，将 tb_user 中的字段映射到该实体类中，代码如下：

```java
package ltd.newbee.mall.entity;

public class User {

    private Integer id;
    private String name;
    private String password;

    public Integer getId() {
        return id;
    }

    public void setId(Integer id) {
        this.id = id;
    }
```

```
    public String getName() {
        return name;
    }

    public void setName(String name) {
        this.name = name;
    }

    public String getPassword() {
        return password;
    }

    public void setPassword(String password) {
        this.password = password;
    }
}
```

新建 dao 包并在 dao 包中新建 UserDao 接口，之后定义增、删、改、查 4 个方法，代码如下：

```
package ltd.newbee.mall.dao;
import ltd.newbee.mall.entity.User;
import java.util.List;

/**
 * @author 十三
 * MyBatis 功能测试
 */
public interface UserDao {
    /**
     * 返回数据列表
     *
     * @return
     */
    List<User> findAllUsers();

    /**
     * 添加
     *
     * @param User
     * @return
     */
    int insertUser(User User);
```

```
/**
 * 修改
 *
 * @param User
 * @return
 */
int updUser(User User);

/**
 * 删除
 *
 * @param id
 * @return
 */
int delUser(Integer id);
}
```

7.4.2 创建 Mapper 接口的映射文件

在 resources 目录下新建 mapper 目录，并在 mapper 目录下新建 Mapper 接口的映射文件 UserMapper.xml，再进行映射文件的编写。

在编写映射文件时，先定义映射文件与 Mapper 接口的对应关系。比如在该案例中，需要定义 UserMapper.xml 文件与对应的 UserDao 接口类之间的关系：

```
<mapper namespace="ltd.newbee.mall.dao.UserDao">
```

然后，配置表结构和实体类的对应关系：

```
<resultMap type="ltd.newbee.mall.entity.User" id="UserResult">
  <result property="id" column="id"/>
  <result property="name" column="name"/>
  <result property="password" column="password"/>
</resultMap>
```

最后，按照对应的接口方法，编写增、删、改、查方法的具体 SQL 语句，最终的 UserMapper.xml 文件代码如下：

```
<?xml version="1.0" encoding="UTF-8"?>
<!DOCTYPE mapper PUBLIC "-//mybatis.org//DTD Mapper 3.0//EN"
```

```xml
"http://mybatis.org/dtd/mybatis-3-mapper.dtd">
<mapper namespace="ltd.newbee.mall.dao.UserDao">
  <resultMap type="ltd.newbee.mall.entity.User" id="UserResult">
    <result property="id" column="id"/>
    <result property="name" column="name"/>
    <result property="password" column="password"/>
  </resultMap>

  <select id="findAllUsers" resultMap="UserResult">
    select id,name,password from tb_user
    order by id desc
  </select>

  <insert id="insertUser" parameterType="ltd.newbee.mall.entity.User">
    insert into tb_user(name,password)
    values(#{name},#{password})
  </insert>

  <update id="updUser" parameterType="ltd.newbee.mall.entity.User">
    update tb_user
    set
    name=#{name},password=#{password}
    where id=#{id}
  </update>

  <delete id="delUser" parameterType="int">
    delete from tb_user where id=#{id}
  </delete>
</mapper>
```

7.4.3 新建 MyBatisController

为了对 MyBatis 进行功能测试，在 controller 包下新建 MyBatisController 类，并新增 4 个方法分别接收对 tb_user 表的增、删、改、查请求，代码如下：

```java
package ltd.newbee.mall.controller;

import ltd.newbee.mall.dao.UserDao;
import ltd.newbee.mall.entity.User;
import org.springframework.util.StringUtils;
import org.springframework.web.bind.annotation.GetMapping;
```

```java
import org.springframework.web.bind.annotation.RestController;

import javax.annotation.Resource;
import java.util.List;

@RestController
public class MyBatisController {

    @Resource
    UserDao userDao;

    // 查询所有记录
    @GetMapping("/users/mybatis/queryAll")
    public List<User> queryAll() {
        return userDao.findAllUsers();
    }

    // 新增一条记录
    @GetMapping("/users/mybatis/insert")
    public Boolean insert(String name, String password) {
        if (StringUtils.isEmpty(name) || StringUtils.isEmpty(password)) {
            return false;
        }
        User user = new User();
        user.setName(name);
        user.setPassword(password);
        return userDao.insertUser(user) > 0;
    }

    // 修改一条记录
    @GetMapping("/users/mybatis/update")
    public Boolean update(Integer id, String name, String password) {
        if (id == null || id < 1 || StringUtils.isEmpty(name) ||
StringUtils.isEmpty(password)) {
            return false;
        }
        User user = new User();
        user.setId(id);
        user.setName(name);
        user.setPassword(password);
        return userDao.updUser(user) > 0;
    }
```

```
// 删除一条记录
@GetMapping("/users/mybatis/delete")
public Boolean delete(Integer id) {
    if (id == null || id < 1) {
        return false;
    }
    return userDao.delUser(id) > 0;
}
}
```

执行完上述步骤，整合 MyBatis 后的目录结构如图 7-14 所示。

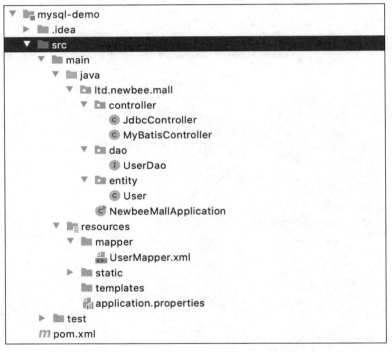

图 7-14　整合 MyBatis 后的目录结构

在编码完成后启动 Spring Boot 项目，在启动成功后打开浏览器，对以上 4 个功能进行验证。

（1）Spring Boot 整合 MyBatis 向数据库中新增记录。

在地址栏中输入如下地址：

```
http://localhost:8080/users/mybatis/insert?name=十三&password=1234567
```

传递的参数分别为"十三"和"1234567",表示向数据库中新增一条记录。其中,name 字段值为"十三",password 字段值为"1234567"。页面返回结果如图 7-15 所示。

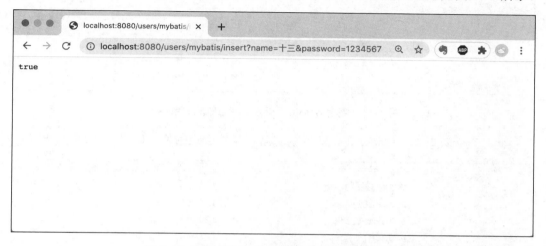

图 7-15　整合 MyBatis 在数据库中新增记录测试

此时查看数据库中的记录,可以看到已经添加成功,新的记录已经生成,如图 7-16 所示。

id	name	password
1	Spring Boot	123456
2	MyBatis	123456
3	Thymeleaf	123456
4	Java	123456
5	MySQL	123456
6	IDEA	123456
7	十三	1234567

图 7-16　整合 MyBatis 在数据库中新增记录测试结果

(2) Spring Boot 整合 MyBatis 删除数据库中的记录。

在地址栏中输入如下地址:

```
http://localhost:8080/delete?id=3
```

传递的参数为 5,表示从数据库表中删除一条 id 为 5 的记录,页面返回结果如图 7-17 所示。

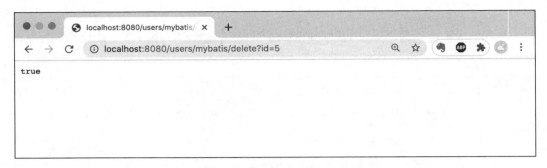

图 7-17　整合 MyBatis 在数据库中删除记录测试

此时查看数据库中的记录，id 为 5 的记录已经被成功删除，如图 7-18 所示。

id	name	password
1	Spring Boot	123456
2	MyBatis	123456
3	Thymeleaf	123456
4	Java	123456
6	IDEA	123456
7	十三	1234567

图 7-18　整合 MyBatis 在数据库中删除记录测试结果

（3）Spring Boot 整合 MyBatis 修改数据库中的记录。

在地址栏中输入如下地址：

```
http://localhost:8080/users/mybatis/update?id=1&name=book01&password=12345678
```

传递的参数分别为"1""book01""12345678"，表示修改数据库表中 id 为 1 的记录，页面返回结果如图 7-19 所示。

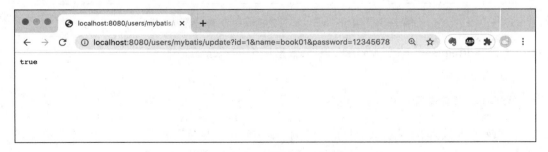

图 7-19　整合 MyBatis 在数据库中修改记录测试

此时查看数据库中的记录，id 为 1 的记录已经被成功修改，如图 7-20 所示。

id	name	password
1	book01	12345678
2	MyBatis	123456
3	Thymeleaf	123456
4	Java	123456
6	IDEA	123456
7	十三	1234567

图 7-20　整合 MyBatis 在数据库中修改记录测试结果

（4）Spring Boot 整合 MyBatis 查询数据库中的记录。

在地址栏中输入如下地址：

http://localhost:8080/users/mybatis/queryAll

该请求会查询数据库中的所有记录，页面返回结果如图 7-21 所示。

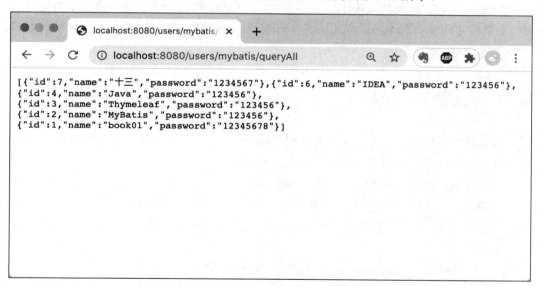

图 7-21　整合 MyBatis 在数据库中查询记录

以上为笔者进行功能测试的步骤。读者在测试时也可以尝试多添加几条记录，如果能够正常获取记录并正确操作 tb_user 表中的记录，就表示功能整合成功。

第 8 章 Spring Boot 实战之整合 Swagger 接口管理工具

Swagger 是一款基于 RESTful 接口的用于文档在线自动生成和功能测试的开发工具，本章将介绍 Swagger 并讲解如何在 Spring Boot 项目中集成它，使其能够帮助开发者快速生成接口文档。

8.1 认识Swagger

为了减少前后端开发人员在开发期间的频繁沟通，传统做法是创建一个 API 文档来记录所有接口细节，然而这样做有以下几个问题。

- 由于接口众多，并且细节复杂，比如需要考虑不同的 HTTP 请求类型、HTTP 头部信息、HTTP 请求内容等，因此编写一个完整的 API 文档非常吃力。
- 随着时间的推移，在不断修改接口实现时都必须同步修改接口文档，维护起来十分麻烦。
- API 文档只是一个文档，不能提供线上测试的工具。

为了解决以上问题，不得不重点向读者介绍一下当前最流行的 API 管理工具 Swagger，很多人也称它为"丝袜哥"。

本书最终实现的商城项目在开发过程中一直用 Swagger 提供的接口文档和线上接口进行前后端功能联调，在运行该商城项目的后端源码后，也可以通过 swagger-ui 页面看到该项目的所有 API 文档，如图 8-1 所示。

第 8 章 Spring Boot 实战之整合 Swagger 接口管理工具

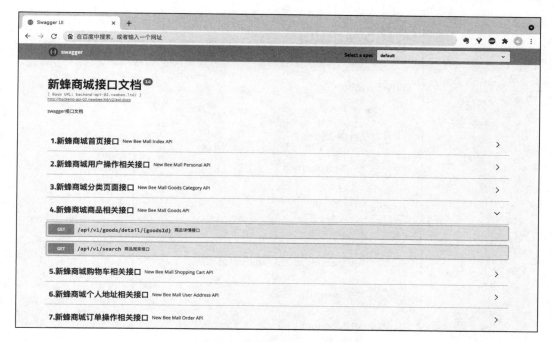

图 8-1　新蜂商城接口文档截图

　　Swagger 为开发者提供了一套规范去定义接口和接口相关的信息，通过在后端代码中集成相关代码，就能够将基于 Spring MVC 框架的项目代码自动生成 JSON 格式的描述文件，进而通过这套接口描述数据生成各种接口文档。

　　Swagger 的目标是为 RESTful API 定义一个标准的、与语言无关的接口，使人和计算机在看不到源码或看不到文档，以及在不能通过网络流量检测的情况下发现和理解各种服务的功能，在 Spring Boot 项目中集成 Swagger 可以使用其提供的特定注解来告知前端开发者需要在 API 文档中展示的信息，Swagger 会根据项目中标记的注解生成对应的 API 文档。当然，不仅是 Spring Boot 项目，在其他后端语言的项目中也可以通过对应的整合方式使用 Swagger。

8.2　Swagger 的功能列表

　　有人熟悉 Swagger 这个工具，也有很多人并不熟悉这个工具。不过大部分人通常只把它当作一个接口文档的生成和展示工具。其实它能够做的事情并不止于此，在 Swagger 官网中就列举了它能做的事情，如图 8-2 所示。

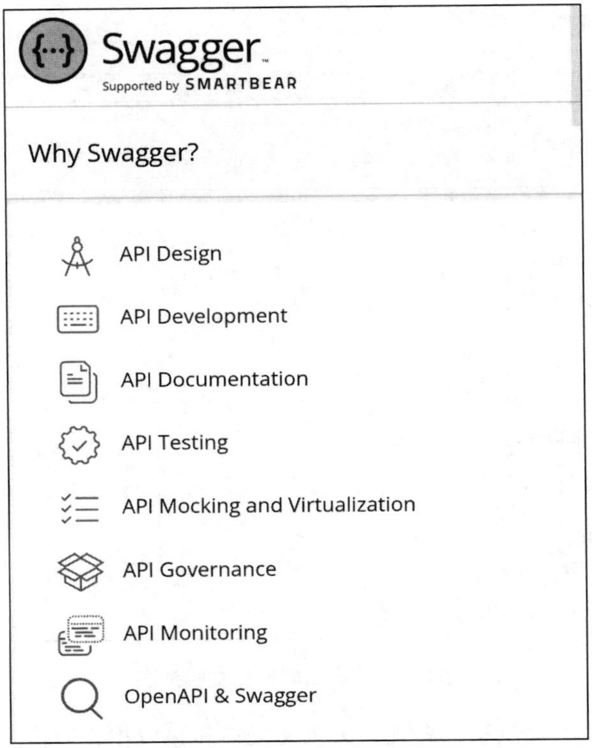

图 8-2 Swagger 的功能列表

Swagger 工具的功能总结如下。

- 辅助接口设计。
- 辅助接口开发。
- 生成接口文档。
- 进行接口测试。
- Mock 接口。
- 接口管理。
- 接口检测。

Swagger 的功能确实非常强大，它可以轻松地整合到 Spring Boot 项目中并生成 RESTful API 文档，减少了开发者创建文档的工作量，同时将接口的说明内容整合在 Java 代码中，让维护文档和修改代码合为一体，可以让开发者在修改代码逻辑的同时方便地修改文档说明。另外，Swagger 还提供了强大的页面测试功能来调试每个 API 接口，给后端开发人员的自测工作及前端开发人员的联调工作提供了非常大的便利。

Swagger 功能强大、整合简单，给开发人员提供了非常多的帮助，因此笔者强烈推荐读者在项目开发中使用 Swagger 来维护接口文档。

8.3　Spring Boot整合Swagger

介绍完 Swagger 工具后，接下来将结合实际案例讲解 Spring Boot 整合 Swagger 并生成接口文档。

8.3.1　依赖文件

想要把 Swagger 整合到 Spring Boot 项目中，首先需要将其依赖配置添加到 pom.xml 文件中。同时为了功能演示，也需要将 Web 相关依赖整合到项目中。最终，pom.xml 文件的代码如下：

```xml
<?xml version="1.0" encoding="UTF-8"?>
<project xmlns="http://maven.apache.org/POM/4.0.0"
xmlns:xsi="http://www.w3.org/2001/XMLSchema-instance"
    xsi:schemaLocation="http://maven.apache.org/POM/4.0.0
http://maven.apache.org/xsd/maven-4.0.0.xsd">
    <modelVersion>4.0.0</modelVersion>
    <parent>
        <groupId>org.springframework.boot</groupId>
        <artifactId>spring-boot-starter-parent</artifactId>
        <version>2.3.7.RELEASE</version>
        <relativePath/> <!-- lookup parent from repository -->
    </parent>
    <groupId>ltd.newbee.mall</groupId>
    <artifactId>swagger-demo</artifactId>
    <version>0.0.1-SNAPSHOT</version>
    <name>swagger-demo</name>
    <description>Demo project for Spring Boot</description>

    <properties>
        <java.version>1.8</java.version>
    </properties>

    <dependencies>
```

```xml
        <dependency>
            <groupId>org.springframework.boot</groupId>
            <artifactId>spring-boot-starter-web</artifactId>
        </dependency>
        <!-- swagger2 -->
        <dependency>
            <groupId>io.springfox</groupId>
            <artifactId>springfox-swagger2</artifactId>
            <version>2.8.0</version>
        </dependency>
        <dependency>
            <groupId>io.springfox</groupId>
            <artifactId>springfox-swagger-ui</artifactId>
            <version>2.8.0</version>
        </dependency>
        <!-- swagger2 -->
        <dependency>
            <groupId>org.springframework.boot</groupId>
            <artifactId>spring-boot-starter-test</artifactId>
            <scope>test</scope>
        </dependency>
    </dependencies>

    <repositories>
        <repository>
            <id>alimaven</id>
            <name>aliyun maven</name>
            <url>http://maven.aliyun.com/nexus/content/repositories/central/</url>
            <releases>
                <enabled>true</enabled>
            </releases>
            <snapshots>
                <enabled>false</enabled>
            </snapshots>
        </repository>
    </repositories>

    <build>
        <plugins>
            <plugin>
                <groupId>org.springframework.boot</groupId>
                <artifactId>spring-boot-maven-plugin</artifactId>
```

```
            </plugin>
        </plugins>
    </build>

</project>
```

8.3.2 创建 Swagger 配置类

新建 config 包并在 config 包中新增 Swagger2Config.java 文件,代码如下:

```
package ltd.newbee.mall.config;

import org.springframework.context.annotation.Bean;
import org.springframework.context.annotation.Configuration;
import springfox.documentation.builders.ApiInfoBuilder;
import springfox.documentation.builders.PathSelectors;
import springfox.documentation.builders.RequestHandlerSelectors;
import springfox.documentation.service.ApiInfo;
import springfox.documentation.spi.DocumentationType;
import springfox.documentation.spring.web.plugins.Docket;
import springfox.documentation.swagger2.annotations.EnableSwagger2;

@Configuration
@EnableSwagger2
public class Swagger2Config {

    @Bean
    public Docket api() {
        return new Docket(DocumentationType.SWAGGER_2)
                .apiInfo(apiInfo())
                .select()
                .apis(RequestHandlerSelectors.basePackage("ltd.newbee.mall.controller"))
                .paths(PathSelectors.any())
                .build();
    }

    private ApiInfo apiInfo() {
        return new ApiInfoBuilder()
                .title("swagger-api 文档")
```

```
            .description("swagger 文档 by 13")
            .version("1.0")
            .build();
    }
}
```

如上代码所示，类上的两个注解含义如下。

- @Configuration：启动时加载此类。
- @EnableSwagger2：表示此项目启用 Swagger API 文档。

其中，api()方法用于返回实例 Docket（Swagger API 摘要），也在该方法中指定需要扫描的控制器包路径，只有此路径下的 Controller 类才会自动生成 Swagger API 文档。比如，当前代码中定义的"ltd.newbee.mall.controller"包路径，表示该路径下所有的 Controller 类中如果有与 Swagger 相关的注解，则会自动生成 Swagger API 文档。如果 Controller 类在"ltd.newbee.mall.controller2"包路径中，即使在类上添加了与 Swagger 相关的注解，也不会生成 API 文档。

apiInfo()方法中主要配置一些基本的显示信息，包括配置页面显示的基本信息，如标题、描述、版本、服务条款、联系方式等。

配置完成后启动项目，在浏览器中输入如下网址：

```
localhost:8080/swagger-ui.html
```

这时可以看到 swagger-ui 页面的显示效果，如图 8-3 所示。

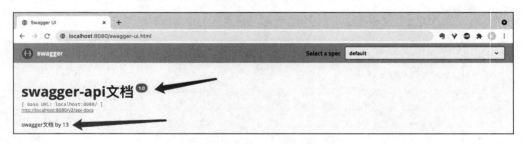

图 8-3 swagger-ui 页面的显示效果

特别提醒读者注意，本书中使用的接口管理工具的版本是 Swagger 2，如果读者使用的是 Swagger 3 版本，则 swagger-ui 页面的访问地址需要修改成如下写法：

```
localhost:8080/swagger-ui/index.html
```

此时 swagger-ui 页面中只有基本的配置信息，并没有 API 文档信息。接下来，在 basePackage("ltd.newbee.mall.controller")包中新建 Controller 类并进行简单的配置。

8.3.3 创建 Controller 类并新增接口信息

在 controller 包中新增 TestSwaggerController.java，代码如下：

```java
package ltd.newbee.mall.controller;

import ltd.newbee.mall.entity.User;
import io.swagger.annotations.ApiImplicitParam;
import io.swagger.annotations.ApiImplicitParams;
import io.swagger.annotations.ApiOperation;
import org.springframework.web.bind.annotation.*;

import java.util.*;

@RestController
public class TestSwaggerController {

    static Map<Integer, User> usersMap = Collections.synchronizedMap(new HashMap<Integer, User>());

    // 初始化 usersMap
    static {
        User user = new User();
        user.setId(1);
        user.setName("newbee1");
        user.setPassword("111111");
        User user2 = new User();
        user2.setId(2);
        user2.setName("newbee2");
        user2.setPassword("222222");
        usersMap.put(1, user);
        usersMap.put(2, user2);
    }

    @ApiOperation(value = "获取用户列表", notes = "")
    @GetMapping("/users")
    public List<User> getUserList() {
        List<User> users = new ArrayList<User>(usersMap.values());
        return users;
    }
```

```java
    @ApiOperation(value = "新增用户", notes = "根据 User 对象新增用户")
    @ApiImplicitParam(name = "user", value = "用户实体", required = true, dataType = "User")
    @PostMapping("/users")
    public String postUser(@RequestBody User user) {
        usersMap.put(user.getId(), user);
        return "新增成功";
    }

    @ApiOperation(value = "获取用户详细信息", notes = "根据 id 获取用户详细信息")
    @ApiImplicitParam(name = "id", value = "用户 id", required = true, dataType = "int")
    @GetMapping("/users/{id}")
    public User getUser(@PathVariable Integer id) {
        return usersMap.get(id);
    }

    @ApiOperation(value = "更新用户详细信息", notes = "")
    @ApiImplicitParams({
            @ApiImplicitParam(name = "id", value = "用户 id", required = true, dataType = "int"),
            @ApiImplicitParam(name = "user", value = "用户实体 user", required = true, dataType = "User")
    })
    @PutMapping("/users/{id}")
    public String putUser(@PathVariable Integer id, @RequestBody User user) {
        User tempUser = usersMap.get(id);
        tempUser.setName(user.getName());
        tempUser.setPassword(user.getPassword());
        usersMap.put(id, tempUser);
        return "更新成功";
    }

    @ApiOperation(value = "删除用户", notes = "根据 id 删除对象")
    @ApiImplicitParam(name = "id", value = "用户 id", required = true, dataType = "int")
    @DeleteMapping("/users/{id}")
    public String deleteUser(@PathVariable Integer id) {
        usersMap.remove(id);
        return "删除成功";
    }

}
```

第 8 章 Spring Boot 实战之整合 Swagger 接口管理工具

这里笔者新增了一个 Controller 类且定义了 5 个接口，并在每个接口上通过@ApiOperation 注解来添加说明信息，包括接口名称和接口的作用，通过@ApiImplicitParams、@ApiImplicitParam 两个注解来给参数添加说明，包括参数名称、参数类型等。

编码完成后启动项目，启动日志如图 8-4 所示。

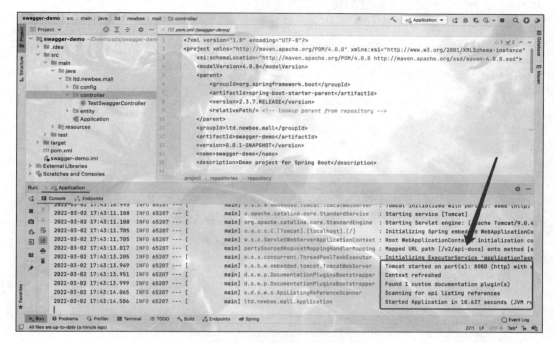

图 8-4　整合 Swagger 后的启动日志

在浏览器中输入如下网址：

```
localhost:8080/swagger-ui.html
```

此时就能够看到 swagger-ui 页面中显示的接口信息了。

8.4　接口测试

在介绍 Swagger 时笔者已经提过，Swagger 不仅是一个接口文档工具，还是一个接口测试工具。访问 swagger-ui 页面不仅可以看到显示的接口信息，还可以通过 swagger-ui 页面向后端发起实际的请求、传输参数并获取返回数据。这样开发者就能够很方便地进行接口测试。接下来笔者将在 swagger-ui 页面中对上文中添加的接口进行实际的测试。

8.4.1 用户列表接口测试

进入用户列表接口，接口的右上方有一个"Try it out"按钮，如图 8-5 所示。

图 8-5 进入用户列表接口

单击"Try it out"按钮准备发送用户列表接口请求，之后页面上会出现"Execute"按钮，如图 8-6 所示。

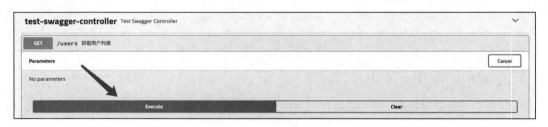

图 8-6 页面上出现"Execute"按钮

单击"Execute"按钮后，会向后端发送实际的用户列表请求，请求成功后可以在页面中看到请求信息及返回数据，在 Response body 信息框中可以看到两条用户数据，接口请求成功且数据与预期中的数据一致，证明这个接口没有问题，返回的结果如图 8-7 所示。

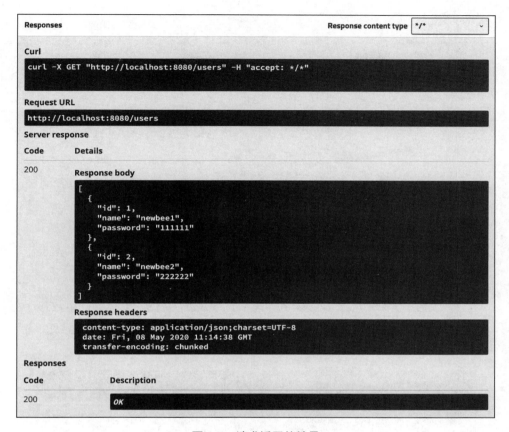

图 8-7 请求返回的结果

8.4.2 用户添加接口测试

进入新增接口，接口的右上方有一个 "Try it out" 按钮，单击它来尝试发送请求。由于这个接口需要传输用户数据，因此页面上会出现用户信息文本框，在测试时需要在这里依次输入需要添加的用户数据。之后页面上会出现 "Execute" 按钮，单击该按钮会向后端发送实际的用户添加请求，如图 8-8 所示。请求成功后可以在页面中看到添加成功的提示。

为了验证是否已经添加成功，再次请求用户列表接口，此时在 Response body 信息框中可以看到 3 条用户数据，如图 8-9 所示。接口请求成功且数据与预期中的数据一致，证明添加的这个接口是没有问题的。

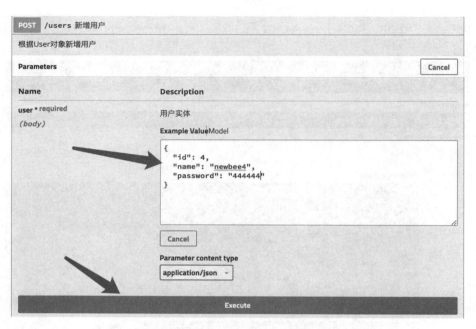

图 8-8 输入参数并发起添加用户请求

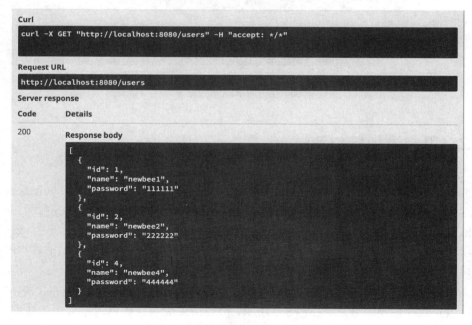

图 8-9 新添用户接口的请求结果

8.4.3 用户详情接口测试

进入用户详情接口,接口的右上方有一个"Try it out"按钮,单击该按钮尝试发送请求。由于这个接口需要传输用户 id,因此页面上会出现 id 文本框,在测试时需要在 id 文本框中输入用户 id,例如想要查询 id 为 4 的用户数据,就在文本框中输入 4。之后页面上会出现"Execute"按钮,单击该按钮会向后端发送实际的用户详情信息请求,请求成功后可以在页面中看到 id 为 4 的用户数据,如图 8-10 所示。

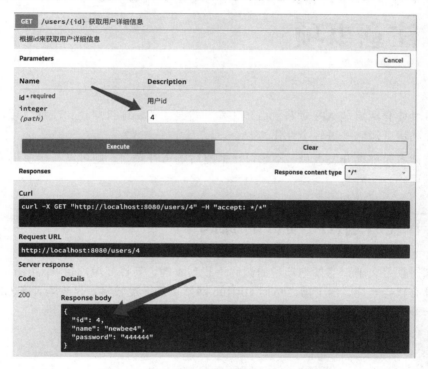

图 8-10 获取用户详细信息接口的请求结果

接口请求成功且数据与预期中的数据一致,证明用户详情接口是没有问题的。

用户更新接口和用户删除接口的操作过程与前面几个接口的操作过程类似,读者可以自行测试。同时,也可以根据本章介绍的内容和本章所提供的源码再自行写几个 Controller 类来熟悉一下 Swagger 工具。

第 9 章

商城后端 API 项目启动和运行注意事项

本章主要介绍后端 API 项目的源码下载、目录结构、项目启动和注意事项，以便读者可以顺利运行源码并进行个性化修改。

如果读者是前端开发人员，不想自己搭建后端 API 项目，则可以直接使用笔者提供的线上接口。

9.1 下载后端API项目的源码

在部署项目之前，需要把项目的源码下载到本地，新蜂商城项目在 GitHub 和 Gitee 平台上都有代码仓库。由于国内访问 GitHub 网站可能速度较慢，因此笔者在 Gitee 上也创建了一个同名代码仓库，两个仓库会保持同步更新，它们的网址如下：

https://github.com/newbee-ltd/newbee-mall-api

https://gitee.com/newbee-ltd/newbee-mall-api

读者可以直接在浏览器中输入上述链接，到对应的仓库中查看源码及相关文件。

9.1.1 使用 clone 命令下载源码

如果本地安装了 Git 环境，就可以直接在命令行中使用 git clone 命令把仓库中的文件全部下载到本地。

通过 GitHub 下载源码，执行如下命令：

```
git clone https://github.com/newbee-ltd/newbee-mall.git
```

通过 Gitee 下载源码，执行如下命令：

```
git clone https://gitee.com/newbee-ltd/newbee-mall.git
```

打开 cmd 命令行，切换到对应的目录。比如，若下载到 D 盘的 java-dev 目录，那么就先执行 cd 命令切换到该目录下，然后执行 git clone 命令，过程如图 9-1 所示。

图 9-1　下载源码过程

等待文件下载，全部下载完毕后就能够在 java-dev 目录下看到新蜂商城项目所有的源码了。如果使用 GitHub 链接下载较慢，可以通过国内的 Gitee 链接执行 git clone 操作。

9.1.2　通过开源网站下载源码

除通过命令行下载源码外，读者也可以选择更直接的方式进行下载。GitHub 和 Gitee 两个开源平台都提供了对应的下载功能，读者可以在代码仓库中直接单击对应的下载按钮进行源码下载。

在 GitHub 网站上直接下载代码，可以进入 newbee-mall-api 在 GitHub 网站中的仓库页面。

在 newbee-mall-api 代码仓库页面上有一个带着下载图标的绿色"Code"按钮，单击该按钮，再单击"Download ZIP"按钮，如图 9-2 所示，就可以下载 newbee-mall-api 源码的压缩包文件，下载完成后进行解压，最后导入 IDEA 或 Eclipse 编辑器中进行开发或修改。

在 Gitee 网站下载源码会更快一些。在 Gitee 网站直接下载源码，可以进入 newbee-mall-api 在 Gitee 网站中的仓库页面。

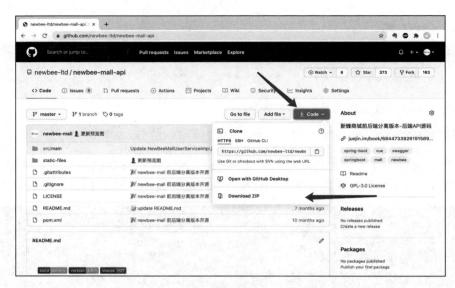

图 9-2　newbee-mall 仓库页面（GitHub）

在 newbee-mall-api 代码仓库页面上有一个"克隆/下载"按钮，单击该按钮，之后单击"下载 ZIP"按钮，如图 9-3 所示。这时会跳转到验证页面，输入正确的验证码就可以下载代码的压缩包文件，下载完成后进行解压，最后导入 IDEA 或 Eclipse 编辑器中进行开发或修改。

图 9-3　newbee-mall 仓库页面（Gitee）

9.2 目录结构讲解

下载源码并解压后，在代码编辑器中打开项目，这是一个标准的 Maven 项目。笔者使用的开发工具是 IDEA，导入后 newbee-mall-api 源码目录结构如图 9-4 所示。

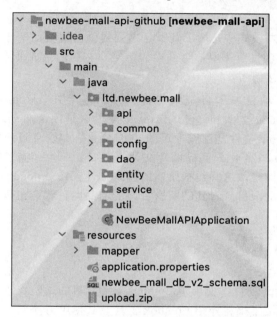

图 9-4 newbee-mall-api 源码目录结构

下面介绍目录的内容和作用，如下所示：

```
newbee-mall-api
    ├── src/main/java
    │      └── ltd.newbee.mall
    │             ├── common  // 存放相关的常量配置及枚举类
    │             ├── config  // 存放 Web 配置类
    │             ├── api  // 存放控制类，包括所有的 API 处理类
    │             │      ├── admin  // 后台管理系统端 API
    │             │      └── mall  // 商城端 API
    │             ├── dao  // 存放数据层接口
    │             ├── entity  // 存放实体类
    │             ├── service  // 存放业务层方法
```

```
                    ├── util           // 存放工具类
                    └── NewBeeMallAPIApplication   // Spring Boot 项目主类
         ├── src/main/resources
                    ├── mapper         // 存放 MyBatis 的通用 Mapper 文件
                    ├── application.properties    // 项目配置文件
                    ├── newbee_mall_v2_schema.sql // 项目所需的 SQL 文件
                    └── upload.zip     // 商品图片
         └── pom.xml // Maven 配置文件
```

在前后端分离开发模式中，后端开发者主要提供前端页面所需的接口，该项目提供了 Vue 3 企业级实战项目所需要的全部接口，接口文档的生成使用 Swagger，启动后读者就能够看到所有的接口了。

除 Spring Boot 项目基本目录中的源码外，笔者在 resources 目录中也上传了 newbee_mall_v2_schema 文件和 upload.zip 文件，这是项目启动时所需的两个文件。newbee_mall_v2_schema 文件是商城项目的 SQL 文件，包含项目所需的所有表结构和初始化数据。upload.zip 文件则是商品图片文件，在商品表中存储了数百条记录。为了让用户获得更好的学习体验，这些数据所需的图片文件都在 upload.zip 压缩包中。如果没有这个压缩包，在启动项目后看到的所有页面的商品图片都会出现 404 错误。

9.3　Lombok工具

在 newbee-mall-api 项目中使用了 Lombok 工具，目的是防止读者在运行代码时出现一些不必要的麻烦，接下来将介绍 Lombok 工具及其使用方法。

9.3.1　认识 Lombok

Lombok 是一个第三方的 Java 工具库，会自动插入编辑器和构建工具。Lombok 提供了一组非常有用的注解，用来消除 Java 类中的大量样板代码，比如 setter 和 getter 方法、构造方法等。只需要在原来的 JavaBean 上使用@Data 注解就可以替换数十行或数百行代码，从而使代码变得更加清爽、简捷且易于维护。

newbee-mall-api 项目的代码里有很多都用到了 Lombok 注解，如图 9-5 和图 9-6 所示。

```java
/**
 * 添加收货地址param
 */
@Data
public class SaveMallUserAddressParam {

    @ApiModelProperty("收件人名称")
    private String userName;

    @ApiModelProperty("收件人联系方式")
    private String userPhone;

    @ApiModelProperty("是否默认地址 0-不是 1-是")
    private Byte defaultFlag;

    @ApiModelProperty("省")
    private String provinceName;

    @ApiModelProperty("市")
    private String cityName;

    @ApiModelProperty("区/县")
    private String regionName;

    @ApiModelProperty("详细地址")
    private String detailAddress;
}
```

图 9-5　SaveMallUserAddressParam 类源码

```java
/**
 * 订单详情页页面VO
 */
@Data
public class NewBeeMallOrderDetailVO implements Serializable {

    @ApiModelProperty("订单号")
    private String orderNo;

    @ApiModelProperty("订单价格")
    private Integer totalPrice;

    @ApiModelProperty("订单支付状态码")
    private Byte payStatus;

    @ApiModelProperty("订单支付方式")
    private Byte payType;

    @ApiModelProperty("订单支付方式")
    private String payTypeString;

    @ApiModelProperty("订单状态码")
    private Byte orderStatus;

    @ApiModelProperty("创建时间")
    @JsonFormat(pattern = "yyyy-MM-dd HH:mm:ss", timezone = "GMT+8")
    private Date createTime;

    @ApiModelProperty("订单项列表")
    private List<NewBeeMallOrderItemVO> newBeeMallOrderItemVOS;
}
```

图 9-6　NewBeeMallOrderDetailVO 类源码

如果想要在项目中使用图 9-5 和图 9-6 中的 SaveMallUserAddressParam 和 NewBeeMallOrderDetailVO 两个对象，就必须给 JavaBean 中的每个字段加上 setter 和 getter 方法，有可能还要写构造方法、equals 方法、toString 方法等，这些方法量多且没有技术含量，但是开发者在编写代码时又不得不去写它们。

此时，Lombok 出现了。

这个工具的主要作用是通过一些注解，消除刚刚提到的这种看似无用但是又不得不写的代码，仅仅加一个@Data 注解即可。接下来看一下 SaveMallUserAddressParam 类的结构，如图 9-7 所示。

图 9-7　SaveMallUserAddressParam 类的结构

仅仅在类上添加一个注解，并没有添加 setter 和 getter 等方法，但是这些方法已经自动生成了，这就是 Lombok 工具的作用。

Lombok 工具解决的是项目里 JavaBean 中大量的 getter、setter、equals()、toString() 等可能不会用到但是仍然需要在类中定义的方法，在使用 Lombok 后，将由它来自动实现部分代码的生成工作，可以极大地减少开发者编写代码的工作量，精简和优化这些 JavaBean。

9.3.2 Spring Boot 整合 Lombok

在项目中整合 Lombok 还是比较简单的，在 Spring Boot 项目的 pom.xml 依赖文件中添加 Lombok 的依赖即可，代码如下：

```xml
<dependency>
  <groupId>org.projectlombok</groupId>
  <artifactId>lombok</artifactId>
  <version>1.18.8</version>
  <scope>provided</scope>
</dependency>
```

演示代码使用的是 1.18.8 版本，读者可以根据需求更换这个版本号。

接下来定义一个 JavaBean 并添加@Data 注解，代码如下：

```java
@Data
public class NewBeeMallPOJO {
  private String title;
  private int number;
  private Date createTime;
}
```

这样就可以在其他类中构造 NewBeeMallPOJO 类及调用其中的 getter、setter、toString 等方法，示例代码如下：

```java
NewBeeMallPOJO newBeeMallPOJO = new NewBeeMallPOJO();

newBeeMallPOJO.setNumber(2);

System.out.println(newBeeMallPOJO.toString());
```

@Data 注解是一个比较"霸道"的注解，不仅能够生成 JavaBean 中所有属性的 getter 和 setter 方法，还自动提供 equals、canEqual、hashCode、toString 方法。

如果不想生成这么多内容，可以使用其他的注解来实现开发时的需求。

- @Setter：注解在属性上，为属性提供 setting 方法。
- @Getter：注解在属性上，为属性提供 getting 方法。
- @Log4j：注解在类上，为类提供一个属性名为 log 的 log4j 日志对象。
- @NoArgsConstructor：注解在类上，为类提供一个无参的构造方法。
- @AllArgsConstructor：注解在类上，为类提供一个全参的构造方法。
- @Builder：为被注解的类加一个构造者模式。
- @Synchronized：加同步锁。
- @NonNull：给参数加上这个注解，当参数为 null 时，会抛出空指针异常。
- @Value：注解和@Data 注解类似，区别在于它会把所有成员变量默认定义为 private final 修饰，并且不会生成 set 方法。

9.3.3　未安装 Lombok 插件的情况说明

想要顺畅地使用 Lombok，仅仅整合到项目中是不够的，还需要安装插件，这也是 Lombok 相较于其他 Java 第三方工具特殊的地方。在使用其他工具时，用户一般在项目中引入其依赖即可直接使用，而 Lombok 会相对麻烦一些。

这里以 IDEA 开发工具为例，如果在该开发工具上没有安装 Lombok 插件，那么首先源码目录中会出现红色波浪线警告，如图 9-8 所示，大部分类上都被标注了红色波浪线。

其次，代码编辑窗口中也会出现红色波浪线警告，如图 9-9 所示，这种情况表示代码中所引用的方法根本没有。

更加离奇的一点是，虽然项目代码被标红，但是能够正常启动和运行。饶是如此，一般人也无法接受这种情况，或者说很多人并不会觉得这种全是红色警告的项目能够正常启动。在正常的认知里，这种项目中都是红色波浪线警告的代码一定不是正确的代码。

第 9 章 商城后端 API 项目启动和运行注意事项

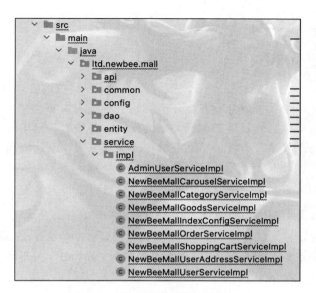

图 9-8 源码目录中的报错情况

```java
@Override
@Transactional
public Boolean saveUserAddress(MallUserAddress mallUserAddress) {
    Date now = new Date();
    if (mallUserAddress.getDefaultFlag().intValue() == 1) {
        //添加默认地址，需要将原有的默认地址修改掉
        MallUserAddress defaultAddress = userAddressMapper.getMyDefaultAddress(mallUserAddress.getUserId());
        if (defaultAddress != null) {
            defaultAddress.setDefaultFlag((byte) 0);
            defaultAddress.setUpdateTime(now);
            int updateResult = userAddressMapper.updateByPrimaryKeySelective(defaultAddress);
            if (updateResult < 1) {
                //未更新成功
                NewBeeMallException.fail(ServiceResultEnum.DB_ERROR.getResult());
            }
        }
    }
    return userAddressMapper.insertSelective(mallUserAddress) > 0;
}

@Override
public Boolean updateMallUserAddress(MallUserAddress mallUserAddress) {
    MallUserAddress tempAddress = getMallUserAddressById(mallUserAddress.getAddressId());
    Date now = new Date();
    if (mallUserAddress.getDefaultFlag().intValue() == 1) {
        //修改为默认地址，需要将原有的默认地址修改掉
        MallUserAddress defaultAddress = userAddressMapper.getMyDefaultAddress(mallUserAddress.getUserId());
        if (defaultAddress != null && !defaultAddress.getAddressId().equals(tempAddress)) {
            //存在默认地址且默认地址并不是当前修改的地址
            defaultAddress.setDefaultFlag((byte) 0);
            defaultAddress.setUpdateTime(now);
            int updateResult = userAddressMapper.updateByPrimaryKeySelective(defaultAddress);
```

图 9-9 代码编辑窗口中的报错情况

9.3.4 安装 Lombok

试想一下这个场景：一位开发者在开源网站上看到了新蜂商城项目，看完项目介绍和功能演示后非常喜欢，于是下载源码到本地学习，他没有安装 Lombok 插件，在经历过成功下载源码、正常导入项目、下载完 Maven 依赖之后，还是看到了代码中有大量红色波浪线，此时这位开发者一定对这个项目充满了怀疑。

因此，在使用 Lombok 时一定要检查开发编辑器中是否已经安装了 Lombok 插件。

以 IDEA 开发工具为例，可以在 IDEA 插件市场中直接搜索。

打开 IDEA 设置界面，选择 Plugins 选项，在搜索框中输入 Lombok 并进行搜索，就可以看到该插件的搜索结果，如图 9-10 所示。单击"Install"按钮即可安装，安装成功后启用该插件。

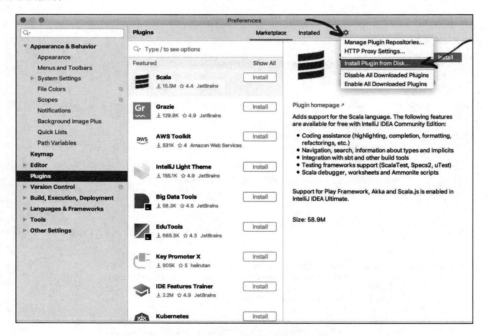

图 9-10　在 IDEA 插件市场中搜索

在较新的 IDEA 开发工具中，Lombok 这个插件是默认集成进来的，因此不用安装，但是一定要启用这个插件，如图 9-11 所示。

第 9 章 商城后端 API 项目启动和运行注意事项

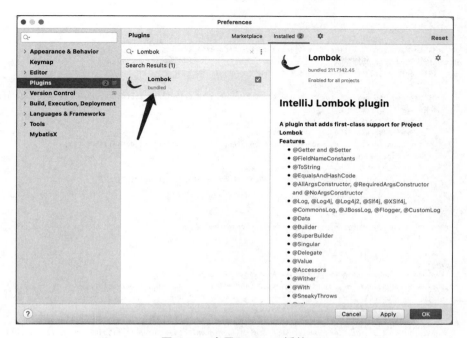

图 9-11 启用 Lombok 插件

之后再打开项目，就可以看到之前红色警告的波浪线已经不存在了，如图 9-12 和图 9-13 所示。

图 9-12 源码目录中的报错已不存在

```java
@Override
@Transactional
public Boolean saveUserAddress(MallUserAddress mallUserAddress) {
    Date now = new Date();
    if (mallUserAddress.getDefaultFlag().intValue() == 1) {
        //添加默认地址，需要将原有的默认地址修改掉
        MallUserAddress defaultAddress = userAddressMapper.getMyDefaultAddress(mallUserAddress.getUserId());
        if (defaultAddress != null) {
            defaultAddress.setDefaultFlag((byte) 0);
            defaultAddress.setUpdateTime(now);
            int updateResult = userAddressMapper.updateByPrimaryKeySelective(defaultAddress);
            if (updateResult < 1) {
                //未更新成功
                NewBeeMallException.fail(ServiceResultEnum.DB_ERROR.getResult());
            }
        }
    }
    return userAddressMapper.insertSelective(mallUserAddress) > 0;
}

@Override
public Boolean updateMallUserAddress(MallUserAddress mallUserAddress) {
    MallUserAddress tempAddress = getMallUserAddressById(mallUserAddress.getAddressId());
    Date now = new Date();
    if (mallUserAddress.getDefaultFlag().intValue() == 1) {
        //修改为默认地址，需要将原有的默认地址修改掉
        MallUserAddress defaultAddress = userAddressMapper.getMyDefaultAddress(mallUserAddress.getUserId());
        if (defaultAddress != null && !defaultAddress.getAddressId().equals(tempAddress)) {
            //存在默认地址且默认地址并不是当前修改的地址
            defaultAddress.setDefaultFlag((byte) 0);
            defaultAddress.setUpdateTime(now);
```

图 9-13　Java 类中的报错已不存在

9.4　启动后端API项目

本节讲解后端 API 项目的启动和启动前的准备工作。

9.4.1　导入数据库

打开 MySQL 管理软件，新建一个数据库，命名为 newbee_mall_db_v2。当然，也可以是其他数据库名称，读者可以自行定义数据库名称。数据库创建完成后就可以将 newbee_mall_v2_schema.sql 文件导入该数据库了，在导入成功后可以看到数据库的表结构，如图 9-14 所示。

```
▼ 🗀 newbee_mall_db_v2
    ▶ ▦ tb_newbee_mall_admin_user
    ▶ ▦ tb_newbee_mall_admin_user_token
    ▶ ▦ tb_newbee_mall_carousel
    ▶ ▦ tb_newbee_mall_goods_category
    ▶ ▦ tb_newbee_mall_goods_info
    ▶ ▦ tb_newbee_mall_index_config
    ▶ ▦ tb_newbee_mall_order
    ▶ ▦ tb_newbee_mall_order_address
    ▶ ▦ tb_newbee_mall_order_item
    ▶ ▦ tb_newbee_mall_shopping_cart_item
    ▶ ▦ tb_newbee_mall_user
    ▶ ▦ tb_newbee_mall_user_address
    ▶ ▦ tb_newbee_mall_user_token
```

图 9-14　newbee_mall_db_v2 数据库的表结构

9.4.2　修改数据库连接配置

在导入成功后，打开 resources 目录下的 application.properties 配置文件，修改数据库连接的相关信息，默认的数据库配置如下：

```
spring.datasource.url=jdbc:mysql://localhost:3306/newbee_mall_db_v2?useUnicode=true&serverTimezone=Asia/Shanghai&characterEncoding=utf8&autoReconnect=true&useSSL=false&allowMultiQueries=true
spring.datasource.username=root
spring.datasource.password=123456
```

以下是需要修改的内容。

- 数据库地址和数据库名称 localhost:3306/newbee_mall_db_v2。
- 数据库登录账户名称 root。
- 账户密码 123456。

这里需要根据用户所安装的数据库地址和账号信息进行修改。数据库名称默认为 newbee_mall_db_v2，如果更改为其他名称，则需要将数据库连接中的数据库名称也进行修改。application.properties 配置文件的其他配置项可以不进行修改，只有数据库连接的这 3 个配置项需要根据数据库配置的不同进行具体的修改。

9.4.3　静态资源目录设置

完成前面两个步骤其实就可以启动项目了，但是在启动项目后，可能会出现图片无法显示的问题。这时就需要进行静态资源目录配置，tb_newbee_mall_goods_info 是商品表，该表在初始化时已经新增了数百条商品记录，这些记录中有商品主图的数据列且都有值，如图 9-15 所示。

图 9-15　商品表数据节选

所有的商品图片都在 upload.zip 压缩包中，解压后就能够看到数百张商品图片文件。为了商品图片能够正确地显示，还需要进行两步操作。

第一步是解压 upload.zip 压缩包并将文件放到一个文件夹中，可根据个人习惯选择文件夹，比如 D 盘的 upload 文件夹，或者 E 盘的 mall\images 文件夹。第二步是配置静态资源目录，这个配置项在 ltd.newbee.mall.common 包的 Constants 类中，变量名为 FILE_UPLOAD_DIC，其代码如图 9-16 所示。

这里默认的配置为 D:\upload\，即 D 盘的 upload 文件夹。如果将图片文件放到了 E 盘的 mall\images 文件夹中，则将该变量的值修改为 E:\mall\images\。如果是其他文件夹，对应修改该变量值即可。

一定要注意路径最后有一个斜杠，有不少使用者向笔者反馈过，因为没注意最后的斜杠，导致无法访问图片。

注意，以上都是在 Windows 系统下的写法。如果是 Linux 系统，则写法为 "/opt/newbee/upload/"，即将 FILEUPLOADDIC 变量的值修改为放置图片文件的目录路径。

图 9-16　Constants 类的代码

9.4.4　启动并查看接口文档

在上面几个步骤完成后，就可以启动后端 API 项目了，过程如图 9-17 所示。

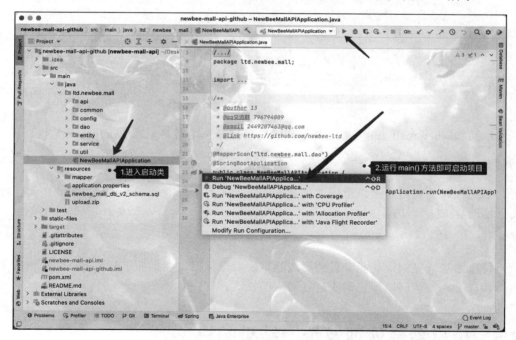

图 9-17　启动 newbee-mall-api 项目的过程

单击"启动"按钮后，等待项目启动即可。这里笔者选择的是通过运行 main()方法的方式启动 Spring Boot 项目。读者在启动时也可以用其他方式。

在控制台中可以查看启动日志，如图 9-18 所示。通过日志信息能够知道项目完成启动用时 3.9 秒。监听的端口为 28019，这个端口号可以在 application.properties 中通过修改 server.port 配置项进行更改。

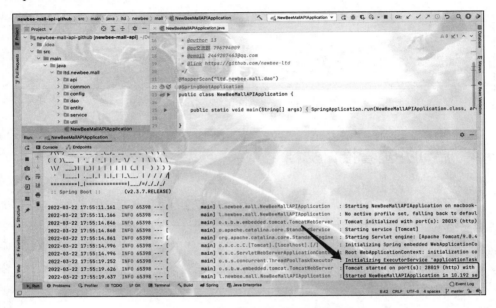

图 9-18　newbee-mall-api 项目启动日志

启动 newbee-mall-api 项目，在启动成功后打开浏览器并输入 swagger-ui 地址：

`localhost:28019/swagger-ui.html`

如果代码中使用的接口管理工具是 Swagger 3 版本，则 swagger-ui 页面的访问地址需要修改成如下写法：

`localhost:28019/swagger-ui/index.html`

待页面加载完成，就能够看到商城项目的后端接口文档页面了！另外，如果修改了启动端口号，则访问地址也需要进行对应的修改。

9.5　接口参数处理及统一结果响应

为了使读者可以更快地理解源码并进行个性化修改，接下来笔者将介绍后端 API 项目中的接口是怎样去处理参数接收和结果返回的。

9.5.1 接口参数处理

1. 普通参数接收

这种参数接收方式读者应该比较熟悉，由于是 GET 请求方式，所以在传参时直接在路径后拼接参数和参数值即可。

图 9-19 所示为商品列表接口的方法定义，格式为：

```
?key1=value1&key2=value2
```

```java
/**
 * 列表
 */
@RequestMapping(value = "/goods/list", method = RequestMethod.GET)
@ApiOperation(value = "商品列表", notes = "可根据名称和上架状态筛选")
public Result list(@RequestParam(required = false) @ApiParam(value = "页码") Integer pageNumber,
                   @RequestParam(required = false) @ApiParam(value = "每页条数") Integer pageSize,
                   @RequestParam(required = false) @ApiParam(value = "商品名称") String goodsName,
                   @RequestParam(required = false) @ApiParam(value = "上架状态 0-上架 1-下架") Integer goodsSellStatus)
```

图 9-19　商品列表接口的方法定义

2. 路径参数接收

在设计部分接口时采用了将参数拼入路径中的方式，当只需要一个参数时，可以考虑这种接口设计方式。与前文中的普通参数接收方式没有很大的区别，也可以设计为普通参数接收的形式，更多的是开发人员的开发习惯。

图 9-20 所示为商品详情接口的方法定义，如果想要查询订单号为 10011 的商品信息，则直接请求/goods/10011 路径即可，代码中使用@PathVariable 注解进行接收。

```java
/**
 * 详情
 */
@GetMapping("/goods/{id}")
@ApiOperation(value = "获取单条商品信息", notes = "根据id查询")
public Result info(@PathVariable("id") Long id, @TokenToAdminUser AdminUserToken adminUser)
```

图 9-20　商品详情接口的方法定义

3. 对象参数接收

后端 API 项目中的 POST 方法或 PUT 方法类型的接口，基本上都是以对象形式来接收参数的。

图 9-21 所示为登录接口的方法定义，前端在请求体中放入 JSON 格式的请求参数，后端使用@RequestBody 注解进行接收，并将这些参数转换为对应的实体类。

```java
@RequestMapping(value = "/adminUser/login", method = RequestMethod.POST)
public Result<String> login(@RequestBody AdminLoginParam adminLoginParam) {
```

图 9-21　登录接口的方法定义

为了统一传参格式，对于 POST 或 PUT 类型的请求参数，前端传过来的格式要求为 JSON 格式，Content-Type 统一被设置为 application/json。

4. 复杂对象接收

当然，有时也会处理复杂对象传参。比如，一个传参对象中包含另外一个实体对象或多个对象。这种方式与对象参数接收的方式一样，前端开发人员需要进行简单的格式转换，在 JSON 串中加一层对象。后端在接收参数时，在原有多个对象的基础上再封装一个对象参数即可。

下面以订单生成接口的传参进行介绍，该方法的源码被定义在 ltd.newbee.mall.api.mall.NewBeeMallOrderAPI 类中，如图 9-22 所示。

```java
@PostMapping("/saveOrder")
@ApiOperation(value = "生成订单接口", notes = "传参为地址id和待结算的购物项id数组")
public Result<String> saveOrder(@ApiParam(value = "订单参数") @RequestBody SaveOrderParam saveOrderParam
```

图 9-22　生成订单接口的方法定义

后端需要重新定义一个参数对象，并使用@RequestBody 注解进行接收和对象转换，SaveOrderParam 类的定义如图 9-23 所示。

```java
/**
 * 保存订单param
 */
@Data
public class SaveOrderParam implements Serializable {

    @ApiModelProperty("订单项id数组")
    private Long[] cartItemIds;

    @ApiModelProperty("地址id")
    private Long addressId;
}
```

图 9-23　SaveOrderParam 类的定义

前端需要将用户所勾选的购物项 id 数组和收货地址 id 传过来，这个接口的传输参数如下：

```
{
  "addressId": 0,
  "cartItemIds": [
    1,2,3
  ]
}
```

关于接口参数的处理，前端开发人员按照后端开发人员给出的接口文档进行参数的封装即可，后端开发人员则需要根据接口的实际情况进行灵活的设计，同时注意 @RequestParam、@PathVariable、@RequestBody 这 3 个注解的使用。希望读者可以根据本书中的内容及后端 API 项目源码进行举一反三，灵活地设计和开发出适合自己项目的接口。

9.5.2 统一结果响应

项目中使用统一的结果响应对象来处理请求的数据响应，这样做的好处是可以保证所有接口响应数据格式的统一，大大地减少接口响应的工作量，同时避免接口应答的不统一而造成的开发问题。以后端 API 项目中的功能模块为例，有些接口需要返回简单的对象，比如字符串或数字；有些接口需要返回一个复杂的对象，比如用户详情接口、商品详情接口；还有些接口需要返回列表对象或分页数据，这些对象又复杂了一些。

newbee-mall-api 项目的结果响应类代码如下：

```
package ltd.newbee.mall.util;

import io.swagger.annotations.ApiModelProperty;

import java.io.Serializable;

public class Result<T> implements Serializable {
    private static final long serialVersionUID = 1L;

    //业务码，比如成功、失败、权限不足等代码，可自行定义
    @ApiModelProperty("返回码")
    private int resultCode;
    //返回信息，后端在进行业务处理后返回给前端一个提示信息，可自行定义
```

```java
@ApiModelProperty("返回信息")
private String message;
//数据结果,泛型,可以是列表、单个对象、数字、布尔值等
@ApiModelProperty("返回数据")
private T data;

public Result() {
}

public Result(int resultCode, String message) {
    this.resultCode = resultCode;
    this.message = message;
}

public int getResultCode() {
    return resultCode;
}

public void setResultCode(int resultCode) {
    this.resultCode = resultCode;
}

public String getMessage() {
    return message;
}

public void setMessage(String message) {
    this.message = message;
}

public T getData() {
    return data;
}

public void setData(T data) {
    this.data = data;
}

@Override
public String toString() {
```

```
        return "Result{" +
            "resultCode=" + resultCode +
            ", message='" + message + '\'' +
            ", data=" + data +
            '}';
    }
}
```

每次后端数据返回都会根据以上格式进行数据封装，包括业务码、返回信息、实际的数据结果。前端接收到该结果后对数据进行解析，并通过业务码进行相应的逻辑操作，之后获取 data 属性中的数据并进行页面渲染或信息提示。

实际返回的数据格式示例如下所示。

1. 列表数据

```
{
    "resultCode": 200,
    "message": "SUCCESS",
    "data": [{
        "id": 2,
        "name": "user1",
        "password": "123456"
    }, {
        "id": 1,
        "name": "13",
        "password": "12345"
    }]
}
```

2. 单条数据

```
{
    "resultCode": 200,
    "message": "SUCCESS",
    "data": true
}
```

后端进行业务处理后将会返回给前端一串 JSON 格式的数据。当 resultCode 字段的值等于 200 时，表示数据请求成功，该字段也可以自行定义，比如 0、1001、500 等。message 字段的值为 SUCCESS，也可以自行定义返回信息，比如"获取成功""列表数据查询成功"等。这些内容都需要提前与前端约定好，一个返回码只表示一种含义。而 data 中的数据可以是一个对象数组，也可以是一个字符串、数字等，根据不同的业务返回不同的结果。

关于传参的规范和返回结果的统一，这些都会使控制层、业务层处理的数据格式统一化，保证接口和编码规范的统一。这种做法不仅用在本项目中，对开发人员在今后的企业级项目开发工作中也有着非常重大的意义，规范的参数定义和结果响应会极大程度地降低开发成本及沟通成本。

第 10 章

后端 API 实战之用户模块接口开发及功能讲解

如果不是商城的注册用户,则很多功能会被限制使用,比如个人信息管理、购物车、下单等。在商城端浏览的用户可以在注册页面输入注册信息成为商城用户,之后就能够登录账号并使用商城端的所有功能了。在介绍和开发商城端后续的功能模块之前,需要把新峰商城用户模块的登录、注册等功能开发完成。

本章主要介绍 newbee-mall-api 项目用户模块的登录、注册等功能及其源码实现,还有在前后端分离项目中,后端 API 项目中用户的身份认证原理和代码实现。

10.1 用户登录功能及表结构设计

10.1.1 什么是登录

在互联网上,供多人使用的网站或程序应用系统会为每个用户配置一套独特的用户名和密码,用户可以使用各自的用户名和密码进入系统,以便系统识别该用户的身份,从而保留该用户的使用习惯或使用数据。用户使用这套用户名和密码进入系统,以及系统验证进入成功或失败的过程,被称为登录。登录页面的样式如图 10-1 所示。

图 10-1 登录页面的样式

在登录成功后,用户就可以合法地使用该账号具有的各项功能了。例如,淘宝网用户可以正常浏览商品和购买商品等,论坛用户可以查看或更改资料、发表和回复帖子等,OA 等系统管理员用户可以正常地处理各种数据和信息。从最简单的角度来说,登录就是输入用户名和密码进入一个系统进行访问和操作。

10.1.2 用户登录状态

客户端(通常是浏览器)在连接上 Web 服务器后,如果想获得 Web 服务器中的各种资源,就需要遵守一定的通信格式。Web 项目通常使用 HTTP 协议,HTTP 协议用于定义客户端与 Web 服务器通信的格式。而 HTTP 协议是无状态的协议,也就是说,这个协议是无法记录用户访问状态的,其每次请求都是独立的、没有任何关联的。一个请求就只是一个请求。

以新蜂商城的后台管理系统为例,它拥有多张页面。在页面跳转过程中和通过接口进行数据交互时,系统需要知道用户的状态,尤其是用户登录的状态,以便服务器验证用户状态是否正常,这样系统才能判断是否可以让当前用户使用某些功能或获取某些数据。

这时就需要在每个页面对用户的身份进行验证和确认,但现实情况却不能如此。一个网站不可能让用户在每个页面上都输入用户名和密码,这是一个违反操作逻辑的设计,用户也不愿意使用有这种设计的系统。

因此,在设计登录流程时,让用户进行一次登录操作即可。为了实现这个功能,需要使用一些辅助技术,用得最多的技术就是浏览器的 Cookie。而在 Java Web 开发中,比较常见的是使用 Session 技术来实现。将用户登录的信息存放在 Cookie 或 Session 中,这样就可以在 Cookie 或 Session 中读取用户登录信息,达到记录用户状态、验证用户状态的目的。

10.1.3　登录流程设计

登录的本质是身份验证和登录状态的保持,在实际编码中是如何实现的呢?

首先,在数据库中查询这条用户记录,伪代码如下:

```sql
select * from xxx_user where account_number = 'xxxx';
```

如果不存在这条记录,则表示身份验证失败,登录流程终止;如果存在这条记录,则表示身份验证成功。

然后,进行登录状态的存储和验证,存储的伪代码如下:

```java
//通过 Cookie 存储
Cookie cookie = new Cookie("userName",xxxxx);

//通过 Session 存储
session.setAttribute("userName",xxxxx);
```

验证逻辑的伪代码如下:

```java
//通过 Cookie 获取需要验证的数据并进行比对校验
Cookie cookies[] = request.getCookies();
if (cookies != null){
   for (int i = 0; i < cookies.length; i++)
       {
           Cookie cookie = cookies[i];
           if (name.equals(cookie.getName()))
           {
               return cookie;
           }
       }
}
```

```
//通过session获取需要验证的数据并进行比对校验
session.getAttribute("userName");
```

还有一点不能忽略，就是登录功能的安全验证设计，一般的做法是将密码加密存储，但是千万不要在 Cookie 中存放用户密码，加密的密码也不行。因为这个密码可以被他人获取并尝试离线穷举。同样地，有些网站会在 Cookie 中存储一些用户的其他敏感信息，这些都是不安全的行为。

在本书的实战项目中将通过生成用户令牌（token）的形式进行用户状态的保持和验证。简单理解起来，这里所说的 token 就是后端生成的一个字符串，该字符串与用户信息进行关联，token 字符串通过一些无状态的数据生成，并不包含用户敏感信息。

登录的简易流程如图 10-2 所示。

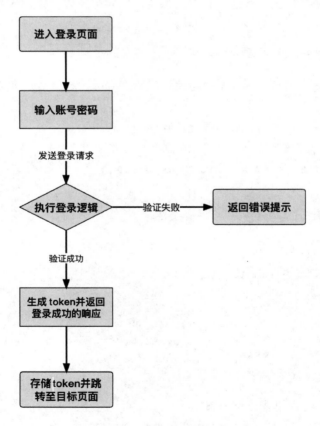

图 10-2　登录的简易流程

当然，还有一些验证操作是必须的，比如前端在发送数据时需要验证数据格式及有效性，后端接口在访问之前也需要验证用户信息是否有效，因此完整的登录验证流程如图 10-3 所示。

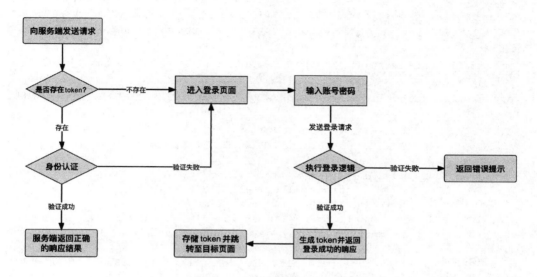

图 10-3　完整的登录验证流程

10.1.4　用户模块表结构设计

前文简单讲解了 MySQL 数据库操作，其中也有一些表结构的设计，不过那是用来讲解功能的测试表。商城系统正式的表都是以 tb_newbee_mall_ 为前缀的，这一点读者需要注意，如果表名不是以该前缀开头的，则为测试表，是用来演示相关知识点的。后续在项目开发中会一直使用 newbee_mall_db_v2 数据库。商城系统的用户表结构设计如下：

```
CREATE DATABASE /*!32312 IF NOT EXISTS*/'newbee_mall_db_v2 ' /*!40100 DEFAULT CHARACTER SET utf8 */;
USE 'newbee_mall_db_v2 ';

# Dump of table tb_newbee_mall_user
# ------------------------------------------------------------

DROP TABLE IF EXISTS 'tb_newbee_mall_user';

CREATE TABLE 'tb_newbee_mall_user' (
```

```sql
  'user_id' bigint(20) NOT NULL AUTO_INCREMENT COMMENT '用户主键id',
  'nick_name' varchar(50) NOT NULL DEFAULT '' COMMENT '用户昵称',
  'login_name' varchar(11) NOT NULL DEFAULT '' COMMENT '登录名称(默认为手机号)',
  'password_md5' varchar(32) NOT NULL DEFAULT '' COMMENT 'MD5加密后的密码',
  'introduce_sign' varchar(100) NOT NULL DEFAULT '' COMMENT '个性签名',
  'is_deleted' tinyint(4) NOT NULL DEFAULT '0' COMMENT '注销标识字段(0-正常 1-已注销)',
  'locked_flag' tinyint(4) NOT NULL DEFAULT '0' COMMENT '锁定标识字段(0-未锁定 1-已锁定)',
  'create_time' datetime NOT NULL DEFAULT CURRENT_TIMESTAMP COMMENT '注册时间',
  PRIMARY KEY ('user_id') USING BTREE
) ENGINE=InnoDB DEFAULT CHARSET=utf8 ROW_FORMAT=DYNAMIC;

LOCK TABLES 'tb_newbee_mall_user' WRITE;
/*!40000 ALTER TABLE 'tb_newbee_mall_user' DISABLE KEYS */;

INSERT INTO 'tb_newbee_mall_user' ('user_id', 'nick_name', 'login_name', 'password_md5', 'introduce_sign', 'is_deleted', 'locked_flag', 'create_time')
VALUES
    (1,'十三','13700002703','e10adc3949ba59abbe56e057f20f883e','我不怕千万人阻挡，只怕自己投降',0,0,'2021-05-22 08:44:57'),
    (2,'陈尼克','13711113333','e10adc3949ba59abbe56e057f20f883e','测试用户陈尼克',0,0,'2021-05-22 08:44:57'),
    (3,'测试用户1','13811113333','e10adc3949ba59abbe56e057f20f883e','测试用户1',0,0,'2021-05-22 08:44:57'),

# Dump of table tb_newbee_mall_user_token
# ------------------------------------------------------------

DROP TABLE IF EXISTS 'tb_newbee_mall_user_token';

CREATE TABLE 'tb_newbee_mall_user_token' (
  'user_id' bigint(20) NOT NULL COMMENT '用户主键id',
  'token' varchar(32) NOT NULL COMMENT 'token值(32位字符串)',
  'update_time' datetime NOT NULL DEFAULT CURRENT_TIMESTAMP COMMENT '修改时间',
  'expire_time' datetime NOT NULL DEFAULT CURRENT_TIMESTAMP COMMENT 'token过期时间',
  PRIMARY KEY ('user_id'),
  UNIQUE KEY 'uq_token' ('token')
) ENGINE=InnoDB DEFAULT CHARSET=utf8;
```

以上 SQL 文件的作用如下。
- 创建 newbee_mall_db_v2 数据库。
- 创建 tb_newbee_mall_user 用户表和 tb_newbee_mall_user_token 用户的 token 记录表。
- 在 tb_newbee_mall_user 用户表中新增 3 条测试数据。

用户表主要用于存储用户的基本信息等内容，而用户的 token 记录表则用于存储 token 与用户之间的关系，在用户认证时，通过 token 字符串查询对应的用户信息。新增的 3 条管理员数据用于测试，之后在演示登录功能时会用到，登录名分别为 13700002703、13711113333 和 13811113333，密码都是 123456，密码字段做了一次 MD5 的加密处理。

前端在登录和注册时，传输的密码也不是明文密码，而是前端进行 MD5 加密后的字符串。当然，除 MD5 加密外，还有其他的字符串加密方式，用户可以自行选择。

10.2 登录接口实现

10.2.1 新建实体类和 Mapper 接口

在 Spring Boot 项目中新建 ltd.newbee.mall 包，之后在 ltd.newbee.mall 包中新建 entity 包，选中 entity 包并右击，在弹出的快捷菜单中选择 "New" → "Java Class" 选项，在弹出的窗口中输入 "MallUser"，新建 MallUser 类，在 MallUser 类中新增如下代码：

```java
package ltd.newbee.mall.entity;

import com.fasterxml.jackson.annotation.JsonFormat;
import lombok.Data;
import java.util.Date;

@Data
public class MallUser {
    private Long userId;

    private String nickName;

    private String loginName;

    private String passwordMd5;

    private String introduceSign;
```

```
    private Byte isDeleted;

    private Byte lockedFlag;

    @JsonFormat(pattern = "yyyy-MM-dd HH:mm:ss", timezone = "GMT+8")
    private Date createTime;
}
```

使用同样的步骤，再新建 MallUserToken 类，并在该类中新增如下代码：

```
package ltd.newbee.mall.entity;

import lombok.Data;
import java.util.Date;

@Data
public class MallUserToken {
    private Long userId;

    private String token;

    private Date updateTime;

    private Date expireTime;
}
```

在 ltd.newbee.mall 包中新建 dao 包，选中 dao 包并右击，在弹出的快捷菜单中选择 "New" → "Java Class" 选项，之后在弹出的窗口中输入 "MallUserMapper"，并选中 "Interface" 选项，如图 10-4 所示。

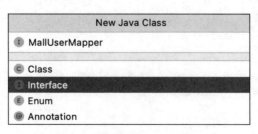

图 10-4　新建 MallUserMapper 类

在 MallUserMapper.java 文件中新增如下代码：

```
package ltd.newbee.mall.dao;
```

```
import ltd.newbee.mall.entity.MallUser;
import org.apache.ibatis.annotations.Param;
public interface MallUserMapper {
   MallUser selectByLoginNameAndPasswd(@Param("loginName") String
loginName, @Param("password") String password);
}
```

使用同样的步骤，再新建 NewBeeMallUserTokenMapper 类，并在该类中新增如下代码：

```
package ltd.newbee.mall.dao;

import ltd.newbee.mall.entity.MallUserToken;

public interface NewBeeMallUserTokenMapper {
    int insertSelective(MallUserToken record);

    MallUserToken selectByPrimaryKey(Long userId);

    MallUserToken selectByToken(String token);

    int updateByPrimaryKeySelective(MallUserToken record);
}
```

10.2.2 创建 Mapper 接口的映射文件

在 resources 目录下新建 mapper 目录，并在 mapper 目录下新建 MallUserMapper 接口的映射文件 MallUserMapper.xml，之后编写映射文件，步骤如下。

首先，定义映射文件与 Mapper 接口的对应关系。比如在该案例中，需要将 MallUserMapper.xml 文件与对应的 MallUserMapper 接口之间的关系进行定义：

```
<mapper namespace="ltd.newbee.mall.dao.MallUserMapper">
```

然后，配置表结构和实体类的对应关系：

```
<resultMap id="BaseResultMap" type="ltd.newbee.mall.entity.MallUser">
  <id column="user_id" jdbcType="BIGINT" property="userId"/>
  <result column="nick_name" jdbcType="VARCHAR" property="nickName"/>
  <result column="login_name" jdbcType="VARCHAR" property="loginName"/>
  <result column="password_md5" jdbcType="VARCHAR" property="passwordMd5"/>
  <result column="introduce_sign" jdbcType="VARCHAR"
```

```xml
            property="introduceSign"/>
    <result column="is_deleted" jdbcType="TINYINT" property="isDeleted"/>
    <result column="locked_flag" jdbcType="TINYINT" property="lockedFlag"/>
    <result column="create_time" jdbcType="TIMESTAMP" property="createTime"/>
</resultMap>
```

最后，按照对应的接口方法，编写具体的 SQL 语句，最终的 MallUserMapper.xml 文件如下：

```xml
<?xml version="1.0" encoding="UTF-8"?>
<!DOCTYPE mapper PUBLIC "-//mybatis.org//DTD Mapper 3.0//EN"
"http://mybatis.org/dtd/mybatis-3-mapper.dtd">
<mapper namespace="ltd.newbee.mall.dao.MallUserMapper">
    <resultMap id="BaseResultMap" type="ltd.newbee.mall.entity.MallUser">
        <id column="user_id" jdbcType="BIGINT" property="userId"/>
        <result column="nick_name" jdbcType="VARCHAR" property="nickName"/>
        <result column="login_name" jdbcType="VARCHAR" property="loginName"/>
        <result column="password_md5" jdbcType="VARCHAR" property="passwordMd5"/>
        <result column="introduce_sign" jdbcType="VARCHAR" property="introduceSign"/>
        <result column="is_deleted" jdbcType="TINYINT" property="isDeleted"/>
        <result column="locked_flag" jdbcType="TINYINT" property="lockedFlag"/>
        <result column="create_time" jdbcType="TIMESTAMP" property="createTime"/>
    </resultMap>
    <sql id="Base_Column_List">
    user_id, nick_name, login_name, password_md5, introduce_sign, is_deleted,
    locked_flag, create_time
  </sql>
    <select id="selectByLoginNameAndPasswd" resultMap="BaseResultMap">
        select
        <include refid="Base_Column_List"/>
        from tb_newbee_mall_user
        where login_name = #{loginName} and password_md5 = #{password} and is_deleted = 0
    </select>
</mapper>
```

这里在 MallUserMapper.xml 文件中定义了 selectByLoginNameAndPasswd()方法具体执行的 SQL 语句，并通过用户名和密码查询 tb_newbee_mall_user 表中的记录。

使用同样的步骤，再新建 NewBeeMallUserTokenMapper.xml 文件，新增代码如下：

```xml
<?xml version="1.0" encoding="UTF-8"?>
<!DOCTYPE mapper PUBLIC "-//mybatis.org//DTD Mapper 3.0//EN"
"http://mybatis.org/dtd/mybatis-3-mapper.dtd">
<mapper namespace="ltd.newbee.mall.dao.NewBeeMallUserTokenMapper">
  <resultMap id="BaseResultMap" type="ltd.newbee.mall.entity.MallUserToken">
    <id column="user_id" jdbcType="BIGINT" property="userId" />
    <result column="token" jdbcType="VARCHAR" property="token" />
    <result column="update_time" jdbcType="TIMESTAMP" property="updateTime" />
    <result column="expire_time" jdbcType="TIMESTAMP" property="expireTime" />
  </resultMap>
  <sql id="Base_Column_List">
    user_id, token, update_time, expire_time
  </sql>
  <select id="selectByPrimaryKey" parameterType="java.lang.Long" resultMap="BaseResultMap">
    select
    <include refid="Base_Column_List" />
    from tb_newbee_mall_user_token
    where user_id = #{userId,jdbcType=BIGINT}
  </select>
  <select id="selectByToken" parameterType="java.lang.String" resultMap="BaseResultMap">
    select
    <include refid="Base_Column_List"/>
    from tb_newbee_mall_user_token
    where token = #{token,jdbcType=VARCHAR}
  </select>
  <insert id="insertSelective" parameterType="ltd.newbee.mall.entity.MallUserToken">
    insert into tb_newbee_mall_user_token
    <trim prefix="(" suffix=")" suffixOverrides=",">
      <if test="userId != null">
        user_id,
      </if>
      <if test="token != null">
        token,
      </if>
```

```xml
      <if test="updateTime != null">
        update_time,
      </if>
      <if test="expireTime != null">
        expire_time,
      </if>
    </trim>
    <trim prefix="values (" suffix=")" suffixOverrides=",">
      <if test="userId != null">
        #{userId,jdbcType=BIGINT},
      </if>
      <if test="token != null">
        #{token,jdbcType=VARCHAR},
      </if>
      <if test="updateTime != null">
        #{updateTime,jdbcType=TIMESTAMP},
      </if>
      <if test="expireTime != null">
        #{expireTime,jdbcType=TIMESTAMP},
      </if>
    </trim>
  </insert>
  <update id="updateByPrimaryKeySelective" parameterType="ltd.newbee.mall.entity.MallUserToken">
    update tb_newbee_mall_user_token
    <set>
      <if test="token != null">
        token = #{token,jdbcType=VARCHAR},
      </if>
      <if test="updateTime != null">
        update_time = #{updateTime,jdbcType=TIMESTAMP},
      </if>
      <if test="expireTime != null">
        expire_time = #{expireTime,jdbcType=TIMESTAMP},
      </if>
    </set>
    where user_id = #{userId,jdbcType=BIGINT}
  </update>
</mapper>
```

10.2.3 业务层代码的实现

先在 ltd.newbee.mall 包中新建 service 包，再选中 service 包并右击，在弹出的快捷菜单中选择"New"→"Java Class"选项，然后在弹出的窗口中输入"NewBeeMallUserService"，并选中"Interface"选项，最后在 NewBeeMallUserService.java 文件中新增如下代码：

```java
package ltd.newbee.mall.service;

public interface NewBeeMallUserService {

    /**
     * 登录
     *
     * @param loginName
     * @param passwordMD5
     * @return
     */
    String login(String loginName, String passwordMD5);
}
```

先在 ltd.newbee.mall.service 包中新建 impl 包，再选中 impl 包并右击，在弹出的快捷菜单中选择"New"→"Java Class"选项，然后在弹出的窗口中输入"NewBeeMallUserServiceImpl"，在新建的 NewBeeMallUserServiceImpl 类中新增如下代码：

```java
package ltd.newbee.mall.service.impl;

import ltd.newbee.mall.common.ServiceResultEnum;
import ltd.newbee.mall.dao.MallUserMapper;
import ltd.newbee.mall.dao.NewBeeMallUserTokenMapper;
import ltd.newbee.mall.entity.MallUser;
import ltd.newbee.mall.entity.MallUserToken;
import ltd.newbee.mall.service.NewBeeMallUserService;
import ltd.newbee.mall.util.NumberUtil;
import ltd.newbee.mall.util.SystemUtil;
import org.springframework.beans.factory.annotation.Autowired;
import org.springframework.stereotype.Service;

import java.util.Date;

@Service
```

```java
public class NewBeeMallUserServiceImpl implements NewBeeMallUserService {

    @Autowired
    private MallUserMapper mallUserMapper;
    @Autowired
    private NewBeeMallUserTokenMapper newBeeMallUserTokenMapper;

    @Override
    public String login(String loginName, String passwordMD5) {
        MallUser user = mallUserMapper.selectByLoginNameAndPasswd(loginName, passwordMD5);
        if (user != null) {
            if (user.getLockedFlag() == 1) {
                return ServiceResultEnum.LOGIN_USER_LOCKED_ERROR.getResult();
            }
            //登录后即执行修改token的操作
            String token = getNewToken(System.currentTimeMillis() + "", user.getUserId());
            MallUserToken mallUserToken = newBeeMallUserTokenMapper.selectByPrimaryKey(user.getUserId());
            //当前时间
            Date now = new Date();
            //过期时间
            Date expireTime = new Date(now.getTime() + 2 * 24 * 3600 * 1000);//过期时间48小时
            if (mallUserToken == null) {
                mallUserToken = new MallUserToken();
                mallUserToken.setUserId(user.getUserId());
                mallUserToken.setToken(token);
                mallUserToken.setUpdateTime(now);
                mallUserToken.setExpireTime(expireTime);
                //新增一条token数据
                if (newBeeMallUserTokenMapper.insertSelective(mallUserToken) > 0) {
                    //新增成功后返回
                    return token;
                }
            } else {
                mallUserToken.setToken(token);
                mallUserToken.setUpdateTime(now);
                mallUserToken.setExpireTime(expireTime);
                //更新
                if (newBeeMallUserTokenMapper.updateByPrimaryKeySelective
```

```
(mallUserToken) > 0) {
                //修改成功后返回
                return token;
            }
        }

    }
    return ServiceResultEnum.LOGIN_ERROR.getResult();
}

/**
 * 获取token值
 *
 * @param timeStr
 * @param userId
 * @return
 */
private String getNewToken(String timeStr, Long userId) {
    String src = timeStr + userId + NumberUtil.genRandomNum(4);
    return SystemUtil.genToken(src);
}
}
```

NewBeeMallUserServiceImpl 类是用户模块业务层代码的实现类，用于编写具体的方法。login()方法的具体实现逻辑：首先调用数据层的查询方法获取 MallUser 对象，如果用户存在且未被封禁，则继续后续流程，生成 token 值和 token 的过期时间并更新到 tb_newbee_mall_user_token 表中。

结合前文中的登录流程图来理解，用户登录的详细过程如下。

（1）根据用户名称和密码查询用户数据，如果存在，则继续后续流程。

（2）判断用户状态是否正常，如果一切正常，则继续后续流程。

（3）生成 token 值，这里可以简单地将其理解为生成一个随机字符串，在这一步其实已经完成了登录逻辑，只是后续需要对 token 值进行查询，所以还需要将用户的 token 信息入库。

（4）根据用户 id 查询 token 信息表，以此结果来决定是进行 token 更新操作，还是进行新增操作。

（5）根据当前时间获取 token 过期时间。

（6）封装用户 token 信息并进行入库操作（新增或修改）。

(7) 返回 token 值。

部分 util 类的代码此处省略，读者可以下载本章源码进行查看。

10.2.4　用户登录接口的参数设计

登录页面的显示效果如图 10-5 所示。

图 10-5　登录页面的显示效果

在用户登录功能实现时，前端需要向后端传输两个参数：登录名和密码。登录接口在设计时通常会使用 POST 方法来处理，这两个参数会被封装成一个对象传递给后端接口。因此，需要定义一个 JavaBean 来接收登录参数，后端定义的登录参数类代码如下：

```
package ltd.newbee.mall.api.param;

import io.swagger.annotations.ApiModelProperty;
import lombok.Data;
```

```java
import javax.validation.constraints.NotEmpty;
import java.io.Serializable;

/**
 * 用户登录param
 */
@Data
public class MallUserLoginParam implements Serializable {

    @ApiModelProperty("登录名")
    @NotEmpty(message = "登录名不能为空")
    private String loginName;

    @ApiModelProperty("用户密码(需要MD5加密)")
    @NotEmpty(message = "密码不能为空")
    private String passwordMd5;
}
```

类定义上添加了 @Data 注解，省去了定义 setter、getter 方法的步骤。@ApiModelProperty 注解为 Swagger 接口文档所需的注解，用于定义参数的名称和含义。@NotEmpty 为参数验证的注解，表示该字段不能为空，message 中定义当对应参数为空时提示的异常信息。

10.2.5　控制层代码的实现

在 ltd.newbee.mall 包中新建 api 包并右击，在弹出的快捷菜单中选择"New"→"Java Class"选项，之后在弹出的窗口中输入"NewBeeMallPersonalAPI"，新建"NewBeeMallPersonalAPI"类，用于对登录请求进行处理，最后在 NewBeeMallPersonalAPI 类中新增如下代码：

```java
package ltd.newbee.mall.api;

import io.swagger.annotations.Api;
import io.swagger.annotations.ApiOperation;
import ltd.newbee.mall.api.param.MallUserLoginParam;
import ltd.newbee.mall.common.Constants;
import ltd.newbee.mall.service.NewBeeMallUserService;
import ltd.newbee.mall.util.Result;
import ltd.newbee.mall.util.ResultGenerator;
import org.slf4j.Logger;
import org.slf4j.LoggerFactory;
import org.springframework.util.StringUtils;
import org.springframework.web.bind.annotation.PostMapping;
```

```java
import org.springframework.web.bind.annotation.RequestBody;
import org.springframework.web.bind.annotation.RequestMapping;
import org.springframework.web.bind.annotation.RestController;

import javax.annotation.Resource;
import javax.validation.Valid;

@RestController
@Api(value = "v1", tags = "新蜂商城用户操作相关接口")
@RequestMapping("/api/v1")
public class NewBeeMallPersonalAPI {

    @Resource
    private NewBeeMallUserService newBeeMallUserService;

    private static final Logger logger = LoggerFactory.getLogger(NewBeeMallPersonalAPI.class);

    @PostMapping("/user/login")
    @ApiOperation(value = "登录接口", notes = "返回token")
    public Result<String> login(@RequestBody @Valid MallUserLoginParam mallUserLoginParam) {
        String loginResult = newBeeMallUserService.login(mallUserLoginParam.getLoginName(), mallUserLoginParam.getPasswordMd5());

        logger.info("login api,loginName={},loginResult={}", mallUserLoginParam.getLoginName(), loginResult);

        //登录成功
        if (!StringUtils.isEmpty(loginResult) && loginResult.length() == Constants.TOKEN_LENGTH) {
            Result result = ResultGenerator.genSuccessResult();
            result.setData(loginResult);
            return result;
        }
        //登录失败
        return ResultGenerator.genFailResult(loginResult);
    }
}
```

其中，@PostMapping("/user/login")表示登录请求为POST方式，请求路径为/api/v1/user/login；使用@RequestBody注解对登录参数进行接收并封装成MallUserLoginParam对象，用于业务层的逻辑处理；@Valid注解的作用为参数验证；在定义登录参数对象时使用了@NotEmpty注解，表示该参数不能为空，如果在这里不添加@Valid注解，则非空验证不会被执行，之后调用业务层的login()方法进行登录逻辑的处理，并根据业务层返回的内容封装请求结果并响应给前端。

10.2.6 接口测试

编码完成后,启动 Spring Boot 项目,并在浏览器中输入 Swagger 接口文档地址:

`http://localhost:8080/swagger-ui.html`

下面就可以进行登录接口的调用测试了,过程如下。

打开接口文档,单击"Try it out"按钮,输入登录用户名和密码,完成后单击"Execute"按钮发送登录请求,如图 10-6 所示。

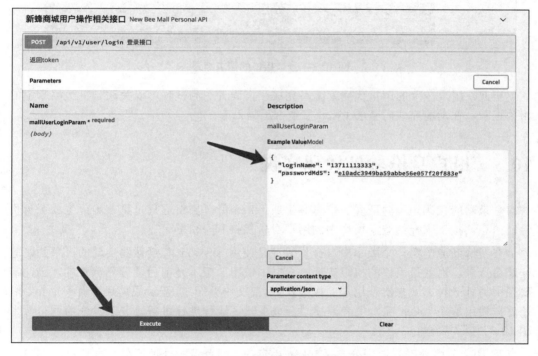

图 10-6 输入参数并发起登录请求

登录接口的请求结果如图 10-7 所示。

如果登录信息都正确,就可以得到一个登录成功的 token 字段,该字段的值在响应对象 Result 的 data 字段中。因为项目整合了 Swagger,所以这些接口测试可以在 swagger-ui 接口文档页面中进行操作,非常便捷和直观。

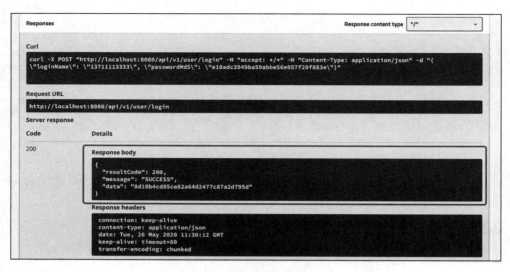

图 10-7　登录接口的请求结果

至此，用户登录的逻辑代码就编写完成了，读者在测试时可以关注一下数据库中的相关记录，在功能完成时查看 token 值是否正确入库。

10.3　用户身份验证代码实现

登录功能代码用于验证登录信息并生成 token 值，当然这只是第一步，生成了身份验证信息，接下来介绍登录模块中的用户身份保持和身份验证。

在新蜂商城的第一个版本中，身份验证是使用 session 和拦截器实现的，目的是验证是否登录，也就是简单的权限认证。本书中使用的版本是前后端分离形式的，因此需要采用另外一种方式来实现用户的权限认证。前文中介绍过，登录成功后会有一个 token，该怎样使用这个 token 呢？笔者继续结合登录验证流程进行讲解，登录验证流程可参考图 10-3。

第 10.2 节中处理的流程分支是 token 不存在，即登录的处理流程。如果 token 存在，即已经登录成功，该怎样进行身份认证呢？

10.3.1　前端存储和使用 token

发送登录请求后，如果登录成功，则后端 API 中会生成和返回 token，前端则需要存储和使用 token。在请求登录接口成功后，前端的处理方式首先会将 token 字符串存储到 localStorage 对象中，实现代码在 Login.vue 文件中，代码如下：

```
if (this.type == 'login') {
  const { data, resultCode } = await login({
    "loginName": values.username,
    "passwordMd5": this.$md5(values.password)
  })
  setLocal('token', data)
  window.location.href = '/'
}
```

这是 Web 浏览器端在实现时使用的方式，如果是使用 iOS 开发或安卓开发，可能还有其对应的存储方式，不过存储的目的都是在后续请求中带上 token 值，使得后端在处理请求时可能进行身份验证。

有了 token 值，在过期时间之前都可以使用它来进行资源请求，新蜂商城 Vue 版本是如何将 token 值放到请求中的呢？具体实现代码在 axios.js 中，代码如下：

```
axios.defaults.headers['token'] = localStorage.getItem('token') || ''
axios.defaults.headers.post['Content-Type'] = 'application/json'
```

如果存在 token 值，则将其放入请求的 header 对象中，此 header 参数的名称即为 token，打开控制台可以看到具体的请求案例。

图 10-8 中标出的请求为请求个人信息接口的案例，在 Request Headers 中就有 token 参数，它的值就是登录成功后存储到 localStorage 中的值。以上就是前端处理 token 值需要注意的地方。接下来笔者将讲解后端代码中是如何处理 token，进而进行用户登录认证的。

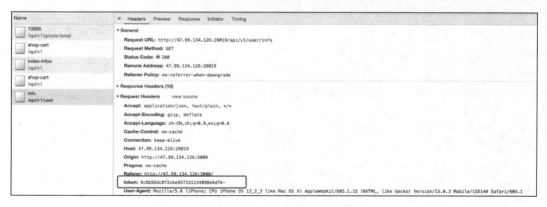

图 10-8　请求个人信息接口的案例

10.3.2 后端处理 token 及身份验证

后端处理 token 的步骤如下。

（1）生成 token，在第 10.2 节中已经做过介绍。

（2）获取前端请求中的 token 值。

（3）验证 token 值，判断是否存在、是否过期等。

完成登录功能后，需要对用户的登录状态进行验证，这里所说的登录状态即"token 值是否存在及 token 值是否有效"。token 值是否有效通过后端代码实现，由于大部分接口都需要进行登录验证，如果每个方法都添加查询用户数据的语句，则有些多余，因此对方法做了抽取，通过注解的形式返回用户信息，步骤如下。

首先自定义@TokenToMallUser 注解，使用注解和 AOP 方式将用户对象注入方法，代码如下：

```
package ltd.newbee.mall.config.annotation;

import java.lang.annotation.*;

@Target({ElementType.PARAMETER})
@Retention(RetentionPolicy.RUNTIME)
@Documented
public @interface TokenToMallUser {

    /**
     * 当前用户在请求中的名字
     *
     * @return
     */
    String value() default "user";
}
```

然后自定义方法参数解析器，在需要用户身份信息的方法定义上添加@TokenToMallUser 注解，通过方法参数解析器获得当前登录的对象信息。

自定义方法参数解析器是 TokenToMallUserMethodArgumentResolver，该类需实现 HandlerMethodArgumentResolver 接口类，代码如下：

```
package ltd.newbee.mall.config.handler;
```

```java
import ltd.newbee.mall.common.Constants;
import ltd.newbee.mall.common.NewBeeMallException;
import ltd.newbee.mall.common.ServiceResultEnum;
import ltd.newbee.mall.config.annotation.TokenToMallUser;
import ltd.newbee.mall.dao.MallUserMapper;
import ltd.newbee.mall.dao.NewBeeMallUserTokenMapper;
import ltd.newbee.mall.entity.MallUser;
import ltd.newbee.mall.entity.MallUserToken;
import org.springframework.beans.factory.annotation.Autowired;
import org.springframework.core.MethodParameter;
import org.springframework.stereotype.Component;
import org.springframework.web.bind.support.WebDataBinderFactory;
import org.springframework.web.context.request.NativeWebRequest;
import org.springframework.web.method.support.HandlerMethodArgumentResolver;
import org.springframework.web.method.support.ModelAndViewContainer;

import javax.servlet.http.HttpServletRequest;
import java.io.IOException;

@Component
public class TokenToMallUserMethodArgumentResolver implements HandlerMethodArgumentResolver {

    @Autowired
    private MallUserMapper mallUserMapper;
    @Autowired
    private NewBeeMallUserTokenMapper newBeeMallUserTokenMapper;

    public TokenToMallUserMethodArgumentResolver() {
    }

    public boolean supportsParameter(MethodParameter parameter) {
        if (parameter.hasParameterAnnotation(TokenToMallUser.class)) {
            return true;
        }
        return false;
    }

    public Object resolveArgument(MethodParameter parameter, ModelAndViewContainer mavContainer, NativeWebRequest webRequest, WebDataBinderFactory binderFactory) {
        if (parameter.getParameterAnnotation(TokenToMallUser.class)
```

```
instanceof TokenToMallUser) {
        MallUser mallUser = null;
        //获取请求头中的 header
        String token = webRequest.getHeader("token");
         //验证 token 值是否存在
        if (null != token && !"".equals(token) && token.length() == 
Constants.TOKEN_LENGTH) {
            //通过 token 值查询用户对象
            MallUserToken mallUserToken = newBeeMallUserTokenMapper.
selectByToken(token);
            if (mallUserToken == null ||
mallUserToken.getExpireTime().getTime() <= System.currentTimeMillis()) {
                NewBeeMallException.fail(ServiceResultEnum.TOKEN_
EXPIRE_ERROR.getResult());
            }
            mallUser = mallUserMapper.selectByPrimaryKey(mallUserToken.
getUserId());
            //用户不存在
            if (mallUser == null) {
                NewBeeMallException.fail(ServiceResultEnum.USER_NULL_
ERROR.getResult());
            }
            //是否封禁
            if (mallUser.getLockedFlag().intValue() == 1) {
                NewBeeMallException.fail(ServiceResultEnum.LOGIN_USER_
LOCKED_ERROR.getResult());
            }
            //返回用户对象供对应的方法使用
            return mallUser;
        } else {
            NewBeeMallException.fail(ServiceResultEnum.NOT_LOGIN_
ERROR.getResult());
        }
    }
    return null;
}
```

执行逻辑总结如下。

（1）获取请求头中的 token 值，如果不存在，则返回错误信息给前端；如果存在，则继续后续流程。

（2）通过 token 值来查询 MallUserToken 对象，查看是否存在或是否过期，如果不存在或已过期，则返回错误信息给前端；如果正常，则继续后续流程。

（3）通过 MallUserToken 对象中的 userId 字段查询 MallUser 用户对象，判断是否存在和是否已被封禁，如果用户状态正常，则返回用户对象供对应的方法使用，否则返回错误信息。

（4）在 WebMvcConfigurer 中配置 TokenToMallUserMethodArgumentResolver 并使其生效，代码如下：

```java
package ltd.newbee.mall.config;

import ltd.newbee.mall.config.handler.TokenToMallUserMethodArgumentResolver;
import org.springframework.beans.factory.annotation.Autowired;
import org.springframework.context.annotation.Configuration;
import org.springframework.web.method.support.HandlerMethodArgumentResolver;
import org.springframework.web.servlet.config.annotation.WebMvcConfigurer;

import java.util.List;

@Configuration
public class NeeBeeMallWebMvcConfigurer implements WebMvcConfigurer {

    @Autowired
    private TokenToMallUserMethodArgumentResolver tokenToMallUserMethodArgumentResolver;

    /**
     * TokenToMallUser 注解处理方法
     *
     * @param argumentResolvers
     */
    public void addArgumentResolvers(List<HandlerMethodArgumentResolver> argumentResolvers) {
        argumentResolvers.add(tokenToMallUserMethodArgumentResolver);
    }
}
```

在需要进行登录判断的 API 接口定义上添加@TokenToUser 注解，之后进行相应的代码逻辑处理。

10.3.3 用户身份验证功能测试

为了测试用户身份验证功能是否正确，笔者也添加了登录验证的测试接口，在 NewBeeMallPersonalAPI 类中新增如下代码：

```
@GetMapping(value = "/test1")
@ApiOperation(value = "测试接口", notes = "方法中含有@TokenToMallUser注解")
public Result<String> test1(@TokenToMallUser MallUser user) {
    //此接口含有@TokenToMallUser注解，即需要登录验证的接口。
    Result result = null;
    if (user == null) {
        //如果通过请求header中的token未查询到用户即token无效，则登录验证失败，返回未
登录错误码。
        result = ResultGenerator.genErrorResult(416, "未登录！");
        return result;
    } else {
        //登录验证通过。
        result = ResultGenerator.genSuccessResult("登录验证通过");
    }
    return result;
}

@GetMapping(value = "/test2")
@ApiOperation(value = "测试接口", notes = "方法中无@TokenToMallUser注解")
public Result<String> test2() {
    //此接口不含@TokenToMallUser注解，即访问此接口无须登录验证，此类接口在实际开发中应
该很少，为了安全起见，所有接口都应该做登录验证。
    Result result = ResultGenerator.genSuccessResult("此接口无须登录验证，请求成
功");
    //直接返回业务逻辑返回的数据即可。
    return result;
}
```

编码完成后，启动 Spring Boot 项目，并在浏览器中输入 Swagger 接口文档地址：
`http://localhost:8080/swagger-ui.html`

下面就可以进行登录验证的功能测试了，步骤如下。

（1）测试无须身份验证的接口。单击"Try it out"按钮，之后直接单击"Execute"按钮发送请求，可以很快看到返回结果，如图 10-9 所示。由于不需要登录验证，因此接口直接返回数据。

第 10 章 后端 API 实战之用户模块接口开发及功能讲解

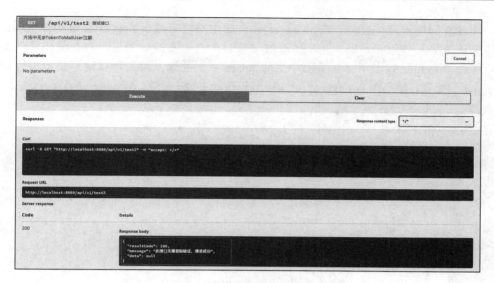

图 10-9 无须身份验证的接口测试结果

（2）测试需要身份验证的接口。单击"Try it out"按钮，之后直接单击"Execute"按钮发送请求，结果如图 10-10 所示。由于在发起请求时并没有在请求头中放入 token 参数，在 Curl 栏中也可以看到并没有 token 传输到后端，因此直接返回 416 错误码，提示未登录。

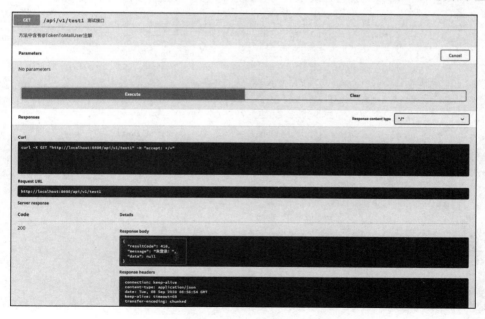

图 10-10 需要身份验证的接口测试结果

读者看到这里可能会问，在 swagger-ui 页面中并没有提供 header 参数的输入框，怎样传递该 token 参数呢？因为 token 参数是项目中自定义的，如果没有在编码层面做修改，那么 Swagger 肯定不会在页面中生成 token 参数的输入框，所以这里需要自行修改 Swagger 的配置，使得在 swagger-ui 页面中可以传输 token 参数，Swagger 的配置修改如下：

```
@Configuration
@EnableSwagger2
public class Swagger2Config {

    @Bean
    public Docket api() {

        ParameterBuilder tokenParam = new ParameterBuilder();
        List<Parameter> swaggerParams = new ArrayList<Parameter>();
        tokenParam.name("token").description("用户认证信息")
                .modelRef(new ModelRef("string")).parameterType("header")
                .required(false).build(); //header 中的 ticket 参数非必填，传空也可以
        swaggerParams.add(tokenParam.build());     //根据每个方法名可知当前方法在设置什么参数

        return new Docket(DocumentationType.SWAGGER_2)
                .apiInfo(apiInfo())
                .ignoredParameterTypes(MallUser.class)
                .select()
                .apis(RequestHandlerSelectors.basePackage("ltd.newbee.mall.api"))// 修改为自己的 controller 包路径
                .paths(PathSelectors.any())
                .build()
                .globalOperationParameters(swaggerParams);
    }

    private ApiInfo apiInfo() {
        return new ApiInfoBuilder()
                .title("新蜂商城接口文档")
                .description("swagger 接口文档")
                .version("2.0")
                .build();
    }
}
```

使用 ParameterBuilder()定义 tokenParam，token 是一个字符串，并且发送请求时是被放在 Request Header 中的，所以做了如下配置：

```
modelRef(new ModelRef("string")).parameterType("header")
```

将 token 参数放入 globalOperationParameters 中。这里只配置了一个名称为 token 的参数，如果有其他的全局参数，也可以通过这种方式来配置。

编码完成后，启动 Spring Boot 项目并打开 swagger-ui 页面，可以看到在参数栏中出现了 token 参数的输入框，且类型为请求头中的 string 字符串。

用户发起登录请求获取一个登录成功的 token 值，之后把该值输入登录验证接口的 token 输入框中，单击"Execute"按钮发起认证请求，结果如图 10-11 所示。可以看到接口此时的返回码是 200，且 message 为"登录验证通过"，在 Curl 栏中也可以看到此时的传参中增加了 token 请求头，验证通过。

如果请求中不存在 token 或 token 值是错误的，则验证身份失败，返回错误码 416。而如果输入正确的 token 值，则返回登录验证成功。至此，身份验证功能的代码就编写完成了。

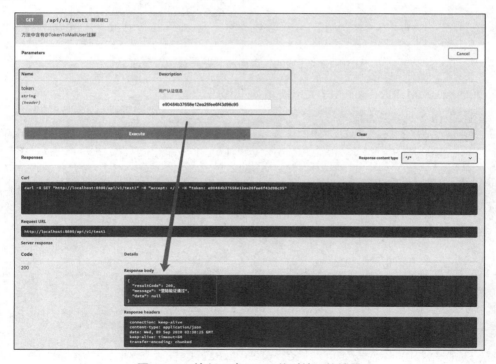

图 10-11 输入正确 token 值时接口的结果

10.4 用户模块接口完善

讲解完注册登录和身份验证流程，下面继续完善用户模块。

图 10-12 所示是"我的"页面和"账号管理"页面。

"我的"页面需要展示用户信息。"账号管理"页面需要展示用户的部分信息，同时还要具备更改用户信息及退出登录的功能，这些都需要后端接口来处理，因此需要增加 3 个接口：获取用户信息接口、修改用户信息接口和登出接口。

图 10-12 "我的"页面和"账号管理"页面

在 NewBeeMallPersonalAPI 类中新增如下代码：

```
@GetMapping("/user/info")
@ApiOperation(value = "获取用户信息", notes = "")
public Result<NewBeeMallUserVO> getUserDetail(@TokenToMallUser MallUser loginMallUser) {
    //已登录则直接返回
    NewBeeMallUserVO mallUserVO = new NewBeeMallUserVO();
    BeanUtil.copyProperties(loginMallUser, mallUserVO);
    return ResultGenerator.genSuccessResult(mallUserVO);
}

@PutMapping("/user/info")
@ApiOperation(value = "修改用户信息", notes = "")
public Result updateInfo(@RequestBody @ApiParam("用户信息") MallUserUpdateParam mallUserUpdateParam, @TokenToMallUser MallUser loginMallUser) {
    Boolean flag = newBeeMallUserService.updateUserInfo(mallUserUpdateParam, loginMallUser.getUserId());
```

```
  if (flag) {
    //返回成功
    Result result = ResultGenerator.genSuccessResult();
    return result;
  } else {
    //返回失败
    Result result = ResultGenerator.genFailResult("修改失败");
    return result;
  }
}

@PostMapping("/user/logout")
@ApiOperation(value = "登出接口", notes = "清除token")
public Result<String> logout(@TokenToMallUser MallUser loginMallUser) {
  Boolean logoutResult = newBeeMallUserService.logout(loginMallUser.getUserId());

  logger.info("logout api,loginMallUser={}", loginMallUser.getUserId());

  //登出成功
  if (logoutResult) {
    return ResultGenerator.genSuccessResult();
  }
  //登出失败
  return ResultGenerator.genFailResult("logout error");
}
```

由于这 3 个接口都需要用户在登录状态下才能正常发送请求，因此在定义方法时都添加了 @TokenToMallUser 注解。

这 3 个接口的实现逻辑总结如下。

1. 获取用户信息接口

使用 @TokenToMallUser 注解已经得到了当前登录的用户对象 MallUser，不用再去数据库中查询，直接返回即可。不过这里并没有直接返回 MallUser 对象，而是新定义了一个 NewBeeMallUserVO 对象，因为 MallUser 对象字段较多，有些字段前端用不到，所以重新定义了视图层对象 NewBeeMallUserVO，返回展示页面中所需要的 3 个字段即可。

2. 修改用户信息接口

定义 MallUserUpdateParam 对象来接收用户修改的信息字段，需要修改的字段主要有昵称、密码、个性签名，并使用@RequestBody 注解接收，然后调用业务层的 updateUserInfo()方法进行入库操作，对这些字段进行修改。

3. 登出接口

这个接口的逻辑比较简单，只需要将该用户在 tb_newbee_mall_user_token 表中的记录删除，也就是将当前已存在的 token 值设置为无效，既然登出了肯定不能让当前的 token 值继续进行身份验证。

由于篇幅所限，省略了部分代码，读者可以自行下载本章代码并查看。

10.5 用户模块接口测试

使用 swagger-ui 页面测试一下本章所实现的所有用户模块的接口。

启动 Spring Boot 项目，并在浏览器中输入 Swagger 接口文档地址：

http://localhost:8080/swagger-ui.html

显示结果如图 10-13 所示。

图 10-13　用户模块接口

10.5.1 登录接口测试

测试登录接口，获得一个可以正常进行身份验证的 token 字符串以供后续的功能测试使用。

单击登录接口，并单击"Try it out"按钮，在参数栏中输入登录信息和密码字段，然后单击"Execute"按钮发送登录请求，如图 10-14 所示。

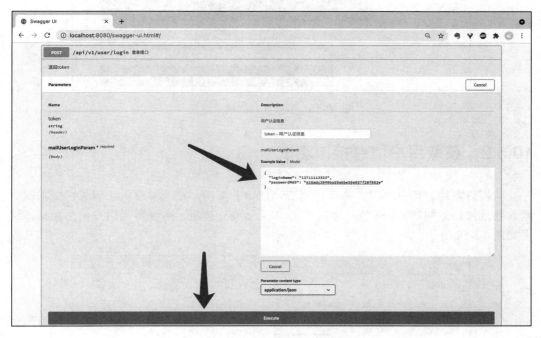

图 10-14　输入参数并发起登录请求

最终得到一个 token 字符串"2ec89572cbd2afabbc4d4d4fec794e06"，如图 10-15 所示。接下来就用这个值继续验证其他接口是否正确。

在 Swagger 配置中，由于将 token 设置成全局的 header 参数，因此每个请求上都有 token 参数。不过在部分接口中不输入该参数依然可以正常调用，比如登录接口和其他部分接口是不需要身份验证的。

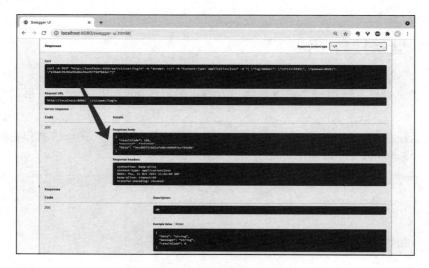

图 10-15　登录接口的请求结果

10.5.2　获取用户信息接口测试

单击获取用户信息接口，再单击"Try it out"按钮，在"用户认证信息"文本框中输入登录接口返回的 token 值，然后单击"Execute"按钮，即可得到用户信息数据，结果如图 10-16 所示。

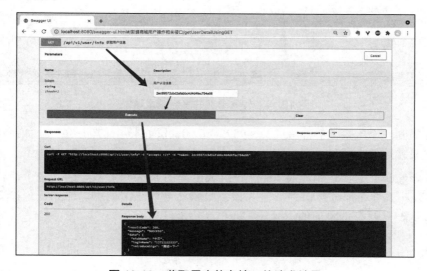

图 10-16　获取用户信息接口的请求结果

得到了正确的返回信息，获取用户信息接口测试完成。

10.5.3 修改用户信息接口测试

单击修改用户信息接口，再单击"Try it out"按钮，在"用户认证信息"文本框中输入登录接口返回的 token 值，并且将需要修改的字段内容放入请求体中，如图 10-17 所示。

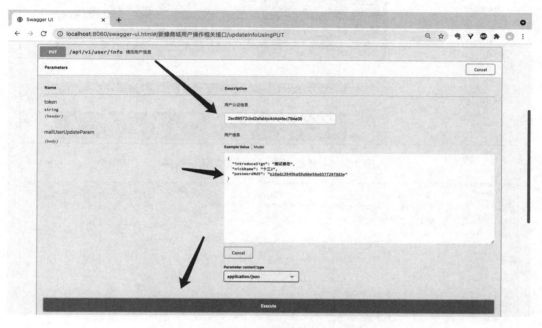

图 10-17 输入参数并发起修改用户信息请求

单击"Execute"按钮，即可完成用户信息的修改操作，结果如图 10-18 所示。

此时后端响应结果为修改成功，再次请求当前的用户信息接口，得到的结果如图 10-19 所示。

昵称、介绍字段都已经是修改后的内容，修改用户信息接口测试成功。

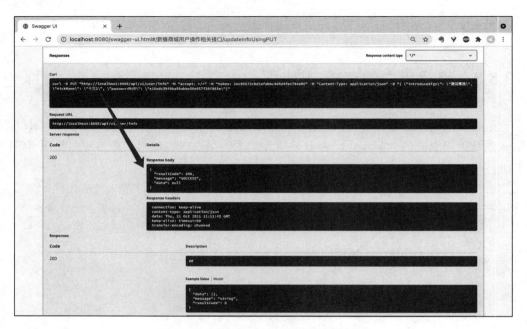

图 10-18　修改用户信息接口的请求结果

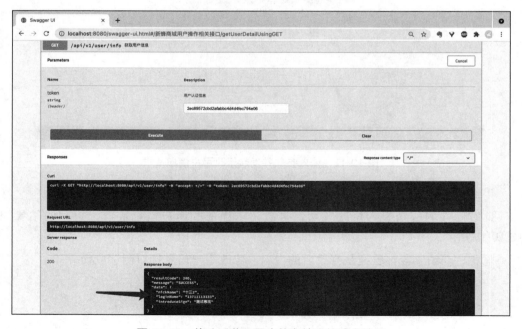

图 10-19　修改后获取用户信息接口的请求结果

10.5.4 登出接口测试

单击登出接口,再单击"Try it out"按钮,在"用户认证信息"文本框中输入登录接口返回的 token 值,之后单击"Execute"按钮,即可完成登出操作,结果如图 10-20 所示。

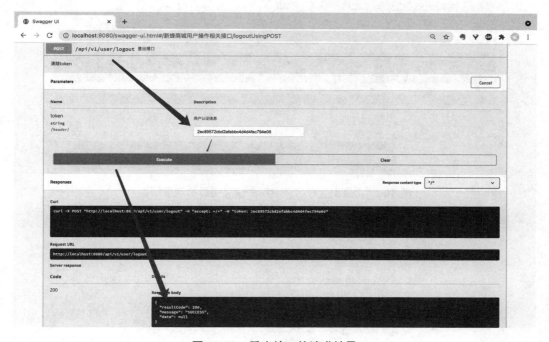

图 10-20 登出接口的请求结果

后端返回的是接口处理成功的响应,即原 token 已失效,无法再通过登录验证了。此时再用 token 字符串"2ec89572cbd2afabbc4d4d4fec794e06"进行接口请求,会得到错误的结果,笔者分别请求了获取用户信息接口和修改用户信息接口,结果如图 10-21 和图 10-22 所示。

因为执行了登出的逻辑,原来的 token 已经失效。再次使用失效的 token 值进行接口请求,后端响应的肯定是"无效认证!请重新登录!"只能重新登录获取新的 token 才能通过身份验证的流程。本章用户模块的接口测试完成。

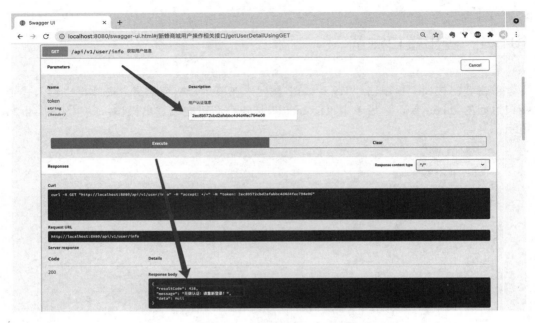

图 10-21 退出登录后获取用户信息接口的请求结果

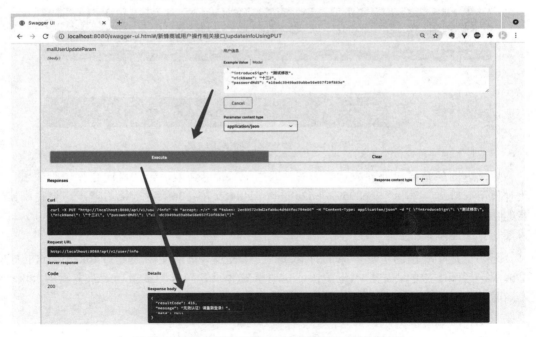

图 10-22 退出登录后修改用户信息接口的请求结果

第 11 章

后端 API 实战之首页接口开发及功能讲解

商城中的所有页面都会被用户访问,涉及的用户操作行为基本上都是查询操作,也就是把在后台管理系统中添加和编辑的数据通过商城各个模块的页面呈现给用户。这些页面偏重于展示,供用户查看,包括商品信息、购物车、商品归类、推荐商品、用户订单等。

本章主要讲解新蜂商城前后端分离版本中首页的设计及所需的数据接口开发。

11.1 商城首页设计

相较于后台管理系统,商城端相关页面的设计和制作更注重用户体验。虽然涉及的操作只有数据查询和数据聚合,但是不代表开发难度就会降低。商城端的页面往往更加注重页面观感和元素设计,做到简洁、美观、实用。

11.1.1 商城首页的设计注意事项

在新蜂商城页面中,首页是最先被用户浏览的页面,也是非常重要的入口。如果用户在浏览该页面时就萌生退意,则说明页面的设计还需要仔细斟酌。因此,新蜂商城首页的设计和制作是重中之重。关于商城首页的设计和制作笔者总结了 4 个设计注意事项。

1. 图文结合

图文结合最大的优势就是直观、易懂、生动。要让用户在短短几秒之内就了解商城的一系列内容，仅凭简短的文字是不够的，还需要使用图片从侧面突出主题。精准的文案和合适的配图能够更加吸引用户，尤其是商城系统，想要在首页更加完整地将商品内容输出给用户，采取图文结合的方式是最合适的。

2. 精心设计

在电商网站中，首页是寸土寸金的。因此，首页的文字和图片要精心设计，尽可能用最少的篇幅把信息表达清楚。商品的推荐文案和图片展示都需要再三斟酌。

3. 降低交互难度

视觉体验决定用户的停留时间。用户交互部分的视觉设计必须符合逻辑，比如导航栏、轮播图、商品类目、搜索框等。各个模块一定不要过度设计，可让用户单击的部分尽量意图明显，降低用户和首页交互的难度，简单、符合用户习惯即可。

4. 完整的网站导航和清晰的网站 Logo

网站导航一般包括"首页""项目介绍""公司产品""联系我们""关于我们"等分类。比如，天猫、京东在页面的顶部和底部都会设计很多导航链接。新蜂商城借鉴了这些设计。导航所占位置有限，应该放最重要的内容。

清晰的网站 Logo 能让用户直观地记住商城的名称和形象，也能够向用户展示品牌的特色。一个好的 Logo 会给网站带来积极的影响。同时，需要为 Logo 设置网站首页的链接，以方便用户单击 Logo 后直接返回首页，这是最常见的做法。

本书最终的实战项目新蜂商城 Vue 3 版本首页展示效果如图 11-1 所示。

11.1.2 商城首页的排版设计

通过观察图 11-1 商城首页展示效果，大致可以看出商城首页的布局，如图 11-2 所示。

第 11 章 后端 API 实战之首页接口开发及功能讲解

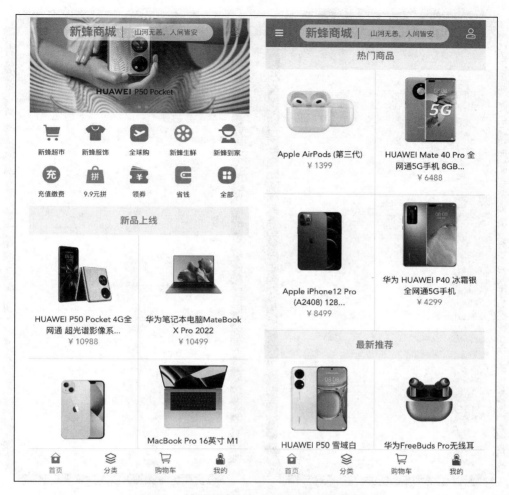

图 11-1 新蜂商城 Vue 3 版本首页展示效果

由图 11-2 可以看出，商城首页的整个版面被分成 6 个部分。

- 商城 Logo 及搜索框：可以放置 Logo 图片、商品搜索框。
- 轮播图：以轮播的形式展示后台配置的轮播图。
- 热销商品：展示后台配置的热销商品数据。
- 新品推荐：展示后台配置的新品数据。
- 推荐商品：展示后台配置的推荐商品数据。
- 导航栏：固定导航栏，放置新蜂商城中几个重要的功能模块名称。

图 11-2 新蜂商城 Vue 3 版本首页的布局

当然，图 11-2 所示的版面设计只是针对新蜂商城这个项目，在开源社区和企业开发中还有许多其他的商城系统项目。前端的设计和实现非常灵活多变，不同的商城系统可能有着不同的页面样式和页面布局。

以上是对新蜂商城首页布局的大致讲解，接下来介绍首页接口设计和编码的实现。

11.2 商城首页数据表结构设计和接口设计

首页的布局和交互由前端代码实现，后端将页面渲染所需的数据通过接口进行响应即可。页面中有一部分是静态数据，需要通过接口获取的数据有轮播图和商品推荐模块，商品推荐模块包括新品推荐、热销商品和推荐商品 3 个版块。

11.2.1 轮播图模块介绍

横跨屏幕的轮播图是时下比较流行的网页设计方法。网站设计师通过使用这种覆盖用户视线的图片，给用户营造一种身临其境的视觉感受。这种设计方法非常符合人们视觉优先的信息获取方式。大部分网站会在首页使用这种设计方法，优质的首图能够让用户预先知道网站的内容。

购物网站的首页轮播图中往往有各种推荐商品、优惠活动等。在这个区域，网站设计师可以放置吸引用户的商品图片、不久后即将上线的主力产品图片、用户最关心的促销通知等。淘宝网、京东商城、小米商城也采取这种首页轮播图的网页设计方法。

小米商城首页轮播图如图 11-3 所示。

图 11-3　小米商城首页轮播图

京东商城首页轮播图如图 11-4 所示。

因此，笔者在新蜂商城中也添加了首页轮播图，可参考图 11-1。在首页接口中，读取轮播图数据即可。轮播图功能可以在后台管理系统中进行设置，比如添加、修改和删除轮播图，效果如图 11-5 所示。

图 11-4 京东商城首页轮播图

图 11-5 轮播图设置页面

图 11-5 中展示的项目为本书最终实战项目新蜂商城的后台管理系统,该后台管理系统的源码已开源,仓库地址如下:

https://github.com/newbee-ltd/Vue3-admin

演示网站已上线供读者测试和体验。由于篇幅限制，Vue 3-admin 项目的内容并不在本书的讲解范围内，笔者会另外整理并讲解。

11.2.2　商品推荐模块介绍

商品推荐模块中有 3 个版块需要进行数据渲染，分别是新品推荐、热销商品和推荐商品。设计这 3 个版块主要是为了丰富版面布局，使页面不单调。

当然，这部分设计也参考了当前主流线上商城的商品推荐设计，不过这些线上商城都有大量的正式数据做支撑，比新峰商城复杂得多，比如热销商品，一定是在统计大量实际订单后做出来的数据渲染；又比如推荐商品，也一定是在用户的浏览痕迹和下单习惯的基础上计算出来的。目前，新峰商城的开发人员只有笔者一个人，订单也只有模拟数据，要做出淘宝网、京东商城那种效果是不现实的。新峰商城中的热销商品、新品推荐、推荐商品这 3 个版块中的数据是在后台进行配置的，首页渲染前直接读取数据就可以了，这些数据并没有进行实时的数据统计。

新峰商城首页配置管理页面如图 11-6 所示。

图 11-6　新峰商城首页配置管理页面

11.2.3 表结构设计

首页的轮播图数据和推荐商品数据是通过读取 tb_newbee_mall_carousel 表、tb_newbee_mall_index_config 表和 tb_newbee_mall_goods_info 表获得的，3 张表的表结构如下：

```sql
USE `newbee_mall_db_v2`;

CREATE TABLE `tb_newbee_mall_carousel` (
  `carousel_id` int(11) NOT NULL AUTO_INCREMENT COMMENT '首页轮播图主键id',
  `carousel_url` varchar(100) NOT NULL DEFAULT '' COMMENT '轮播图',
  `redirect_url` varchar(100) NOT NULL DEFAULT '##' COMMENT '单击后的跳转地址(默认不跳转)',
  `carousel_rank` int(11) NOT NULL DEFAULT '0' COMMENT '排序值(字段越大越靠前)',
  `is_deleted` tinyint(4) NOT NULL DEFAULT '0' COMMENT '删除标识字段(0-未删除 1-已删除)',
  `create_time` datetime NOT NULL DEFAULT CURRENT_TIMESTAMP COMMENT '创建时间',
  `create_user` int(11) NOT NULL DEFAULT '0' COMMENT '创建者id',
  `update_time` datetime NOT NULL DEFAULT CURRENT_TIMESTAMP COMMENT '修改时间',
  `update_user` int(11) NOT NULL DEFAULT '0' COMMENT '修改者id',
  PRIMARY KEY (`carousel_id`) USING BTREE
) ENGINE=InnoDB DEFAULT CHARSET=utf8 ROW_FORMAT=DYNAMIC;

CREATE TABLE `tb_newbee_mall_goods_info` (
  `goods_id` bigint(20) unsigned NOT NULL AUTO_INCREMENT COMMENT '商品表主键id',
  `goods_name` varchar(200) NOT NULL DEFAULT '' COMMENT '商品名',
  `goods_intro` varchar(200) NOT NULL DEFAULT '' COMMENT '商品简介',
  `goods_category_id` bigint(20) NOT NULL DEFAULT '0' COMMENT '关联分类id',
  `goods_cover_img` varchar(200) NOT NULL DEFAULT '/admin/dist/img/no-img.png' COMMENT '商品主图',
  `goods_carousel` varchar(500) NOT NULL DEFAULT '/admin/dist/img/no-img.png' COMMENT '商品轮播图',
  `goods_detail_content` text NOT NULL COMMENT '商品详情',
  `original_price` int(11) NOT NULL DEFAULT '1' COMMENT '商品价格',
  `selling_price` int(11) NOT NULL DEFAULT '1' COMMENT '商品实际售价',
  `stock_num` int(11) unsigned NOT NULL DEFAULT '0' COMMENT '商品库存数量',
  `tag` varchar(20) NOT NULL DEFAULT '' COMMENT '商品标签',
  `goods_sell_status` tinyint(4) NOT NULL DEFAULT '0' COMMENT '商品上架状态 1-
```

```sql
下架 0-上架',
  'create_user' int(11) NOT NULL DEFAULT '0' COMMENT '添加者主键 id',
  'create_time' datetime NOT NULL DEFAULT CURRENT_TIMESTAMP COMMENT '商品添加时间',
  'update_user' int(11) NOT NULL DEFAULT '0' COMMENT '修改者主键 id',
  'update_time' datetime NOT NULL DEFAULT CURRENT_TIMESTAMP COMMENT '商品修改时间',
  PRIMARY KEY ('goods_id') USING BTREE
) ENGINE=InnoDB DEFAULT CHARSET=utf8 ROW_FORMAT=DYNAMIC;

CREATE TABLE 'tb_newbee_mall_index_config' (
  'config_id' bigint(20) NOT NULL AUTO_INCREMENT COMMENT '首页配置项主键 id',
  'config_name' varchar(50) NOT NULL DEFAULT '' COMMENT '显示字符(配置搜索时不可为空,其他情况可为空)',
  'config_type' tinyint(4) NOT NULL DEFAULT '0' COMMENT '1-搜索框热搜 2-搜索下拉框热搜 3-(首页)热销商品 4-(首页)新品上线 5-(首页)为你推荐',
  'goods_id' bigint(20) NOT NULL DEFAULT '0' COMMENT '商品 id 默认为 0',
  'redirect_url' varchar(100) NOT NULL DEFAULT '##' COMMENT '单击后的跳转地址(默认不跳转)',
  'config_rank' int(11) NOT NULL DEFAULT '0' COMMENT '排序值(字段越大越靠前)',
  'is_deleted' tinyint(4) NOT NULL DEFAULT '0' COMMENT '删除标识字段(0-未删除 1-已删除)',
  'create_time' datetime NOT NULL DEFAULT CURRENT_TIMESTAMP COMMENT '创建时间',
  'create_user' int(11) NOT NULL DEFAULT '0' COMMENT '创建者 id',
  'update_time' datetime NOT NULL DEFAULT CURRENT_TIMESTAMP COMMENT '最新修改时间',
  'update_user' int(11) DEFAULT '0' COMMENT '修改者 id',
  PRIMARY KEY ('config_id')
) ENGINE=InnoDB DEFAULT CHARSET=utf8;
```

轮播图表、首页推荐配置表、商品信息表的字段和每个字段对应的含义在上面的 SQL 语句中都有介绍，读者可以对照理解，之后正确地把建表 SQL 语句导入数据库即可。如果有需要，读者也可以根据该 SQL 语句自行扩展。由于相关的添加操作和配置操作都是在后台管理系统中进行的，因此在首页接口中只查询相关数据即可。

11.3 商城首页接口编码实现

11.3.1 新建实体类和 Mapper 接口

选中 ltd.newbee.mall.entity 包并右击，在弹出的快捷菜单中选择 "New" → "Java

Class"选项,之后在弹出的窗口中输入"Carousel",新建 Carousel 类,并在 Carousel 类中新增如下代码:

```java
package ltd.newbee.mall.entity;

import com.fasterxml.jackson.annotation.JsonFormat;
import lombok.Data;

import java.util.Date;

@Data
public class Carousel {
    private Integer carouselId;

    private String carouselUrl;

    private String redirectUrl;

    private Integer carouselRank;

    private Byte isDeleted;

    @JsonFormat(pattern = "yyyy-MM-dd HH:mm:ss", timezone = "GMT+8")
    private Date createTime;

    private Integer createUser;

    @JsonFormat(pattern = "yyyy-MM-dd HH:mm:ss", timezone = "GMT+8")
    private Date updateTime;

    private Integer updateUser;
}
```

按照前面的步骤,再新建 IndexConfig 类和 NewBeeMallGoods 类,并新增如下代码:

```java
package ltd.newbee.mall.entity;

import com.fasterxml.jackson.annotation.JsonFormat;
import lombok.Data;

import java.util.Date;

@Data
public class IndexConfig {
```

```java
    private Long configId;

    private String configName;

    private Byte configType;

    private Long goodsId;

    private String redirectUrl;

    private Integer configRank;

    private Byte isDeleted;

    @JsonFormat(pattern = "yyyy-MM-dd HH:mm:ss", timezone = "GMT+8")
    private Date createTime;

    private Integer createUser;

    @JsonFormat(pattern = "yyyy-MM-dd HH:mm:ss", timezone = "GMT+8")
    private Date updateTime;

    private Integer updateUser;
}
package ltd.newbee.mall.entity;

import com.fasterxml.jackson.annotation.JsonFormat;
import lombok.Data;

import java.util.Date;

@Data
public class NewBeeMallGoods {
    private Long goodsId;

    private String goodsName;

    private String goodsIntro;

    private Long goodsCategoryId;

    private String goodsCoverImg;
```

```
    private String goodsCarousel;

    private Integer originalPrice;

    private Integer sellingPrice;

    private Integer stockNum;

    private String tag;

    private Byte goodsSellStatus;

    private Integer createUser;

    @JsonFormat(pattern = "yyyy-MM-dd HH:mm:ss", timezone = "GMT+8")
    private Date createTime;

    private Integer updateUser;

    @JsonFormat(pattern = "yyyy-MM-dd HH:mm:ss", timezone = "GMT+8")
    private Date updateTime;

    private String goodsDetailContent;
}
```

选中 ltd.newbee.mall.dao 包并右击，在弹出的快捷菜单中选择"New"→"Java Class"选项，之后在弹出的窗口中输入"CarouselMapper"，并选中"Interface"选项，接着在 CarouselMapper.java 文件中新增如下代码：

```
package ltd.newbee.mall.dao;

import ltd.newbee.mall.entity.Carousel;
import org.apache.ibatis.annotations.Param;

import java.util.List;

public interface CarouselMapper {

    List<Carousel> findCarouselsByNum(@Param("number") int number);
}
```

按照前面的步骤，再新建 IndexConfigMapper 类和 NewBeeMallGoodsMapper 类，并新增如下代码：

```java
package ltd.newbee.mall.dao;

import ltd.newbee.mall.entity.IndexConfig;
import org.apache.ibatis.annotations.Param;

import java.util.List;

public interface IndexConfigMapper {

    List<IndexConfig> findIndexConfigsByTypeAndNum(@Param("configType") int configType, @Param("number") int number);
}
package ltd.newbee.mall.dao;

import ltd.newbee.mall.entity.NewBeeMallGoods;

import java.util.List;

public interface NewBeeMallGoodsMapper {
    List<NewBeeMallGoods> selectByPrimaryKeys(List<Long> goodsIds);
}
```

11.3.2 创建 Mapper 接口的映射文件

在 mapper 目录下新建 CarouselMapper 接口的映射文件 CarouselMapper.xml，之后进行映射文件的编写，步骤如下。

首先，定义映射文件与 Mapper 接口的对应关系。比如在该项目中，需要将 CarouselMapper.xml 文件与对应的 CarouselMapper 接口的关系进行定义：

```xml
<mapper namespace="ltd.newbee.mall.dao.CarouselMapper">
```

然后，配置表结构和实体类的对应关系：

```xml
<resultMap id="BaseResultMap" type="ltd.newbee.mall.entity.Carousel">
  <id column="carousel_id" jdbcType="INTEGER" property="carouselId"/>
  <result column="carousel_url" jdbcType="VARCHAR" property="carouselUrl"/>
  <result column="redirect_url" jdbcType="VARCHAR" property="redirectUrl"/>
  <result column="carousel_rank" jdbcType="INTEGER" property="carouselRank"/>
  <result column="is_deleted" jdbcType="TINYINT" property="isDeleted"/>
```

```xml
    <result column="create_time" jdbcType="TIMESTAMP" property="createTime"/>
    <result column="create_user" jdbcType="INTEGER" property="createUser"/>
    <result column="update_time" jdbcType="TIMESTAMP" property="updateTime"/>
    <result column="update_user" jdbcType="INTEGER" property="updateUser"/>
</resultMap>
```

最后，按照对应的接口方法，编写具体的 SQL 语句，最终的 CarouselMapper.xml 文件如下：

```xml
<?xml version="1.0" encoding="UTF-8"?>
<!DOCTYPE mapper PUBLIC "-//mybatis.org//DTD Mapper 3.0//EN"
"http://mybatis.org/dtd/mybatis-3-mapper.dtd">
<mapper namespace="ltd.newbee.mall.dao.CarouselMapper">
    <resultMap id="BaseResultMap" type="ltd.newbee.mall.entity.Carousel">
        <id column="carousel_id" jdbcType="INTEGER" property="carouselId"/>
        <result column="carousel_url" jdbcType="VARCHAR" property="carouselUrl"/>
        <result column="redirect_url" jdbcType="VARCHAR" property="redirectUrl"/>
        <result column="carousel_rank" jdbcType="INTEGER" property="carouselRank"/>
        <result column="is_deleted" jdbcType="TINYINT" property="isDeleted"/>
        <result column="create_time" jdbcType="TIMESTAMP" property="createTime"/>
        <result column="create_user" jdbcType="INTEGER" property="createUser"/>
        <result column="update_time" jdbcType="TIMESTAMP" property="updateTime"/>
        <result column="update_user" jdbcType="INTEGER" property="updateUser"/>
    </resultMap>
    <sql id="Base_Column_List">
    carousel_id, carousel_url, redirect_url, carousel_rank, is_deleted, create_time,
    create_user, update_time, update_user
    </sql>
    <select id="findCarouselsByNum" parameterType="int" resultMap="BaseResultMap">
        select
        <include refid="Base_Column_List"/>
        from tb_newbee_mall_carousel
        where is_deleted = 0
        order by carousel_rank desc
        limit #{number}
    </select>
</mapper>
```

这里在 CarouselMapper.xml 文件中定义了 findCarouselsByNum()方法具体执行的 SQL 语句，作用是查询固定数量的轮播图数据，参数 number 可以动态调整。

按照前面的步骤，新建 IndexConfigMapper.xml 文件和 NewBeeMallGoodsMapper.xml 文件，新增如下代码：

```xml
<?xml version="1.0" encoding="UTF-8"?>
<!DOCTYPE mapper PUBLIC "-//mybatis.org//DTD Mapper 3.0//EN"
"http://mybatis.org/dtd/mybatis-3-mapper.dtd">
<mapper namespace="ltd.newbee.mall.dao.IndexConfigMapper">
    <resultMap id="BaseResultMap" type="ltd.newbee.mall.entity.IndexConfig">
        <id column="config_id" jdbcType="BIGINT" property="configId"/>
        <result column="config_name" jdbcType="VARCHAR" property="configName"/>
        <result column="config_type" jdbcType="TINYINT" property="configType"/>
        <result column="goods_id" jdbcType="BIGINT" property="goodsId"/>
        <result column="redirect_url" jdbcType="VARCHAR" property="redirectUrl"/>
        <result column="config_rank" jdbcType="INTEGER" property="configRank"/>
        <result column="is_deleted" jdbcType="TINYINT" property="isDeleted"/>
        <result column="create_time" jdbcType="TIMESTAMP" property="createTime"/>
        <result column="create_user" jdbcType="INTEGER" property="createUser"/>
        <result column="update_time" jdbcType="TIMESTAMP" property="updateTime"/>
        <result column="update_user" jdbcType="INTEGER" property="updateUser"/>
    </resultMap>
    <sql id="Base_Column_List">
    config_id, config_name, config_type, goods_id, redirect_url, config_rank, is_deleted,
    create_time, create_user, update_time, update_user
  </sql>
    <select id="findIndexConfigsByTypeAndNum" resultMap="BaseResultMap">
        select
        <include refid="Base_Column_List"/>
        from tb_newbee_mall_index_config
        where config_type = #{configType} and is_deleted = 0
        order by config_rank desc
        limit #{number}
    </select>
</mapper>
```

以上语句定义的方法名称为 findIndexConfigsByTypeAndNum()，参数为 configType 和 number，类型为 SELECT 查询语句，作用是根据传入的推荐商品类型和 number 数值，查询固定数量的首页推荐列表数据。

```xml
<?xml version="1.0" encoding="UTF-8"?>
<!DOCTYPE mapper PUBLIC "-//mybatis.org//DTD Mapper 3.0//EN"
"http://mybatis.org/dtd/mybatis-3-mapper.dtd">
<mapper namespace="ltd.newbee.mall.dao.NewBeeMallGoodsMapper">
    <resultMap id="BaseResultMap" type="ltd.newbee.mall.entity.NewBeeMallGoods">
        <id column="goods_id" jdbcType="BIGINT" property="goodsId"/>
        <result column="goods_name" jdbcType="VARCHAR" property="goodsName"/>
        <result column="goods_intro" jdbcType="VARCHAR" property="goodsIntro"/>
        <result column="goods_category_id" jdbcType="BIGINT" property=
```

```xml
"goodsCategoryId"/>
        <result column="goods_cover_img" jdbcType="VARCHAR" property="goodsCoverImg"/>
        <result column="goods_carousel" jdbcType="VARCHAR" property="goodsCarousel"/>
        <result column="original_price" jdbcType="INTEGER" property="originalPrice"/>
        <result column="selling_price" jdbcType="INTEGER" property="sellingPrice"/>
        <result column="stock_num" jdbcType="INTEGER" property="stockNum"/>
        <result column="tag" jdbcType="VARCHAR" property="tag"/>
        <result column="goods_sell_status" jdbcType="TINYINT" property="goodsSellStatus"/>
        <result column="create_user" jdbcType="INTEGER" property="createUser"/>
        <result column="create_time" jdbcType="TIMESTAMP" property="createTime"/>
        <result column="update_user" jdbcType="INTEGER" property="updateUser"/>
        <result column="update_time" jdbcType="TIMESTAMP" property="updateTime"/>
    </resultMap>
    <resultMap extends="BaseResultMap" id="ResultMapWithBLOBs" type="ltd.newbee.mall.entity.NewBeeMallGoods">
        <result column="goods_detail_content" jdbcType="LONGVARCHAR" property="goodsDetailContent"/>
    </resultMap>
    <sql id="Base_Column_List">
    goods_id, goods_name, goods_intro,goods_category_id, goods_cover_img,
goods_carousel, original_price,
    selling_price, stock_num, tag, goods_sell_status, create_user,
create_time, update_user,
    update_time
  </sql>
    <sql id="Blob_Column_List">
    goods_detail_content
  </sql>
    <select id="selectByPrimaryKeys" resultMap="BaseResultMap">
        select
        <include refid="Base_Column_List"/>
        from tb_newbee_mall_goods_info
        where goods_id in
        <foreach item="id" collection="list" open="(" separator="," close=")">
            #{id}
        </foreach>
        order by field(goods_id,
        <foreach item="id" collection="list" separator=",">
            #{id}
        </foreach>
        );
    </select>
</mapper>
```

以上语句定义的方法名称为 selectByPrimaryKeys()，参数为商品 id 的列表，类型为 SELECT 查询语句，作用是根据传入的商品主键列表，查询对应的商品列表数据。

11.3.3 首页接口响应结果的数据格式定义

因为首页展示的数据是多个功能模块聚合的数据，包括轮播图数据、首页配置推荐数据、商品数据，所以需要重新定义一个首页数据视图层对象，并对数据格式进行规范和定义。

在轮播图数据结构中，需要将轮播图的图片地址和单击轮播图后的跳转路径返回给前端，因此定义了视图层对象 NewBeeMallIndexCarouselVO。选中 ltd.newbee.mall.api.vo 包并右击，在弹出的快捷菜单中选择"New"→"Java Class"选项，之后在弹出的窗口中输入"NewBeeMallIndexCarouselVO"，新建 NewBeeMallIndexCarouselVO 类，接着在 NewBeeMallIndexCarouselVO 类中新增如下代码：

```java
package ltd.newbee.mall.api.vo;

import io.swagger.annotations.ApiModelProperty;
import lombok.Data;

import java.io.Serializable;

/**
 * 首页轮播图 VO
 */
@Data
public class NewBeeMallIndexCarouselVO implements Serializable {

    @ApiModelProperty("轮播图图片地址")
    private String carouselUrl;

    @ApiModelProperty("轮播图单击后的跳转路径")
    private String redirectUrl;
}
```

在商品推荐模块中，通过首页效果图可以看到，每个推荐商品的展示区域都有 3 个字段，分别是商品名称、商品图片、商品价格。另外，因为单击图片后跳转至商品详情页面，所以需要加上商品 id 字段，这里定义了视图层对象 NewBeeMallIndexConfigGoodsVO。选中 ltd.newbee.mall.api.vo 包并右击，在弹出的快捷菜单中选择"New"→"Java Class"

选项，之后在弹出的窗口中输入"NewBeeMallIndexConfigGoodsVO"，新建 NewBeeMallIndexConfigGoodsVO 类，接着在 NewBeeMallIndexConfigGoodsVO 类中新增如下代码：

```java
package ltd.newbee.mall.api.vo;

import io.swagger.annotations.ApiModelProperty;
import lombok.Data;

import java.io.Serializable;

/**
 * 首页配置商品 VO
 */
@Data
public class NewBeeMallIndexConfigGoodsVO implements Serializable {

    @ApiModelProperty("商品id")
    private Long goodsId;
    @ApiModelProperty("商品名称")
    private String goodsName;
    @ApiModelProperty("商品图片地址")
    private String goodsCoverImg;
    @ApiModelProperty("商品价格")
    private Integer sellingPrice;
}
```

上述两个 VO 对象都是单项，分别表示一个轮播图对象和一个推荐商品对象。而在首页展示时，需要展示多条数据，即轮播图需要返回多张，推荐商品有 3 种类型且每种类型有多条商品数据。因此，需要返回 List 类型的数据，最终定义一个首页信息对象 IndexInfoVO。选中 ltd.newbee.mall.api.vo 包并右击，在弹出的快捷菜单中选择"New"→"Java Class"选项，之后在弹出的窗口中输入"IndexInfoVO"，新建 IndexInfoVO 类，接着在 IndexInfoVO 类中新增如下代码：

```java
package ltd.newbee.mall.api.vo;

import io.swagger.annotations.ApiModelProperty;
import lombok.Data;

import java.io.Serializable;
import java.util.List;
```

```java
@Data
public class IndexInfoVO implements Serializable {

    @ApiModelProperty("轮播图(列表)")
    private List<NewBeeMallIndexCarouselVO> carousels;

    @ApiModelProperty("首页热销商品(列表)")
    private List<NewBeeMallIndexConfigGoodsVO> hotGoodses;

    @ApiModelProperty("首页新品推荐(列表)")
    private List<NewBeeMallIndexConfigGoodsVO> newGoodses;

    @ApiModelProperty("首页推荐商品(列表)")
    private List<NewBeeMallIndexConfigGoodsVO> recommendGoodses;
}
```

VO 对象就是视图层使用的对象，一般与 entity 对象有一些区别。entity 对象中的字段与数据库表字段逐一对应，VO 对象里的字段则是视图层需要哪些字段就设置哪些字段。在编码时，也可以不去额外新增 VO 对象而直接返回 entity 对象，这取决于开发者的编码习惯。

至此，首页展示时后端需要返回的数据格式就定义完成了。如果读者需要对该项目进行功能删减，可以参考笔者定义的视图层对象灵活地删减字段。

11.3.4 业务层代码的实现

选中 ltd.newbee.mall.service 包并右击，在弹出的快捷菜单中选择 "New" → "Java Class" 选项，之后在弹出的窗口中输入 "NewBeeMallCarouselService"，并选中 "Interface" 选项，接着在 NewBeeMallCarouselService.java 文件中新增如下代码：

```java
package ltd.newbee.mall.service;

import ltd.newbee.mall.api.vo.NewBeeMallIndexCarouselVO;

import java.util.List;

public interface NewBeeMallCarouselService {

    /**
     * 返回固定数量的轮播图对象(首页调用)
```

```
 *
 * @param number
 * @return
 */
List<NewBeeMallIndexCarouselVO> getCarouselsForIndex(int number);
}
```

按照前文讲解的步骤,创建 NewBeeMallIndexConfigService 类,并新增如下代码:

```
package ltd.newbee.mall.service;

import ltd.newbee.mall.api.vo.NewBeeMallIndexConfigGoodsVO;

import java.util.List;

public interface NewBeeMallIndexConfigService {

    /**
     * 返回固定数量的首页配置商品对象(首页调用)
     *
     * @param number
     * @return
     */
    List<NewBeeMallIndexConfigGoodsVO> getConfigGoodsesForIndex(int configType, int number);
}
```

再选中 ltd.newbee.mall.service.impl 包并右击,在弹出的快捷菜单中选择"New"→"Java Class"选项,之后在弹出的窗口中输入"NewBeeMallCarouselServiceImpl",新建 NewBeeMallCarouselServiceImpl 类,接着在 NewBeeMallCarouselServiceImpl 类中新增如下代码:

```
package ltd.newbee.mall.service.impl;

import ltd.newbee.mall.api.vo.NewBeeMallIndexCarouselVO;
import ltd.newbee.mall.dao.CarouselMapper;
import ltd.newbee.mall.entity.Carousel;
import ltd.newbee.mall.service.NewBeeMallCarouselService;
import ltd.newbee.mall.util.BeanUtil;
import org.springframework.beans.factory.annotation.Autowired;
import org.springframework.stereotype.Service;
import org.springframework.util.CollectionUtils;

import java.util.ArrayList;
```

```java
import java.util.List;

@Service
public class NewBeeMallCarouselServiceImpl implements NewBeeMallCarouselService {

    @Autowired
    private CarouselMapper carouselMapper;

    @Override
    public List<NewBeeMallIndexCarouselVO> getCarouselsForIndex(int number) {
        List<NewBeeMallIndexCarouselVO> newBeeMallIndexCarouselVOS = new ArrayList<>(number);
        List<Carousel> carousels = carouselMapper.findCarouselsByNum(number);
        if (!CollectionUtils.isEmpty(carousels)) {
            newBeeMallIndexCarouselVOS = BeanUtil.copyList(carousels, NewBeeMallIndexCarouselVO.class);
        }
        return newBeeMallIndexCarouselVOS;
    }
}
```

getCarouselsForIndex()方法的作用是返回固定数量的轮播图对象供首页数据渲染，执行逻辑是首先查询固定数量的轮播图数据，参数为 number，然后进行非空判断，将查询出来的轮播图对象转换为视图层对象 NewBeeMallIndexCarouselVO，并最终返回给调用端。

按照前文讲解的步骤，创建 NewBeeMallIndexConfigServiceImpl 类，并新增如下代码：

```java
package ltd.newbee.mall.service.impl;

import ltd.newbee.mall.api.vo.NewBeeMallIndexConfigGoodsVO;
import ltd.newbee.mall.dao.IndexConfigMapper;
import ltd.newbee.mall.dao.NewBeeMallGoodsMapper;
import ltd.newbee.mall.entity.IndexConfig;
import ltd.newbee.mall.entity.NewBeeMallGoods;
import ltd.newbee.mall.service.NewBeeMallIndexConfigService;
import ltd.newbee.mall.util.BeanUtil;
import org.springframework.beans.factory.annotation.Autowired;
import org.springframework.stereotype.Service;
import org.springframework.util.CollectionUtils;

import java.util.ArrayList;
import java.util.List;
```

```java
import java.util.stream.Collectors;

@Service
public class NewBeeMallIndexConfigServiceImpl implements
NewBeeMallIndexConfigService {

    @Autowired
    private IndexConfigMapper indexConfigMapper;

    @Autowired
    private NewBeeMallGoodsMapper goodsMapper;

    @Override
    public List<NewBeeMallIndexConfigGoodsVO> getConfigGoodsesForIndex(int configType, int number) {
        List<NewBeeMallIndexConfigGoodsVO> newBeeMallIndexConfigGoodsVOS = new ArrayList<>(number);
        List<IndexConfig> indexConfigs = indexConfigMapper.findIndexConfigsByTypeAndNum(configType, number);
        if (!CollectionUtils.isEmpty(indexConfigs)) {
            //取出所有的 goodsId
            List<Long> goodsIds = indexConfigs.stream().map(IndexConfig::getGoodsId).collect(Collectors.toList());
            List<NewBeeMallGoods> newBeeMallGoods = goodsMapper.selectByPrimaryKeys(goodsIds);
            newBeeMallIndexConfigGoodsVOS = BeanUtil.copyList(newBeeMallGoods, NewBeeMallIndexConfigGoodsVO.class);
            for (NewBeeMallIndexConfigGoodsVO newBeeMallIndexConfigGoodsVO : newBeeMallIndexConfigGoodsVOS) {
                String goodsName = newBeeMallIndexConfigGoodsVO.getGoodsName();
                // 字符串过长导致文字超出的问题
                if (goodsName.length() > 30) {
                    goodsName = goodsName.substring(0, 30) + "...";
                    newBeeMallIndexConfigGoodsVO.setGoodsName(goodsName);
                }
            }
        }
        return newBeeMallIndexConfigGoodsVOS;
    }
}
```

以上语句定义的方法的作用是返回固定数量的配置项对象供首页数据渲染，实现思路是首先根据 configType 参数读取固定数量的首页配置数据，然后获取配置项中关联的商品 id 列表，接着查询商品表，依次读取首页展示所需的几个字段并封装到 VO 对象中，最后返回给调用端。

11.3.5　首页接口控制层代码的实现

选中 ltd.newbee.mall.api 包并右击，在弹出的快捷菜单中选择"New"→"Java Class"选项，之后在弹出的窗口中输入"NewBeeMallIndexAPI"，新建 NewBeeMallIndexAPI 类，接着在 NewBeeMallIndexAPI 类中新增如下代码，用于对首页数据请求进行处理：

```
package ltd.newbee.mall.api;

import io.swagger.annotations.Api;
import io.swagger.annotations.ApiOperation;
import ltd.newbee.mall.api.vo.IndexInfoVO;
import ltd.newbee.mall.api.vo.NewBeeMallIndexCarouselVO;
import ltd.newbee.mall.api.vo.NewBeeMallIndexConfigGoodsVO;
import ltd.newbee.mall.common.Constants;
import ltd.newbee.mall.common.IndexConfigTypeEnum;
import ltd.newbee.mall.service.NewBeeMallCarouselService;
import ltd.newbee.mall.service.NewBeeMallIndexConfigService;
import ltd.newbee.mall.util.Result;
import ltd.newbee.mall.util.ResultGenerator;
import org.springframework.web.bind.annotation.GetMapping;
import org.springframework.web.bind.annotation.RequestMapping;
import org.springframework.web.bind.annotation.RestController;

import javax.annotation.Resource;
import java.util.List;

@RestController
@Api(value = "v1", tags = "新蜂商城首页接口")
@RequestMapping("/api/v1")
public class NewBeeMallIndexAPI {

    @Resource
    private NewBeeMallCarouselService newBeeMallCarouselService;

    @Resource
    private NewBeeMallIndexConfigService newBeeMallIndexConfigService;

    @GetMapping("/index-infos")
    @ApiOperation(value = "获取首页数据", notes = "轮播图、新品、推荐等")
```

```java
    public Result<IndexInfoVO> indexInfo() {
        IndexInfoVO indexInfoVO = new IndexInfoVO();
        List<NewBeeMallIndexCarouselVO> carousels =
newBeeMallCarouselService.getCarouselsForIndex(Constants.INDEX_CAROUSEL_NUMBER);
        List<NewBeeMallIndexConfigGoodsVO> hotGoodses =
newBeeMallIndexConfigService.getConfigGoodsesForIndex(IndexConfigTypeEnum.INDEX_GOODS_HOT.getType(), Constants.INDEX_GOODS_HOT_NUMBER);
        List<NewBeeMallIndexConfigGoodsVO> newGoodses =
newBeeMallIndexConfigService.getConfigGoodsesForIndex(IndexConfigTypeEnum.INDEX_GOODS_NEW.getType(), Constants.INDEX_GOODS_NEW_NUMBER);
        List<NewBeeMallIndexConfigGoodsVO> recommendGoodses =
newBeeMallIndexConfigService.getConfigGoodsesForIndex(IndexConfigTypeEnum.INDEX_GOODS_RECOMMOND.getType(), Constants.INDEX_GOODS_RECOMMOND_NUMBER);
        indexInfoVO.setCarousels(carousels);
        indexInfoVO.setHotGoodses(hotGoodses);
        indexInfoVO.setNewGoodses(newGoodses);
        indexInfoVO.setRecommendGoodses(recommendGoodses);
        return ResultGenerator.genSuccessResult(indexInfoVO);
    }
}
```

处理首页数据请求的方法名称为 indexInfo()，请求类型为 GET，映射的路径为 /api/v1/index-infos，响应结果类型为统一的响应对象 Result，实际的 data 属性类型为 IndexInfoVO 视图层对象。

实现逻辑是分别调用轮播图业务实现类 NewBeeMallCarouselService 中的查询方法和首页配置业务实现类 NewBeeMallIndexConfigService 中的查询方法，查询首页所需的数据并分别在 IndexInfoVO 对象中进行设置，最后响应给前端。因为商品推荐模块有热销商品、新品推荐和推荐商品 3 个版块，所以首页配置业务实现类中的 getConfigGoodsesForIndex()方法在此处被调用了 3 次，只是每次传入的参数不同。

还有一点需要注意，首页上的内容是任何访问者都能够直接查看的，并不需要登录认证，因此首页数据接口中并没有使用权限认证的注解@TokenToMallUser。

11.4 首页接口测试

下面通过 swagger-ui 页面来测试一下本章所实现的首页数据接口。

启动 Spring Boot 项目，并在浏览器中输入 Swagger 接口文档地址：

http://localhost:8080/swagger-ui.html

显示结果如图 11-7 所示。

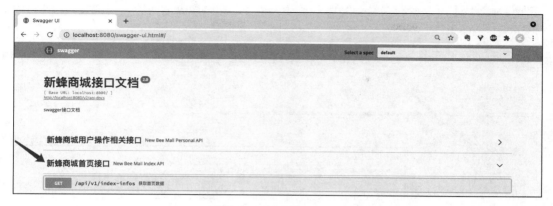

图 11-7　swagger-ui 页面中的首页接口

单击新蜂商城首页接口，由于不需要进行身份验证，所以在 token 输入框中不用输入 token 值就可以获取首页数据。单击 "Execute" 按钮，即可获取首页展示所需的数据，结果如图 11-8 所示。

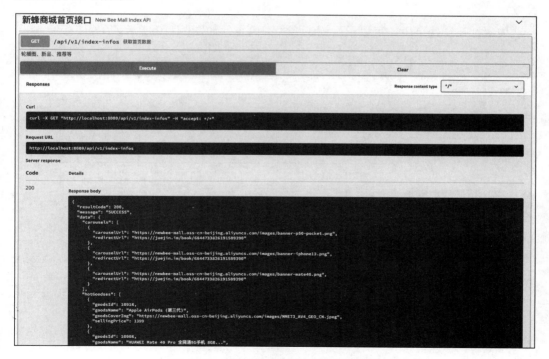

图 11-8　获取首页数据接口的请求结果

接下来分析一下返回结果，在当前页面上右击，在弹出的快捷菜单中选择"检查"选项，或者按 F12 快捷键打开浏览器控制台，可以查看该接口返回的数据格式，如图 11-9 所示。

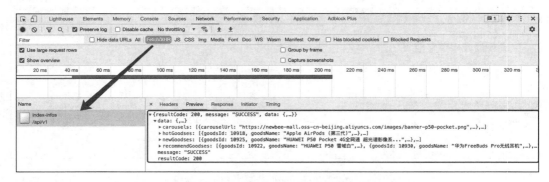

图 11-9　获取首页数据接口请求结果的数据格式

接收到的响应数据是一个标准的 Result 对象，前端解析为 JSON 格式，字段分别为 resultCode、message 和 data。首页所需的数据都在 data 字段中，有轮播图数据和推荐商品数据。

依次打开这些字段，可以看到列表格式的内容，如图 11-10 所示。

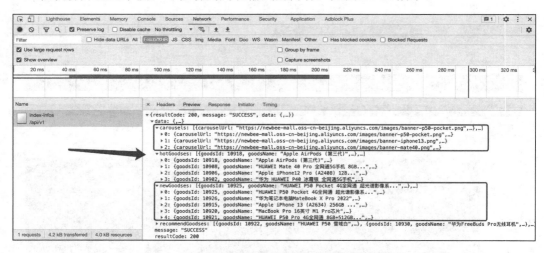

图 11-10　获取首页数据接口请求结果的数据详情

接口响应的数据与预期一致，首页接口编码完成。

第 12 章 后端 API 实战之分类接口开发及功能讲解

在商城端有一个单独的分类页面，该页面展示商品的分类信息，供用户快速搜索需要的商品。与首页接口类似，商城端只要查询分类数据并展示给用户即可。本章主要讲解新蜂商城前后端分离版本中商品的分类及商品分类接口的开发。

12.1 商品分类介绍

12.1.1 商品分类

分类是通过比较事物之间的相似性，把具有某些共同点或相似特征的事物归到一个不确定集合的逻辑方法。对事物进行分类的作用是使一个大集合中的内容条理清楚、层次分明。分类在电商中也叫作类目。要设计一个商品系统，首先需要把分类系统做好，因为它是商品管理系统非常基础和重要的一个环节。

商品分类就是将商品分门别类，例如服装、数码产品、美妆/护理产品等。这样处理的好处是方便用户筛选和辨别。以天猫商城和京东商城为例，在商城首页中，有很大一部分版面都可以让用户进行分类选择。用户可以通过分类设置快速进入对应的商品列表页面并选择商品。

天猫商城分类显示效果如图 12-1 所示。

图 12-1 天猫商城分类显示效果

京东商城分类显示效果如图 12-2 所示。

图 12-2 京东商城分类显示效果

12.1.2 分类层级

通过观察天猫商城和京东商城的分类模块,能够看出二者分类层级的设计方式。在不同的层级下,商城系统需要对商品做进一步的归类。因为商品规模和业务不同,所以不同层级的展现效果也不同。天猫商城和京东商城在分类层级的设计思路上是相同的,即三级分层。

如果不设置一定的分类层级,则过多的商品类目会造成用户筛选困难。在设置分类层级后,用户在查找商品时可以遵循"先大类后小类"的原则。比如用户想买一部手机,可以先在一级分类中筛选并定位到"手机/数码"中,之后在该类目的子分类下进行筛选。

当然,也有人提出设计更多层级的分类,比如四级分类、五级分类等。但是层级太多,一是对用户不太友好,不利于搜索;二是对后台管理人员不友好,不方便管理。目前大部分商城选择的分类层级是三级,所以笔者将新蜂商城的分类层级直接设置成三级。

12.1.3 分类模块的主要功能

在新蜂商城中,分类模块的主要功能如下。
- 设置分类数据。
- 商品与分类的挂靠和关联。
- 分类信息展示。
- 根据分类搜索商品。

分类数据的存在可以让用户在商城端正常筛选商品,其操作设置包括分类信息的添加、修改等。商品与分类的挂靠和关联是指将商品信息与分类信息建立联系,比如在商品表中设置一个分类 id 的关联字段,使得商品与分类之间产生关联关系,这样就能够通过对应的分类搜索到对应的商品列表。

分类管理功能在后台管理系统中可以进行操作,比如添加、修改和删除,效果如图 12-3 所示。

图 12-3　分类管理页面

图 12-3 展示的项目为本书最终实战项目新蜂商城的后台管理系统，该后台管理系统的源码已开源，仓库地址如下：

```
https://github.com/newbee-ltd/Vue3-admin
```

12.2　分类列表接口实现

12.2.1　商品分类表结构设计

虽然存在三级分类的层级，但是在具体实现时，并没有设计成三张表。因为分类实体对象中大部分字段都是一样的，所以就增加一个 category_level 字段来区分是哪一级的分类，同时使用 parent_id 字段进行上下级类目之间的关联，分类表的字段设计如下：

```
USE 'newbee_mall_db_v2 ';

DROP TABLE IF EXISTS 'tb_newbee_mall_goods_category';
CREATE TABLE 'tb_newbee_mall_goods_category' (
  'category_id' bigint(20) NOT NULL AUTO_INCREMENT COMMENT '分类id',
```

```
  'category_level' tinyint(4) NOT NULL DEFAULT 0 COMMENT '分类级别(1-一级分
类 2-二级分类 3-三级分类)',
  'parent_id' bigint(20) NOT NULL DEFAULT 0 COMMENT '父分类id',
  'category_name' varchar(50) CHARACTER SET utf8 COLLATE utf8_general_ci NOT
NULL DEFAULT '' COMMENT '分类名称',
  'category_rank' int(11) NOT NULL DEFAULT 0 COMMENT '排序值(字段越大越靠前)',
  'is_deleted' tinyint(4) NOT NULL DEFAULT 0 COMMENT '删除标识字段(0-未删除 1-
已删除)',
  'create_time' datetime(0) NOT NULL DEFAULT CURRENT_TIMESTAMP COMMENT '创
建时间',
  'create_user' int(11) NOT NULL DEFAULT 0 COMMENT '创建者id',
  'update_time' datetime(0) NOT NULL DEFAULT CURRENT_TIMESTAMP COMMENT '修
改时间',
  'update_user' int(11) NULL DEFAULT 0 COMMENT '修改者id',
  PRIMARY KEY ('category_id') USING BTREE
) ENGINE = InnoDB AUTO_INCREMENT = 107 CHARACTER SET = utf8 COLLATE =
utf8_general_ci ROW_FORMAT = Dynamic;
```

商品分类表的字段及每个字段对应的含义都在上面的 SQL 语句中，读者可以对照理解，之后正确地把建表 SQL 语句导入数据库。如果有需要，读者也可以根据该 SQL 语句自行扩展。由于相关的添加操作和配置操作都是在后台管理系统中进行的，因此在商城端 API 项目的分类列表接口中只要查询相关数据即可。

12.2.2 新建实体类和 Mapper 接口

选中 ltd.newbee.mall.entity 包并右击，在弹出的快捷菜单中选择 "New" → "Java Class" 选项，之后在弹出的窗口中输入 "GoodsCategory"，新建 GoodsCategory 类，接着在 GoodsCategory 类中新增如下代码：

```
package ltd.newbee.mall.entity;

import com.fasterxml.jackson.annotation.JsonFormat;
import lombok.Data;

import java.util.Date;

@Data
public class GoodsCategory {
    private Long categoryId;
```

```
    private Byte categoryLevel;

    private Long parentId;

    private String categoryName;

    private Integer categoryRank;

    private Byte isDeleted;

    @JsonFormat(pattern = "yyyy-MM-dd HH:mm:ss", timezone = "GMT+8")
    private Date createTime;

    private Integer createUser;

    @JsonFormat(pattern = "yyyy-MM-dd HH:mm:ss", timezone = "GMT+8")
    private Date updateTime;

    private Integer updateUser;
}
```

选中 ltd.newbee.mall.dao 包并右击，在弹出的快捷菜单中选择"New"→"Java Class"选项，然后在弹出的窗口中输入"GoodsCategoryMapper"，并选中"Interface"选项，接着在 GoodsCategoryMapper.java 文件中新增如下代码：

```
package ltd.newbee.mall.dao;

import ltd.newbee.mall.entity.GoodsCategory;
import ltd.newbee.mall.util.PageQueryUtil;
import org.apache.ibatis.annotations.Param;

import java.util.List;

public interface GoodsCategoryMapper {
   List<GoodsCategory> selectByLevelAndParentIdsAndNumber(@Param("parentIds") List<Long> parentIds, @Param("categoryLevel") int categoryLevel, @Param("number") int number);
}
```

12.2.3　创建 Mapper 接口的映射文件

在 mapper 目录下新建 GoodsCategoryMapper 接口的映射文件 GoodsCategoryMapper.xml，之后进行映射文件的编写，步骤如下。

首先，定义映射文件与 Mapper 接口的对应关系。比如在该项目中，需要将 GoodsCategoryMapper.xml 文件与对应的 GoodsCategoryMapper 接口的关系进行定义：

```xml
<mapper namespace="ltd.newbee.mall.dao.GoodsCategoryMapper">
```

然后，配置表结构和实体类的对应关系：

```xml
<resultMap id="BaseResultMap" type="ltd.newbee.mall.entity.GoodsCategory">
  <id column="category_id" jdbcType="BIGINT" property="categoryId"/>
  <result column="category_level" jdbcType="TINYINT" property="categoryLevel"/>
  <result column="parent_id" jdbcType="BIGINT" property="parentId"/>
  <result column="category_name" jdbcType="VARCHAR" property="categoryName"/>
  <result column="category_rank" jdbcType="INTEGER" property="categoryRank"/>
  <result column="is_deleted" jdbcType="TINYINT" property="isDeleted"/>
  <result column="create_time" jdbcType="TIMESTAMP" property="createTime"/>
  <result column="create_user" jdbcType="INTEGER" property="createUser"/>
  <result column="update_time" jdbcType="TIMESTAMP" property="updateTime"/>
  <result column="update_user" jdbcType="INTEGER" property="updateUser"/>
</resultMap>
```

最后，按照对应的接口方法，编写具体的 SQL 语句，最终的 GoodsCategoryMapper.xml 文件代码如下：

```xml
<?xml version="1.0" encoding="UTF-8"?>
<!DOCTYPE mapper PUBLIC "-//mybatis.org//DTD Mapper 3.0//EN"
"http://mybatis.org/dtd/mybatis-3-mapper.dtd">
<mapper namespace="ltd.newbee.mall.dao.GoodsCategoryMapper">
    <resultMap id="BaseResultMap"
type="ltd.newbee.mall.entity.GoodsCategory">
        <id column="category_id" jdbcType="BIGINT" property="categoryId"/>
        <result column="category_level" jdbcType="TINYINT" property="categoryLevel"/>
        <result column="parent_id" jdbcType="BIGINT" property="parentId"/>
```

```xml
        <result column="category_name" jdbcType="VARCHAR" property="categoryName"/>
        <result column="category_rank" jdbcType="INTEGER" property="categoryRank"/>
        <result column="is_deleted" jdbcType="TINYINT" property="isDeleted"/>
        <result column="create_time" jdbcType="TIMESTAMP" property="createTime"/>
        <result column="create_user" jdbcType="INTEGER" property="createUser"/>
        <result column="update_time" jdbcType="TIMESTAMP" property="updateTime"/>
        <result column="update_user" jdbcType="INTEGER" property="updateUser"/>
    </resultMap>
    <sql id="Base_Column_List">
     category_id, category_level, parent_id, category_name, category_rank, is_deleted,
     create_time, create_user, update_time, update_user
    </sql>

    <select id="selectByLevelAndParentIdsAndNumber" resultMap="BaseResultMap">
        select
        <include refid="Base_Column_List"/>
        from tb_newbee_mall_goods_category
        where parent_id in
        <foreach item="parentId" collection="parentIds" open="(" separator="," close=")">
            #{parentId,jdbcType=BIGINT}
        </foreach>
        and category_level = #{categoryLevel,jdbcType=TINYINT}
        and is_deleted = 0
        order by category_rank desc
        <if test="number>0">
            limit #{number}
        </if>
    </select>
</mapper>
```

在 GoodsCategoryMapper.xml 文件中定义了 selectByLevelAndParentIdsAndNumber() 方法具体执行的 SQL 语句，类型为 SELECT 语句，根据传入的参数查询固定数量的分类列表数据，如果参数 number 大于 0，就使用 LIMIT 关键字对列表的数量进行过滤，否则查询并返回所有条数的数据。

12.2.4 分类接口响应数据的格式定义

分类页面的页面布局和交互依然由前端代码来实现，后端只要将页面所需的分类数据通过接口进行响应即可。

接下来定义分类接口中返回数据的格式,这里结合实际分类页面的设计稿来讲解,如图 12-4 所示。

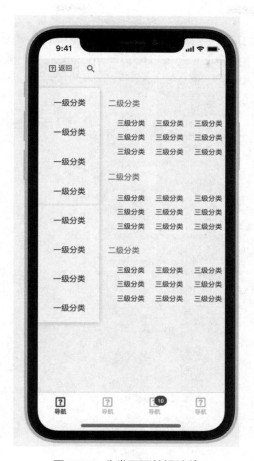

图 12-4　分类页面的设计稿

由设计稿可知,在分类页面中需要返回分类的列表数据。同时,分类信息有层级关系,分别是一级分类、二级分类和三级分类,且三者的展示位置并不相同。一级分类被固定在页面的左侧,由上至下平铺显示。二级分类和三级分类在页面右侧展示,每个二级分类下展示对应的三级分类的列表,三级分类由左至右平铺展示,二级分类则分开展示。二级分类数据和三级分类数据的展示区域会随着一级分类的切换动态变化。

在分类接口的返回数据格式定义中,需要返回一级分类列表,以及每个一级分类的二级分类列表,而二级分类列表中的每个二级分类还有一个三级分类列表。

因此，在后端 API 项目中定义了三个视图层的分类 VO 对象，并做了层级的定义和关联。

因为都是分类信息，所以三个 VO 对象中都有分类名称。选中 ltd.newbee.mall.api.vo 包并右击，在弹出的快捷菜单中选择 "New" → "Java Class" 选项，之后在弹出的窗口中输入 "ThirdLevelCategoryVO"，新建 ThirdLevelCategoryVO 类，这是三级分类的视图层对象，接着在 ThirdLevelCategoryVO 类中新增如下代码：

```java
package ltd.newbee.mall.api.vo;

import io.swagger.annotations.ApiModelProperty;
import lombok.Data;

import java.io.Serializable;

/**
 * 分类数据VO(第三级)
 */
@Data
public class ThirdLevelCategoryVO implements Serializable {

    @ApiModelProperty("当前三级分类id")
    private Long categoryId;

    @ApiModelProperty("当前分类级别")
    private Byte categoryLevel;

    @ApiModelProperty("当前三级分类名称")
    private String categoryName;
}
```

按照同样的步骤，新增一级分类的视图层对象 NewBeeMallIndexCategoryVO 和二级分类的视图层对象 SecondLevelCategoryVO，代码分别如下。

SecondLevelCategoryVO：

```java
package ltd.newbee.mall.api.vo;

import io.swagger.annotations.ApiModelProperty;
import lombok.Data;

import java.io.Serializable;
import java.util.List;
```

```java
/**
 * 分类数据 VO (第二级)
 */
@Data
public class SecondLevelCategoryVO implements Serializable {

    @ApiModelProperty("当前二级分类 id")
    private Long categoryId;

    @ApiModelProperty("父级分类 id")
    private Long parentId;

    @ApiModelProperty("当前分类级别")
    private Byte categoryLevel;

    @ApiModelProperty("当前二级分类名称")
    private String categoryName;

    @ApiModelProperty("三级分类列表")
    private List<ThirdLevelCategoryVO> thirdLevelCategoryVOS;
}
```

NewBeeMallIndexCategoryVO：

```java
package ltd.newbee.mall.api.vo;

import io.swagger.annotations.ApiModelProperty;
import lombok.Data;

import java.io.Serializable;
import java.util.List;

/**
 * 分类数据 VO
 */
@Data
public class NewBeeMallIndexCategoryVO implements Serializable {

    @ApiModelProperty("当前一级分类 id")
    private Long categoryId;

    @ApiModelProperty("当前分类级别")
```

```
    private Byte categoryLevel;

    @ApiModelProperty("当前一级分类名称")
    private String categoryName;

    @ApiModelProperty("二级分类列表")
    private List<SecondLevelCategoryVO> secondLevelCategoryVOS;
}
```

以上两段代码字段类似，在分类的 VO 对象中都定义了分类层级字段，并且在一级分类 VO 对象和二级分类 VO 对象中都定义了下级分类的列表字段。比如在二级分类中，不仅要包含二级分类的信息，还要包含该二级分类下所有的三级分类的信息。

12.2.5　业务层代码的实现

选中 ltd.newbee.mall.service 包并右击，在弹出的快捷菜单中选择 "New→Java Class" 选项，之后在弹出的窗口中输入 "NewBeeMallCategoryService"，并选中 "Interface" 选项，接着在 NewBeeMallCategoryService.java 文件中新增如下代码：

```
package ltd.newbee.mall.service;

import ltd.newbee.mall.api.vo.NewBeeMallIndexCategoryVO;

import java.util.List;

public interface NewBeeMallCategoryService {

    /**
     * 返回分类数据(首页调用)
     *
     * @return
     */
    List<NewBeeMallIndexCategoryVO> getCategoriesForIndex();
}
```

选中 ltd.newbee.mall.service.impl 包并右击，在弹出的快捷菜单中选择 "New" → "Java Class" 选项，之后在弹出的窗口中输入 "NewBeeMallCategoryServiceImpl"，新建 NewBeeMallCategoryServiceImpl 类，接着在 NewBeeMallCategoryServiceImpl 类中新增如下代码：

```java
package ltd.newbee.mall.service.impl;

import ltd.newbee.mall.api.vo.NewBeeMallIndexCategoryVO;
import ltd.newbee.mall.api.vo.SecondLevelCategoryVO;
import ltd.newbee.mall.api.vo.ThirdLevelCategoryVO;
import ltd.newbee.mall.common.Constants;
import ltd.newbee.mall.common.NewBeeMallCategoryLevelEnum;
import ltd.newbee.mall.dao.GoodsCategoryMapper;
import ltd.newbee.mall.entity.GoodsCategory;
import ltd.newbee.mall.service.NewBeeMallCategoryService;
import ltd.newbee.mall.util.BeanUtil;
import org.springframework.beans.factory.annotation.Autowired;
import org.springframework.stereotype.Service;
import org.springframework.util.CollectionUtils;

import java.util.ArrayList;
import java.util.Collections;
import java.util.List;
import java.util.Map;
import java.util.stream.Collectors;

import static java.util.stream.Collectors.groupingBy;

@Service
public class NewBeeMallCategoryServiceImpl implements NewBeeMallCategoryService {

    @Autowired
    private GoodsCategoryMapper goodsCategoryMapper;

    @Override
    public List<NewBeeMallIndexCategoryVO> getCategoriesForIndex() {
        List<NewBeeMallIndexCategoryVO> newBeeMallIndexCategoryVOS = new ArrayList<>();
        //获取一级分类的固定数量的数据
        List<GoodsCategory> firstLevelCategories = goodsCategoryMapper.selectByLevelAndParentIdsAndNumber(Collections.singletonList(0L), NewBeeMallCategoryLevelEnum.LEVEL_ONE.getLevel(), Constants.INDEX_CATEGORY_NUMBER);
        if (!CollectionUtils.isEmpty(firstLevelCategories)) {
            List<Long> firstLevelCategoryIds = firstLevelCategories.stream().map(GoodsCategory::getCategoryId).collect(Collectors.toList());
            //获取二级分类的数据
```

```java
            List<GoodsCategory> secondLevelCategories = goodsCategoryMapper.selectByLevelAndParentIdsAndNumber(firstLevelCategoryIds, NewBeeMallCategoryLevelEnum.LEVEL_TWO.getLevel(), 0);
            if (!CollectionUtils.isEmpty(secondLevelCategories)) {
                List<Long> secondLevelCategoryIds = secondLevelCategories.stream().map(GoodsCategory::getCategoryId).collect(Collectors.toList());
                //获取三级分类的数据
                List<GoodsCategory> thirdLevelCategories = goodsCategoryMapper.selectByLevelAndParentIdsAndNumber(secondLevelCategoryIds, NewBeeMallCategoryLevelEnum.LEVEL_THREE.getLevel(), 0);
                if (!CollectionUtils.isEmpty(thirdLevelCategories)) {
                    //根据 parentId 将 thirdLevelCategories 分组
                    Map<Long, List<GoodsCategory>> thirdLevelCategoryMap = thirdLevelCategories.stream().collect(groupingBy(GoodsCategory::getParentId));
                    List<SecondLevelCategoryVO> secondLevelCategoryVOS = new ArrayList<>();
                    //处理二级分类
                    for (GoodsCategory secondLevelCategory : secondLevelCategories) {
                        SecondLevelCategoryVO secondLevelCategoryVO = new SecondLevelCategoryVO();
                        BeanUtil.copyProperties(secondLevelCategory, secondLevelCategoryVO);
                        //如果该二级分类下有数据,则放入secondLevelCategoryVOS 对象中
                        if (thirdLevelCategoryMap.containsKey(secondLevelCategory.getCategoryId())) {
                            //根据二级分类的id取出thirdLevelCategoryMap 分组中的三级分类列表
                            List<GoodsCategory> tempGoodsCategories = thirdLevelCategoryMap.get(secondLevelCategory.getCategoryId());
                            secondLevelCategoryVO.setThirdLevelCategoryVOS((BeanUtil.copyList(tempGoodsCategories, ThirdLevelCategoryVO.class)));
                            secondLevelCategoryVOS.add(secondLevelCategoryVO);
                        }
                    }
                    //处理一级分类
                    if (!CollectionUtils.isEmpty(secondLevelCategoryVOS)) {
                        //根据 parentId 将 thirdLevelCategories 分组
                        Map<Long, List<SecondLevelCategoryVO>> secondLevelCategoryVOMap = secondLevelCategoryVOS.stream().collect(groupingBy(SecondLevelCategoryVO::getParentId));
```

```
                    for (GoodsCategory firstCategory : firstLevelCategories) {
                        NewBeeMallIndexCategoryVO
newBeeMallIndexCategoryVO = new NewBeeMallIndexCategoryVO();
                        BeanUtil.copyProperties(firstCategory,
newBeeMallIndexCategoryVO);
                        //如果该一级分类下有数据, 则放入
newBeeMallIndexCategoryVOS 对象中
                        if (secondLevelCategoryVOMap.containsKey
(firstCategory.getCategoryId())) {
                            //根据一级分类的 id 取出 secondLevelCategoryVOMap 分
组中的二级级分类列表
                            List<SecondLevelCategoryVO> tempGoodsCategories =
secondLevelCategoryVOMap.get(firstCategory.getCategoryId());
                            newBeeMallIndexCategoryVO.
setSecondLevelCategoryVOS(tempGoodsCategories);
                            newBeeMallIndexCategoryVOS.
add(newBeeMallIndexCategoryVO);
                        }
                    }
                }
            }
        return newBeeMallIndexCategoryVOS;
    } else {
        return null;
    }
}
```

以上代码定义的方法的作用是返回已配置完成的分类数据并响应给前端，实现思路总结如下：首先读取固定数量的一级分类数据，再获取二级分类数据并将其设置到对应的一级分类下，然后获取和设置每个二级分类下的三级分类数据，将所有的分类列表数据都读取出来并根据层级进行划分和封装，最后将视图层对象返回给调用端。

下面结合代码具体讲解。查询一级分类列表的代码如下：

```
//获取一级分类的固定数量的数据
List<GoodsCategory> firstLevelCategories =
goodsCategoryMapper.selectByLevelAndParentIdsAndNumber(Collections.single
tonList(0L), NewBeeMallCategoryLevelEnum.LEVEL_ONE.getLevel(),
Constants.INDEX_CATEGORY_NUMBER);
```

因为一级分类没有父类，即父级分类的 id 为缺省值 0，同时 parentIds 参数为 List

类型,所以这里 parentIds 参数传的是 Collections.singletonList(0L),分类级别传的是 1,而且用的是枚举类 NewBeeMallCategoryLevelEnum.LEVEL_ONE。查询数量是 10 条,这里用的也是一个常量 Constants.INDEX_CATEGORY_NUMBER,该值默认为 10。当然,这里直接传数字 10 也是可以的。

接下来是二级分类列表的查询,代码如下:

```
//获取二级分类的数据
List<GoodsCategory> secondLevelCategories =
goodsCategoryMapper.selectByLevelAndParentIdsAndNumber(firstLevelCategor
yIds, NewBeeMallCategoryLevelEnum.LEVEL_TWO.getLevel(), 0);
```

因为在上一步操作中已经获取了所有的一级分类列表数据,所以把其中的 id 字段全部提取并放到一个 List 对象 firstLevelCategoryIds 中,作为查询二级分类列表的 parentIds 参数。分类级别传的是 2,用的是枚举类 NewBeeMallCategoryLevelEnum.LEVEL_TWO。number 参数传的是 0,表示查询所有当前一级分类下的二级分类数据,并不是代表查询 0 条数据。三级分类查询方式与二级分类查询方式类似,这里不再赘述。

12.2.6 分类列表接口控制层代码的实现

选中 ltd.newbee.mall.api 包并右击,在弹出的快捷菜单中选择"New"→"Java Class"选项,之后在弹出的窗口中输入"NewBeeMallGoodsCategoryAPI",新建 NewBeeMallGoodsCategoryAPI 类,用于对分类列表数据请求进行处理,接着在 NewBeeMallGoodsCategoryAPI 类中新增如下代码:

```
package ltd.newbee.mall.api;

import io.swagger.annotations.Api;
import io.swagger.annotations.ApiOperation;
import ltd.newbee.mall.api.vo.NewBeeMallIndexCategoryVO;
import ltd.newbee.mall.common.NewBeeMallException;
import ltd.newbee.mall.common.ServiceResultEnum;
import ltd.newbee.mall.service.NewBeeMallCategoryService;
import ltd.newbee.mall.util.Result;
import ltd.newbee.mall.util.ResultGenerator;
import org.springframework.util.CollectionUtils;
import org.springframework.web.bind.annotation.GetMapping;
import org.springframework.web.bind.annotation.RequestMapping;
```

```java
import org.springframework.web.bind.annotation.RestController;

import javax.annotation.Resource;
import java.util.List;

@RestController
@Api(value = "v1", tags = "新蜂商城分类页面接口")
@RequestMapping("/api/v1")
public class NewBeeMallGoodsCategoryAPI {

    @Resource
    private NewBeeMallCategoryService newBeeMallCategoryService;

    @GetMapping("/categories")
    @ApiOperation(value = "获取分类数据", notes = "分类页面使用")
    public Result<List<NewBeeMallIndexCategoryVO>> getCategories() {
        List<NewBeeMallIndexCategoryVO> categories = newBeeMallCategoryService.getCategoriesForIndex();
        if (CollectionUtils.isEmpty(categories)) {
            NewBeeMallException.fail(ServiceResultEnum.DATA_NOT_EXIST.getResult());
        }
        return ResultGenerator.genSuccessResult(categories);
    }
}
```

处理分类列表数据请求的方法为 getCategories()，请求类型为 GET，映射的路径为 /api/v1/categories，响应结果类型为 Result，实际的 data 属性类型为 List 对象，即分类列表数据。

实现逻辑是调用分类业务实现类 NewBeeMallCategoryService 中的查询方法，查询所需的数据并响应给前端，所有的实现逻辑都是在业务实现类中处理的，包括查询和字段设置，在控制层代码中只是将获得的数据结果赋给 Result 对象并返回。

还有一点需要注意，分类页面的内容也是任何访问者都能够直接查看的，并不需要登录认证，因此分类页面数据接口中并没有使用权限认证的注解@TokenToMallUser。

在当前版本中，分类数据的获取被做成了一个单独的接口。如果想换一种思路来设计该接口，可以做成 3 个接口。第 1 个接口返回所有的一级分类数据；第 2 个接口根据选择的一级分类 id 查询所有的二级分类数据；第 3 个接口则根据选择的二级分类 id 来查询所有的三级分类数据。笔者认为，一次性全部查出来的设计更好一些，这种接口设计方式可以让前端开发人员一次性处理和渲染这些数据，而不是分多次去查询、渲染页面。

做成一个单独的接口，前端开发人员容易处理，既不用因为用户切换了不同的分类而重新改变页面 DOM，也不用根据页面选项卡的切换多次发送请求，在一定程度上可以节省网络开销。不过，在做接口设计时，依然要因地制宜、灵活变通，并不是说笔者的想法就是正确的，要结合实际开发的项目灵活分析和设计。

12.3　分类列表接口测试

下面通过 swagger-ui 页面来测试一下本章所实现的分类列表接口。

启动 Spring Boot 项目，并在浏览器中输入 Swagger 接口文档地址：

http://localhost:8080/swagger-ui.html

显示结果如图 12-5 所示。

图 12-5　swagger-ui 页面中的分类接口

单击"获取分类数据"，再单击"Try it out"按钮。由于不需要身份验证，所以在 token 输入框中不输入 token 值也可以获取数据，之后单击"Execute"按钮，即可获取分类页面展示所需要的数据，结果如图 12-6 所示。

由于数据过多，因此在截图时无法截全。打开浏览器控制台，通过控制台"Network"选项卡中的内容分析返回的数据结构。打开刚刚请求的/api/v1/categories 链接，在右侧单击"Preview"选项卡就可以看到返回的数据了，如图 12-7 所示。

第 12 章 后端 API 实战之分类接口开发及功能讲解

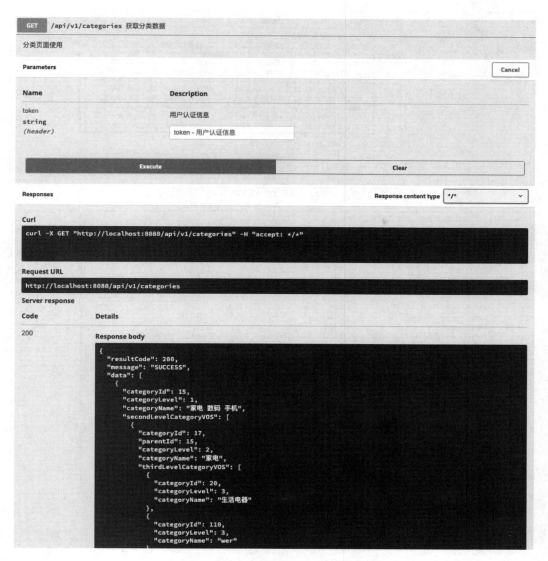

图 12-6 获取分类数据接口的请求结果

前端接收的响应数据是一个标准的 Result 对象，前端解析为 JSON 格式，字段分别为 resultCode、message 和 data。所有的分类数据都被存放在 data 字段中。图 12-8 中线框里的数据就是所有的一级分类数据。

逐一打开每条一级分类数据，可以看到一级分类列表下还有二级分类列表，每个二级分类列表下还有三级分类列表。

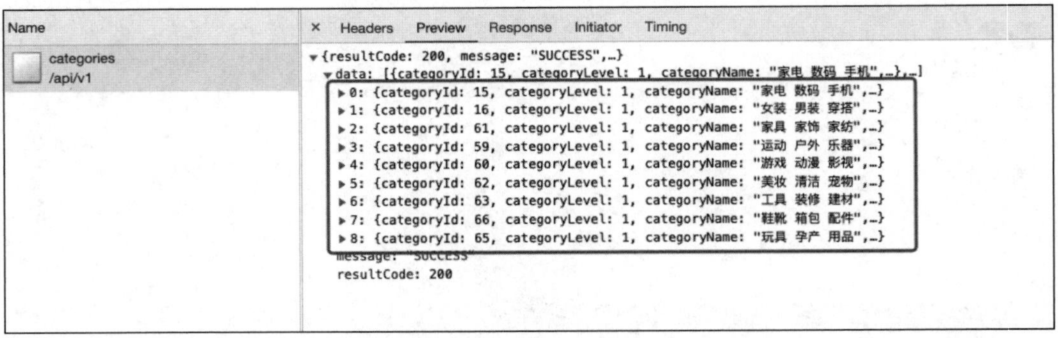

图 12-7　获取分类数据接口返回的数据结构

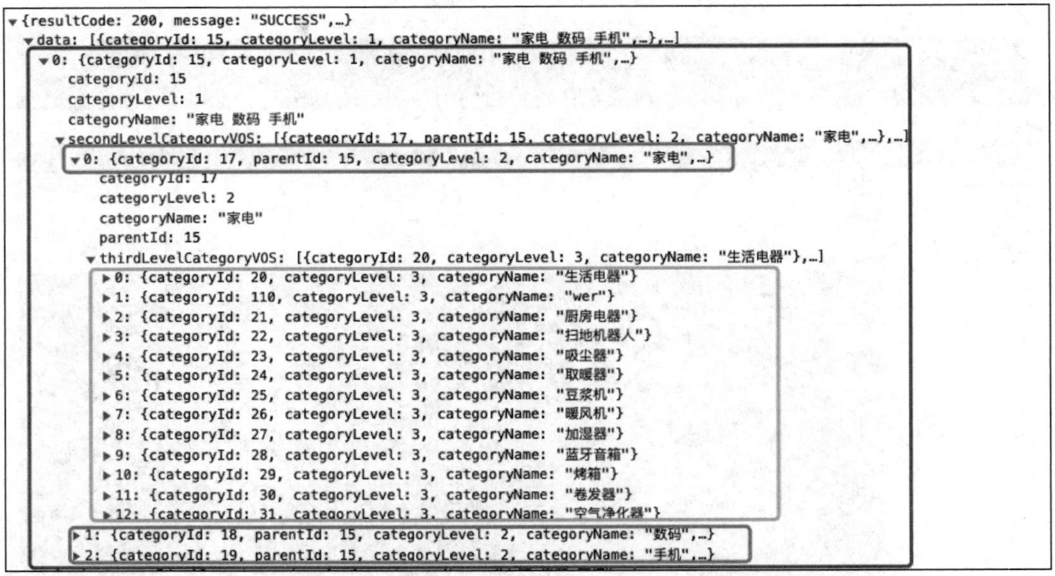

图 12-8　获取分类数据接口返回的数据结构详细截图

前端获取这些数据后，就可以渲染到页面中进行显示。至此，分类接口编码完成。

第 13 章

后端 API 实战之商品模块接口开发及功能讲解

本章将讲解商城端的商品模块接口的开发及功能,包括商品列表接口的开发和商品详情接口的开发。商品列表接口主要完成搜索框的搜索功能和按照分类信息搜索商品列表的功能,而商品详情接口则是商品详情页面展示功能必须具备的。

13.1 商品搜索功能分析及数据格式定义

13.1.1 商品搜索功能分析

本节介绍商品搜索的后端接口的开发,在实现功能之前,想一下进入商品列表页有哪些入口:第一是通过页面顶部的搜索框,输入关键字并跳转到搜索结果页;第二是单击分类页面中对应的三级分类,从而跳转至搜索列表页。也就是说,商品搜索有两种实现形式,其一是通过关键字查询商品,其二是通过商品的分类属性查询商品。

本书最终实现的 Vue 3 商城项目,搜索框在首页、商品分类页、商品列表页都有,这些页面都可以触发商品搜索接口,跳转页面和实现逻辑如图 13-1 所示。

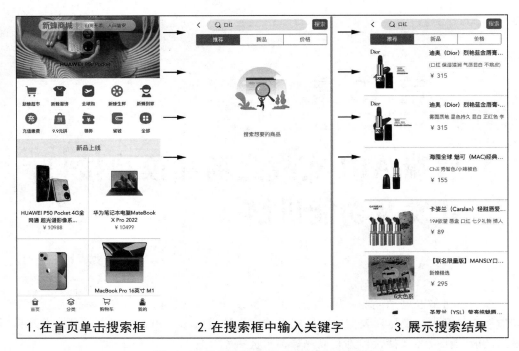

1. 在首页单击搜索框　　2. 在搜索框中输入关键字　　3. 展示搜索结果

图 13-1　根据关键字搜索的页面跳转逻辑

在商品分类页面中，单击对应的商品分类可以根据商品分类 id 来搜索商品，跳转页面和实现逻辑如图 13-2 所示。

商品列表数据的展示只有一个页面，即商品列表页。不管使用上述哪种方式，最终都会跳转到商品列表页并调用后端的商品搜索接口，从而进行数据的渲染和分页逻辑的实现。

获取用户输入的搜索关键字或分类 id，跳转到搜索结果页，在搜索结果页进行数据渲染，这些都是由前端开发人员来实现的。前端页面在实现这些效果时，需要获取当前页面要渲染的数据，在跳转到搜索结果页后，组装商品搜索的请求参数并向后端接口发送搜索请求，得到后端返回的数据后才会进行页面渲染。后端开发人员需要定义接口参数、接口地址、接口返回字段。后端接口需要接收前端传过来的参数，根据对应的参数查询数据，之后组装数据并返回给前端，再由前端进行渲染。

以上就是新峰商城 Vue 3 版本的商品搜索实现逻辑。当然，读者可以举一反三，在笔者给出的代码基础上灵活改动。

第 13 章 后端 API 实战之商品模块接口开发及功能讲解

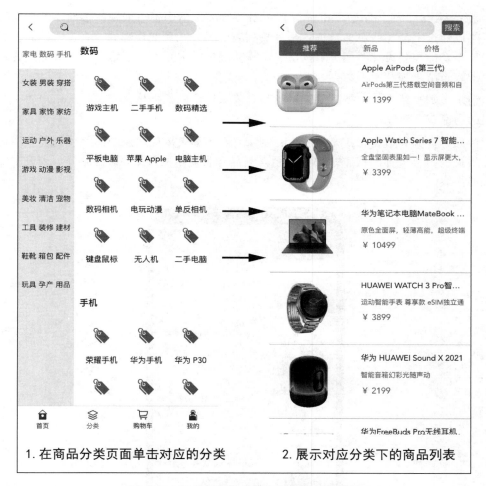

图 13-2 根据商品分类搜索的页面跳转逻辑

13.1.2 商品列表接口传参解析及数据格式定义

  商品搜索可以通过关键字查询，也可以通过商品的分类属性查询，不过在设计接口时并没有做成两个接口。虽然实现时所需的字段不同，但是在设计接口时将商品搜索做成了一个接口，两种搜索形式分别设计一个请求参数即可。这两个重要的请求参数分别为搜索关键字和商品的三级分类 id，参数名称分别为 keyword 和 goodsCategoryId，参数类型分别为 String 类型和 Long 类型。另外，还有两个参数分别是排序方式 orderBy 和分页参数 pageNumber。pageNumber 字段是分页列表功能中不可或缺的参数，因为商品列表页可以通过上滑加载更多数据，是分页列表的另外一种实现形式。在 PC 端的页面上实现分页功能需要设计"翻页"按钮，在移动端页面中则不存在这个设计，更多的是通过上滑或下滑来加载更多数据。

请求参数介绍完毕，接下来讲解商品列表页展示的数据格式定义。重新声明一个视图层的商品 VO 对象。

商品分页列表数据肯定是一个 List 对象，而在列表单项对象中的字段则需要通过搜索结果页的内容进行确认。图 13-3 所示是商品列表显示的效果，即商品分页列表中需要渲染的内容。

图 13-3　商品列表的显示效果

通过图 13-3 可以看到，页面中主要展示了商品封面图字段、商品标题字段、商品简介字段和商品价格字段。这里的字段通常会设计成可跳转的形式，即在单击商品标题或商品封面图后跳转到对应的商品详情页面。因此，这里还需要设置一个商品实体的 id 字段。那么，返回数据的格式就得出来了。

选中 ltd.newbee.mall.api.vo 包并右击，在弹出的快捷菜单中选择"New"→"Java Class"选项，之后在弹出的窗口中输入"NewBeeMallSearchGoodsVO"，新建 NewBeeMallSearchGoodsVO 类，接着在 NewBee MallSearchGoodsVO 类中新增如下代码：

```java
package ltd.newbee.mall.api.vo;

import io.swagger.annotations.ApiModelProperty;
import lombok.Data;

import java.io.Serializable;

/**
 * 搜索列表页商品VO
 */
@Data
public class NewBeeMallSearchGoodsVO implements Serializable {

    @ApiModelProperty("商品id")
    private Long goodsId;

    @ApiModelProperty("商品名称")
    private String goodsName;

    @ApiModelProperty("商品简介")
    private String goodsIntro;

    @ApiModelProperty("商品图片地址")
    private String goodsCoverImg;

    @ApiModelProperty("商品价格")
    private Integer sellingPrice;
}
```

程序代码返回的是一个列表类型的数据，其中有一个隐藏的知识点。商品搜索接口可能返回很多条数据，因此需要加入分页的逻辑。在商品列表页中展示搜索内容后，用户可以在页面上不断往上滑，如果有更多的商品数据，就会不断地加载到页面中，这里就用到了分页逻辑，在移动端的实现效果就是人们常说的"滑动加载"。虽然没有分页页码和"翻页"按钮，但依然是分页展示的逻辑，这是移动端页面实现分页功能常用的做法。毕竟人们在移动端的操作习惯与在 PC 端的操作习惯不同，移动端页面的面积也比 PC 端页面的面积少了很多，不可能完全做成 PC 端的分页效果。

分页结果数据笔者也做了封装，分页结果集的数据格式定义如下（注：完整代码位于 ltd.newbee.mall.utils.PageResult）：

```java
//分页的通用结果类
public class PageResult implements Serializable {
    //总记录数
    private int totalCount;
    //每页记录数
    private int pageSize;
    //总页数
    private int totalPage;
    //当前页数
    private int currPage;
    //列表数据
    private List<?> list;
}
```

实现分页功能的返回对象 PageResult 中定义了以下 4 个字段：当前页的列表数据、当前页数、总页数、总记录数。在接口返回时，将其放入通用结果返回类 Result 的 data 属性中，在商品搜索接口中最终得到的返回对象为 Result<PageResult <List>>，最外层是 Result 对象，里面一层是 PageResult 对象，因为搜索接口需要返回分页信息，所以 PageResult 对象中是具体的当前页所需要的商品列表信息。

之后由前端开发人员直接读取对应的参数并对这些数据进行处理，这就是前后端进行数据交互时分页数据的格式定义，希望读者能够结合代码及实际的分页效果进行理解和学习。

13.2 商品搜索接口实现

下面讲解商品数据查询功能的实现。商品搜索分页列表中的字段可以通过直接查询 tb_newbee_mall_goods_info 商品表获取。同时，需要注意分页功能的实现，在传参时需要传入关键字和页码。

13.2.1 数据层代码的实现

首先，在商品实体 Mapper 接口 NewBeeMallGoodsMapper.java 文件中新增如下方法：

```java
/**
 * 根据搜索字段查询分页数据
 * @param pageUtil
 * @return
 */
List<NewBeeMallGoods> findNewBeeMallGoodsListBySearch(PageQueryUtil pageUtil);

/**
 * 根据搜索字段查询总数
 * @param pageUtil
 * @return
 */
int getTotalNewBeeMallGoodsBySearch(PageQueryUtil pageUtil);
```

然后，在映射文件 NewBeeMallGoodsMapper.xml 中添加具体的 SQL 语句，新增代码如下：

```xml
<select id="findNewBeeMallGoodsListBySearch" parameterType="Map" resultMap="BaseResultMap">
  select
  <include refid="Base_Column_List"/>
  from tb_newbee_mall_goods_info
  <where>
    <if test="keyword!=null and keyword!=''">
      and (goods_name like CONCAT('%',#{keyword},'%') or goods_intro like CONCAT('%',#{keyword},'%'))
    </if>
    <if test="goodsCategoryId!=null and goodsCategoryId!=''">
      and goods_category_id = #{goodsCategoryId}
    </if>
    <if test="goodsSellStatus!=null">
      and goods_sell_status = #{goodsSellStatus}
    </if>
  </where>
  <if test="orderBy!=null and orderBy!=''">
    <choose>
      <when test="orderBy == 'new'">
        <!-- 按照发布时间倒序排列 -->
        order by goods_id desc
      </when>
      <when test="orderBy == 'price'">
        <!-- 按照售价从低到高排列 -->
        order by selling_price asc
```

```xml
        </when>
        <otherwise>
            <!-- 默认按照库存数量从多到少排列 -->
            order by stock_num desc
        </otherwise>
      </choose>
    </if>
    <if test="start!=null and limit!=null">
      limit #{start},#{limit}
    </if>
</select>

<select id="getTotalNewBeeMallGoodsBySearch" parameterType="Map" resultType="int">
    select count(*) from tb_newbee_mall_goods_info
    <where>
      <if test="keyword!=null and keyword!=''">
        and (goods_name like CONCAT('%',#{keyword},'%') or goods_intro like CONCAT('%',#{keyword},'%'))
      </if>
      <if test="goodsCategoryId!=null and goodsCategoryId!=''">
        and goods_category_id = #{goodsCategoryId}
      </if>
      <if test="goodsSellStatus!=null">
        and goods_sell_status = #{goodsSellStatus}
      </if>
    </where>
</select>
```

根据前端传过来的关键字和商品类目 id，系统会对商品记录进行检索，并使用 MySQL 数据库的 LIKE 语法对关键字进行过滤，其步骤是，先根据 goods_category_id 字段对商品类目进行过滤，然后根据 orderBy 字段进行商品搜索分页结果的排序，最后根据 start 和 limit 两个分页中必需的参数过滤对应页码中的列表数据。

注意，为了避免误导读者，这里解释一下，开发人员可以自行决定字段的名称，只要功能能够正常实现即可。start 和 limit 两个字段是在本项目中定义并命名的，也可以命名为其他名称，比如 startNum 和 size 等。

13.2.2　业务层代码的实现

选中 ltd.newbee.mall.service 包并右击，在弹出的快捷菜单中选择"New"→"Java

Class"选项,然后在弹出的窗口中输入"NewBeeMallGoodsService",并选中"Interface"选项,接着在 NewBeeMallGoodsService.java 文件中新增如下代码:

```java
package ltd.newbee.mall.service;

import ltd.newbee.mall.util.PageQueryUtil;
import ltd.newbee.mall.util.PageResult;

public interface NewBeeMallGoodsService {

    /**
     * 商品搜索
     *
     * @param pageUtil
     * @return
     */
    PageResult searchNewBeeMallGoods(PageQueryUtil pageUtil);
}
```

选中 ltd.newbee.mall.service.impl 包并右击,在弹出的快捷菜单中选择"New"→"Java Class"选项,然后在弹出的窗口中输入"NewBeeMallGoodsServiceImpl",新建 NewBeeMallGoodsServiceImpl 类,接着在 NewBeeMallGoodsServiceImpl 类中新增如下代码:

```java
package ltd.newbee.mall.service.impl;

import ltd.newbee.mall.api.vo.NewBeeMallSearchGoodsVO;
import ltd.newbee.mall.dao.NewBeeMallGoodsMapper;
import ltd.newbee.mall.entity.NewBeeMallGoods;
import ltd.newbee.mall.service.NewBeeMallGoodsService;
import ltd.newbee.mall.util.BeanUtil;
import ltd.newbee.mall.util.PageQueryUtil;
import ltd.newbee.mall.util.PageResult;
import org.springframework.beans.factory.annotation.Autowired;
import org.springframework.stereotype.Service;
import org.springframework.util.CollectionUtils;

import java.util.ArrayList;
import java.util.List;

@Service
public class NewBeeMallGoodsServiceImpl implements NewBeeMallGoodsService
{
```

```java
    @Autowired
    private NewBeeMallGoodsMapper goodsMapper;

    @Override
    public PageResult searchNewBeeMallGoods(PageQueryUtil pageUtil) {
        List<NewBeeMallGoods> goodsList = goodsMapper.findNewBeeMallGoodsListBySearch(pageUtil);
        int total = goodsMapper.getTotalNewBeeMallGoodsBySearch(pageUtil);
        List<NewBeeMallSearchGoodsVO> newBeeMallSearchGoodsVOS = new ArrayList<>();
        if (!CollectionUtils.isEmpty(goodsList)) {
            newBeeMallSearchGoodsVOS = BeanUtil.copyList(goodsList, NewBeeMallSearchGoodsVO.class);
            for (NewBeeMallSearchGoodsVO newBeeMallSearchGoodsVO : newBeeMallSearchGoodsVOS) {
                String goodsName = newBeeMallSearchGoodsVO.getGoodsName();
                String goodsIntro = newBeeMallSearchGoodsVO.getGoodsIntro();
                // 字符串过长会导致文字超出
                if (goodsName.length() > 28) {
                    goodsName = goodsName.substring(0, 28) + "...";
                    newBeeMallSearchGoodsVO.setGoodsName(goodsName);
                }
                if (goodsIntro.length() > 30) {
                    goodsIntro = goodsIntro.substring(0, 30) + "...";
                    newBeeMallSearchGoodsVO.setGoodsIntro(goodsIntro);
                }
            }
        }
        PageResult pageResult = new PageResult(newBeeMallSearchGoodsVOS, total, pageUtil.getLimit(), pageUtil.getPage());
        return pageResult;
    }
}
```

这里定义了 searchNewBeeMallGoods() 方法并传入 PageQueryUtil 对象作为参数。商品类目 id 字段、关键字 keyword 字段、分页所需的 page 字段、排序字段等都作为属性被放在这个对象中。关键字 keyword 字段和商品类目 id 字段用于过滤想要的商品列表，page 字段用于确定查询第几页的数据。这里通过 SQL 查询对应的分页数据，再填充数据。某些字段因为字符串过长导致页面上的展示效果不好，所以对这些字段进行了简单的字符串处理并将它们设置到 NewBeeMallSearchGoodsVO 对象中。最终返回的数据类型为 PageResult 对象。

13.2.3　商品列表接口控制层代码的实现

选中 ltd.newbee.mall.api 包并右击，在弹出的快捷菜单中选择"New"→"Java Class"选项，然后在弹出的窗口中输入"NewBeeMallGoodsAPI"，新建 NewBeeMallGoodsAPI 类，用于对分类列表数据请求进行处理，最后在 NewBeeMallGoodsAPI 类中新增如下代码：

```
package ltd.newbee.mall.api;

import io.swagger.annotations.Api;
import io.swagger.annotations.ApiOperation;
import io.swagger.annotations.ApiParam;
import ltd.newbee.mall.api.vo.NewBeeMallSearchGoodsVO;
import ltd.newbee.mall.common.Constants;
import ltd.newbee.mall.common.NewBeeMallException;
import ltd.newbee.mall.config.annotation.TokenToMallUser;
import ltd.newbee.mall.entity.MallUser;
import ltd.newbee.mall.service.NewBeeMallGoodsService;
import ltd.newbee.mall.util.PageQueryUtil;
import ltd.newbee.mall.util.PageResult;
import ltd.newbee.mall.util.Result;
import ltd.newbee.mall.util.ResultGenerator;
import org.slf4j.Logger;
import org.slf4j.LoggerFactory;
import org.springframework.util.StringUtils;
import org.springframework.web.bind.annotation.GetMapping;
import org.springframework.web.bind.annotation.RequestMapping;
import org.springframework.web.bind.annotation.RequestParam;
import org.springframework.web.bind.annotation.RestController;

import javax.annotation.Resource;
import java.util.HashMap;
import java.util.List;
import java.util.Map;

@RestController
@Api(value = "v1", tags = "新蜂商城商品相关接口")
@RequestMapping("/api/v1")
public class NewBeeMallGoodsAPI {

    private static final Logger logger =
```

```java
LoggerFactory.getLogger(NewBeeMallGoodsAPI.class);

@Resource
private NewBeeMallGoodsService newBeeMallGoodsService;

@GetMapping("/search")
@ApiOperation(value = "商品搜索接口", notes = "根据关键字和分类id进行搜索")
public Result<PageResult<List<NewBeeMallSearchGoodsVO>>>
search(@RequestParam(required = false) @ApiParam(value = "搜索关键字") String keyword,
                                                                   @RequestParam
(required = false) @ApiParam(value = "分类id") Long goodsCategoryId,
                                                                   @RequestParam
(required = false) @ApiParam(value = "orderBy") String orderBy,
                                                                   @RequestParam
(required = false) @ApiParam(value = "页码") Integer pageNumber,
                                                                   @TokenToMallUser
MallUser loginMallUser) {

    logger.info("goods search api,keyword={},goodsCategoryId={},orderBy={},pageNumber={},userId={}", keyword, goodsCategoryId, orderBy, pageNumber, loginMallUser.getUserId());

    Map params = new HashMap(4);
    //两个搜索参数都为空，直接返回异常
    if (goodsCategoryId == null && StringUtils.isEmpty(keyword)) {
        NewBeeMallException.fail("非法的搜索参数");
    }
    if (pageNumber == null || pageNumber < 1) {
        pageNumber = 1;
    }
    params.put("goodsCategoryId", goodsCategoryId);
    params.put("page", pageNumber);
    params.put("limit", Constants.GOODS_SEARCH_PAGE_LIMIT);
    //对keyword进行过滤，去掉空格
    if (!StringUtils.isEmpty(keyword)) {
        params.put("keyword", keyword);
    }
    if (!StringUtils.isEmpty(orderBy)) {
        params.put("orderBy", orderBy);
    }
    //搜索上架状态的商品
    params.put("goodsSellStatus", Constants.SELL_STATUS_UP);
```

```
    //封装商品数据
    PageQueryUtil pageUtil = new PageQueryUtil(params);
    return ResultGenerator.genSuccessResult(newBeeMallGoodsService.
searchNewBeeMallGoods(pageUtil));
    }
}
```

处理商品搜索请求的方法名称为 search()，请求类型为 GET，路径映射为/api/v1/search。在该方法的代码中，所有的请求参数都使用@RequestParam 注解进行接收，前端传过来的参数主要有 pageNumber、keyword、goodsCategoryId 和 orderBy。

pageNumber 参数是分页所必需的字段，如果不传参，则默认为第 1 页。keyword 参数是关键字，用来过滤商品名称和商品简介。goodsCategoryId 参数是用来过滤商品分类 id 字段的。orderBy 参数是排序字段，传过来不同的排序方式，返回的数据也会不同。另外，还有一个参数是当前登录用户的信息，已经用@TokenToMallUser 注解来接收了，相关逻辑在之前的章节中已经介绍过，这里不再赘述。

首先根据以上字段封装查询参数 PageQueryUtil 对象，然后通过 SQL 查询对应的分页数据 pageResult。响应结果类型为 Result，实际的 data 属性类型为 PageResult<List> 对象，即商品搜索结果的分页列表数据。

实现逻辑就是调用商品业务实现类 NewBeeMallGoodsService 中的查询方法，查询所需的数据并响应给前端，所有的实现逻辑都是在业务实现类中处理的，包括查询和返回字段的内容设置。在控制层代码中，主要进行参数判断和参数封装，并且将获得的数据结果赋值给 Result 对象并响应给请求端。

13.3 商品详情接口实现

商品详情页面能够让用户看到更多的商品信息，以便更好地进行选择和比对。获取商品详情信息接口并不复杂，实现逻辑就是根据商品 id 查询商品表中的记录并返回给前端。

13.3.1 数据层代码的实现

首先，在商品实体 Mapper 接口 NewBeeMallGoodsMapper.java 文件中新增如下方法：

```
/**
 * 根据商品id查询商品数据
 * @param pageUtil
 * @return
 */
NewBeeMallGoods selectByPrimaryKey(Long goodsId);
```

然后，在映射文件 NewBeeMallGoodsMapper.xml 中添加具体的 SQL 语句，新增代码如下：

```xml
<select id="selectByPrimaryKey" parameterType="java.lang.Long"
resultMap="ResultMapWithBLOBs">
  select
  <include refid="Base_Column_List"/>
  ,
  <include refid="Blob_Column_List"/>
  from tb_newbee_mall_goods_info
  where goods_id = #{goodsId,jdbcType=BIGINT}
</select>
```

以上代码的逻辑非常清晰，根据商品的主键 id 查询表中的商品数据。

13.3.2　业务层代码的实现

在 NewBeeMallGoodsService.java 文件中新增如下代码：

```
/**
    * 获取商品详情
    *
    * @param id
    * @return
    */
NewBeeMallGoods getNewBeeMallGoodsById(Long id);
```

在商品业务实现类 NewBeeMallGoodsServiceImpl 中新增如下代码：

```java
@Override
public NewBeeMallGoods getNewBeeMallGoodsById(Long id) {
  return goodsMapper.selectByPrimaryKey(id);
}
```

以上代码定义了 getNewBeeMallGoodsById()方法并传入一个 Long 类型对象作为参数，根据商品查询结果返回给调用端。

13.3.3　商品详情接口控制层代码的实现

在 NewBeeMallGoodsAPI 类中新增如下代码：

```java
@GetMapping("/goods/detail/{goodsId}")
@ApiOperation(value = "商品详情接口", notes = "传参为商品id")
public Result<NewBeeMallGoodsDetailVO> goodsDetail(@ApiParam(value = "商品id") @PathVariable("goodsId") Long goodsId, @TokenToMallUser MallUser loginMallUser) {
  logger.info("goods detail api,goodsId={},userId={}", goodsId, loginMallUser.getUserId());
  if (goodsId < 1) {
    return ResultGenerator.genFailResult("参数异常");
  }
  NewBeeMallGoods goods = newBeeMallGoodsService.getNewBeeMallGoodsById(goodsId);
  if (goods == null) {
    return ResultGenerator.genFailResult("参数异常");
  }
  if (Constants.SELL_STATUS_UP != goods.getGoodsSellStatus()) {
    NewBeeMallException.fail(ServiceResultEnum.GOODS_PUT_DOWN.getResult());
  }
  NewBeeMallGoodsDetailVO goodsDetailVO = new NewBeeMallGoodsDetailVO();
  BeanUtil.copyProperties(goods, goodsDetailVO);
  goodsDetailVO.setGoodsCarouselList(goods.getGoodsCarousel().split(","));
  return ResultGenerator.genSuccessResult(goodsDetailVO);
}
```

处理商品详情请求的方法名称为 goodsDetail()，请求类型为 GET，路径映射为 /api/v1/goods/detail/{goodsId}。goodsId 参数就是商品主键 id，通过@PathVariable 注解读取路径中的该字段值，并根据该字段值调用商品业务类 NewBeeMallGoodsService 中的 getNewBeeMallGoodsById()方法获取 NewBeeMallGoods 对象。getNewBeeMallGoodsById() 方法的实现方式是根据主键 id 查询数据库中的商品表并返回商品实体数据，最后将查询到的商品详情数据转换为视图层对象 NewBeeMallGoodsDetailVO 并返回给前端。

并不是商品表中的所有字段都需要返回，这里做了一次对象的转换，NewBeeMallGoodsDetailVO 字段如下：

```java
/**
 * 商品详情页面VO
 */
@Data
public class NewBeeMallGoodsDetailVO implements Serializable {

    @ApiModelProperty("商品id")
    private Long goodsId;

    @ApiModelProperty("商品名称")
    private String goodsName;

    @ApiModelProperty("商品简介")
    private String goodsIntro;

    @ApiModelProperty("商品图片地址")
    private String goodsCoverImg;

    @ApiModelProperty("商品价格")
    private Integer sellingPrice;

    @ApiModelProperty("商品标签")
    private String tag;

    @ApiModelProperty("商品图片")
    private String[] goodsCarouselList;

    @ApiModelProperty("商品原价")
    private Integer originalPrice;

    @ApiModelProperty("商品详情字段")
    private String goodsDetailContent;
}
```

13.4 商品模块接口测试

下面通过 swagger-ui 页面来测试一下本章所实现的商品搜索接口和商品详情接口。

启动 Spring Boot 项目，并在浏览器中输入 Swagger 接口文档地址：http://localhost:8080/swagger-ui.html。

显示结果如图 13-4 所示。

第 13 章 后端 API 实战之商品模块接口开发及功能讲解

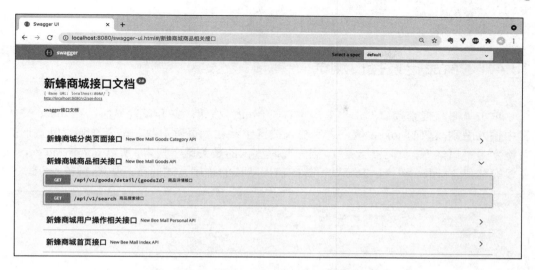

图 13-4 swagger-ui 页面中的商品模块接口

由于商品模块的两个接口都需要在登录状态下才能正常访问，因此需要调用登录接口获取一个 token 值，并使用该 token 值进行接口测试，如图 13-5 所示。

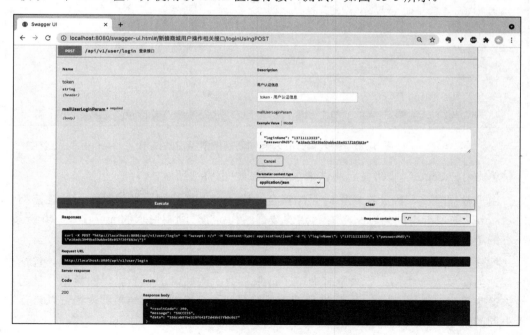

图 13-5 调用登录接口的请求结果

13.4.1 商品搜索接口测试

单击"商品搜索接口",再单击"Try it out"按钮。打开设置界面,在 token 文本框中输入刚刚获取的 token 值,之后输入关键字参数和页码参数。笔者在测试时查询的关键字是"口红",页码参数是 1。因为此时测试的是关键字搜索,所以 goodsCategoryId 并没有传值,orderBy 参数也可以不传,使用默认的排序方式即可,如图 13-6 所示。

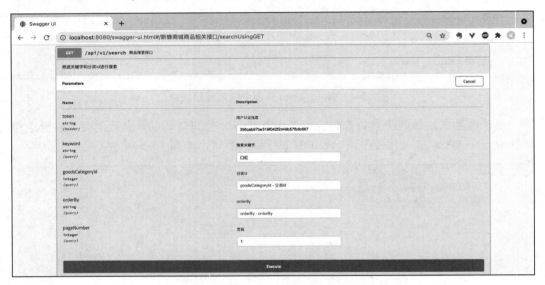

图 13-6　输入参数并发起向商品搜索接口的请求

单击"Execute"按钮发起测试请求,结果如图 13-7 所示。

由于数据较多,因此在截图时无法截全,读者可以打开浏览器控制台,通过控制台"Network"选项卡中的内容来查看返回的数据结构。打开刚刚请求的/api/v1/search 链接,在右侧单击"Preview"选项卡就能够看到返回的数据结构了,如图 13-8 所示。

搜索结果就在 Result 类的 data 键中,不仅有商品列表对象,还有分页信息,包括总页数、当前页数等数据。后来笔者调整了请求参数,比如请求其他页码的数据、使用其他关键字搜索、使用三级分类 id 进行搜索,都得到了正确的响应结果。读者可以自行输入不同的请求参数进行功能测试。

图 13-7　商品搜索接口的请求结果

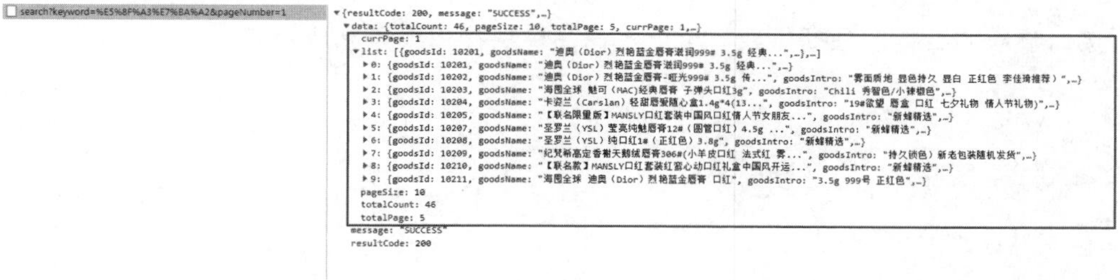

图 13-8　商品搜索接口返回的数据结构

13.4.2　商品详情接口测试

单击"商品详情接口",再单击"Try it out"按钮。打开设置界面,在 token 文本框中输入之前获取的 token 值,之后输入商品 id,单击"Execute"按钮,结果如图 13-9 所示。

图 13-9　商品详情接口的请求结果

接口响应的数据与预期一致。至此，商品模块接口编码完成。

第 14 章

后端 API 实战之购物车模块接口开发及功能讲解

在商品功能模块和订单结算模块之间有一个功能模块，即购物车模块。它是整个购物环节从商品到订单转化的中间状态模块，负责打通商品和订单这两个模块。

本章将讲解购物车相关接口的设计与开发。

14.1 购物车模块简介

为了让读者更好地理解购物车的功能，这里先介绍在线下超市中的购物流程。

（1）进入超市。

（2）获取购物车或购物篮。

（3）在超市中四处逛。

（4）在不同的区域查看不同的商品。

（5）经过一番筛选后，将想要购买的商品放入购物车或购物篮。

（6）某些商品需要称重或做其他处理。

（7）到收银台清点商品并计算价格。

（8）结账。

（9）离开超市。

大部分线上商城的购物车功能模块都是在线下购物车功能的基础上进行抽象，从而开发出的功能，新蜂商城的购物车模块也是如此。与线下实体购物车不同，线上购物车模块的作用是存放商城用户挑选的商品数据。

本书最终实现的新蜂商城 Vue 3 版本中的购物车模块主要有以下 4 个功能。

- 将商品添加到购物车中的功能。
- 购物车中的购物项列表功能。
- 修改购物项的功能。
- 删除购物车中某个购物项的功能。

相应的，在进行后端接口设计时，需要设计并实现上述 4 个功能的接口。这 4 个接口的功能非常典型，分别是增、查、改、删，即程序员常挂在嘴边的"增删改查"。

14.2 购物车表结构设计及数据层编码

14.2.1 购物车表结构设计

商城系统的购物车功能模块用到的购物车表结构主要字段如下。

- user_id：用户的 id，根据这个字段确定用户购物车中的数据。
- goods_id：关联的商品 id，根据这个字段查询对应的商品信息并显示到页面上。
- goods_count：购物车中某件商品的数量。
- create_time：商品被添加到购物车中的时间。

购物车表结构设计如下：

```
USE 'newbee_mall_db_v2 ';

DROP TABLE IF EXISTS 'tb_newbee_mall_shopping_cart_item';

CREATE TABLE 'tb_newbee_mall_shopping_cart_item' (
  'cart_item_id' bigint(20) NOT NULL AUTO_INCREMENT COMMENT '购物项主键id',
  'user_id' bigint(20) NOT NULL COMMENT '用户主键id',
  'goods_id' bigint(20) NOT NULL DEFAULT '0' COMMENT '关联商品id',
  'goods_count' int(11) NOT NULL DEFAULT 1 COMMENT '数量(最大为5)',
  'is_deleted' tinyint(4) NOT NULL DEFAULT '0' COMMENT '删除标识字段(0-未删除1-已删除)',
  'create_time' datetime NOT NULL DEFAULT CURRENT_TIMESTAMP COMMENT '创建时间',
```

```
'update_time' datetime NOT NULL DEFAULT CURRENT_TIMESTAMP COMMENT '最新修
改时间',
    PRIMARY KEY ('cart_item_id')
) ENGINE=InnoDB DEFAULT CHARSET=utf8;
```

每个字段对应的含义在上面的 SQL 语句中都有介绍，读者可以对照理解，之后正确地把建表 SQL 语句导入数据库。上述代码中的购物车模块用来存储用户选择的商品数据，为订单结算做准备。这也是距离结算环节最近的一个步骤和功能。接下来讲解购物车相关功能的实现。

14.2.2　新建购物车模块的实体类和 Mapper 接口

先选中 ltd.newbee.mall.entity 包并右击，在弹出的快捷菜单中选择"New"→"Java Class"选项，然后在弹出的窗口中输入"NewBeeMallShoppingCartItem"，新建 NewBeeMallShoppingCartItem 类，接着在 NewBee MallShoppingCartItem 类中新增如下代码：

```java
package ltd.newbee.mall.entity;

import lombok.Data;

import java.util.Date;

@Data
public class NewBeeMallShoppingCartItem {
    private Long cartItemId;

    private Long userId;

    private Long goodsId;

    private Integer goodsCount;

    private Byte isDeleted;

    private Date createTime;

    private Date updateTime;
}
```

选中 ltd.newbee.mall.dao 包并右击,在弹出的快捷菜单中选择"New"→"Java Class"选项,之后在弹出的窗口中输入"NewBeeMallShoppingCartItemMapper",并选中"Interface"选项,接着在 NewBeeMallShoppingCartItemMapper.java 文件中新增如下代码:

```java
package ltd.newbee.mall.dao;

import ltd.newbee.mall.entity.NewBeeMallShoppingCartItem;
import ltd.newbee.mall.util.PageQueryUtil;
import org.apache.ibatis.annotations.Param;

import java.util.List;

public interface NewBeeMallShoppingCartItemMapper {

    /**
     * 删除一条记录
     *
     * @param cartItemId
     * @return
     */
    int deleteByPrimaryKey(Long cartItemId);

    /**
     * 保存一条新记录
     *
     * @param record
     * @return
     */
    int insertSelective(NewBeeMallShoppingCartItem record);

    /**
     * 根据主键查询记录
     *
     * @param cartItemId
     * @return
     */
    NewBeeMallShoppingCartItem selectByPrimaryKey(Long cartItemId);

    /**
     * 根据 userId 和 goodsId 查询记录
     *
     * @param newBeeMallUserId
```

```java
     * @param goodsId
     * @return
     */
    NewBeeMallShoppingCartItem selectByUserIdAndGoodsId(@Param("newBeeMallUserId") Long newBeeMallUserId, @Param("goodsId") Long goodsId);

    /**
     * 根据userId和number字段获取固定数量的购物项列表数据
     * @param newBeeMallUserId
     * @param number
     * @return
     */
    List<NewBeeMallShoppingCartItem> selectByUserId(@Param("newBeeMallUserId") Long newBeeMallUserId, @Param("number") int number);

    /**
     * 根据userId和购物项id列表获取购物项列表数据
     * @param newBeeMallUserId
     * @param cartItemIds
     * @return
     */
    List<NewBeeMallShoppingCartItem> selectByUserIdAndCartItemIds(@Param("newBeeMallUserId") Long newBeeMallUserId, @Param("cartItemIds") List<Long> cartItemIds);

    /**
     * 根据userId查询当前用户已添加了多少条记录
     *
     * @param newBeeMallUserId
     * @return
     */
    int selectCountByUserId(Long newBeeMallUserId);

    /**
     * 修改记录
     *
     * @param record
     * @return
     */
    int updateByPrimaryKeySelective(NewBeeMallShoppingCartItem record);

    /**
     * 购物项列表查询，使用分页功能
```

```
     * @param pageUtil
     * @return
     */
    List<NewBeeMallShoppingCartItem> findMyNewBeeMallCartItems(PageQueryUtil pageUtil);

    /**
     * 购物项列表查询,使用分页功能
     * @param pageUtil
     * @return
     */
    int getTotalMyNewBeeMallCartItems(PageQueryUtil pageUtil);
}
```

14.2.3　创建 Mapper 接口的映射文件

在 mapper 目录下新建 NewBeeMallShoppingCartItemMapper 接口的映射文件 NewBeeMallShoppingCartItemMapper.xml,之后进行映射文件的编写,步骤如下。

首先,定义映射文件与 Mapper 接口的对应关系。比如在该项目中,需要定义 NewBeeMallShoppingCartItemMapper.xml 文件与对应的 NewBeeMallShoppingCartItemMapper 接口的关系:

```xml
<mapper namespace="ltd.newbee.mall.dao.NewBeeMallShoppingCartItemMapper">
```

然后,配置表结构和实体类的对应关系:

```xml
<resultMap id="BaseResultMap" type="ltd.newbee.mall.entity.NewBeeMallShoppingCartItem">
  <id column="cart_item_id" jdbcType="BIGINT" property="cartItemId"/>
  <result column="user_id" jdbcType="BIGINT" property="userId"/>
  <result column="goods_id" jdbcType="BIGINT" property="goodsId"/>
  <result column="goods_count" jdbcType="INTEGER" property="goodsCount"/>
  <result column="is_deleted" jdbcType="TINYINT" property="isDeleted"/>
  <result column="create_time" jdbcType="TIMESTAMP" property="createTime"/>
  <result column="update_time" jdbcType="TIMESTAMP" property="updateTime"/>
</resultMap>
```

最后,按照对应的接口方法,编写具体的 SQL 语句,最终的 NewBeeMallShoppingCartItemMapper.xml 文件代码如下:

```xml
<?xml version="1.0" encoding="UTF-8"?>
<!DOCTYPE mapper PUBLIC "-//mybatis.org//DTD Mapper 3.0//EN" "http://mybatis.org/dtd/mybatis-3-mapper.dtd">
<mapper namespace="ltd.newbee.mall.dao.NewBeeMallShoppingCartItemMapper">
    <resultMap id="BaseResultMap" type="ltd.newbee.mall.entity.NewBeeMallShoppingCartItem">
        <id column="cart_item_id" jdbcType="BIGINT" property="cartItemId"/>
        <result column="user_id" jdbcType="BIGINT" property="userId"/>
        <result column="goods_id" jdbcType="BIGINT" property="goodsId"/>
        <result column="goods_count" jdbcType="INTEGER" property="goodsCount"/>
        <result column="is_deleted" jdbcType="TINYINT" property="isDeleted"/>
        <result column="create_time" jdbcType="TIMESTAMP" property="createTime"/>
        <result column="update_time" jdbcType="TIMESTAMP" property="updateTime"/>
    </resultMap>
    <sql id="Base_Column_List">
    cart_item_id, user_id, goods_id, goods_count, is_deleted, create_time, update_time
  </sql>
    <select id="selectByPrimaryKey" parameterType="java.lang.Long" resultMap="BaseResultMap">
        select
        <include refid="Base_Column_List"/>
        from tb_newbee_mall_shopping_cart_item
        where cart_item_id = #{cartItemId,jdbcType=BIGINT} and is_deleted = 0
    </select>
    <select id="selectByUserIdAndGoodsId" resultMap="BaseResultMap">
        select
        <include refid="Base_Column_List"/>
        from tb_newbee_mall_shopping_cart_item
        where user_id = #{newBeeMallUserId,jdbcType=BIGINT} and goods_id=#{goodsId,jdbcType=BIGINT} and is_deleted = 0
        limit 1
    </select>
    <select id="selectByUserId" resultMap="BaseResultMap">
        select
        <include refid="Base_Column_List"/>
        from tb_newbee_mall_shopping_cart_item
        where user_id = #{newBeeMallUserId,jdbcType=BIGINT} and is_deleted = 0
        limit #{number}
    </select>
    <select id="findMyNewBeeMallCartItems" resultMap="BaseResultMap">
        select
        <include refid="Base_Column_List"/>
        from tb_newbee_mall_shopping_cart_item
```

```xml
        where user_id = #{userId,jdbcType=BIGINT} and is_deleted = 0
        <if test="start!=null and limit!=null">
            limit #{start},#{limit}
        </if>
    </select>
    <select id="getTotalMyNewBeeMallCartItems" resultType="int">
        select
        count(*)
        from tb_newbee_mall_shopping_cart_item
        where user_id = #{userId,jdbcType=BIGINT} and is_deleted = 0
    </select>
    <select id="selectByUserIdAndCartItemIds" resultMap="BaseResultMap">
        select
        <include refid="Base_Column_List"/>
        from tb_newbee_mall_shopping_cart_item
        where
        cart_item_id in
        <foreach item="id" collection="cartItemIds" open="(" separator="," close=")">
            #{id}
        </foreach>
        and user_id = #{newBeeMallUserId,jdbcType=BIGINT} and is_deleted = 0
    </select>
    <select id="selectCountByUserId" resultType="int">
        select
        count(*)
        from tb_newbee_mall_shopping_cart_item
        where user_id = #{newBeeMallUserId,jdbcType=BIGINT} and is_deleted = 0
    </select>
    <update id="deleteByPrimaryKey" parameterType="java.lang.Long">
        update tb_newbee_mall_shopping_cart_item set is_deleted = 1
        where cart_item_id = #{cartItemId,jdbcType=BIGINT} and is_deleted = 0
    </update>
    <insert id="insertSelective" parameterType="ltd.newbee.mall.entity.NewBeeMallShoppingCartItem">
        insert into tb_newbee_mall_shopping_cart_item
        <trim prefix="(" suffix=")" suffixOverrides=",">
            <if test="cartItemId != null">
                cart_item_id,
            </if>
            <if test="userId != null">
                user_id,
            </if>
```

```xml
            <if test="goodsId != null">
                goods_id,
            </if>
            <if test="goodsCount != null">
                goods_count,
            </if>
            <if test="isDeleted != null">
                is_deleted,
            </if>
            <if test="createTime != null">
                create_time,
            </if>
            <if test="updateTime != null">
                update_time,
            </if>
        </trim>
        <trim prefix="values (" suffix=")" suffixOverrides=",">
            <if test="cartItemId != null">
                #{cartItemId,jdbcType=BIGINT},
            </if>
            <if test="userId != null">
                #{userId,jdbcType=BIGINT},
            </if>
            <if test="goodsId != null">
                #{goodsId,jdbcType=BIGINT},
            </if>
            <if test="goodsCount != null">
                #{goodsCount,jdbcType=INTEGER},
            </if>
            <if test="isDeleted != null">
                #{isDeleted,jdbcType=TINYINT},
            </if>
            <if test="createTime != null">
                #{createTime,jdbcType=TIMESTAMP},
            </if>
            <if test="updateTime != null">
                #{updateTime,jdbcType=TIMESTAMP},
            </if>
        </trim>
    </insert>
    <update id="updateByPrimaryKeySelective" parameterType= "ltd.newbee.
mall.entity.NewBeeMallShoppingCartItem">
        update tb_newbee_mall_shopping_cart_item
```

```xml
        <set>
            <if test="userId != null">
                user_id = #{userId,jdbcType=BIGINT},
            </if>
            <if test="goodsId != null">
                goods_id = #{goodsId,jdbcType=BIGINT},
            </if>
            <if test="goodsCount != null">
                goods_count = #{goodsCount,jdbcType=INTEGER},
            </if>
            <if test="isDeleted != null">
                is_deleted = #{isDeleted,jdbcType=TINYINT},
            </if>
            <if test="createTime != null">
                create_time = #{createTime,jdbcType=TIMESTAMP},
            </if>
            <if test="updateTime != null">
                update_time = #{updateTime,jdbcType=TIMESTAMP},
            </if>
        </set>
        where cart_item_id = #{cartItemId,jdbcType=BIGINT}
    </update>
</mapper>
```

对应方法的作用和 SQL 实现语句都已给出,读者可以根据这部分内容学习数据层代码的实现。

14.3　将商品加入购物车接口的实现

添加商品至购物车中,在代码中的体现就是新增一条购物项记录到数据库中。这条记录中有两个比较重要的字段,一个是用户的 id 字段,用于标识这条记录属于哪个用户,另一个是商品的 id 字段,用于标识这条记录存放的是哪件商品的信息。下面讲解具体的代码实现。

14.3.1　业务层代码的实现

在 ltd.newbee.mall.service 包中新建业务处理类,选中 service 包并右击,在弹出的快捷菜单中选择"New"→"Java Class"选项,之后在弹出的窗口中输入"NewBeeMallShopping

CartService",并选中"Interface"选项,接着在 NewBeeMallShoppingCartService.java 文件中新增如下代码:

```java
package ltd.newbee.mall.service;

import ltd.newbee.mall.entity.NewBeeMallShoppingCartItem;

public interface NewBeeMallShoppingCartService {

    /**
     * 保存商品到购物车中
     *
     * @param newBeeMallShoppingCartItem
     * @return
     */
    String saveNewBeeMallCartItem(NewBeeMallShoppingCartItem newBeeMallShoppingCartItem);
}
```

目前这里只定义了一个保存商品到购物车中的 saveNewBeeMallCartItem()方法,其他方法后续会逐一讲解。

接下来在 ltd.newbee.mall.service.impl 包中新建 NewBeeMallShoppingCartService 的实现类,操作步骤是先选中 impl 包并右击,在弹出的快捷菜单中选择"New"→"Java Class"选项,然后在弹出的窗口中输入"NewBeeMallShoppingCartServiceImpl",新建 NewBeeMallShoppingCartServiceImpl 类,最后在 NewBeeMallShoppingCartServiceImpl 类中新增如下代码:

```java
package ltd.newbee.mall.service.impl;

import ltd.newbee.mall.api.param.SaveCartItemParam;
import ltd.newbee.mall.common.Constants;
import ltd.newbee.mall.common.NewBeeMallException;
import ltd.newbee.mall.common.ServiceResultEnum;
import ltd.newbee.mall.dao.NewBeeMallGoodsMapper;
import ltd.newbee.mall.dao.NewBeeMallShoppingCartItemMapper;
import ltd.newbee.mall.entity.NewBeeMallGoods;
import ltd.newbee.mall.entity.NewBeeMallShoppingCartItem;
import ltd.newbee.mall.service.NewBeeMallShoppingCartService;
import ltd.newbee.mall.util.BeanUtil;
import org.springframework.beans.factory.annotation.Autowired;
import org.springframework.stereotype.Service;

@Service
```

```java
public class NewBeeMallShoppingCartServiceImpl implements
NewBeeMallShoppingCartService {

    @Autowired
    private NewBeeMallShoppingCartItemMapper newBeeMallShoppingCartItemMapper;

    @Autowired
    private NewBeeMallGoodsMapper newBeeMallGoodsMapper;

    @Override
    public String saveNewBeeMallCartItem(SaveCartItemParam saveCartItemParam,
Long userId) {
        NewBeeMallShoppingCartItem temp = newBeeMallShoppingCartItemMapper.
selectByUserIdAndGoodsId(userId, saveCartItemParam.getGoodsId());
        if (temp != null) {
            //如果已存在，则修改该记录
            NewBeeMallException.fail(ServiceResultEnum.SHOPPING_CART_ITEM_
EXIST_ERROR.getResult());
        }
        NewBeeMallGoods newBeeMallGoods = newBeeMallGoodsMapper. Select
ByPrimaryKey(saveCartItemParam.getGoodsId());
        //商品为空
        if (newBeeMallGoods == null) {
            return ServiceResultEnum.GOODS_NOT_EXIST.getResult();
        }
        int totalItem = newBeeMallShoppingCartItemMapper.selectCountByUserId (userId);
        //超出单个商品的最大数量
        if (saveCartItemParam.getGoodsCount() < 1) {
            return ServiceResultEnum.SHOPPING_CART_ITEM_NUMBER_ERROR.getResult();
        }
        //超出单个商品的最大数量
        if (saveCartItemParam.getGoodsCount() > Constants.SHOPPING_CART_
ITEM_LIMIT_NUMBER) {
            return ServiceResultEnum.SHOPPING_CART_ITEM_LIMIT_NUMBER_
ERROR.getResult();
        }
        //超出最大数量
        if (totalItem > Constants.SHOPPING_CART_ITEM_TOTAL_NUMBER) {
            return ServiceResultEnum.SHOPPING_CART_ITEM_TOTAL_NUMBER_
ERROR.getResult();
        }
        NewBeeMallShoppingCartItem newBeeMallShoppingCartItem = new
NewBeeMallShoppingCartItem();
        BeanUtil.copyProperties(saveCartItemParam, newBeeMallShoppingCartItem);
```

```
        newBeeMallShoppingCartItem.setUserId(userId);
        //保存记录
        if (newBeeMallShoppingCartItemMapper.insertSelective(newBee
MallShoppingCartItem) > 0) {
            return ServiceResultEnum.SUCCESS.getResult();
        }
        return ServiceResultEnum.DB_ERROR.getResult();
    }
}
```

这里先对参数进行校验，校验步骤如下。

（1）根据用户信息和商品信息查询购物项表中是否已存在相同的记录，如果存在，则进行修改操作；如果不存在，则进行后续操作。

（2）判断商品数据是否正确。

（3）判断用户购物车中的商品数量是否超出最大限制。

在校验通过后再进行新增操作，将该记录保存到数据库中。以上操作都需要调用对应的数据层方法和具体的 SQL 语句来完成。

14.3.2　控制层代码的实现

选中 ltd.newbee.mall.api 包并右击，在弹出的快捷菜单中选择"New"→"Java Class"选项，在弹出的窗口中输入"NewBeeMallShoppingCartAPI"，新建 NewBeeMallShoppingCartAPI 类，用于对添加商品到购物车请求进行处理，接着在 NewBeeMallShoppingCartAPI 类中新增如下代码：

```
package ltd.newbee.mall.api;

import io.swagger.annotations.Api;
import io.swagger.annotations.ApiOperation;
import ltd.newbee.mall.api.param.SaveCartItemParam;
import ltd.newbee.mall.common.ServiceResultEnum;
import ltd.newbee.mall.config.annotation.TokenToMallUser;
import ltd.newbee.mall.entity.MallUser;
import ltd.newbee.mall.service.NewBeeMallShoppingCartService;
import ltd.newbee.mall.util.Result;
import ltd.newbee.mall.util.ResultGenerator;
import org.springframework.web.bind.annotation.PostMapping;
import org.springframework.web.bind.annotation.RequestBody;
import org.springframework.web.bind.annotation.RequestMapping;
```

```
import org.springframework.web.bind.annotation.RestController;

import javax.annotation.Resource;

@RestController
@Api(value = "v1", tags = "新蜂商城购物车相关接口")
@RequestMapping("/api/v1")
public class NewBeeMallShoppingCartAPI {

    @Resource
    private NewBeeMallShoppingCartService newBeeMallShoppingCartService;

    @PostMapping("/shop-cart")
    @ApiOperation(value = "添加商品到购物车接口", notes = "传参为商品id、数量")
    public Result saveNewBeeMallShoppingCartItem(@RequestBody SaveCartItemParam saveCartItemParam,
                                                  @TokenToMallUser MallUser loginMallUser) {
        String saveResult = newBeeMallShoppingCartService.saveNewBeeMallCartItem(saveCartItemParam, loginMallUser.getUserId());
        //添加成功
        if (ServiceResultEnum.SUCCESS.getResult().equals(saveResult)) {
            return ResultGenerator.genSuccessResult();
        }
        //添加失败
        return ResultGenerator.genFailResult(saveResult);
    }
}
```

处理该请求的方法名称为 saveNewBeeMallShoppingCartItem()，请求类型为 POST，路径映射为/api/v1/shop-cart。

将商品加入购物车接口负责接收前端的 POST 请求并处理其中的参数，接收的参数为 goodsId 字段和 goodsCount 字段，在这个方法里笔者使用@RequestBody 注解将它们转换为 SaveCartItemParam 对象参数。

SaveCartItemParam 类的代码如下：

```
package ltd.newbee.mall.api.param;

import io.swagger.annotations.ApiModelProperty;
import lombok.Data;
```

```java
import java.io.Serializable;

/**
 * 添加购物项 param
 */
@Data
public class SaveCartItemParam implements Serializable {

    @ApiModelProperty("商品数量")
    private Integer goodsCount;

    @ApiModelProperty("商品 id")
    private Long goodsId;
}
```

另外，还有一个参数是当前登录用户的信息，已经用@TokenToMallUser 注解来接收了，然后调用购物车业务类 NewBeeMallShoppingCartService 中的 saveNewBeeMallCartItem() 方法，将商品数量、商品 id 和用户 id 参数传入，最终实现该功能。

14.4 购物车列表接口的实现

14.4.1 数据格式的定义

由于购物车页面的商品项列表是一个 List 对象，因此后台在返回数据时需要一个购物项列表对象，以及一些总览性的字段。这些总览性的字段和列表中单项对象的字段可以通过购物车页面中所展示的内容进行确认。图 14-1 所示即为购物车页面中需要渲染的字段。

购物车页面中有购物项列表数据和底部总览性数据。购物项列表数据中的商品名称字段、商品图片字段、商品价格字段可以通过购物项表中的 goods_id 字段关联和查询，而商品数量字段可以通过购物项表进行查询。修改和删除功能需要购物项的 id 字段，因此还需要把购物项的 id 字段返回给前端。底部总览性数据包括加购总量字段和总价字段。这样，返回数据的格式就得出来了：购物项列表数据+加购总量字段+总价字段。合计的两个字段需要单独处理。

图 14-1　购物车页面中需要渲染的字段

购物项 VO 对象编码如下：

```
package ltd.newbee.mall.api.vo;

import io.swagger.annotations.ApiModelProperty;
import lombok.Data;

import java.io.Serializable;
```

```java
/**
 * 购物车页面购物项 VO
 */
@Data
public class NewBeeMallShoppingCartItemVO implements Serializable {

    @ApiModelProperty("购物项 id")
    private Long cartItemId;

    @ApiModelProperty("商品 id")
    private Long goodsId;

    @ApiModelProperty("商品数量")
    private Integer goodsCount;

    @ApiModelProperty("商品名称")
    private String goodsName;

    @ApiModelProperty("商品图片")
    private String goodsCoverImg;

    @ApiModelProperty("商品价格")
    private Integer sellingPrice;
}
```

14.4.2 业务层代码的实现

本节实现数据查询的功能。上述购物车列表中的字段可以分别通过查询 tb_newbee_mall_shopping_cart_item 购物项表和 tb_newbee_mall_goods_info 商品表来获取。

在 NewBeeMallShoppingCartService.java 文件中新增如下代码：

```java
/**
 * 获取我的购物车中的列表数据
 *
 * @param newBeeMallUserId
 * @return
 */
List<NewBeeMallShoppingCartItemVO> getMyShoppingCartItems(Long newBeeMallUserId);
```

根据 userId 字段获取当前用户所有的购物项数据。

在 NewBeeMallShoppingCartServiceImpl 类中实现上述方法，新增如下代码：

```
@Override
public List<NewBeeMallShoppingCartItemVO> getMyShoppingCartItems(Long newBeeMallUserId) {
  List<NewBeeMallShoppingCartItemVO> newBeeMallShoppingCartItemVOS = new ArrayList<>();
  List<NewBeeMallShoppingCartItem> newBeeMallShoppingCartItems = newBeeMallShoppingCartItemMapper.selectByUserId(newBeeMallUserId, Constants.SHOPPING_CART_ITEM_TOTAL_NUMBER);
  return getNewBeeMallShoppingCartItemVOS(newBeeMallShoppingCartItemVOS, newBeeMallShoppingCartItems);
}


/**
 * 数据转换
 *
 * @param newBeeMallShoppingCartItemVOS
 * @param newBeeMallShoppingCartItems
 * @return
 */
private List<NewBeeMallShoppingCartItemVO> getNewBeeMallShoppingCartItemVOS(List<NewBeeMallShoppingCartItemVO> newBeeMallShoppingCartItemVOS, List<NewBeeMallShoppingCartItem> newBeeMallShoppingCartItems) {
    if (!CollectionUtils.isEmpty(newBeeMallShoppingCartItems)) {
        //查询商品信息并做数据转换
        List<Long> newBeeMallGoodsIds = newBeeMallShoppingCartItems.stream().map(NewBeeMallShoppingCartItem::getGoodsId).collect(Collectors.toList());
        List<NewBeeMallGoods> newBeeMallGoods = newBeeMallGoodsMapper.selectByPrimaryKeys(newBeeMallGoodsIds);
        Map<Long, NewBeeMallGoods> newBeeMallGoodsMap = new HashMap<>();
        if (!CollectionUtils.isEmpty(newBeeMallGoods)) {
            newBeeMallGoodsMap = newBeeMallGoods.stream().collect(Collectors.toMap(NewBeeMallGoods::getGoodsId, Function.identity(), (entity1, entity2) -> entity1));
        }
        for (NewBeeMallShoppingCartItem newBeeMallShoppingCartItem : newBeeMallShoppingCartItems) {
            NewBeeMallShoppingCartItemVO newBeeMallShoppingCartItemVO = new
```

```
NewBeeMallShoppingCartItemVO();
            BeanUtil.copyProperties(newBeeMallShoppingCartItem,
newBeeMallShoppingCartItemVO);
            if (newBeeMallGoodsMap.containsKey(newBeeMallShoppingCartItem.
getGoodsId())) {
                NewBeeMallGoods newBeeMallGoodsTemp = newBeeMallGoodsMap.get
(newBeeMallShoppingCartItem.getGoodsId());
                newBeeMallShoppingCartItemVO.setGoodsCoverImg(newBeeMall
GoodsTemp.getGoodsCoverImg());
                String goodsName = newBeeMallGoodsTemp.getGoodsName();
                // 字符串过长导致文字超出
                if (goodsName.length() > 28) {
                    goodsName = goodsName.substring(0, 28) + "...";
                }
                newBeeMallShoppingCartItemVO.setGoodsName(goodsName);
                newBeeMallShoppingCartItemVO.setSellingPrice(newBeeMall
GoodsTemp.getSellingPrice());
                newBeeMallShoppingCartItemVOS.add(newBeeMallShopping
CartItemVO);
            }
        }
    }
    return newBeeMallShoppingCartItemVOS;
}
```

以上代码先定义了 getMyShoppingCartItems() 方法并传入 userId 字段作为参数，然后通过 SQL 语句查询当前 userId 字段下的购物项列表数据。因为购物车页面需要展示商品信息，所以通过购物项表中的 goods_id 字段获取每个购物项对应的商品信息。接着填充数据，即将相关字段封装到 NewBeeMallShoppingCartItemVO 对象中。由于某些字段太长会导致页面的展示效果不好，因此对这些长字段进行了简单的字符串处理。最后将封装好的 List 对象返回。

14.4.3 控制层代码的实现

在 NewBeeMallShoppingCartAPI 类中新增如下代码：

```
@GetMapping("/shop-cart")
@ApiOperation(value = "购物车列表(网页移动端不分页)", notes = "")
public Result<List<NewBeeMallShoppingCartItemVO>>
cartItemList(@TokenToMallUser MallUser loginMallUser) {
```

```
    return
ResultGenerator.genSuccessResult(newBeeMallShoppingCartService.getMyShop
pingCartItems(loginMallUser.getUserId()));
}
```

处理该请求的方法名称为 cartItemList()，请求类型为 GET，路径映射为 /api/v1/shop-cart。此接口并没有额外设置请求参数，只需要用户的 userId 字段。userId 字段可以通过@TokenToMallUser 注解接收的 MallUser 对象获取，然后调用购物车业务类 NewBeeMallShoppingCartService 中的 getMyShoppingCartItems()方法获取数据并响应给调用端。

此接口并没有使用分页逻辑，主要参考了一些主流购物网站 H5 页面的购物车功能设计。比如京东商城和淘宝网，通常在 H5 页面不做分页，而是一次性加载所有的购物车数据，因此该接口直接返回一个 List 对象，而不是一个 PageResult 类型的分页对象。本书最终实现的新蜂商城项目，购物车列表使用的是该接口。

当然，在淘宝网 App 端或京东商城 App 端又有不同。在移动端 App 上可以做下拉或上拉分页的动作，可以很方便地实现分页的效果。笔者也列出了这部分接口实现，代码如下：

```
@GetMapping("/shop-cart/page")
@ApiOperation(value = "购物车列表(每页默认5条)", notes = "传参为页码")
public Result<PageResult<List<NewBeeMallShoppingCartItemVO>>>
cartItemPageList(Integer pageNumber, @TokenToMallUser MallUser
loginMallUser) {
  Map params = new HashMap(4);
  if (pageNumber == null || pageNumber < 1) {
    pageNumber = 1;
  }
  params.put("userId", loginMallUser.getUserId());
  params.put("page", pageNumber);
  params.put("limit", Constants.SHOPPING_CART_PAGE_LIMIT);
  //封装分页请求参数
  PageQueryUtil pageUtil = new PageQueryUtil(params);
  return
ResultGenerator.genSuccessResult(newBeeMallShoppingCartService.getMyShop
pingCartItems(pageUtil));
}
```

此接口中包含分页逻辑，且返回的对象也是 PageResult 类型的分页对象，读者可以结合本书提供的源码来学习。

14.5 编辑购物项接口的实现

在购物车列表中可以编辑需要购买的商品数量,也可以将商品从购物车中删除,如图 14-2 所示。

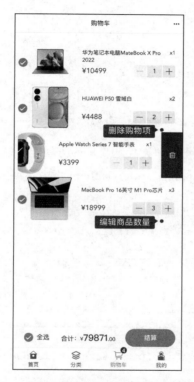

图 14-2 购物车页面的删除效果和编辑效果

接下来就实现这两个接口。

14.5.1 业务层代码的实现

首先在 NewBeeMallShoppingCartService.java 文件中新增如下代码:

```
/**
 * 修改购物车中的商品属性
```

```
 *
 * @param updateCartItemParam
 * @param userId
 * @return
 */
String updateNewBeeMallCartItem(UpdateCartItemParam updateCartItemParam,
Long userId);

/**
 * 删除购物车中的商品
 *
 * @param newBeeMallShoppingCartItemId
 * @return
 */
Boolean deleteById(Long newBeeMallShoppingCartItemId);
```

以上代码分别是修改购物项和删除购物项的方法定义。

然后在 NewBeeMallShoppingCartServiceImpl 类中实现上述方法，新增如下代码：

```
@Override
public String updateNewBeeMallCartItem(UpdateCartItemParam
updateCartItemParam, Long userId) {
  NewBeeMallShoppingCartItem newBeeMallShoppingCartItemUpdate =
newBeeMallShoppingCartItemMapper.selectByPrimaryKey(updateCartItemParam.
getCartItemId());
  if (newBeeMallShoppingCartItemUpdate == null) {
    return ServiceResultEnum.DATA_NOT_EXIST.getResult();
  }
  if (!newBeeMallShoppingCartItemUpdate.getUserId().equals(userId)) {
NewBeeMallException.fail(ServiceResultEnum.REQUEST_FORBIDEN_ERROR.getRes
ult());
  }
  //超出单个商品的最大数量
  if (updateCartItemParam.getGoodsCount() >
Constants.SHOPPING_CART_ITEM_LIMIT_NUMBER) {
    return
ServiceResultEnum.SHOPPING_CART_ITEM_LIMIT_NUMBER_ERROR.getResult();
  }
newBeeMallShoppingCartItemUpdate.setGoodsCount(updateCartItemParam.getGo
odsCount());
```

```
  newBeeMallShoppingCartItemUpdate.setUpdateTime(new Date());
  //修改记录
  if
(newBeeMallShoppingCartItemMapper.updateByPrimaryKeySelective(newBeeMall
ShoppingCartItemUpdate) > 0) {
    return ServiceResultEnum.SUCCESS.getResult();
  }
  return ServiceResultEnum.DB_ERROR.getResult();
}

@Override
public Boolean deleteById(Long newBeeMallShoppingCartItemId) {
  return
newBeeMallShoppingCartItemMapper.deleteByPrimaryKey(newBeeMallShoppingCa
rtItemId) > 0;
}
```

在以上代码中，updateNewBeeMallCartItem()方法首先对参数进行校验，校验步骤如下。

（1）根据前端传参的购物项主键 id 字段查询购物项表中是否存在该记录，如果不存在，则返回错误信息；如果存在，则进行后续操作。

（2）判断用户购物车中的商品数量是否已超过最大限制。

在校验通过后进行修改操作，将该购物项记录的数量和时间进行修改。以上操作都需要调用 SQL 语句来完成。

deleteById()方法的实现逻辑并不复杂，即调用数据层的方法将当前购物项的 is_deleted 字段修改为 1。这里并不是真正地删除，而是逻辑删除。

14.5.2 控制层代码的实现

在 NewBeeMallShoppingCartAPI 类中新增代码，添加修改购物项和删除购物项两个方法，代码如下：

```
@PutMapping("/shop-cart")
@ApiOperation(value = "修改购物项数据", notes = "传参为购物项id、数量")
public Result updateNewBeeMallShoppingCartItem(@RequestBody
UpdateCartItemParam updateCartItemParam,
                          @TokenToMallUser MallUser loginMallUser) {
```

```
    String updateResult = newBeeMallShoppingCartService.updateNewBeeMall
CartItem(updateCartItemParam, loginMallUser.getUserId());
  //修改成功
  if (ServiceResultEnum.SUCCESS.getResult().equals(updateResult)) {
    return ResultGenerator.genSuccessResult();
  }
  //修改失败
  return ResultGenerator.genFailResult(updateResult);
}

@DeleteMapping("/shop-cart/{newBeeMallShoppingCartItemId}")
@ApiOperation(value = "删除购物项", notes = "传参为购物项 id")
public Result
updateNewBeeMallShoppingCartItem(@PathVariable("newBeeMallShoppingCartIt
emId") Long newBeeMallShoppingCartItemId,
                                   @TokenToMallUser MallUser loginMallUser) {
  NewBeeMallShoppingCartItem newBeeMallCartItemById = newBeeMall
ShoppingCartService.getNewBeeMallCartItemById(newBeeMallShoppingCartItem
Id);
  if
(!loginMallUser.getUserId().equals(newBeeMallCartItemById.getUserId())) {
    return ResultGenerator.genFailResult(ServiceResultEnum.REQUEST_
FORBIDEN_ERROR.getResult());
  }
  Boolean deleteResult = newBeeMallShoppingCartService.deleteById
(newBeeMallShoppingCartItemId);
  //删除成功
  if (deleteResult) {
    return ResultGenerator.genSuccessResult();
  }
  //删除失败
  return ResultGenerator.genFailResult(ServiceResultEnum.OPERATE_ERROR.
getResult());
}
```

修改购物项接口的映射地址为/api/v1/shop-cart，请求方法为 PUT。该项目控制类中的几个方法的路径都是/shop-cart，只是接口有所区分，POST 方法是新增接口，GET 方法是购物车列表页面显示接口，PUT 方法是修改接口。编辑功能主要是修改当前购物项的数量。后端的编辑接口负责接收前端的 PUT 请求并进行处理，接收的参数为 cartItemId 字段和 goodsCount 字段，通过这两个字段就可以确定修改哪一条记录和商品的数量值。在修改购物项方法里使用@RequestBody 注解将参数转换为 NewBeeMallShoppingCartItem

对象参数并进行后续的操作。

如果对购物车中一些商品不想进行后续的结算购买操作，可以选择将其删除。删除购物项接口负责接收前端的 DELETE 请求并进行处理，接收的参数为 cartItemId 字段，然后调用删除方法即可完成删除操作。删除购物项接口的映射地址为/api/v1/shop-cart/{newBeeMallShoppingCartItemId}，请求方法为 DELETE。

14.6　接口测试

下面通过 swagger-ui 页面来测试一下本章所实现的购物车相关接口。

启动 Spring Boot 项目，并在浏览器中输入 Swagger 接口文档地址：http://localhost:8080/swagger-ui.html。

显示结果如图 14-3 所示。

图 14-3　swagger-ui 页面中的购物车相关接口

购物车相关接口需要在登录状态下才能正常访问，所以需要先调用登录接口获取一个 token 值，然后使用该 token 值进行接口测试，如图 14-4 所示。

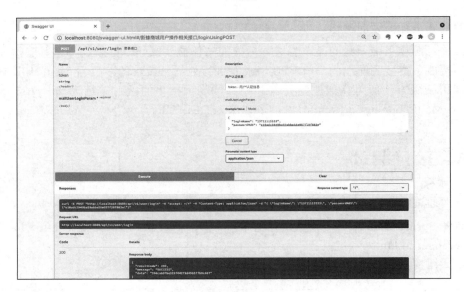

图 14-4　调用登录接口的请求结果

14.6.1　购物车列表接口测试

单击"购物车列表（网页移动端不分页）"按钮，再单击"Try it out"按钮。打开设置界面，在 token 文本框中输入刚刚获取的 token 值，单击"Execute"按钮发起测试请求，结果如图 14-5 所示。

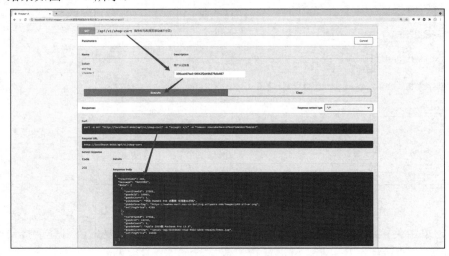

图 14-5　购物车列表接口的请求结果

购物车列表接口请求成功。购物车列表中所需的数据在 Result 类的 data 键中，其中就有购物项列表数据，每条购物项中都包括购物项 id、商品信息、商品数量等内容。

14.6.2 添加商品到购物车接口测试

单击"添加商品到购物车接口"按钮，再单击"Try it out"按钮。打开设置界面，在 token 文本框中输入刚刚获取的 token 值，然后输入需要加入购物车的商品 id 和商品数量，最后单击"Execute"按钮，结果如图 14-6 所示。

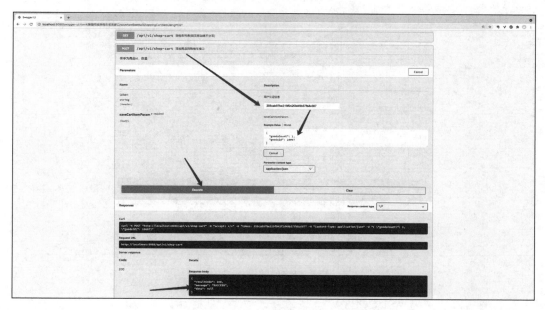

图 14-6　添加商品到购物车接口的请求结果

后端接口响应为"SUCCESS"，表示添加成功。此时如果再次访问购物车列表接口，就可以看到列表中多了一条购物项数据。

笔者在测试时，输入的商品数量和商品 id 都是符合规范且数据库中真实存在的商品 id。如果输入的商品数量过大，则会报错"超出单个商品的最大购买数量！"如果输入的商品 id 在数据库中不存在，则会报错"商品不存在"，这一点读者在测试时需要注意。

14.6.3 修改购物项数据接口测试

单击"修改购物项数据"按钮，再单击"Try it out"按钮，打开设置界面，在 token 文本框中输入刚刚获取的 token 值，然后输入需要修改的购物项 id 和商品数量，最后单击"Execute"按钮，结果如图 14-7 所示。

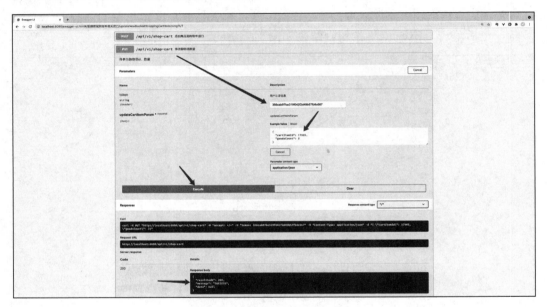

图 14-7　修改购物项数据接口的请求结果

后端接口响应为"SUCCESS"，表示修改成功。此时如果再次访问购物车列表接口或直接查看数据库中的内容，就可以看到这条购物项数据的数量字段已经变成 2。如果输入的商品数量过大，则会报错"超出单个商品的最大购买数量！"如果输入的购物项 id 在数据库中并不存在，则会报错"未查询到记录！"

14.6.4 删除购物项接口测试

单击"删除购物项"按钮，再单击"Try it out"按钮，打开设置界面，在 token 文本框中输入刚刚获取的 token 值，之后输入需要删除的购物项 id，最后单击"Execute"按钮，结果如图 14-8 所示。

第 14 章 后端 API 实战之购物车模块接口开发及功能讲解

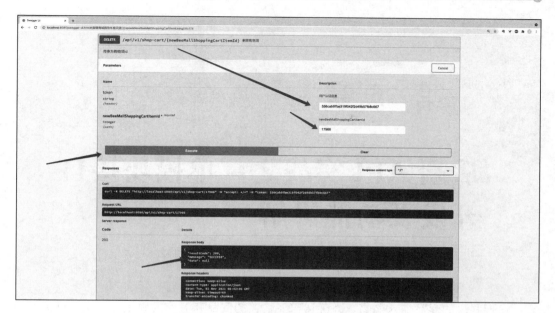

图 14-8 删除购物项接口的请求结果

后端接口响应为"SUCCESS",表示删除成功。此时如果再次访问购物车列表接口,就会发现这条记录已经不存在。也可以直接查看数据库中的内容,这条购物项数据的 is_deleted 字段已经变成 1。

接口响应的数据与预期一致,购物车模块接口编码完成。这些功能都涉及数据库中购物项数据的更改,读者在测试时一定要注意数据库中的数据是否被正确地添加和修改。

第 15 章

后端 API 实战之订单模块接口开发及功能讲解

在把心仪的商品加入购物车并确认需要购买的商品和对应的数量后，就可以执行提交订单的操作了。此时就由购物车模块切换到另一个电商模块——订单模块。本章主要介绍订单模块相关功能的开发。关于订单的生成和后续处理流程，不同公司或不同商城项目具体的需求与业务场景会有一些差异，但是从订单生成到订单完成大体的流程是类似的。

新蜂商城中的订单从生成到处理结束的流程如图 15-1 所示。

图 15-1　订单流程图

（1）提交订单（由新蜂商城用户发起）。

（2）订单入库（后台逻辑，用户无感知）。

（3）支付订单（由新蜂商城用户发起）。

（4）订单处理（包括确认订单、取消订单、修改订单信息等操作，新蜂商城用户和管理员都可以对订单进行处理）。

第 15 章　后端 API 实战之订单模块接口开发及功能讲解

15.1　订单确认页面接口的开发

15.1.1　商城中的订单确认步骤

　　订单确认步骤是订单生成中的一个很重要的功能，人们日常使用的商城项目基本上都有这个步骤。以京东商城的订单确认页面为例，如图 15-2 所示。

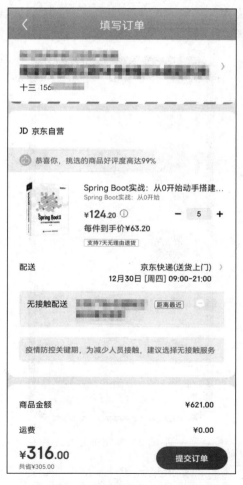

图 15-2　京东商城的订单确认页面

订单确认页面中包含在购物车中选择的商品信息，以及收货地址信息、运费信息、优惠信息等。购物车页面中只有商品信息，而订单确认页面中则是多种信息的集合。只有全部信息完整，才能够生成订单数据。订单确认页面的设置可以理解为一个信息确认的过程，在该页面中将所有信息都确认无误后，就可以进行提交订单的操作了，之后生成一条订单记录。

15.1.2 订单确认的前置步骤

通过单击购物车页面中的"结算"按钮可以进入订单确认页面。订单确认步骤是在购物车页面发起的，如图15-3所示。

图 15-3 购物车页面

根据购物车中的待结算商品数量来判断"结算"按钮是否正常展示。如果购物车中无数据，则显示的内容如图15-4所示。此时无商品列表展示，也没有"结算"按钮。

图 15-4 购物车页面无数据时的显示内容

只有购物车列表数据正常，才会出现"结算"按钮，之后才能进入订单确认页面。

15.1.3 订单确认页面的数据整合

订单确认页面中展示的商品数据与购物车列表中展示的商品数据类似。订单确认页面中不仅有商品数据，还有用户数据和支付数据。因此，订单确认页面主要的数据是"商品数据+用户数据+支付数据"。这里还需要把用户和用户的收货地址信息记录下来，其他的记录内容还有运费金额、优惠金额、实际支付金额等。新蜂商城的订单确认页面展示的信息如图 15-5 所示。

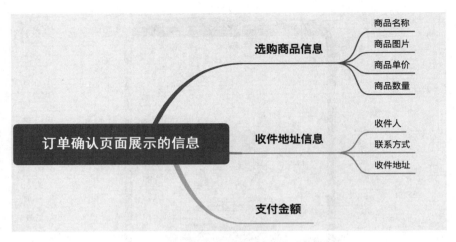

图 15-5 新蜂商城订单确认页面展示的信息

15.1.4 业务层代码的实现

下面实现数据查询的功能。订单确认页面中的商品信息和支付金额可以分别通过查询 tb_newbee_mall_shopping_cart_item 购物项表和 tb_newbee_mall_goods_info 商品表来获取。

在 NewBeeMallShoppingCartService.java 文件中新增如下代码：

```
/**
 * 根据 userId 和 cartItemIds 获取对应的购物项记录
 *
 * @param cartItemIds
 * @param newBeeMallUserId
 * @return
 */
List<NewBeeMallShoppingCartItemVO> getCartItemsForSettle(List<Long> cartItemIds, Long newBeeMallUserId);
```

根据 userId 字段和选中的购物项 id 列表获取待结算的数据列表。

在 NewBeeMallShoppingCartServiceImpl 类中实现上述方法，新增如下代码：

```
@Override
public List<NewBeeMallShoppingCartItemVO> getCartItemsForSettle(List<Long> cartItemIds, Long newBeeMallUserId) {
```

```
    List<NewBeeMallShoppingCartItemVO> newBeeMallShoppingCartItemVOS = new
ArrayList<>();
    if (CollectionUtils.isEmpty(cartItemIds)) {
        NewBeeMallException.fail("购物项不能为空");
    }
    List<NewBeeMallShoppingCartItem> newBeeMallShoppingCartItems =
newBeeMallShoppingCartItemMapper.selectByUserIdAndCartItemIds(newBeeMall
UserId, cartItemIds);
    if (CollectionUtils.isEmpty(newBeeMallShoppingCartItems)) {
        NewBeeMallException.fail("购物项不能为空");
    }
    if (newBeeMallShoppingCartItems.size() != cartItemIds.size()) {
        NewBeeMallException.fail("参数异常");
    }
    return getNewBeeMallShoppingCartItemVOS(newBeeMallShoppingCartItemVOS,
newBeeMallShoppingCartItems);
}
```

这里先定义了 getCartItemsForSettle() 方法并传入 userId 字段和 cartItemIds 字段作为参数，然后通过 SQL 语句查询 userId 和选中的购物项 id 列表，获取前端页面中需要展示的购物项列表数据。需要展示的商品信息可以通过购物项表中的 goods_id 字段获取每个购物项对应的商品信息。接着填充数据，将相关字段封装到 NewBeeMallShoppingCartItemVO 对象中，最后将封装好的 List 对象返回。

15.1.5 订单确认页面接口的实现

订单确认页面的信息是用户在购物车中选择结算的购物项。用户可能全选商品并进行结算，也可能选择部分商品并进行结算。因此，订单确认页面中的数据不能直接使用购物车列表接口，需要新增一个列表信息获取的接口。

购物车列表接口不需要额外传参，只需要用户保持登录状态即可，后端可以根据 userId 字段将其购物车中的数据查询出来。而订单确认页面的数据获取接口则不同，需要查询用户选择的结算商品数据，因此需要另外定义参数。后端 API 项目的这个接口参数设计为 cartItemIds，即用户选择的购物项 id 数组，返回对象的数据格式与购物车列表中的字段一致，因此继续使用 NewBeeMallShoppingCartItemVO 对象。当然，读者在编码时也可以另外定义一个视图层 VO 对象。

在 NewBeeMallShoppingCartAPI 类中新增如下代码：

```
@GetMapping("/shop-cart/settle")
@ApiOperation(value = "根据购物项id数组查询购物项明细", notes = "确认订单页面使用")
public Result<List<NewBeeMallShoppingCartItemVO>> toSettle(Long[] cartItemIds, @TokenToMallUser MallUser loginMallUser) {
  if (cartItemIds.length < 1) {
    NewBeeMallException.fail("参数异常");
  }
  int priceTotal = 0;
  List<NewBeeMallShoppingCartItemVO> itemsForSettle = newBeeMallShoppingCartService.getCartItemsForSettle(Arrays.asList(cartItemIds), loginMallUser.getUserId());
  if (CollectionUtils.isEmpty(itemsForSettle)) {
    //如果无数据，则抛出异常
    NewBeeMallException.fail("参数异常");
  } else {
    //总价
    for (NewBeeMallShoppingCartItemVO newBeeMallShoppingCartItemVO : itemsForSettle) {
      priceTotal += newBeeMallShoppingCartItemVO.getGoodsCount() * newBeeMallShoppingCartItemVO.getSellingPrice();
    }
    if (priceTotal < 1) {
      NewBeeMallException.fail("价格异常");
    }
  }
  return ResultGenerator.genSuccessResult(itemsForSettle);
}
```

处理该请求的方法名称为 toSettle()，请求类型为 GET，路径映射为/api/v1/shop-cart/settle。订单确认页面接口的参数是用户所选中的购物项 id 列表和当前登录用户的 userId 字段，userId 字段可以通过@TokenToMallUser 注解接收的 MallUser 对象获取，之后调用购物车业务类 NewBeeMallShoppingCartService 中的 getCartItemsForSettle()方法获取数据并响应给调用端。

订单确认页面数据获取接口实现逻辑总结如下。

（1）判断接收的参数，如果 cartItemIds 为空或未登录，则返回错误信息。

（2）根据 cartItemIds 和 userId 查询 tb_newbee_mall_shopping_cart_item 表中的数据。

（3）如果查询到的购物项数据为空，则表示接收到的 cartItemIds 为非法参数，需要返回错误信息。

（4）封装数据并通过接口返回给前端。

15.2 订单模块的表结构设计

15.2.1 订单主表及关联表设计

新蜂商城系统的订单模块主要涉及数据库中的两张表。一次下单行为可能购买一件商品，也可能购买多件商品，所以除订单主表 tb_newbee_mall_order 外，还有一个订单项关联表 tb_newbee_mall_order_item，二者是一对多的关系。订单主表中存储关于订单的相关信息，而订单项关联表中主要存储关联的商品字段。

订单主表 tb_newbee_mall_order 表结构设计的主要字段如下。

- user_id：用户的 id，根据这个字段来确定是哪个用户下的订单。
- order_no：订单号，用于唯一标识订单并在后续查询订单时使用，是每个电商系统都有的设计。
- paystatus、paytype、pay_time：支付信息字段，包括支付状态、支付方式、支付时间。
- order_status：订单状态字段。
- create_time：订单生成时间。

订单主表的主要字段代码如下：

```sql
USE 'newbee_mall_db_v2 ';

DROP TABLE IF EXISTS 'tb_newbee_mall_order';
CREATE TABLE 'tb_newbee_mall_order' (
  'order_id' bigint(20) NOT NULL AUTO_INCREMENT COMMENT '订单表主键id',
  'order_no' varchar(20) NOT NULL DEFAULT '' COMMENT '订单号',
  'user_id' bigint(20) NOT NULL DEFAULT '0' COMMENT '用户主键id',
  'total_price' int(11) NOT NULL DEFAULT '1' COMMENT '订单总价',
  'pay_status' tinyint(4) NOT NULL DEFAULT '0' COMMENT '支付状态:0.未支付,1.支付成功,-1:支付失败',
  'pay_type' tinyint(4) NOT NULL DEFAULT '0' COMMENT '0.无 1.支付宝支付 2.微信支付',
  'pay_time' datetime DEFAULT NULL COMMENT '支付时间',
  'order_status' tinyint(4) NOT NULL DEFAULT '0' COMMENT '订单状态:0.待支付 1.已支付 2.配货完成 3:出库成功 4.交易成功 -1.手动关闭 -2.超时关闭 -3.商家关闭',
  'extra_info' varchar(100) NOT NULL DEFAULT '' COMMENT '订单body',
  'is_deleted' tinyint(4) NOT NULL DEFAULT '0' COMMENT '删除标识字段(0-未删除
```

```
1-已删除)',
  'create_time' datetime NOT NULL DEFAULT CURRENT_TIMESTAMP COMMENT '创建时
间',
  'update_time' datetime NOT NULL DEFAULT CURRENT_TIMESTAMP COMMENT '最新修
改时间',
  PRIMARY KEY ('order_id')
) ENGINE=InnoDB DEFAULT CHARSET=utf8;
```

订单项关联表 tb_newbee_mall_order_item 表结构设计的主要字段如下。

- order_id：关联的订单主键 id，标识该订单项是哪个订单中的数据。
- goodsid、goodsname、goodscoverimg、sellingprice、goodscount：订单中的商品信息，记录下单时的商品信息。
- create_time：记录生成时间。

订单项关联表的字段代码如下：

```
USE 'newbee_mall_db_v2 ';
DROP TABLE IF EXISTS 'tb_newbee_mall_order_item';
CREATE TABLE 'tb_newbee_mall_order_item' (
  'order_item_id' bigint(20) NOT NULL AUTO_INCREMENT COMMENT '订单关联购物项
主键id',
  'order_id' bigint(20) NOT NULL DEFAULT 0 COMMENT '订单主键id',
  'goods_id' bigint(20) NOT NULL DEFAULT 0 COMMENT '关联商品id',
  'goods_name' varchar(200) CHARACTER SET utf8 COLLATE utf8_general_ci NOT
NULL DEFAULT '' COMMENT '下单时商品的名称(订单快照)',
  'goods_cover_img' varchar(200) CHARACTER SET utf8 COLLATE utf8_general_ci
NOT NULL DEFAULT '' COMMENT '下单时商品的主图(订单快照)',
  'selling_price' int(11) NOT NULL DEFAULT 1 COMMENT '下单时商品的价格(订单快照)',
  'goods_count' int(11) NOT NULL DEFAULT 1 COMMENT '数量(订单快照)',
  'create_time' datetime(0) NOT NULL DEFAULT CURRENT_TIMESTAMP COMMENT '创建时间',
  PRIMARY KEY ('order_item_id') USING BTREE
) ENGINE = InnoDB AUTO_INCREMENT = 1 CHARACTER SET = utf8 COLLATE =
utf8_general_ci ROW_FORMAT = Dynamic;
```

订单地址关联表 tb_newbee_mall_order_address 表结构设计的主要字段如下。

- order_id：关联的订单主键 id，标识该地址是哪个订单中的收货地址数据。
- username、userphone、user_address：收件信息字段，最好在订单表或关联表中设置这几个字段，后端 API 项目中设计成两张表即 tb_newbee_mall_order 表和 tb_newbee_mall_order_address 表，二者为一对一的关系，将订单地址关联表中的字段全部设置在订单表中也是可以的。有些商城的订单设计，其收货地址只关联一个地址 id 字段，这样做是不合理的。因为该 id 关联的地址表中的记录是可以被修改和删除的。也就是说，如果修改或删除，订单中的收件信息就不是下单时的数据了。因此，需要把这些字段放到订单表中，并记录下单时的收件信息。

订单地址关联表的字段代码如下：

```sql
USE 'newbee_mall_db_v2 ';
DROP TABLE IF EXISTS 'tb_newbee_mall_order_address';
CREATE TABLE 'tb_newbee_mall_order_address' (
  'order_id' bigint(20) NOT NULL,
  'user_name' varchar(30) NOT NULL DEFAULT '' COMMENT '收货人姓名',
  'user_phone' varchar(11) NOT NULL DEFAULT '' COMMENT '收货人手机号',
  'province_name' varchar(32) NOT NULL DEFAULT '' COMMENT '省',
  'city_name' varchar(32) NOT NULL DEFAULT '' COMMENT '城',
  'region_name' varchar(32) NOT NULL DEFAULT '' COMMENT '区',
  'detail_address' varchar(64) NOT NULL DEFAULT '' COMMENT '收件详细地址(街道/楼宇/单元)',
  PRIMARY KEY ('order_id')
) ENGINE=InnoDB DEFAULT CHARSET=utf8 COMMENT='订单收货地址关联表';
```

每个字段对应的含义在以上 SQL 语句中都有介绍，读者可以对照理解，之后正确地把建表 SQL 语句导入数据库。关于表中的快照字段，即收件信息字段和商品信息字段，读者可以参考淘宝网的订单快照来理解。这些信息都是可以更改的，因此不能只关联一个主键 id。比如，订单中存储的是下单时的数据，而商品信息是可以被随时更改的。如果没有快照字段而只用商品 id 关联，商品信息一旦被更改，订单信息也随之被更改，就不再是下单时的数据了，不符合逻辑。

15.2.2 订单项表的设计思路

本节介绍订单项表 tb_newbee_mall_orderitem 和购物项表 tb_newbee_mall_shopping_cart_ite 的差异，以及单独设计一张订单项表的原因。

购物车模块的购物项和订单模块的订单项是很多商城项目都有的设计，只是有些商城项目为了简化开发，在实现的时候选择将两者等同。本来应该设计两张表，减少为只设计一张表，用购物项表替代订单项表，订单生成后会在购物项表中增加与订单主键 id 的关联。

其实订单项对象和购物项对象的区别是很明显的，它们是相似却完全不同的两个对象，购物项对象是商品与购物车之间抽象出的一个对象，而订单项对象是商品与订单之间抽象出的一个对象。可能它们都与商品相关，而且在页面数据展示时也类似，所以有被简化为一张表的实现方式。但是笔者并不赞同这种实现方式，虽然二者相似，但是依然有很多不同的地方。购物项的相关操作在购物车中，而在生成订单后该购物项就不再存在了，即该对象已经被删除了，它的生命周期也到此为止。既然生命周期已经终结，再与订单做关联就说不通了。

以订单快照为例，它需要记录下单时的商品内容和订单信息。如果想要查看下单时的商品信息和收货地址，则下单时的相关的数据都要被保存。比如淘宝网的订单设计，可以看到下单时的订单快照数据就是下单时的商品数据，而不是最新的商品数据。购物车就不需要快照，直接读取最新的商品相关信息即可。

购物车模块的购物项和订单模块的订单项是两个不同的对象，因此笔者选择设计两张表。

15.2.3　用户收货地址管理表

本书最终的实战项目中有用户收货地址管理模块，页面效果如图 15-6 所示。在订单确认页面中可以添加、选择收货地址，提交后即可生成一个订单信息。

图 15-6　用户收货地址管理页面

用户收货地址表 tb_newbee_mall_user_address 的表结构如下：

```sql
USE 'newbee_mall_db_v2 ';

DROP TABLE IF EXISTS 'tb_newbee_mall_user_address';

CREATE TABLE 'tb_newbee_mall_user_address' (
  'address_id' bigint(20) NOT NULL AUTO_INCREMENT,
  'user_id' bigint(20) NOT NULL DEFAULT '0' COMMENT '用户主键id',
  'user_name' varchar(30) NOT NULL DEFAULT '' COMMENT '收货人姓名',
  'user_phone' varchar(11) NOT NULL DEFAULT '' COMMENT '收货人手机号',
  'default_flag' tinyint(4) NOT NULL DEFAULT '0' COMMENT '是否为默认 0-非默认 1-是默认',
  'province_name' varchar(32) NOT NULL DEFAULT '' COMMENT '省',
  'city_name' varchar(32) NOT NULL DEFAULT '' COMMENT '城',
  'region_name' varchar(32) NOT NULL DEFAULT '' COMMENT '区',
  'detail_address' varchar(64) NOT NULL DEFAULT '' COMMENT '收件详细地址(街道/楼宇/单元)',
  'is_deleted' tinyint(4) NOT NULL DEFAULT '0' COMMENT '删除标识字段(0-未删除 1-已删除)',
  'create_time' datetime NOT NULL DEFAULT CURRENT_TIMESTAMP COMMENT '添加时间',
  'update_time' datetime NOT NULL DEFAULT CURRENT_TIMESTAMP COMMENT '修改时间',
  PRIMARY KEY ('address_id')
) ENGINE=InnoDB DEFAULT CHARSET=utf8 COMMENT='收货地址表';
```

每个字段对应的含义在上面的 SQL 语句中都有介绍，读者可以对照理解，之后正确地把建表 SQL 语句导入数据库。

由于篇幅所限，用户收货地址管理模块的接口并未展开讲解，这部分源码笔者会单独提供，不会影响功能的调试和使用，读者可以结合源码进行理解。

15.3 订单生成的流程及编码

15.3.1 新蜂商城订单生成的流程

在订单确认页面处理完毕后，紧接着就是生成订单的环节。此时用户单击"提交订单"按钮，商城系统就会对应地生成一笔订单数据并保存在数据库中。

在单击"提交订单"按钮后，后台会进行一系列的操作，包括数据查询、数据判断、数据整合等。新蜂商城订单生成流程如图 15-7 所示。

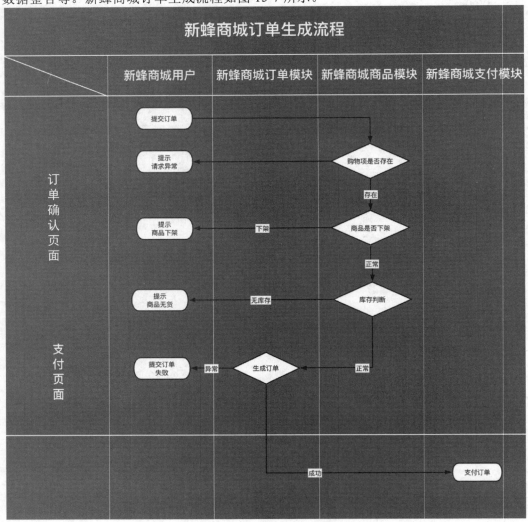

图 15-7　新蜂商城订单生成流程图

读者仔细看一下这张流程图，结合流程图可以更好地理解代码的实现。

15.3.2 订单生成接口的实现

下面分析一下订单生成接口需要的参数。与订单确认页面的数据相同，在订单生成接口中，需要把用户选择的购物项 id 数组传给后端接口，同时将用户选择的地址数据也传给后端接口。因此，代码中定义了一个 SaveOrderParam 对象用于接收参数，字段代码如下：

```java
/**
 * 保存订单param
 */
@Data
public class SaveOrderParam implements Serializable {

    @ApiModelProperty("订单项id数组")
    private Long[] cartItemIds;

    @ApiModelProperty("地址id")
    private Long addressId;
}
```

先选中 ltd.newbee.mall.api 包并右击，在弹出的快捷菜单中选择"New"→"Java Class"选项，然后在弹出的窗口中输入"NewBeeMallOrderAPI"，新建 NewBeeMallOrderAPI 类，用于处理订单模块的相关请求，最后在 NewBeeMallOrderAPI 类中新增如下代码：

```java
package ltd.newbee.mall.api;

import io.swagger.annotations.Api;
import io.swagger.annotations.ApiOperation;
import io.swagger.annotations.ApiParam;
import ltd.newbee.mall.api.param.SaveOrderParam;
import ltd.newbee.mall.api.vo.NewBeeMallShoppingCartItemVO;
import ltd.newbee.mall.common.NewBeeMallException;
import ltd.newbee.mall.common.ServiceResultEnum;
import ltd.newbee.mall.config.annotation.TokenToMallUser;
import ltd.newbee.mall.entity.MallUser;
import ltd.newbee.mall.entity.MallUserAddress;
import ltd.newbee.mall.service.NewBeeMallOrderService;
import ltd.newbee.mall.service.NewBeeMallShoppingCartService;
import ltd.newbee.mall.service.NewBeeMallUserAddressService;
import ltd.newbee.mall.util.Result;
```

```java
import ltd.newbee.mall.util.ResultGenerator;
import org.springframework.util.CollectionUtils;
import org.springframework.web.bind.annotation.PostMapping;
import org.springframework.web.bind.annotation.RequestBody;
import org.springframework.web.bind.annotation.RequestMapping;
import org.springframework.web.bind.annotation.RestController;

import javax.annotation.Resource;
import java.util.Arrays;
import java.util.List;

@RestController
@Api(value = "v1", tags = "新蜂商城订单操作相关接口")
@RequestMapping("/api/v1")
public class NewBeeMallOrderAPI {

    @Resource
    private NewBeeMallShoppingCartService newBeeMallShoppingCartService;
    @Resource
    private NewBeeMallOrderService newBeeMallOrderService;
    @Resource
    private NewBeeMallUserAddressService newBeeMallUserAddressService;

    @PostMapping("/saveOrder")
    @ApiOperation(value = "生成订单接口", notes = "传参为地址id和待结算的购物项id数组")
    public Result<String> saveOrder(@ApiParam(value = "订单参数") @RequestBody SaveOrderParam saveOrderParam, @TokenToMallUser MallUser loginMallUser) {
        int priceTotal = 0;
        if (saveOrderParam == null || saveOrderParam.getCartItemIds() == null || saveOrderParam.getAddressId() == null) {
            NewBeeMallException.fail(ServiceResultEnum.PARAM_ERROR.getResult());
        }
        if (saveOrderParam.getCartItemIds().length < 1) {
            NewBeeMallException.fail(ServiceResultEnum.PARAM_ERROR.getResult());
        }
        List<NewBeeMallShoppingCartItemVO> itemsForSave = newBeeMallShoppingCartService.getCartItemsForSettle(Arrays.asList(saveOrderParam.getCartItemIds()), loginMallUser.getUserId());
        if (CollectionUtils.isEmpty(itemsForSave)) {
            //无数据
            NewBeeMallException.fail("参数异常");
```

```
        } else {
            //总价
            for (NewBeeMallShoppingCartItemVO newBeeMallShoppingCartItemVO :
itemsForSave) {
                priceTotal += newBeeMallShoppingCartItemVO.getGoodsCount() *
newBeeMallShoppingCartItemVO.getSellingPrice();
            }
            if (priceTotal < 1) {
                NewBeeMallException.fail("价格异常");
            }
            MallUserAddress address = newBeeMallUserAddressService.
getMallUserAddressById(saveOrderParam.getAddressId());
            if (!loginMallUser.getUserId().equals(address.getUserId())) {
                return ResultGenerator.genFailResult(ServiceResultEnum.
REQUEST_FORBIDEN_ERROR.getResult());
            }
            //保存订单并返回订单号
            String saveOrderResult = newBeeMallOrderService.saveOrder
(loginMallUser, address, itemsForSave);
            Result result = ResultGenerator.genSuccessResult();
            result.setData(saveOrderResult);
            return result;
        }
    return ResultGenerator.genFailResult("生成订单失败");
    }
}
```

该方法处理的映射地址为/api/v1/saveOrder，请求方法为POST，过程如下。

（1）验证收货地址信息，有则继续执行后续流程，否则返回异常信息。

（2）验证选中的购物项是否正确，正确则继续执行后续流程，否则返回异常信息。

（3）将购物项数据和用户信息作为参数传给业务层的saveOrder()方法进行订单生成的业务逻辑操作。

（4）如果订单生成成功，则业务层的saveOrder()方法会返回订单号。

15.3.3　订单生成逻辑的实现

下面在service包中新建订单模块的业务实现类，并实现订单生成的业务逻辑，代码如下：

```java
@Override
@Transactional
public String saveOrder(MallUser loginMallUser, MallUserAddress address,
List<NewBeeMallShoppingCartItemVO> myShoppingCartItems) {
    List<Long> itemIdList =
myShoppingCartItems.stream().map(NewBeeMallShoppingCartItemVO::getCartItemId).collect(Collectors.toList());
    List<Long> goodsIds =
myShoppingCartItems.stream().map(NewBeeMallShoppingCartItemVO::getGoodsId).collect(Collectors.toList());
    List<NewBeeMallGoods> newBeeMallGoods =
newBeeMallGoodsMapper.selectByPrimaryKeys(goodsIds);
    //检查是否包含已下架商品
    List<NewBeeMallGoods> goodsListNotSelling = newBeeMallGoods.stream()
      .filter(newBeeMallGoodsTemp ->
newBeeMallGoodsTemp.getGoodsSellStatus() != Constants.SELL_STATUS_UP)
      .collect(Collectors.toList());
    if (!CollectionUtils.isEmpty(goodsListNotSelling)) {
      //goodsListNotSelling 对象非空表示有下架商品
      NewBeeMallException.fail(goodsListNotSelling.get(0).getGoodsName() + "
已下架,无法生成订单");
    }
    Map<Long, NewBeeMallGoods> newBeeMallGoodsMap =
newBeeMallGoods.stream().collect(Collectors.toMap(NewBeeMallGoods::getGoodsId, Function.identity(), (entity1, entity2) -> entity1));
    //判断商品库存
    for (NewBeeMallShoppingCartItemVO shoppingCartItemVO :
myShoppingCartItems) {
      //查出的商品中不存在购物车中的这条关联商品数据,直接返回错误提醒
      if (!newBeeMallGoodsMap.containsKey(shoppingCartItemVO.getGoodsId())) {
        NewBeeMallException.fail(ServiceResultEnum.SHOPPING_ITEM_ERROR.getResult());
      }
      //存在数量大于库存的情况,直接返回错误提醒
      if (shoppingCartItemVO.getGoodsCount() > newBeeMallGoodsMap.get
(shoppingCartItemVO.getGoodsId()).getStockNum()) {
        NewBeeMallException.fail(ServiceResultEnum.SHOPPING_ITEM_COUNT_ERROR.getResult());
      }
    }
    //删除购物项
    if (!CollectionUtils.isEmpty(itemIdList)
&& !CollectionUtils.isEmpty(goodsIds)
```

```java
        && !CollectionUtils.isEmpty(newBeeMallGoods)) {
    if (newBeeMallShoppingCartItemMapper.deleteBatch(itemIdList) > 0) {
        List<StockNumDTO> stockNumDTOS =
BeanUtil.copyList(myShoppingCartItems, StockNumDTO.class);
        int updateStockNumResult =
newBeeMallGoodsMapper.updateStockNum(stockNumDTOS);
        if (updateStockNumResult < 1) {
            NewBeeMallException.fail(ServiceResultEnum.SHOPPING_ITEM_COUNT_
ERROR.getResult());
        }
        //生成订单号
        String orderNo = NumberUtil.genOrderNo();
        int priceTotal = 0;
        //保存订单
        NewBeeMallOrder newBeeMallOrder = new NewBeeMallOrder();
        newBeeMallOrder.setOrderNo(orderNo);
        newBeeMallOrder.setUserId(loginMallUser.getUserId());
        //总价
        for (NewBeeMallShoppingCartItemVO newBeeMallShoppingCartItemVO :
myShoppingCartItems) {
            priceTotal += newBeeMallShoppingCartItemVO.getGoodsCount() *
newBeeMallShoppingCartItemVO.getSellingPrice();
        }
        if (priceTotal < 1) {
            NewBeeMallException.fail(ServiceResultEnum.ORDER_PRICE_ERROR.
getResult());
        }
        newBeeMallOrder.setTotalPrice(priceTotal);
        String extraInfo = "";
        newBeeMallOrder.setExtraInfo(extraInfo);
        //生成订单项并保存订单项记录
        if (newBeeMallOrderMapper.insertSelective(newBeeMallOrder) > 0) {
            //生成订单收货地址快照，并保存至数据库
            NewBeeMallOrderAddress newBeeMallOrderAddress = new
NewBeeMallOrderAddress();
            BeanUtil.copyProperties(address, newBeeMallOrderAddress);
            newBeeMallOrderAddress.setOrderId(newBeeMallOrder.getOrderId());
            //生成所有的订单项快照，并保存至数据库
            List<NewBeeMallOrderItem> newBeeMallOrderItems = new ArrayList<>();
            for (NewBeeMallShoppingCartItemVO newBeeMallShoppingCartItemVO :
myShoppingCartItems) {
                NewBeeMallOrderItem newBeeMallOrderItem = new NewBeeMallOrderItem();
                //使用 BeanUtil 工具类将 newBeeMallShoppingCartItemVO 中的属性复制到
```

```
newBeeMallOrderItem 对象中
        BeanUtil.copyProperties(newBeeMallShoppingCartItemVO, newBeeMallOrderItem);
        //NewBeeMallOrderMapper 文件的 insert()方法中使用了 useGeneratedKeys,
因此 orderId 可以被获取
        newBeeMallOrderItem.setOrderId(newBeeMallOrder.getOrderId());
        newBeeMallOrderItems.add(newBeeMallOrderItem);
    }
    //保存至数据库
    if (newBeeMallOrderItemMapper.insertBatch(newBeeMallOrderItems) > 0
&& newBeeMallOrderAddressMapper.insertSelective(newBeeMallOrderAddress) > 0) {
        //所有操作成功后,将订单号返回,以供 Controller 方法跳转到订单详情
        return orderNo;
    }
    NewBeeMallException.fail(ServiceResultEnum.ORDER_PRICE_ERROR.
getResult());
    }
    NewBeeMallException.fail(ServiceResultEnum.DB_ERROR.getResult());
  }
  NewBeeMallException.fail(ServiceResultEnum.DB_ERROR.getResult());
 }
 NewBeeMallException.fail(ServiceResultEnum.SHOPPING_ITEM_ERROR.getResult());
 return ServiceResultEnum.SHOPPING_ITEM_ERROR.getResult();
}
```

订单生成的方法共有 80 行代码,先验证,再进行订单数据封装,最后将订单数据和订单项数据保存到数据库中。

结合订单生成流程图来理解订单生成过程。订单生成的详细过程如下。

(1) 检查在结算商品中是否包含已下架商品,有则抛出一个异常,无则继续执行后续流程。

(2) 检查商品数据和商品库存,如果商品数据有误或商品库存不足,则抛出异常;若一切正常,则继续执行后续流程。

(3) 对象的非空判断。

(4) 生成订单后,购物项数据需要被删除,这里调用 NewBeeMallShoppingCartItemMapper.deleteBatch()方法将这些数据批量删除。

(5) 更新商品库存记录。

(6) 判断订单价格,如果所有购物项加起来的数据为 0 或小于 0,则不继续生成订单。

(7) 生成订单号并封装 NewBeeMallOrder 对象,保存订单记录到数据库中。

(8) 封装订单项数据并保存订单项数据到数据库中。

（9）返回新订单的订单号字段值。

这里在 saveOrder()方法中同时修改了多张表的记录，为了保证事务的一致性，在该方法上添加了@Transactional 注解。一旦该方法在执行过程中发生异常，就会立刻回滚事务，否则可能出现库存已扣除，但是订单没生成的场景。

至此，订单生成的逻辑就完成了。读者在功能测试时可以关注一下数据库中的相关记录，在功能完成时购物项是否被成功删除、商品库存是否被成功修改、订单和订单项是否成功生成。订单即商品信息和用户信息的结合，需要商品信息和用户信息。当然，订单生成只是订单模块中的第一步，后续还有一些步骤需要完成。

15.4 订单支付模拟接口的实现

在新蜂商城第 1 版中，订单成功生成后会跳转到详情页面，后续步骤在订单详情页面进行操作，比如支付的发起、取消订单等。本书最终的实战项目是新蜂商城 Vue 3 版本，在该版本中对生成订单后的流程做了一些调整，如图 15-8 所示。

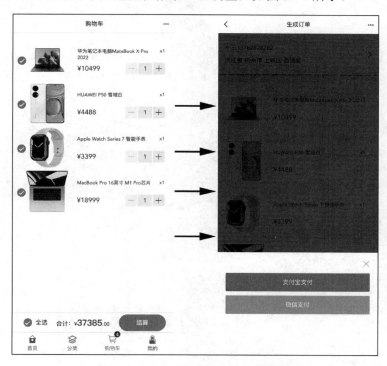

图 15-8　生成订单时的页面跳转逻辑

前端在接收到生成订单接口的成功响应后，会在订单确认页面中打开一个支付的底部弹窗，即模拟支付功能也在订单确认页面完成。由于没有公司资质，因此无法申请微信和支付宝相关的接口接入权限，只能模拟订单支付的功能。

单击支付弹窗中的任意一个按钮，就会向支付回调地址发送请求，该按钮是模拟支付成功的接口回调，表示已经支付成功，可以修改订单的状态了。

这里的处理代码如下：

```
@GetMapping("/paySuccess")
@ApiOperation(value = "模拟支付成功回调的接口", notes = "传参为订单号和支付方式")
public Result paySuccess(@ApiParam(value = "订单号") @RequestParam("orderNo")
String orderNo, @ApiParam(value = "支付方式") @RequestParam("payType") int
payType) {
  String payResult = newBeeMallOrderService.paySuccess(orderNo, payType);
  if (ServiceResultEnum.SUCCESS.getResult().equals(payResult)) {
    return ResultGenerator.genSuccessResult();
  } else {
    return ResultGenerator.genFailResult(payResult);
  }
}
```

以上是 OrderController 类中的代码，负责接收支付回调数据，参数为订单号和支付方式。根据这两个参数对订单的状态进行修改，调用的 service 层的方法为 paySuccess()，代码如下：

```
/**
 * 订单支付成功
 * @param orderNo
 * @param payType
 * @return
 */
@Override
public String paySuccess(String orderNo, int payType) {
    NewBeeMallOrder newBeeMallOrder =
newBeeMallOrderMapper.selectByOrderNo(orderNo);
    if (newBeeMallOrder != null) {
        if (newBeeMallOrder.getOrderStatus().intValue() != NewBeeMall
OrderStatusEnum.ORDER_PRE_PAY.getOrderStatus()) {
            NewBeeMallException.fail("非待支付状态下的订单无法支付");
        }
        newBeeMallOrder.setOrderStatus((byte)
NewBeeMallOrderStatusEnum.OREDER_PAID.getOrderStatus());
```

```
        newBeeMallOrder.setPayType((byte) payType);
        newBeeMallOrder.setPayStatus((byte) PayStatusEnum.PAY_
SUCCESS.getPayStatus());
        newBeeMallOrder.setPayTime(new Date());
        newBeeMallOrder.setUpdateTime(new Date());
        if (newBeeMallOrderMapper.updateByPrimaryKeySelective
(newBeeMallOrder) > 0) {
            return ServiceResultEnum.SUCCESS.getResult();
        } else {
            return ServiceResultEnum.DB_ERROR.getResult();
        }
    }
    return ServiceResultEnum.ORDER_NOT_EXIST_ERROR.getResult();
}
```

根据订单号查询订单，并进行非空判断和订单状态的判断。如果订单已经不是"待支付"状态下的订单，则不进行后续操作。如果验证通过，则将该订单的相关状态和支付时间进行修改，之后调用数据层的方法进行实际的入库操作。

15.5 订单详情接口的实现

订单详情页面是订单流程中非常重要的一个页面，接下来笔者将介绍订单详情接口的设计与编码实现。

15.5.1 订单详情页面的作用

订单详情页面是商家与用户之间最直接的一个纽带。对于商家来说，订单详情页面体现了商家对用户提供的销售服务，商品信息、订单信息、物流信息都在该页面上实时展示给用户。同时，也为商家带来了便捷，商家的任何变动情况都会实时显示在该页面上。对于用户来说，该页面中显示订单的重要信息，所有用户关心的信息都在这里展示。同时，用户也可以在该页面上实时关注订单的变化和新的动态。

订单详情页面的功能总结如下。

1. 展示基本的订单信息

（1）订单基本信息：订单号、订单状态、价格等。

（2）配送信息：物流信息、收货地址信息。

（3）商品信息：商品名称、商品图、购买数量等。

（4）发票信息：发票信息和开票状态。

（5）客服：在线联系商家或拨打电话。

2. 为用户提供订单操作

用户可以在订单详情页面上进行支付订单、取消订单、确认订单等操作。

15.5.2　订单详情页面的数据格式定义

订单详情页面的作用及需要展示的内容已介绍完毕，接下来笔者将结合实际的项目讲解订单详情页面接口返回的数据格式。

图 15-9 所示即为订单详情页面中需要渲染的内容。新蜂商城订单详情页面与淘宝网、京东商城等线上商城的订单详情页面相比，展示的内容做了调整，并没有配送信息、发票信息等，只有简单的订单信息和商品信息。

图 15-9　订单详情页面中需要渲染的内容

第15章 后端API实战之订单模块接口开发及功能讲解

对订单详情页面进行分析后，对需要返回数据的格式就比较清晰了，包括订单的基本信息，如订单号、订单状态、下单时间等字段，以及订单中关联的商品数据，如图片、名称、单价等。

订单详情 VO 对象代码如下：

```java
package ltd.newbee.mall.api.vo;

import com.fasterxml.jackson.annotation.JsonFormat;
import io.swagger.annotations.ApiModelProperty;
import lombok.Data;

import java.io.Serializable;
import java.util.Date;
import java.util.List;

/**
 * 订单详情页面VO
 */
@Data
public class NewBeeMallOrderDetailVO implements Serializable {

    @ApiModelProperty("订单号")
    private String orderNo;

    @ApiModelProperty("订单价格")
    private Integer totalPrice;

    @ApiModelProperty("订单支付状态码")
    private Byte payStatus;

    @ApiModelProperty("订单支付方式")
    private Byte payType;

    @ApiModelProperty("订单支付方式")
    private String payTypeString;

    @ApiModelProperty("订单支付实践")
    private Date payTime;

    @ApiModelProperty("订单状态码")
    private Byte orderStatus;
```

```java
    @ApiModelProperty("订单状态")
    private String orderStatusString;

    @ApiModelProperty("创建时间")
    @JsonFormat(pattern = "yyyy-MM-dd HH:mm:ss", timezone = "GMT+8")
    private Date createTime;

    @ApiModelProperty("订单项列表")
    private List<NewBeeMallOrderItemVO> newBeeMallOrderItemVOS;
}
```

订单详情 VO 对象中包括订单项列表 newBeeMallOrderItemVOS 字段,订单详情页面中展示商品信息使用的就是这个字段。NewBeeMallOrderItemVO 视图层对象代码如下:

```java
package ltd.newbee.mall.api.vo;

import io.swagger.annotations.ApiModelProperty;
import lombok.Data;

import java.io.Serializable;

/**
 * 订单详情页面订单项 VO
 */
@Data
public class NewBeeMallOrderItemVO implements Serializable {

    @ApiModelProperty("商品id")
    private Long goodsId;

    @ApiModelProperty("商品数量")
    private Integer goodsCount;

    @ApiModelProperty("商品名称")
    private String goodsName;

    @ApiModelProperty("商品图片")
    private String goodsCoverImg;

    @ApiModelProperty("商品价格")
    private Integer sellingPrice;
}
```

15.5.3 订单详情接口的编码实现

订单详情页面的请求地址被定义为/orders/{orderNo}，接收的参数为订单号。一般商城系统不会直接暴露订单 id，所以在 NewBeeMallOrderAPI 中新增 orderDetailPage()方法对这个路径请求进行处理，新增如下代码：

```
@GetMapping("/order/{orderNo}")
@ApiOperation(value = "订单详情接口", notes = "传参为订单号")
public Result<NewBeeMallOrderDetailVO> orderDetailPage(@ApiParam(value = "订单号") @PathVariable("orderNo") String orderNo, @TokenToMallUser MallUser loginMallUser) {
    return ResultGenerator.genSuccessResult(newBeeMallOrderService.getOrderDetailByOrderNo(orderNo, loginMallUser.getUserId()));
}
```

orderNo 参数是订单记录的唯一订单号，通过@PathVariable 注解读取路径中的字段值，并根据这个值调用 NewBeeMallOrderService 业务类中的 getOrderDetailByOrderNo() 方法并获取 NewBeeMallOrderDetailVO 对象。getOrderDetailByOrderNo()方法的实现方式：根据主键订单号查询数据库中的订单表并返回订单详情页面所需的数据，之后将查询到的商品详情数据响应给调用端，业务层代码如下：

```
/**
 * 获取订单详情
 *
 * @param orderNo
 * @param userId
 * @return
 */
@Override
public NewBeeMallOrderDetailVO getOrderDetailByOrderNo(String orderNo, Long userId) {
    NewBeeMallOrder newBeeMallOrder = newBeeMallOrderMapper.selectByOrderNo(orderNo);
    if (newBeeMallOrder == null) {
        NewBeeMallException.fail(ServiceResultEnum.DATA_NOT_EXIST.getResult());
    }
    if (!userId.equals(newBeeMallOrder.getUserId())) {
        NewBeeMallException.fail(ServiceResultEnum.REQUEST_FORBIDEN_ERROR.getResult());
```

```java
    }
    List<NewBeeMallOrderItem> orderItems = newBeeMallOrderItemMapper.selectByOrderId(newBeeMallOrder.getOrderId());
    //获取订单项数据
    if (!CollectionUtils.isEmpty(orderItems)) {
        List<NewBeeMallOrderItemVO> newBeeMallOrderItemVOS = BeanUtil.copyList(orderItems, NewBeeMallOrderItemVO.class);
        NewBeeMallOrderDetailVO newBeeMallOrderDetailVO = new NewBeeMallOrderDetailVO();
        BeanUtil.copyProperties(newBeeMallOrder, newBeeMallOrderDetailVO);
        newBeeMallOrderDetailVO.setOrderStatusString(NewBeeMallOrderStatusEnum.getNewBeeMallOrderStatusEnumByStatus(newBeeMallOrderDetailVO.getOrderStatus()).getName());

newBeeMallOrderDetailVO.setPayTypeString(PayTypeEnum.getPayTypeEnumByType(newBeeMallOrderDetailVO.getPayType()).getName());
        newBeeMallOrderDetailVO.setNewBeeMallOrderItemVOS(newBeeMallOrderItemVOS);
        return newBeeMallOrderDetailVO;
    } else {
        NewBeeMallException.fail(ServiceResultEnum.ORDER_ITEM_NULL_ERROR.getResult());
        return null;
    }
}
```

getOrderDetailByOrderNo()方法的编码逻辑总结如下。

（1）根据订单号 orderNo 字段查询订单数据，如果不存在，则提示错误信息；如果存在，则继续执行后续流程。

（2）判断订单的 userId 是否为当前登录的用户 id，如果不是，则为非法请求，不能查看别人的订单信息。

（3）根据订单 id 查询订单项表数据。

（4）封装 NewBeeMallOrderDetailVO 订单详情页面数据并返回。

15.6 订单列表接口的实现

订单生成后就能够在"个人中心"的订单列表中看到相关数据了。各种状态的订单都会在这个列表中显示，且商城端的订单列表也支持分页功能。

15.6.1 订单列表数据格式的定义

图 15-10 所示是新蜂商城订单列表页面中需要渲染的内容。订单列表是一个 List 对象，后端返回数据时需要一个订单列表对象。对象中的字段有订单表中的字段，也有订单项表中的字段，这些字段及列表中单项对象中的字段可以通过图 15-10 中的内容进行确认。

图 15-10　订单列表页面中需要渲染的内容

订单列表数据中有订单状态、订单交易时间、订单总价、商品标题字段、商品预览图字段、商品价格字段、商品购买数量字段。一个订单中可能会有多个订单项，所以订单 VO 对象中也有一个订单项 VO 的列表对象，订单列表中返回的 VO 对象的编码如下：

```java
package ltd.newbee.mall.api.vo;

import com.fasterxml.jackson.annotation.JsonFormat;
import io.swagger.annotations.ApiModelProperty;
import lombok.Data;

import java.io.Serializable;
import java.util.Date;
import java.util.List;

/**
 * 订单列表页面VO
 */
@Data
public class NewBeeMallOrderListVO implements Serializable {

    private Long orderId;

    @ApiModelProperty("订单号")
    private String orderNo;

    @ApiModelProperty("订单价格")
    private Integer totalPrice;

    @ApiModelProperty("订单支付方式")
    private Byte payType;

    @ApiModelProperty("订单状态码")
    private Byte orderStatus;

    @ApiModelProperty("订单状态")
    private String orderStatusString;

    @ApiModelProperty("创建时间")
    @JsonFormat(pattern = "yyyy-MM-dd HH:mm:ss", timezone = "GMT+8")
    private Date createTime;

    @ApiModelProperty("订单项列表")
    private List<NewBeeMallOrderItemVO> newBeeMallOrderItemVOS;
}
```

15.6.2 订单列表接口的编码实现

下面实现数据查询的功能。订单列表中的字段可以分别通过查询 tb_newbee_mall_order 订单表和 tb_newbee_mall_order_item 订单项表来获取。

在订单业务类中新增如下代码：

```
@Override
public PageResult getMyOrders(PageQueryUtil pageUtil) {
  int total = newBeeMallOrderMapper.getTotalNewBeeMallOrders(pageUtil);
  List<NewBeeMallOrder> newBeeMallOrders = newBeeMallOrderMapper.findNewBeeMallOrderList(pageUtil);
  List<NewBeeMallOrderListVO> orderListVOS = new ArrayList<>();
  if (total > 0) {
    //数据转换，将实体类转换成 VO
    orderListVOS = BeanUtil.copyList(newBeeMallOrders, NewBeeMallOrderListVO.class);
    //设置订单状态中文显示值
    for (NewBeeMallOrderListVO newBeeMallOrderListVO : orderListVOS) {
      newBeeMallOrderListVO.setOrderStatusString(NewBeeMallOrderStatusEnum.getNewBeeMallOrderStatusEnumByStatus(newBeeMallOrderListVO.getOrderStatus()).getName());
    }
    List<Long> orderIds = newBeeMallOrders.stream().map(NewBeeMallOrder::getOrderId).collect(Collectors.toList());
    if (!CollectionUtils.isEmpty(orderIds)) {
      List<NewBeeMallOrderItem> orderItems = newBeeMallOrderItemMapper.selectByOrderIds(orderIds);
      Map<Long, List<NewBeeMallOrderItem>> itemByOrderIdMap = orderItems.stream().collect(groupingBy(NewBeeMallOrderItem::getOrderId));
      for (NewBeeMallOrderListVO newBeeMallOrderListVO : orderListVOS) {
        //封装每个订单列表对象的订单项数据
        if (itemByOrderIdMap.containsKey(newBeeMallOrderListVO.getOrderId())) {
          List<NewBeeMallOrderItem> orderItemListTemp = itemByOrderIdMap.get(newBeeMallOrderListVO.getOrderId());
          //将 NewBeeMallOrderItem 对象列表转换成 NewBeeMallOrderItemVO 对象列表
          List<NewBeeMallOrderItemVO> newBeeMallOrderItemVOS = BeanUtil.copyList(orderItemListTemp, NewBeeMallOrderItemVO.class);
```

```
                newBeeMallOrderListVO.setNewBeeMallOrderItemVOS(newBeeMallOrderItemVOS);
            }
        }
    }
}
PageResult pageResult = new PageResult(orderListVOS, total, pageUtil.getLimit(), pageUtil.getPage());
return pageResult;
}
```

这里定义了 getMyOrders() 方法并传入 PageUtil 对象作为参数。PageUtil 对象中有分页参数和用户的 userId，并且通过 SQL 语句查询出当前 userId 下的订单列表数据和每个订单所关联的订单项列表数据。之后填充数据，即将相关字段封装到 NewBeeMallOrderListVO 对象中，并将封装好的 List 对象返回。

接下来在 NewBeeMallOrderAPI 中新增 orderList() 方法，代码如下：

```
@GetMapping("/order")
@ApiOperation(value = "订单列表接口", notes = "传参为页码")
public Result<PageResult<List<NewBeeMallOrderListVO>>>
orderList(@ApiParam(value = "页码") @RequestParam(required = false) Integer pageNumber,
                                                         @ApiParam(value = "
订单状态:0.待支付 1.待确认 2.待发货 3.已发货 4.交易成功") @RequestParam(required = false) Integer status,
                                                         @TokenToMallUser MallUser loginMallUser) {
    Map params = new HashMap(4);
    if (pageNumber == null || pageNumber < 1) {
        pageNumber = 1;
    }
    params.put("userId", loginMallUser.getUserId());
    params.put("orderStatus", status);
    params.put("page", pageNumber);
    params.put("limit", Constants.ORDER_SEARCH_PAGE_LIMIT);
    //封装分页请求参数
    PageQueryUtil pageUtil = new PageQueryUtil(params);
    return ResultGenerator.genSuccessResult(newBeeMallOrderService.getMyOrders(pageUtil));
}
```

该方法首先将分页参数和当前用户的 userId 封装到 PageQueryUtil 对象中并调用业务层的方法，然后把当前用户的订单数据按照不同的分页参数查询出来并将返回结果响应给调用端。

15.7 订单处理流程及订单状态介绍

15.7.1 订单处理流程

订单模块是整个电商系统的重中之重，甚至可以说它就是电商系统的心脏。因为订单往往决定了一个电商系统的生死，而且订单模块贯穿整个电商系统的大部分流程。各个环节都与它密不可分，从用户提交订单并成功生成订单开始，后续的整个流程都是围绕着订单模块进行的，包括从支付成功到确认收货的正常订单处理流程，以及订单取消、订单退款等一系列异常的订单处理流程。

正常的订单处理流程如图 15-11 所示。

图 15-11　正常的订单处理流程

在订单生成后，用户正常进行支付操作，商家正常进行订单确认和订单发货操作，由用户进行最后一个步骤——确认收货。这样整个正常的订单流程就走完了。

异常的订单处理流程如图 15-12 所示。

在订单入库后，用户选择不支付而直接取消订单，或者用户正常支付但是在后续流程中选择取消订单，如此订单就不是正常状态的订单了，因为它的流程并没有如预想的一样。如果流程中出现了意外事件，不仅用户可以关闭订单，商城管理员也可以在后台管理系统中关闭订单。

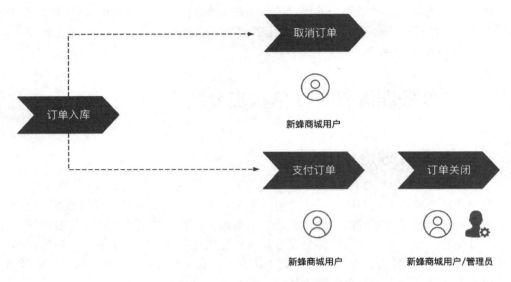

图 15-12 异常的订单处理流程

15.7.2 订单状态介绍

订单流程完善的编码实践都是围绕着订单状态的改变来做的功能实现。读者理解了订单状态及发生状态转变的逻辑,对于理解代码和商城业务有很大的帮助。

订单表中的 order_status 字段就是订单状态字段,新蜂商城订单状态的设计如下。

(1) 0:待支付。

(2) 1:已支付。

(3) 2:配货完成。

(4) 3:出库成功。

(5) 4:交易成功。

(6) −1:手动关闭。

(7) −2:超时关闭。

(8) −3:商家关闭。

以上是新蜂商城的订单状态存储的值及这个值对应的含义,与主流的商城设计类似,只是文案上有些小差别。比如状态 0,新蜂商城用"待支付"表示,其他商城可能用"待付款"表示。数字的使用也可能有差异，比如新蜂商城将订单的初始状态用数字 0 表示，而其他商城可能将订单的初始状态用数字 1 表示。

接下来详细介绍这些状态。

1. 待支付/待付款

新蜂商城用数字 0 表示这个状态。

在用户提交订单后，会进行订单入库、商品库存修改等操作。此时是订单的初始状态。目前主流的商城或常用的外卖平台，基本上在订单生成后就会唤起支付操作。因此，订单的初始状态就被称为"待支付"或"待付款"。其实它的含义是订单成功入库，也就是初始状态。新蜂商城选择用"待支付"表示。

2. 已支付/已付款/待商家确认

新蜂商城用数字 1 表示这个状态。

用户完成订单支付后，系统需要记录订单支付时间及支付方式等信息。此时成功付款，等待商家进行订单确认以便进行后续操作。这个状态被称为"已支付"或"已付款"，也可以被称为"待商家确认"。这些称谓一般由产品经理或项目负责人来决定。新蜂商城选择用"已支付"表示。

3. 配货完成/已确认/待发货

新蜂商城用数字 2 表示这个状态。

商家确认订单正常，并且可以进行发货操作，就将订单修改为这个状态。此时商家确认了订单的有效性，接下来就是发货，所以此时的状态可以被称为"已确认""待发货"或"配货完成"。新蜂商城选择用"配货完成"表示。

4. 出库成功/待收货/已发货

新蜂商城用数字 3 表示这个状态。

订单中的商品在已出库并交给物流系统后就进入了这个状态。对于仓库来说是"出库成功"，对于用户来说是"待收货"，而对于商家来说是"已发货"。新蜂商城选择用"出库成功"表示。

5. 交易成功/订单完成

新蜂商城用数字 4 表示这个状态。

用户收到此次购买的商品后，单击商城订单页面中的"确认收货"按钮，就表示订单已经完成了所有的正向步骤，此次交易成功，这个状态被称为"交易成功"或"订单完成"。新蜂商城选择用"交易成功"表示。

6. 手动关闭/已取消/订单关闭

新蜂商城用数字-1、-2、-3分别表示"手动关闭""超时关闭""商家关闭"这3种订单状态。

这些属于订单异常的状态，在付款之前取消订单或在其他状态下选择主动取消订单都会进入这种订单状态，也可以被统一称为"订单关闭"或"已取消"。

当然，现实中的订单流程还会涉及客服、订单售后、订单退款等逻辑，这些功能在本书的实战项目中并没有做具体的实现。

读者可以把本书的源码下载到本地并启动项目，结合源码和实际的操作理解。订单生成和各个状态的转换涉及多张表的数据更改，在测试时一定要注意数据库中商品、购物项、订单等数据是否被正确修改。

第 16 章

Vue 3 项目搭建及 Vite 原理浅析

随着科技的高速发展，互联网产品不断地更新迭代，业务场景也越来越复杂。现代前端开发既要保证代码的质量，又要兼顾后期的可扩展性。因此，模块化、工程化等开发形式大行其道。短短十来年的时间，前端开发便从"刀耕火种"的时代，演变到如今三大框架"你追我赶"的前端盛世。借着虚拟 DOM 的东风，各家头部科技企业都在研发属于自己的小程序应用框架，可谓是百家争鸣，好不热闹。

以史为鉴，开创未来。本章就来谈一谈前端开发的发展历史。

16.1 前端发展史

16.1.1 原始时代

在早期的网站开发中，没有"前端工程师"这个职业。开发人员负责全部的网站开发工作，通过 ASP、JSP、PHP 等语言的模板技术，直接在静态页面内调用方法，对数据库进行"增删改查"操作，从而实现在页面内的数据展示，这种方式在业内被称为"套模板"，如图 16-1 所示。

此时，很多 UI 设计师还兼顾着页面制作的任务，俗称"网页设计师"。其职责除设计好网页外，还要将设计稿转换成 HTML 文件，在浏览器上打开能看到基本的页面展示。

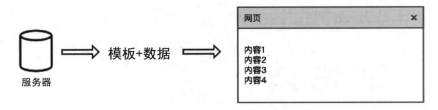

图 16-1　原始网站页面渲染流程

这种和谐的状态，随着业务量的增加，以及用户对页面交互体验需求的日益增长，逐渐被打破了。当用户在浏览器中切换页面时，整个页面会被刷新，用户越来越不能接受这样的交互；加上业务迭代带来的工作量增加，让开发人员无暇顾及页面的美观，更多地以实现功能为主；一个复杂的页面，少则几百行，多则上千行，也让后期的业务迭代和维护陷入困境。

上述种种原因，催生出一个新的职业，便是"前端工程师"。

16.1.2　Ajax 时代

2004 年 Ajax 技术的出现为前端开发打入了一针"强心剂"。Ajax 是一种在无须重新刷新网页的情况下，便能更新页面部分区域数据的技术，使用户体验到达了一个新的高度。

前端工程师的工作也发生了质的变化，以前只需要照着设计稿实现页面布局，并且在页面上添加一些简单的交互动效，便可交给后端开发人员去"套模板"。有了 Ajax 技术之后，前后端实现了分离，后端工程师的任务是抛出 API 接口，前端工程师通过 Ajax 调用接口，以此来实现数据的"增删改查"操作。

正因如此，在这个拼交互、拼体验的互联网时代，前端工程师的工作量急剧增加，随之而来的也是薪资待遇的水涨船高。

在只是使用原生 JavaScript 的情况下，随着代码量的增加，前端工程师在大型项目的代码结构把控上开始力不从心。这时大量二次封装 JavaScript 语言的工具库应运而生。2006 年，jQuery 被发布，它的竞争对手也有不少，如 Dojo、ExtJS 等。但是最终 jQuery 还是脱颖而出，在市场占有率上遥遥领先于其他工具库。

jQuery 的几个优势总结如下。

- 原生 DOM 操纵。

写过原生项目的开发人员应该有所体会。如果要编写一些复杂的操作，比如单击一个标签,让另一个标签改变样式、内容和做一些复杂的动作,所编写的代码量让人头疼。jQuery 封装了原生 JavaScript 的 API,在使用过程中对开发者十分友好。

- 浏览器兼容问题。

很多原生方法在不同的浏览器中会有一些差异,而 jQuery 已经为开发者做好了兼容策略,几乎涵盖了市面上所有的浏览器,包括让开发者十分头疼的 IE 浏览器。

- 生态强大。

强大的生态让一大批优秀的开发者前仆后继地为市场源源不断地提供好用的插件。使得在编写业务代码时总能在插件市场找到所需的插件,从而完成需求。

- 版本更新及时。

开发团队十分强大,代码更新也比较频繁。截至 2021 年 3 月 4 日,jQuery 已经更新到 3.6.0 版本,且一直有人维护。

16.1.3 MVC 时代

为了更好地管理数据和视图之间的关系,第一个 MVC 框架 Backbone.js 诞生了,服务端的 MVC 模式被"搬"到了前端。

M 即 Model,数据模型,主要负责与数据相关的任务,包括对数据的"增删改查"操作等。

V 即 View,视图,用户的可视界面。

C 即 Controller,控制器,负责监听视图中触发的用户事件,从而操作 Model 层,再将数据体现在 View 层。

MVC 模式的优点如下。

- 低耦合。

视图层和业务层分离,修改视图层的代码不再牵扯业务层的逻辑。

- 高复用。

多个视图层可以公用一个模型,不用重复地写同样的业务逻辑,大大提高了工作效率。

MVC 模式的缺点如下。

- 定义不明确。

MVC 只是一个概念,并没有明确定义开发的形式,各大厂商的 MVC 模式可能还不一样，这就导致不能通用。

- 杀鸡用牛刀。

在多数情况下，中小型项目注重的是快速迭代，业务更新速率极高，而一板一眼的 MVC 模式对于处理大量的业务需求变动有些捉襟见肘。

最终，MVC 模式还没有站稳脚跟，就被日新月异的前端技术淘汰了。

16.1.4 模块化时代

模块化时代的到来，让前端开发进入了一个高速发展的阶段。

先来聊聊 Node.js 带来的 CommonJS 模块化规范，它有如下几个概念。

- 每个文件都是一个模块，它们都有属于自己的作用域，内部定义的变量、函数都是私有的，对外是不可见的。
- 每个模块内部的 module 变量代表当前模块，是一个对象。
- module 对象的 exports 属性是对外的接口，加载某个模块其实就是在加载模块的 module.exports 属性。
- 使用 require 关键字加载模块，require 的基本功能是导入并执行一个 JavaScript 文件，并返回该模块的 exports 属性。

笔者用代码解释一下 CommonJS 模块化：

```javascript
module.exports = {
  // 根据 id，修改对应 DOM 节点的显示
  show: function (id) {
    if (id) {
      document.getElementById(id).setAttribute('style', 'display: block');
    }
  },
  // 根据 id，修改对应 DOM 节点的隐藏
  hide: function (id) {
    if (id) {
      document.getElementById(id).setAttribute('style', 'display: none');
    }
  }
}
// 可以导出单个方法
module.exports.show = function (id) {
  if (id) {
```

```
    document.getElementById(id).setAttribute('style', 'display: block');
  }
}
// 引入 utils.js
const utils = require('./utils.js');
// 使用它
utils.show('root');
```

除 CommonJS 模块化规范外，还有以 require.js 为代表的 AMD（Asynchronous Module Definition）规范和玉伯团队开发的以 sea.js 为代表的 CMD（Common Module Definition）规范。

AMD 的特点是异步加载模块，但前提条件是，初始化需要将所有的依赖项加载完毕。CMD 的特点是依赖延迟，也就是开发者常说的按需加载。

显然，CMD 的按需加载功能对开发者更有吸引力。在 AMD 模式下，初始化阶段就把全部资源加载进来，会给首屏渲染造成一定的压力。而 CMD 的按需加载减少了首屏渲染的资源数量，加快了首屏加载的速度。

当然，这些技术在如今看来都已经过时了，ES6 的出现让前端开发扬帆起航。

16.1.5　ES6 时代

历史上，JavaScript 这门弱类型语言一直没有自己的模块体系，自身无法实现文件的拆分和组合。当然，强行拆分 JavaScript 脚本也能实现简单的模块化开发，只是会"污染"全局变量，造成一些不可控的局面。

在 ES6 出现之前，想要比较规范地管理业务模块，就要借助上述提到的 require.js 和 sea.js。ES6 的出现，为前端开发带来了 ES 模块化规范，相当于给 JavaScript 加上一层强力的 Buff，使它从早期的表单验证脚本语言摇身一变，成为一门面向对象语言。

和 CommonJS 规范类似，ES 模块化规范把一个脚本文件当作一个模块，每个模块都有自己独立的作用域，不用担心"污染"全局变量的问题。ES6 的模块化采用导入（Import）和导出（Export），并且自动采用严格模式（Use Strict）。

使用 ES 模块化规范，实现第 16.1.4 节的代码。

```
// utils.js
const show = (id) => {
  if (id) {
    document.getElementById(id).setAttribute('style', 'display: block');
  }
```

```
}
const hide = (id) => {
  if (id) {
      document.getElementById(id).setAttribute('style', 'display: none');
  }
}

export {
    show,
    hide
}

// 外部引入 utils.js 脚本
import { show, hide } from './utils.js'
```

目前并不是所有的浏览器都支持 ES 模块化规范，比如 IE、Opera Mobile、UC、Baidu 等浏览器的较低版本或全部版本都不支持 ES6 的模块化开发。所以，在开发阶段可以使用 ES6，但在部署上线之前，需要通过 babel 将 ES6+ 的代码转换为 ES5 的代码，从而去适配一些低版本的浏览器环境。图 16-2 所示为浏览器适配图表。

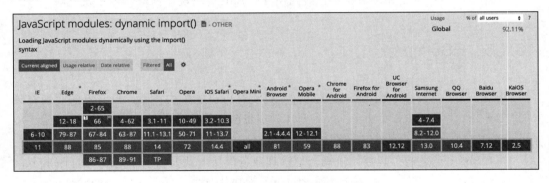

图 16-2　浏览器适配图表

16.1.6　SPA 时代

SPA（Single Page Web Application）即单页 Web 应用。简单理解就是由一个页面构成的网站，HTML 标签都是通过 JavaScript 脚本动态生成的，并且插入到页面的一个根节点。通过路由跳转页面，不会刷新页面，只是将网页内部的 DOM 节点替换了而已。采用 SPA 模式开发的网页，与服务器端只是数据上的交互，不再请求服务器端的其他网页，如图 16-3 所示。

图 16-3　网页交互示意图

用代码描述，大致如下：

```html
<!DOCTYPE html>
<html lang="en">
<head>
  <meta charset="UTF-8">
  <meta http-equiv="X-UA-Compatible" content="IE=edge">
  <meta name="viewport" content="width=device-width, initial-scale=1.0">
  <title>SPA</title>
</head>
<body>
  <div id="root"></div>
  <script src='./app.js'></script>
</body>
</html>
```

以上代码中 id 为 root 的标签就是上述提到的根节点，网页中所有的页面效果、数据交互都在 app.js 脚本文件中。而脚本做的第一件事情就是找到根节点，并通过 JavaScript 将页面渲染到根节点下，包括后续的页面跳转，都只在这一个页面中进行，这就是 SPA。

现代前端开发最流行的 SPA 框架莫过于 React、Vue、Angular 等。它们都是采用 ES6 的模块化方式编写代码的，用组件化开发的方式完成业务需求。通过 Webpack 等现代打包工具，完成代码的自动化打包，最后部署上线。

单页面开发框架的出现大幅度地提升了用户浏览网页的体验。DOM 操作都是在 JavaScript 内部完成的，不再像以前一样直接去操作 DOM。单页面开发框架将原生 App 的那一套模式运用到网页开发中来。以往的网页跳转页面都会导致浏览器中的网页刷新，而在单页面开发中，浏览器地址栏只负责变化地址，视图的更新全权交由 JavaScript 来完成。每个页面相当于一个组件，每个组件都有自己的生命周期，在切换组件的时候，会顺序地执行相应的生命周期，在相应的生命周期中，通过调用服务器端提供的 API 接口获取数据，并进行视图渲染。

16.1.7　小程序时代

2016年小程序的出现给前端开发带来了新的活力。各大厂商效仿微信，推出了自己的小程序应用。人才市场上甚至出现了小程序开发的独立工种。归根结底，小程序还是属于前端开发范畴的，只是在其内部做了特殊的标签定义，本质上并没有跳出前端开发这个领域。各大厂商的小程序应用给前端开发人员造成了一定的困扰，一个业务可能需要完成多套代码去适配各个大厂商的小程序应用。

针对上述问题，React提出的虚拟DOM技术为后来的"一套代码多端使用"成为可能。在虚拟DOM的基础上，通过复杂的操作将React、Vue转换为各个技术栈需要的代码形式，比如转换为App、小程序等代码形式，如图16-4所示。目前市面上这项技术做得比较好的有uni-app、taro。

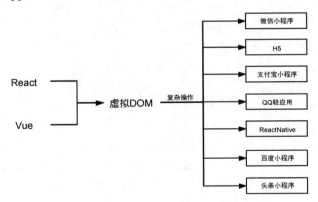

图16-4　虚拟DOM转换多端小程序示意图

16.1.8　低代码（LowCode）时代

低代码开发是一种可视化应用开发方法，即以可视化拖曳组件完成简单应用的开发工作。通过低代码开发，不同水平的开发人员能够通过图形用户界面，使用拖放式组件和模型驱动逻辑创建Web和移动应用。低代码开发减轻了非技术开发人员的压力，帮其免去了代码编写工作，同时也为专业开发人员提供了支持，帮助他们完成应用开发过程中烦琐的底层架构与基础设施任务。

业务和IT部门的开发人员可以在平台中协同，一起创建、迭代和发布应用，而所需时间只是传统方法所需时间的一小部分。这种低代码应用开发方法可针对不同用例开发各种类型的应用。

现在市面上有非常多的大厂在尝试投入研发资源，将低代码平台落地。

从上述一系列前端技术的发展可以看出，前端工程师是一个技术迭代周期很短的职业，如果想成为前端工程师，就要保持不断拥抱变化的心态，不断地学习日新月异的技术，并且尝试在自己擅长的一个前端小领域内深耕，比如小程序、可视化、工程化工具、低代码、组件库等。

16.2 认识Vue.js

早在 2013 年，就职于 Google 的尤雨溪受到 Angular 的启发，结合自己的想法，开发出一款名为 Seed 的轻量级框架。

同年 12 月，该框架更名为 Vue，版本号为 0.6。2014 年 1 月 24 日，Vue 正式对外发布，版本号为 0.8。

发布于 2014 年 2 月 25 日的 0.9 版本，有了自己的代号——Animatrix，这个名字来自动画版的《黑客帝国》。此后，Vue 重要的版本都有自己的代号。

Vue 0.12 版本发布于 2015 年 6 月 13 日，代号为 Dragon Ball（龙珠）。这时 Vue 已经被大多数前端开发人员所熟知，越来越多的新人敢于尝试新鲜事物，这样的氛围让 Vue 不断地更新迭代。笔者有幸在那时使用 Vue 制作过一些静态页面，各种指令和模板的使用将笔者从 jQuery 拼接模板的烦琐操作中解放出来。那时笔者就意识到，Vue 将会在日后的前端领域占有一席之地。

Vue 1.0 版本的代号是 Evangelion（新世纪福音战士）。这个版本是 Vue 历史上的第一个里程碑，同年，Vue-Router、Vuex、Vue-CLI 相继发布，这意味着 Vue 从一个视图层库发展为一个渐进式框架。

烦琐的业务场景促使着 Vue 吸取更多其他优秀框架的开发模式。Vue 2.0 版本的代号为 Ghost in the Shell（攻壳机动队），它是 Vue 历史上的第二个里程碑。该版本吸取了 React 提出的 Virtual DOM 概念，并且开发出服务器端渲染的功能。在为框架提高效率的同时，也为用户提供更多业务场景的使用方法。与此同时，组件化开发思想深入人心，大量与 Vue 相关的 UI 组件库如雨后春笋般相继发布，如 Vant、ElementUI、Ant Design of Vue、Vuetify、iView 等。Vue 的生态环境开始慢慢地繁荣起来。

2020 年 9 月 19 日发布的 Vue 3.0 版本的代号为 One Piece（海贼王动漫），引进了全新的 Component API，并且兼容 Options API 开发模式。在性能上，与 Vue 2 相比，Vue 3

的包更小（使用 Tree-Shaking 时可减少 41%），初始渲染速度提升 55%，更新速度提升 133%，内存使用率降低 54%。单从性能方面来说，用户会毫不犹豫地升级为 Vue 3。

和 Vue 3 一同问世的还有 Vite，官方称它为下一代前端开发与构建工具，简单地说，它是类似于 Vue-CLI 的存在，但是不同的是，Vite 利用的是原生 ESM 能力，开发环境下不构建代码，使得开发体验得到了质的飞跃。本书也会采用 Vite 来构建项目工程，后续会为读者详细介绍 Vite 的原理及使用方法。

接下来，读者需要了解以下 3 个知识点。

- HTML。
- CSS。
- JavaScript。

先来一个"开胃小菜"，用 Vue 3 写一个入门实例的代码，代码如下：

```html
<!DOCTYPE html>
<html lang="en">
<head>
  <meta charset="UTF-8">
  <meta http-equiv="X-UA-Compatible" content="IE=edge">
  <meta name="viewport" content="width=device-width, initial-scale=1.0">
  <title>开启 Vue 之旅</title>
</head>
<body>
  <div id="app">
    <p>姓名：{{ state.name }}</p>
  </div>
  <script src="https://unpkg.com/vue@next"></script>
  <script>
    // Vue 现在存在于 Window 全局变量下，所以直接通过 ES6 解构出 createApp、ref、reactive
    const { createApp, reactive } = Vue;
    const App = {
    setup() {
      const state = reactive({
        name: '尼克陈'
      })
      return {
        state
      };
    }
  };
```

```
// 通过createApp挂载实例到App节点下
createApp(App).mount("#app");
</script>
</body>
</html>
```

实例效果如图 16-5 所示。

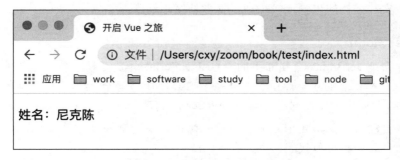

图 16-5　Vue 初始化项目效果

https://unpkg.com/vue@next 是官方提供的静态资源地址,它的作用是获取 Vue 最新版本的静态资源文件。

16.3　前端编辑器VSCode

16.3.1　前端常用编辑器介绍

工欲善其事,必先利其器。代码编辑器是开发人员日常开发必不可少的工具,选择一个称手的编辑器,能大幅度提高工作效率。前端开发人员在日常开发中经常用到的编辑器有如下几种。

1. Visual Studio Code

简介:由微软公司研发,号称是前端开发现今使用率最高的编辑器,开源项目,免费使用。

优点:开源,插件丰富,社区活跃,版本迭代更新频繁。插件的安装和卸载可直接在编辑器内操作,十分方便。

缺点:插件需要在插件市场下载并安装,配置问题需要自行解决。

2. Sublime Text

简介：它是一个文本编辑器（收费软件，可以无限期使用，但是会有激活提示弹窗），同时也是一个先进的代码编辑器。Sublime Text 是由程序员 Jon Skinner 于 2008 年 1 月开发出来的，它最初被设计为一个具有丰富扩展功能的 Vim。

优点：轻量级编辑器，内存占用比较小，很适合打开一些临时查看的文件。

缺点：安装插件的步骤比较烦琐，插件社区不活跃。

3. WebStorm

简介：它是 JetBrains 公司旗下的一款 JavaScript 开发工具，被广大中国 JavaScript 开发者誉为"Web 前端开发神器""最强大的 HTML 5 编辑器""最智能的 JavaScript IDE"等。与 IntelliJ IDEA 同源，具有 JavaScript 的部分功能。

优点：自动保存，历史记录方便回退，插件、快捷键齐全，集成 Git。可直接使用自带的控制台编译和打包代码。

缺点：收费工具，内存占用大。

4. HBuilder

简介：它是 DCloud 推出的一款支持 HTML 5 的 Web 开发 IDE。

优点：使用便捷，内部集成了很多开发常用的插件，在开发前端页面时，能通过各种快捷创建的方式一键生成需要的模板代码。

缺点：闪退、一些问题官方不能及时处理。

16.3.2　Visual Studio Code 的安装及插件介绍

笔者目前使用最频繁的编辑器是 Visual Studio Code，本书中涉及的前端编码都使用了该编辑器。接下来介绍该编辑器的安装及使用方法。

可以直接前往 Visual Studio Code 官方网站下载并安装，这里需要注意，读者要根据自己的计算机系统下载对应的版本，如图 16-6 所示。

下载并安装完成之后便可以使用 Visual Studio Code 进行项目开发了。在开发项目之前，需要"武装"一下 Visual Studio Code，下面介绍几个开发时常用的插件。

第 16 章　Vue 3 项目搭建及 Vite 原理浅析

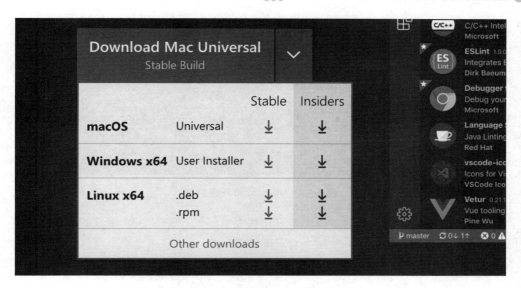

图 16-6　下载 Visual Studio Code

首先打开 Visual Studio Code 编辑器，插件下载的位置如图 16-7 所示。

图 16-7　插件下载的位置

插件一：Vetur

Vetur 是为使用 Vue 开发量身打造的插件，当用户新建一个空的 Vue 文件时，在文件内输入 Vue 关键字，就能联想出一些 Vue 文件的模板，帮助用户快速生成 Vue 模板页面，大幅度提高了开发效率，如图 16-8 所示。

图 16-8　Vetur 插件代码联想

选择上述联想出的选项后，页面会自动填充默认的 Vue 模板。每次新建 Vue 文件，不用再输入模板内容，免去了一些不必要的重复工作。

插件二：Live Server

以前将静态页面部署到一个 Web 服务器，需要使用 Browsersync 在本地启动一个服务，以此实现实时保存和刷新网页的效果。而有了 Live Server 插件之后，开发时就不必再使用 Browsersync。在 Visual Studio Code 中下载 Live Server 后，在 HTML 文件下，单击编辑器右下角的"Go Live"按钮，便会自动打开浏览器预览该网页的内容，如图 16-9 和图 16-10 所示。

图 16-9　Live Server 在 Visual Studio Code 中的位置

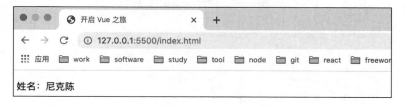

图 16-10　通过 Live Server 打开的网页

插件三：Turbo Console Log

众所周知，前端开发期间会大量地使用 console.log 方法，每次都要手动输入打印代码，十分不便。为了解决这个问题，社区的小伙伴开发出了一个叫作 Turbo Console Log 的插件，它的作用是选中变量之后，自动生成打印语句。使用方法如下。

（1）打开某段代码，选中变量后按 Ctrl + Alt + L 组合键，可自动生成打印语句。

（2）删除所有 console.log，可按 Alt + Shift + D 组合键。

（3）注释所有 console.log，可按 Alt + Shift + C 组合键。

（4）启用所有 console.log，可按 Alt + Shift + U 组合键。

插件四：Import Cost

每当引入一个 npm 包时，都会在包的后面带上文件的大小，以及打包后的文件大小，这样的好处是在开发项目的过程中，方便查看引入 npm 包的体积，提前预判项目会因为哪些文件导致打包后的静态资源过大，如图 16-11 所示。

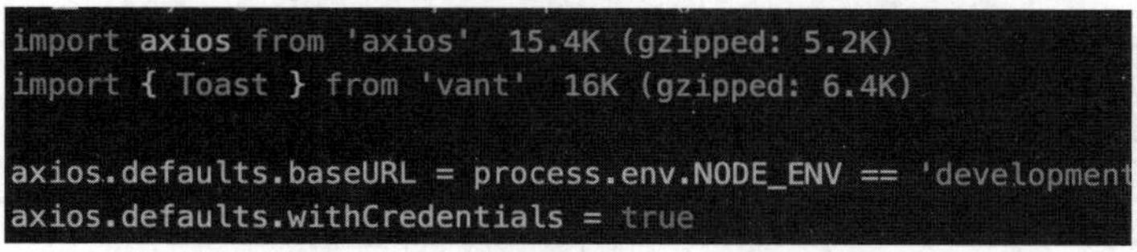

图 16-11　插件包大小示意图

插件的介绍告一段落，读者如果有其他需要，可自行前往 Visual Studio Code 插件市场搜索。

16.3.3　Visual Studio Code 内置终端的使用

Git 是开发人员日常使用的代码管理工具。打开 Visual Studio Code 编辑器，单击菜单栏中的"终端"菜单项，如图 16-12 所示。

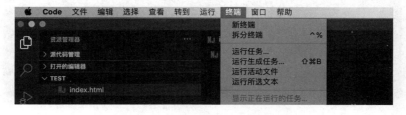

图 16-12　单击"终端"菜单项

选择"新终端"选项后,界面底部会打开终端输入框,如图 16-13 所示。

图 16-13　打开终端输入框

图 16-13 中的数字 1 代表新增终端输入框,数字 2 代表终端分屏,数字 3 代表删除当前终端输入框。

目前市面上大多数公司使用的版本管理工具就是 Git,学会如何使用它势在必行。本文不会对 Git 的使用进行详细的讲解,读者可以自行查看 Git 相关的知识点。

16.3.4　Visual Studio Code 属性设置

每个开发人员都有自己的开发习惯,比如编辑器的字号设置、代码缩进等。笔者的习惯是 16 号字和两格缩进。可以打开 Visual Studio Code,单击"Code"→"首选项"→"设置"命令,如图 16-14 所示。在打开的对话框中即可进行设置。

图 16-14　单击"Code"→"首选项"→"设置"命令

16.4 Vue.js开发方式

Vue 为开发人员提供了多种开发方式，方便开发人员在不同应用场景下找到最适合自己的开发方式。开发方式分为 3 种。

- CDN 方式。
- Vue CLI 方式。
- Vite 方式。

接下来笔者依次介绍它们的用法。

16.4.1 使用 CDN 方式

下面介绍几个国内比较稳定的 CDN，笔者建议将其下载到本地并在保存后使用，否则一旦断网，就无法正常使用了。

- Boot CDN：通过引入 CDN 制作一个简单的页面，代码如下：

```html
    <!DOCTYPE html>
<html lang="en">
<head>
  <meta charset="UTF-8">
  <meta http-equiv="X-UA-Compatible" content="IE=edge">
  <meta name="viewport" content="width=device-width, initial-scale=1.0">
  <title>加载 Boot CDN 方式</title>
</head>
<body>
  <div id="app">
    <p>姓名：{{ state.name }}</p>
  </div>
  <script src="https://cdn.bootcdn.net/ajax/libs/vue/3.1.5/vue.global.prod.min.js"></script>
  <script>
    // Vue 现在存在于 Window 全局变量下，所以直接通过 ES6 解构出 createApp、ref、reactive
    const { createApp, reactive } = Vue;
    const App = {
      setup() {
```

```
    const state = reactive({
      name: '尼克陈'
    })
    return {
      state
    };
  }
};
// 通过 createApp 挂载实例到 app 节点下
createApp(App).mount("#app");
</script>
</body>
</html>
```

- cdnjs：使用方式同上。
- jsdelivr：jsdelivr 提供的免费 CDN 服务，直接引入脚本即可使用。
- upk：它能动态获取最新的 Vue 版本资源。

16.4.2 使用 Vue CLI 方式

本书使用 NPM 进行包管理，如果觉得安装 NPM 太慢，可以使用淘宝镜像及 cnpm 命令进行包的安装。本书使用的 Node 版本是 12.6.0，NPM 的版本为 6.9.0。可以在终端通过如下命令行查看：

```
# 查看版本
node -v
npm -v
```

对于 Vue 3，使用 NPM 上可用的 Vue CLI v4.5 作为@vue/cli。如果升级，则需要全局重新安装最新版本的@vue/cli。

```
yarn global add @vue/cli
# 或
npm install -g @vue/cli
```

笔者的@vue/cli 版本为 4.5.13，通过以下指令便可新建一个项目：

```
vue create hello-world
```

运行上述指令后，终端会出现提示，如图 16-15 所示。

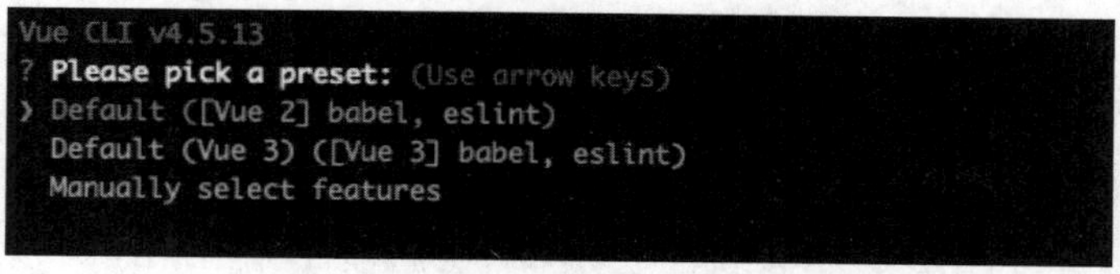

第 16 章 Vue 3 项目搭建及 Vite 原理浅析

图 16-15 终端提示

- Default([Vue 2] babel, eslint)：该选项的意思是使用 Vue 2 进行模块化开发。
- Default(Vue 3)([Vue 3] babel, eslint)：该选项的意思是使用 Vue 3 进行模块化开发。
- Manually select features：选择该选项后会显示可配置项，如图 16-16 所示。

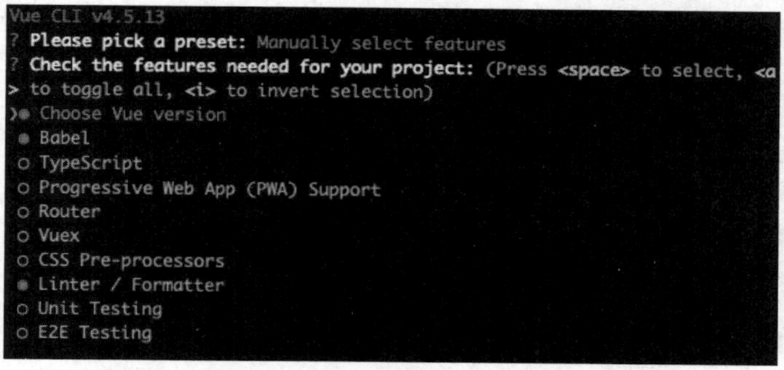

图 16-16 显示可配置项

可以根据项目的需求，定向配置所需要的技术选项。为了方便开发，在此选择第 2 个终端提示即 Vue 3 进行演示。完成创建后，进入项目，运行 npm run serve 指令，默认启动 8080 端口，浏览器显示效果如图 16-17 所示。

图 16-17 初始化项目启动后的浏览器显示效果

这样便成功运行了 Vue CLI 初始化项目。

项目目录介绍如下。

- node_modules：该文件夹内存放着前端开发需要用到的 NPM 包，使用 Vue CLI 方式构建的项目，后期在通过 Webpack 打包时，会将项目使用的 NPM 包从 node_modules 内取出进行项目构建。
- public：静态资源目录，构建之后，public 下面的文件会原封不动地被添加到 dist 中，不会被合并、压缩，多用来存放第三方插件。类似于 Vue 2 中的 static 目录。
- src/assets：构建之后，assets 目录中的文件会被合并到一个文件中，之后进行压缩，多用来存放业务级的 JavaScript、CSS 等，如一些全局的 SCSS 样式文件、全局的工具类 JavaScript 文件等。
- src/components：存放项目中的公共组件文件。
- src/App.vue：主组件。
- src/main.js：项目入口文件，初始化 Vue，并挂载主组件的地方。
- babel.cinfig.js：babel 配置项文件，可以在内部添加一些 babel 的配置项。
- vue.config.js：在初始化时并没有这个文件，但是在开发项目的过程中少不了它。它的作用是配置项目开发及打包的一些配置项，如开发模式的 devServer、打包时的配置项等。

16.4.3　使用 Vite 方式

Vite（法语的意思为快速的）是一种新型前端构建工具，能够显著提升前端开发体验。它主要由以下两部分组成。

- 一个开发服务器，它基于原生 ES 模块提供了丰富的内建功能，如速度快到惊人的模块热更新（HMR）。
- 一套构建指令，它使用 Rollup 打包代码，并且是预配置的，可输出用于生产环境的高度优化过的静态资源。

Vite 意在提供开箱即用的配置，它的插件 API 和 JavaScript API 提供了高度的可扩展性，并有完整的类型支持。笔者将会通过 Vite 开发构建本书整个商城的实战项目。

Vite 需要 Node.js 版本大于或等于 12.0.0，用户在遇到"找不到指令"的情况时，可以升级一下当前的 Node.js 版本。打开命令行工具，执行如下指令。

使用 NPM：

```
npm init vite@latest
```

使用 Yarn：

```
yarn create vite
```

之后按照提示操作即可。

还可以通过附加的命令行选项直接指定项目名称和想要使用的模板。例如，要构建一个 Vite + Vue 项目，运行如下指令：

```
// npm 6.x
npm init vite@latest my-vue-app --template vue

// npm 7+，需要额外的双横线
npm init vite@latest my-vue-app -- --template vue

// yarn
yarn create vite my-vue-app --template vue
```

在初始化项目时可以选择多个框架模板，支持的模板预设如下。

- vanilla。
- vanilla-ts。
- vue。
- vue-ts。
- react。
- react-ts。
- preact。
- preact-ts。
- lit-element。
- lit-element-ts。
- svelte。
- svelte-ts。

更多 Vite 配置信息可查阅官方文档。

完成上述配置后，根据提示操作启动项目，如图 16-18 所示。

```
→  test npm init vite@latest my-vue-app --template vue
npx: installed 6 in 1.332s

Scaffolding project in /Users/cxy/zoom/book/test/my-vue-app...

Done. Now run:

  cd my-vue-app
  npm install
  npm run dev

→  test cd my-vue-app
→  my-vue-app npm i
```

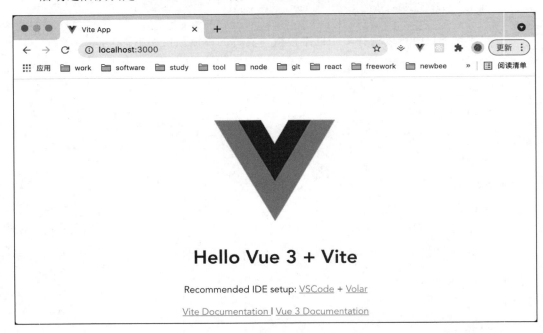

图 16-18　启动项目

启动之后默认是 localhost:3000 端口，浏览器显示效果如图 16-19 所示。

图 16-19　Vite 初始化项目的浏览器显示效果

上述 3 种 Vue.js 开发项目的方式有各自的用武之地，读者可以根据自己的需要合理地选择适合项目需求的开发方式。

本书将采用 Vite 方式进行项目开发工作，接下来详细介绍 Vite 是何方神圣。

16.5 Vite 原理浅析

工具永远是服务需求的。综观整个前端生态的项目构建工具，有服务 React 生态的 create-react-app、UMI、Next.js 等，也有服务 Vue 生态的 Vue CLI、Vite、Nuxt.js 等。它们都是耳熟能详的团队和大佬为了解决各自需求而研发出来的前端构建工具。开发人员要做的就是根据项目的需求，进行合理的选择和学习。其实，在一个开发人员没有决定权的时候，公司用什么，就要去学什么；在一个开发人员有话语权且能自己抉择的时候，哪个开发起来比较便捷，就用哪个。

在这些构建工具中，有一个工具比较特殊，那就是 Vite。它是尤雨溪在发布 Vue 3 时，同步推出的一款前端构建工具。Vite 不仅服务于 Vue，也对其他的框架如 React、Svelte、Preact 有一定的支持。

16.5.1 Vite 是什么

引用官方的一句话来介绍它，Vite 是"下一代前端开发与构建工具"，其特点总结如下。

（1）快速启动，Vite 会在本地启动一个开发服务器来管理开发环境的资源请求。

（2）相比 Webpack 开发环境的打包构建，Vite 在开发环境下是无须打包的，热更新相比 Webpack 会快很多。

（3）原生 ES 模块化，请求什么就响应什么。而 Webpack 是在将资源构建好后，根据开发人员的需要分配想要的资源。

尤雨溪在发布 Vite 前，发布了一条微博，如图 16-20 所示。

从话语间可以看出，尤雨溪团队对该打包工具也是寄予厚望的。

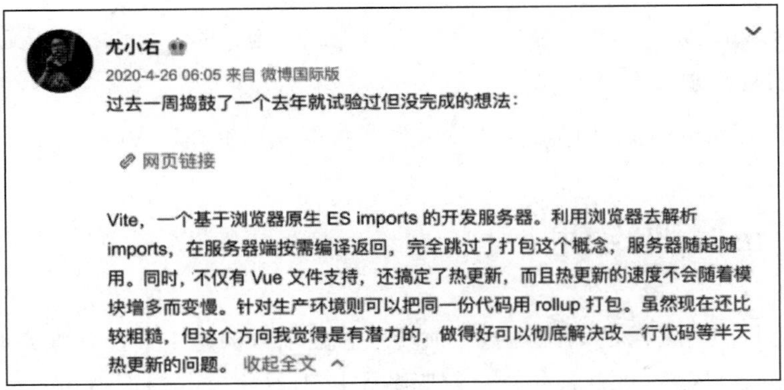

图 16-20　尤雨溪微博

16.5.2　Vite 与 Webpack 相比的优势

为什么说 Vite 是下一代前端开发与构建工具，是不是当代构建工具出了什么问题？

当前的前端构建工具有很多，比较受欢迎的有 Webpack、Rollup、Parcel 等，绝大多数脚手架工具都是使用 Webpack 作为构建工具的，如 Vue-CLI。

在利用 Webpack 作为构建工具时，开发过程中每次修改代码，都会导致重新编译，随着项目代码量的增多，热更新的速度也随之变慢，甚至要等几秒钟才能看到视图的更新。

在生产环境下，Webpack 通过编码的方式将各个模块联系在一起，最终生成一个庞大的 Bundle 文件。

导致这些问题出现的原因有以下几点。

（1）在 HTTP 1.1 时代，各个浏览器资源请求并发是有上限的（如谷歌浏览器为 6 个），这导致开发人员必须减少资源请求数。

（2）浏览器并不支持 CommonJS 模块化系统（它是 Node 提出的模块化规范，不能直接运行在浏览器环境下，需要经过 Webpack 打包，编译成浏览器可识别的 JavaScript 脚本）。

（3）模块与模块之间的依赖顺序和管理问题（文件依赖层级越多，静态资源就越多，如果一个资源有 100 个依赖关系，就可能需要加载 100 个网络请求，这对于生产环境来说可能是灾难，所以在生产环境中最终会打包成一个 Bundle 文件，提前进行资源按需加载的配置）。

那么为什么现在又出现了不打包的构建趋势？

（1）工程越来越庞大，热更新变得缓慢，十分影响开发体验，促使开发人员不断创新，不断尝试着突破瓶颈。

（2）各大浏览器已经开始支持原生 ES 模块化（谷歌、火狐、Safari、Edge 的最新版本都已支持）。

（3）HTTP 2.0 采用多路复用，不用太担心请求并发量的问题。

（4）越来越多的 NPM 包开始采用原生 ESM 的开发方式。虽然还有很多包不支持，但是笔者相信这将是趋势。

Bundle（Webpack）和 Bundleless（Vite）的区别如表 16-1 所示。

表 16-1　Bundle（Webpack）和 Bundleless（Vite）的区别

对比项	Bundle(Webpack)	Bundleless(Vite)
开发环境启动	需完成打包构建，存入内存后才能启动	只需启动开发服务器，按需加载
项目构建时间	随项目体积线性增加	构建时间复杂度O(1)
文件加载	加载打包后的 Bundle	通过请求，映射到本地
文件更新	重新打包构建	不重新打包
开发调试	依赖 Source Map	可单文件直接调试
周边生态	丰富多彩	寥寥无几

16.5.3　Vite 构建原理

众所周知，Vite 的生产模式和开发模式是不同的概念。首先要明确一点，Vite 在开发模式下，有一个依赖预构建的概念。

1. 什么是依赖预构建

在 Vite 启动开发服务器之后，它将第三方依赖的多个静态资源整合为一个，比如 lodash、qs、axios 等资源包，存放在 node_modules/.vite 文件下。

2. 为什么需要依赖预构建

如果直接采用 ES 模块化的方式开发代码，就会产生一大串依赖，好像俄罗斯套娃，一层一层地嵌套，在浏览器资源有限的情况下，同时请求大量的静态资源会造成浏览器的卡顿，并且资源响应的时间也会变慢。

下面不通过 Vite，用手动搭建原生 ES 模块化的开发方式，通过引入 lodash-es 包，实现一个数组去重的小例子，来详细分析为什么需要依赖预构建。

新建 test1 文件夹，通过 npm init -y 命令初始化一个前端工程，完成后如图 16-21 所示。

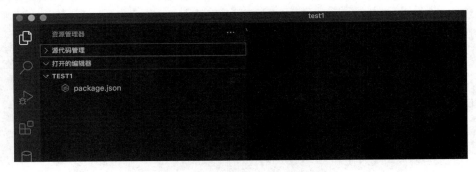

图 16-21　初始化一个前端工程

手动新建 index.html，通过 Script 标签，引入 main.js。这里注意，需要将 type 属性设置为 module，这样才能支持 ES 模块化开发。

通过 NPM 安装 lodash-es，这里不使用 lodash，是因为 lodash 不是通过 ES 模块化方式开发的，直接通过相对路径引入会报错，需要通过 Webpack 打包构建。

```
npm i lodash-es
```

新建 main.js，并添加去重逻辑：

```
import uniq from './node_modules/lodash-es/uniq.js'
const arr = [1, 2, 3, 3, 4]
console.log(uniq(arr))
```

使用 Visual Studio Code 的插件 Live Server（如图 16-22 所示）启动项目。

图 16-22　Live Server 插件

在项目中双击 index.html，之后单击界面右下角的"Go Live"按钮，如图 16-23 所示。

图 16-23　单击"Go Live"按钮

这时自动启动一个 Web 服务，浏览器自动被打开，如图 16-24 所示。

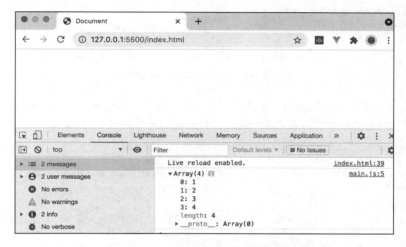

图 16-24　启动一个 Web 服务并自动打开浏览器

结果正确，数组中重复的"3"被删除了。接下来是关键的一点，打开浏览器控制台中的"Network"选项卡，查看资源引入情况，如图 16-25 所示。

图 16-25　查看资源引入情况

只是获取去重方法，却意外引入了 59 个资源，这是为什么呢？

先查看 main.js 中的代码，如图 16-26 所示。

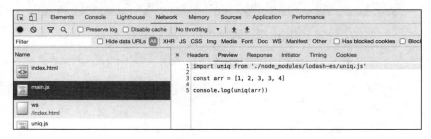

图 16-26　查看 main.js 中的代码

代码中只在首行通过 import 引入了 "./node_modules/lodash-es/uniq.js"，所以 uniq.js 是作为资源被引入进来的。再看看 uniq.js 中的代码，如图 16-27 所示。

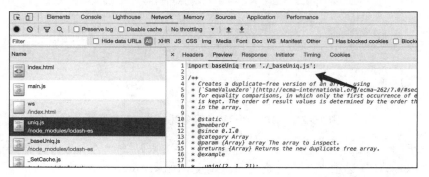

图 16-27　查看 uniq.js 中的代码

在 uniq.js 代码中，首行通过 import 引入了_baseUniq.js，继续查看代码，如图 16-28 所示。

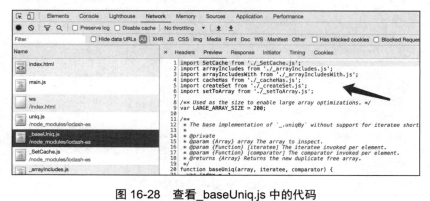

图 16-28　查看_baseUniq.js 中的代码

在 _baseUniq.js 代码中，引入了图 16-28 中箭头处的一些脚本，这种俄罗斯套娃的模式会一直引用与 uniq.js 相关的所有脚本代码。

这只是一个 Uniq 方法，就引入了 59 个资源，也就是 Chrome 浏览器能跟它博弈几个回合，引入的包再多一些，Chrome 浏览器也会顶不住吧！

因此，这时 Vite 便引入了依赖预构建的概念。

16.5.4 依赖预构建浅析

同样地，再通过 Vite 构建一个 Vue 项目，去实现上述逻辑，观察 Vite 是怎样实现的。

首先通过 Vite 指令生成项目：

```
npm init @vitejs/app test2 --template vue
```

安装 lodash-es，修改入口脚本 main.js：

```
import uniq from 'lodash-es/uniq.js'

const arr = [1, 2, 3, 3, 4]

console.log(uniq(arr))
```

打开浏览器控制台中的 "Network" 选项卡，查看资源引入情况，如图 16-29 所示。

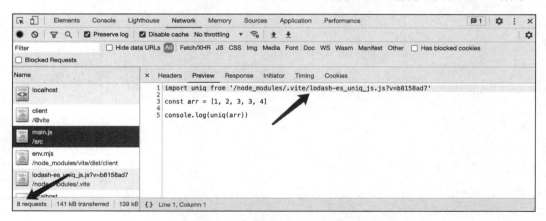

图 16-29　查看静态资源 main.js

注意图 16-29 中箭头处的代码，执行 npm run dev 后，脚本中引用 lodash-es-uniq 的路径是在/node_ modules/.vite 文件夹下，并且左下角的请求资源数也没有之前原生 ES 模块化时的请求资源数多，少了足足 51 个资源请求。

再查看一下文件目录，如图 16-30 所示。

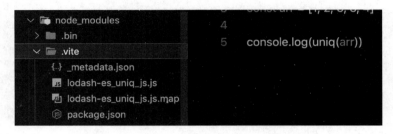

图 16-30　node_modules 目录中的.vite 文件

lodash-es-uniq 已经被 Vite 提前预编译到.vite 文件夹下了，这样代码就可以直接去.vite 文件夹"拿"现成的包，不必再递归加载很多静态资源脚本了。

第 17 章 Vue.js 数据绑定

学习一门新技术，若想将它学好学精，必须先从它的基本语法开始学习。本章将讲解 Vue.js 的基本知识，让读者掌握 Vue.js 的使用方法，为学习后半程的实战部分打下坚实的基础。

17.1 Vue.js 指令

数据绑定是前端开发最终的目的，所有的努力都是为了将数据渲染在浏览器上，让用户直观地看到。Vue.js 提供了多种数据绑定的形式，下面笔者逐一分析每种数据绑定的使用方式和场景。

17.1.1 Mustache 插值

Vue.js 的数据绑定简单理解就是将 Script 中定义的属性渲染到模板上。在 Vue 2 中，需要将属性定义在 data 下。

而在 Vue 3 中，可以继续沿用 Vue 2 的写法，不过也要了解使用 Vue 3 定义数据的方法。

在 setup 方法内，通过 reactive 方法或 ref 方法定义响应式变量，最终返回给模板使用。

示例代码如下：

```
setup() {
```

```
  const state = reactive({ name: '尼克陈' })

  return { state }
}
```

在Vue.js中,最常用的绑定数据的方法就是双大括号,如{{ 属性名 }}。双大括号中的属性名为上述函数返回的state下的属性。示例代码如下:

```
<template>
  <!--通过双大括号显示state下的name属性-->
  <div>{{ state.name }}</div>
</template>

<script>
// Vue 3通过import的形式引入构造双向绑定数据的reactive方法
import { reactive } from 'vue'
export default {
  setup() {
    // 构造响应式数据state
    const state = reactive({ name: '尼克陈' })
    // 必须通过return返回,目的是让模板可以获得返回的属性,这里可以是方法和变量
    return { state }
  }
}
</script>
```

示例运行效果如图17-1所示。

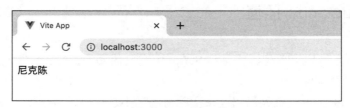

图17-1　示例运行效果

17.1.2　v-text指令

v-text指令的作用是更新元素的textContent。如果更新部分textContent,则需要使

用 Mustache 插值（双大括号）。正因为 v-text 指令没有 Mustache 插值方式那么灵活，所以在业务中使用的频率比较低，多数开发人员会选择用 Mustache 插值，在排序上会灵活一些。v-text 指令的使用方式如下：

```
<span v-text="state.name"></span>
<!-- 等价于 -->
<span>{{state.name}}</span>
```

17.1.3　v-html 指令

v-html 指令的作用是更新元素的 innerHTML。在标签上使用它，Vue.js 会将属性值以 HTML 的形式插入到相应的节点。类似"这里是一段文本"这样的值，通过 v-html 指令转换后，会在相应的节点直接插入一个 p 标签，并且展示相应的内容，注意事项总结如下。

- 因为内容按普通 HTML 插入，不会作为 Vue 模板进行编译，所以不要用 v-html 组合模板。
- 在网站上动态渲染任意 HTML 是非常危险的，容易导致 XSS 攻击。只在可信内容上使用 v-html，不可用于用户提交的内容。
- 通过 v-html 渲染的标签是不会被当前文件中带有 scoped 作用域的 style 样式渲染的，因为那部分 HTML 没有被 Vue 的模板编译器处理。也就是说，如果想要被渲染的 HTML 获得样式，可以事先写好行内样式，或者在当前文件下新增一个全局 style 标签，用于渲染那部分 HTML。

完整的示例代码如下：

```
<template>
  <div v-html="state.code"></div>
</template>

<script>
import { reactive } from 'vue'
export default {
  setup() {
    const state = reactive({ code: '<p>我是一个段落</p>' })
    return { state }
  }
}
</script>
```

示例运行效果如图 17-2 所示。

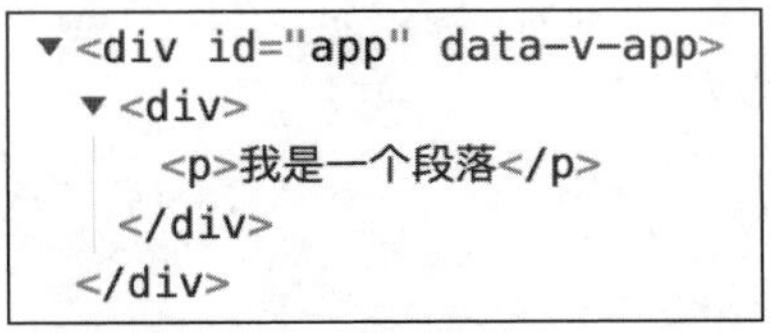

```
▼<div id="app" data-v-app>
  ▼<div>
      <p>我是一个段落</p>
    </div>
  </div>
```

图 17-2　示例运行效果

17.1.4　v-once 指令

顾名思义，v-once 指令的作用是只渲染元素和组件一次，之后重新渲染时，元素、组件及其所有的子节点将被视为静态内容并跳过，可以用于更新性能。比如有这样一个场景，身份证属性是从接口获取的，最终渲染到页面上，只需要渲染一次，并且后面的修改都对其无效，示例代码如下：

```
<template>
  <!--单次渲染绑定-->
  <span v-once>我的身份证号码是：{{state.idCard}}</span>
  <!--单击修改事件-->
  <button @click="change">单击修改</button>
</template>

<script>
import { reactive } from 'vue'
export default {
  setup() {
    const state = reactive({ idCard: '330327199308021723' })
        // 修改函数
    const change = () => {
      state.idCard = 'xxx'
    }
    return { state, change }
  }
}
</script>
```

在单击"单击修改"按钮后，页面上的数据还是原来的，示例运行效果如图 17-3 所示。

第 17 章　Vue.js 数据绑定

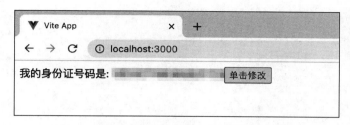

图 17-3　示例运行效果

17.1.5　v-memo 指令

v-memo 指令是 Vue 3.2+版本推出的新指令。它接收一个数组，作用是记住一个模板的子树，在元素和组件上都可以使用。该指令接收一个固定长度的数组作为依赖值进行记忆比对。如果数组中的每个值都和上次渲染时的值相同，则整个子树的更新会被跳过。它和 v-once 指令在某种程度上有些类似，当 v-memo 指令接收的值为空数组时，其作用就相当于 v-once 指令。

反之，当 v-memo 指令接收的参数是[a, b]，且 a 或 b 没有变动时，对这个 div 标签及它的所有子节点的更新都将被跳过。事实上，即使是虚拟 DOM 的 VNode 创建也将被跳过，因为子树的记忆副本可以被重用。

v-memo 指令多被用于一些性能优化，使用场景比较少，在面试中也常用于一些优化策略的考点。举一个比较极端的例子，有 1000 个 checkbox 列表，此时单击某个 checkbox，整个列表如果被刷新，则性能的消耗会很大，此时 v-memo 指令就派上用场了，示例代码如下：

```
<template>
  <div v-for="item in state.list" :key="item" v-memo="[item == state.selected]">
    <input type="checkbox" :checked="item == state.selected" @click="change(item)">
  </div>
</template>

<script>
import { reactive } from 'vue'
export default {
  setup() {
    // 生成 0~100000 的数组
    const state = reactive({ list: [...Array(100000).keys()], selected: 0 })
```

```
      // 修改当前选中的索引
    const change = (index) => {
      state.selected = index
    }
    return { state, change }
  }
}
</script>
```

当组件的 selected 状态发生变化时，即使绝大多数 item 都没有发生任何变化，大量的 VNode 仍将被创建。此处使用的 v-memo 指令本质上代表着"仅在 item 从未被选中变为被选中时更新它，反之亦然"。它允许每个未受影响的 item 重用之前的 VNode，并完全跳过差异比较。注意，不需要把 item.id 包含在记忆依赖数组里面，因为 Vue 可以自动从 item 的":key"中把它推断出来。

注意：在 v-for 中使用 v-memo 指令时，要确保它们被用在了同一个元素上。v-memo 指令在 v-for 内部是无效的。

17.1.6　v-cloak 指令

v-cloak 指令的作用是让 Mustache 插值方式绑定数据的双大括号不会在屏幕上闪现，需要结合 CSS 规则一起使用，示例代码如下：

```
[v-cloak] {
  display: none;
}

<div v-cloak>
  {{ message }}
</div>
```

当给标签加上 v-cloak 指令时，{{ message }} 会被隐藏，直到组件实例准备完毕。

17.1.7　v-bind 指令

在平时的编程开发中，v-bind 指令常被用于变量属性的绑定，如 style 属性、class 属性、value 属性、src 属性、type 属性等。只要是标签的原生属性，都可以使用 v-bind

指令进行绑定，也可以直接用":"（冒号）简写，如":style"。示例代码如下：

```
<template>
  <div>
    <!--内联样式绑定-->
    <div v-bind:style="state.style">测试</div>
    <div v-bind:style="[styleA, styleB]"></div>
    <!--绑定 value-->
    <input type="text" v-bind:value="state.value">
    <!--缩写形式-->
    <input type="text" v-bind:value="state.value">
    <!--绑定 src-->
    <img style="width: 50px" v-bind:src="state.src" alt="">
    <!--内联字符串拼接-->
    <img :scr="'/assets/img' + index + '.png'">
    <!--class 绑定-->
    <div :class="{ test: isTrue }"></div>
    <div :class="[classA, classB]"></div>
    <div :class="[classA, { classB: true, classC: false }]"></div>
  </div>
</template>

<script>
import { reactive } from 'vue'
export default {
  setup() {
    const state = reactive({
      style: {
        color: 'red',
        fontSize: '40px' // 注意样式以对象形式编写，需要写成驼峰形式
      },
      value: '测试',
      src: 'https://s.yezgea02.com/1634796191388/logo%20(1).png'
    })
    return { state }
  }
}
</script>
```

　　v-bind 指令也可以用于动态绑定组件 prop 到表达式，在绑定 prop 时，prop 必须在子组件中声明。可以用修饰符指定不同的绑定类型。示例代码如下：

```
<!-- prop 绑定。"prop" 必须在 my-component 中声明 -->
```

```
<my-component :prop="someThing"></my-component>

<!-- 将父组件的 props 一起传给子组件 -->
<child-component v-bind="$props"></child-component>

<!-- XLink -->
<svg><a :xlink:special="foo"></a></svg>
```

当在一个元素上设置一个绑定时，Vue 会默认通过 in 操作检测该元素是否有一个被定义为 property 的 key。

如果该 property 被定义了，Vue 就会将这个值设置为一个 DOM property 而不是 attribute。大多数情况下，这样工作是正常的，也可以通过.prop 或.attr 修饰符显性地覆写这个行为。有的时候这是必要的，尤其是基于自定义元素的工作。

17.1.8　指令的缩写

Vue.js 中会出现大量 v-bind 指令和 v-on 指令，前者用于绑定数据，后者用于监听各类 DOM 事件，如 click、change 等。每次编写都写全 v-bind:和 v-on:会比较烦琐，于是 Vue.js 为开发人员提供了它们的简写形式，示例代码如下：

```
<!--完整形式-->
<div v-bind:id="test"></div>
<!--简写形式-->
<div :id="test"></div>

<!--完整形式-->
<div v-on:click="testFunc"></div>
<!--简写形式-->
<div @click="testFunc"></div>
```

17.2　Vue.js双向绑定

本节主要讲解 Vue.js 中的 v-model 指令，并结合各类表单标签讲解它的使用方法。在日常开发中，开发人员会频繁地接触表单类型的需求，一旦有这方面的需求，就避免不了使用 v-model 指令，它能根据用户的输入将绑定的参数动态地反映到代码的变量中，修改代码中绑定 v-model 的变量后，就会在页面中体现。

17.2.1　v-model 指令的使用

v-model 指令本质上是一种语法糖形式的写法，在表单标签上加上该指令，标签上的初始值将会被忽略。换句话说，若是在 input 标签上加上 v-model 指令，那么 input 中的 value 将会失效，转而替代 value 的是绑定 v-model 的变量。来看一个简单的小示例：

```
<input v-model="value" />
```

它相当于如下代码：

```
<input v-bind:value="value" @input="value = $event.target.value" />
```

上述代码的意思是，通过@input 监听了 input 标签的输入事件，从而将 value 赋值给 v-bind:value，最终实现数据双向绑定的效果。

编写一个完整示例：

```
<template>
  <div>
    <!--双向绑定-->
    <input type="text" v-model="state.value"><br/>
    <p>{{ state.value }}</p>
  </div>
</template>

<script>
import { reactive } from 'vue'
export default {
  setup() {
    const state = reactive({
      value: '测试'
    })
    return { state }
  }
}
</script>
```

在文本框中输入"1234"，文本框下面的插值也会随之变化，示例运行效果如图 17-4 所示。

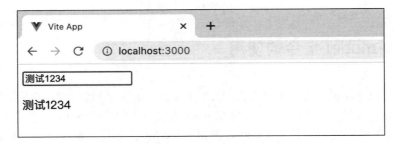

图 17-4 示例运行效果

17.2.2 在 select 标签中使用 v-model 指令

在 select 标签中可以使用 v-model 指令实现数据的双向绑定。

假设一个应用场景，通过 select 标签，列出 React、Vue、Angular 3 个前端框架，当单击其中一个时，就会在页面中显示出来。完整示例代码如下：

```
<template>
  <div>
    <!--通过 v-model 实现 select 数据的双向绑定-->
    <select name="fe" v-model="state.fe">
      <option value="React">React</option>
      <option value="Vue">Vue</option>
      <option value="Angular">Angular</option>
    </select>
    <!--选中值的展示-->
    <p>选中：{{ state.fe }}</p>
  </div>
</template>

<script>
import { reactive } from 'vue'
export default {
  setup() {
    const state = reactive({
      fe: 'Vue'
    })
    return { state }
  }
}
</script>
```

这里需要注意，fe 需要被赋值默认值，因为当 select 标签被 v-model 指令修饰的时候，它的默认值就变成了 v-model 绑定的值。

示例运行效果如图 17-5 和图 17-6 所示。

图 17-5　示例运行效果 1

图 17-6　示例运行效果 2

17.2.3　在 radio 标签中使用 v-model 指令

在 radio 标签中使用 v-model 指令可以完成数据的双向绑定。

假设一个应用场景，通过定义 3 个 radio 标签，列出 React、Vue、Angular 3 个前端框架，当单击其中一个时，就会在页面中显示出来。完整示例代码如下：

```
<template>
  <div>
    <div>
      <label>React</label>
      <!--radio 结合 v-model 实现数据的双向绑定-->
      <input type="radio" v-model="state.fe" value="React" />
    </div>
    <div>
      <label>Vue</label>
      <!--radio 结合 v-model 实现数据的双向绑定-->
      <input type="radio" v-model="state.fe" value="Vue" />
```

```
    </div>
    <div>
      <label>Angular</label>
      <!--radio 结合 v-model 实现数据的双向绑定-->
      <input type="radio"  v-model="state.fe" value="Angular" />
    </div>
    <p>选中: {{ state.fe }}</p>
  </div>
</template>

<script>
import { reactive } from 'vue'
export default {
  setup() {
    const state = reactive({
      fe: 'Vue'
    })
    return { state }
  }
}
</script>
```

示例运行效果如图 17-7 和图 17-8 所示。

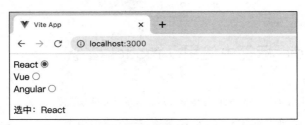

图 17-7　示例运行效果 1

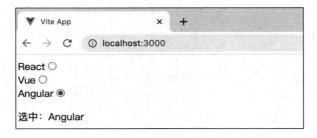

图 17-8　示例运行效果 2

17.2.4　在 checkbox 标签中使用 v-model 指令

在 checkbox 标签中使用 v-model 指令可以完成数据的双向绑定。

多选框在开发中使用的频率是非常高的，特别是在后台管理系统中，多用于表单的筛选。

继续使用上述场景，通过 checkbox 标签实现数据的双向绑定，完整示例代码如下：

```
<template>
  <div>
    <div>
      <label>React</label>
      <!--checkbox 结合 v-model 实现数据的双向绑定-->
      <input type="checkbox" v-model="state.fe" value="React" />
    </div>
    <div>
      <label>Vue</label>
      <!--checkbox 结合 v-model 实现数据的双向绑定-->
      <input type="checkbox" v-model="state.fe" value="Vue" />
    </div>
    <div>
      <label>Angular</label>
      <!--checkbox 结合 v-model 实现数据的双向绑定-->
      <input type="checkbox" v-model="state.fe" value="Angular" />
    </div>
    <p>选中: {{ state.fe }}</p>
  </div>
</template>

<script>
import { reactive } from 'vue'
export default {
  setup() {
    const state = reactive({
      fe: ['Vue']
    })
    return { state }
  }
}
</script>
```

这里需要注意，fe 变量的初始值是一个数组，因为 checkbox 标签双向绑定返回的内容是一个数组，示例运行效果如图 17-9 所示。

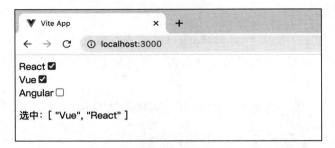

图 17-9　示例运行效果

17.2.5　在 a 标签中使用 v-bind:指令

a 标签是开发过程中使用频率非常高的一个标签，用于跳链。可以使用 v-bind:指令将变量绑定到 a 标签的属性上。

下面是一个示例，声明 href 和 target 变量，通过 v-bind:指令绑定到 a 标签上，示例代码如下：

```
<template>
  <div>
    <!--通过 v-bind: 动态绑定标签属性-->
    <a v-bind:href="state.href" v-bind:target="state.target">百度一下</a>
  </div>
</template>

<script>
import { reactive } from 'vue'
export default {
  setup() {
    const state = reactive({
      href: 'https://www.baidu.com',
      target: '_blank'
    })
    return { state }
  }
}
</script>
```

示例运行效果如图 17-10 所示。

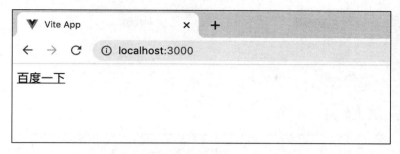

图 17-10 示例运行效果

17.2.6 v-model 指令的修饰符

除 v-model 指令的一些常规用法外，Vue.js 还为开发人员提供了在特殊场景下的绑定方式，以修饰符的方式实现这些特殊场景。通常用小数点（.）加修饰符名称来表示该指令以哪种特殊方式绑定。

v-model 指令目前有以下 3 种修饰符。

- v-model.lazy：它监听的是 change 事件，而不是 input 事件。
- v-model.number：自动将用户输入的字符串转换为数字。
- v-model.trim：过滤输入的首尾空格。

1. v-mode.lazy 详解

当不添加.lazy 修饰符时，使用 v-model 指令绑定的变量，在输入数据时会实时地体现在视图上，示例代码如下：

```
<template>
  <div>
    <input type="text" v-model="state.msg">
    <span>{{ state.msg }}</span>
  </div>
</template>

<script>
import { reactive } from 'vue'
export default {
  setup() {
```

```
    const state = reactive({
      msg: ''
    })
    return { state }
  }
}
</script>
```

示例运行效果如图 17-11 所示。

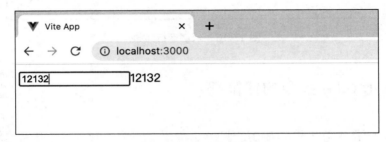

图 17-11 示例运行效果

添加 .lazy 修饰符后,再次尝试上述操作,看看会有什么变化,示例代码如下:

```
<template>
  <div>
    <input type="text" v-model.lazy="state.msg">
    <span>{{ state.msg }}</span>
  </div>
</template>

<script>
import { reactive } from 'vue'
export default {
  setup() {
    const state = reactive({
      msg: ''
    })
    return { state }
  }
}
</script>
```

示例运行效果如图 17-12 所示。

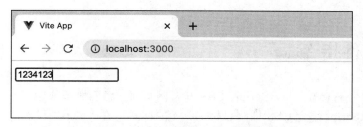

图 17-12　添加修饰符后的示例运行效果

在文本框中输入信息，没有实时更新到{{ msg }}中，这是因为加了.lazy 修饰符后，input 标签不再监听 input 事件。

转而采用 change 事件进行同步，也就是说当文本框失去焦点的时候，数据就会更新，示例运行效果如图 17-13 所示。

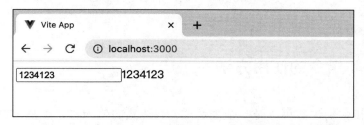

图 17-13　采用 change 事件同步的示例运行效果

2. v-model.number 详解

在文本框中输入信息，默认是字符串的形式，而添加.number 修饰符后，将自动转为数字。示例代码如下：

```
<input type="text" v-model.number="state.msg">
```

有些读者可能会有疑惑，将 type 属性设置为 number，不就能得到数字类型了吗？

答案是否定的，即便设置 type 属性为 number，最终得到的值也是字符串。因此在某些数字场景下，.number 修饰符非常好用，它可以为开发人员省去很多转换的步骤，简化代码结构。

3. v-model.trim 详解

.trim 修饰符比较好理解，它的作用就是它的字面含义，将输入的内容去除前后的空格。示例代码如下：

```
<input type="text" v-model.trim="state.msg">
```

17.3 条件指令

在使用原生 HTML、JavaScript、CSS 开发网页时，想要显示或隐藏一个 DOM 元素，需要通过 JavaScript 结合 CSS 控制目标 DOM 的样式。在 Vue.js 中，可以使用 v-if 指令和 v-show 指令控制 DOM 元素的显示和隐藏。它们的本质其实是给目标 DOM 元素加上指令，当指令的值发生变化时，给予目标 DOM 元素相应的行为，比如 v-if 和 v-show 就是显示和隐藏的行为指令。它们也是有区别的，在后续的小节中会详细分析。

"语义化"一直是计算机开发领域的一个设计理念，意思就是尽量把一些模式设计得让人一看就能明白它的作用。而 Vue.js 恰恰也将其运用在了指令的设计中，比如 v-if 指令，开发人员看到它的时候就能理解它的作用，甚至能想到和它相呼应的还有 v-else、v-else-if。

17.3.1 v-if 指令的使用方法

v-if 指令接收的参数可以是一个表达式，表达式的值为布尔类型（True 或 False）。当值为 True 时，目标元素显示在页面中；当值为 False 时，目标元素不会显示在页面中。

接下来，通过一段示例代码了解 v-if 指令在代码中的应用。

通过在 setup 函数中定义响应式变量，完成标签和模板的显示和隐藏，示例代码如下：

```
<template>
  <div>
    <!--若属性 show1 为 True，则显示第一个 p 标签-->
    <p v-if="state.show1">我是尼克陈</p>
    <!--若属性 show2 为 False，则不显示第二个 p 标签-->
    <p v-if="state.show2">Vue 实战教程</p>
    <!--若属性 show3 为字符串 'show'，则通过表达式的形式显示 template 模板-->
    <template v-if="state.show3 == 'show'">
      <div>我是一个模板</div>
    </template>
  </div>
</template>
```

```
<script>
import { reactive } from 'vue'
export default {
  setup() {
    const state = reactive({
      show1: true, // 布尔类型
      show2: false, // 布尔类型
      show3: 'show' // 字符串类型
    })
    // 返回 state 给 template 使用
    return { state }
  }
}
</script>
```

示例运行效果如图 17-14 所示。

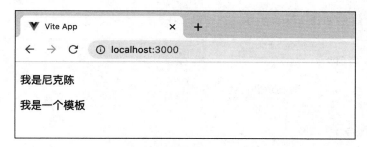

图 17-14　示例运行效果

17.3.2　v-else 指令的使用方法

顾名思义，v-else 指令是为 v-if 指令添加一个 else 模块，正如在 JavaScript 中使用 if-else 语句，v-else 指令必须跟在 v-if 指令后面，中间不得有其他元素穿插，否则指令无法生效。

模拟一个场景，当变量 num 大于 1 时，显示"大于 1"，否则显示"小于或等于 1"。示例代码如下：

```
<template>
  <div>
    <!--通过判断语句判断 num 变量是否大于1-->
    <p v-if="state.num > 1">大于 1</p>
```

```
    <!--否则显示以下标签-->
    <p v-else>小于或等于1</p>
  </div>
</template>

<script>
import { reactive } from 'vue'
export default {
  setup() {
    const state = reactive({
      num: 1
    })
    return { state }
  }
}
</script>
```

示例运行效果如图 17-15 所示。

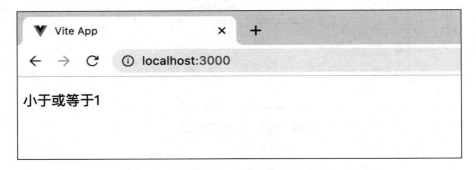

图 17-15　示例运行效果

修改上述变量 num 为 2：

```
setup() {
  const state = reactive({
    num: 2
  })
  return { state }
}
```

示例运行效果如图 17-16 所示。

第 17 章 Vue.js 数据绑定

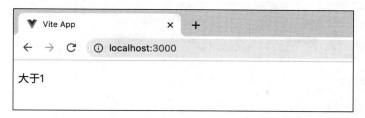

图 17-16 示例运行效果

17.3.3 v-else-if 指令的使用方法

和 JavaScript 中的 if-else-if 类似，v-else-if 指令通过判断多个条件来显示相应的元素节点，以此来达到一个链式调用的效果。示例代码如下：

```
<template>
  <div>
    <!--当变量 active 为 1 时，展示标签 1-->
    <p v-if="state.active == 1 > 1">标签 1</p>
    <!--当变量 active 为 2 时，展示标签 2-->
    <p v-else-if="state.active == 2">标签 2</p>
    <!--上述都不满足的情况下，展示以下标签-->
    <p v-else>标签 3</p>
  </div>
</template>

<script>
import { reactive } from 'vue'
export default {
  setup() {
    const state = reactive({
      active: 2
    })
    return { state }
  }
}
</script>
```

在上述代码中，可以任意修改 active 的值，示例运行效果如图 17-17 所示。

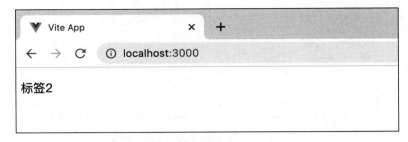

图 17-17 示例运行效果

17.3.4 v-show 指令的使用方法

v-show 指令接收布尔类型的值，当然也可以接收简单的表达式。示例代码如下：

```
<div v-show="true">测试</div>
<div v-show="a == 1">测试</div>
```

当值为 True 时，div 会显示在浏览器上。完整示例代码如下：

```
<template>
  <div>
    <!--当表达式返回 True 时，p 标签显示在浏览器上-->
    <p v-show="state.a == 1">标签1</p>
  </div>
</template>

<script>
import { reactive } from 'vue'
export default {
  setup() {
    const state = reactive({
      a: 1
    })
    return { state }
  }
}
</script>
```

示例运行效果如图 17-18 所示。

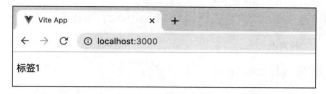

图 17-18　示例运行效果

若修改表达式，使其返回值为 False，则 p 标签会被隐藏，并且设置 display 属性为 none，示例代码如下：

```
<template>
  <div>
    <!--使表达式返回为 False，隐藏 p 标签-->
    <p v-show="state.a != 1">标签1</p>
  </div>
</template>

<script>
import { reactive } from 'vue'
export default {
  setup() {
    const state = reactive({
      a: 1
    })
    return { state }
  }
}
</script>
```

查看浏览器控制台的"Elements"选项卡，如图 17-19 所示。

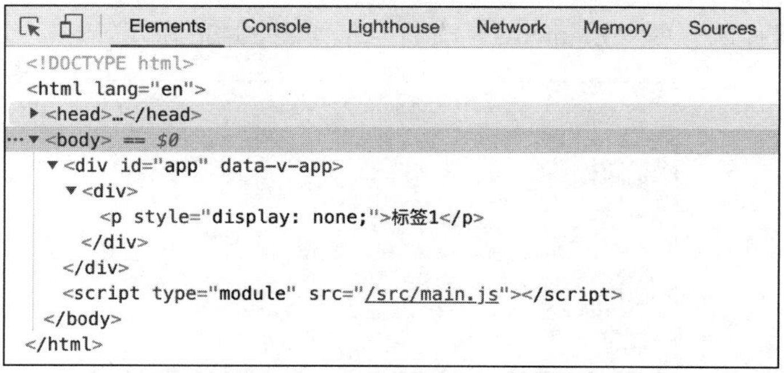

图 17-19　查看浏览器控制台的"Elements"选项卡

在图17-19中，p标签被设置成行内样式"display: none"。

17.3.5　v-if指令和v-show指令的区别

v-if指令和v-show指令在表现形式上虽然一样，但它们有本质的区别。v-if指令是将目标元素完全移除，也就是在整个DOM渲染树中完全移除这个标签。而v-show指令只是在样式上让其显示或隐藏，开发人员可以通过JavaScript语句获取DOM树中相应的元素。通过示例代码来分析上述结论，代码如下：

```
<template>
  <div>
    <!--第一个标签用 v-if 指令隐藏内容-->
    <p v-if="state.a">用 v-if 隐藏</p>
    <!--第二个标签用 v-show 指令隐藏内容-->
    <p v-show="state.a">用 v-show 隐藏</p>
  </div>
</template>

<script>
import { reactive } from 'vue'
export default {
  setup() {
    const state = reactive({
      a: false
    })
    return { state }
  }
}
</script>
```

查看浏览器控制台的"Elements"选项卡，如图17-20所示。

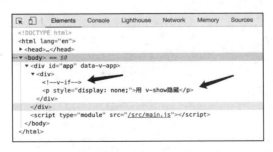

图17-20　浏览器控制台的"Elements"选项卡

在图 17-20 中，通过 v-if 指令隐藏元素，Vue.js 为其做了一个注释，并且元素已经在 DOM 树中消失。查看 v-show 指令隐藏的结果，p 标签还在 DOM 树中。

此时给 p 标签添加 id 属性，在 setup 函数中获取元素，修改如下代码：

```
<template>
  <div>
    <!--第一个标签用 v-if 指令隐藏内容-->
    <p v-if="state.a">用 v-if 隐藏</p>
    <!--第二个标签用 v-show 指令隐藏内容-->
    <p v-show="state.a" id='show'>用 v-show 隐藏</p>
  </div>
</template>

<script>
import { reactive, onMounted } from 'vue'
export default {
  setup() {
    const state = reactive({
      a: false
    })
    onMounted(() => {
      const pNode = document.getElementById('show')
      console.log('pNode', pNode)
    })
    return { state }
  }
}
</script>
```

查看浏览器控制台的"Console"选项卡，如图 17-21 所示。

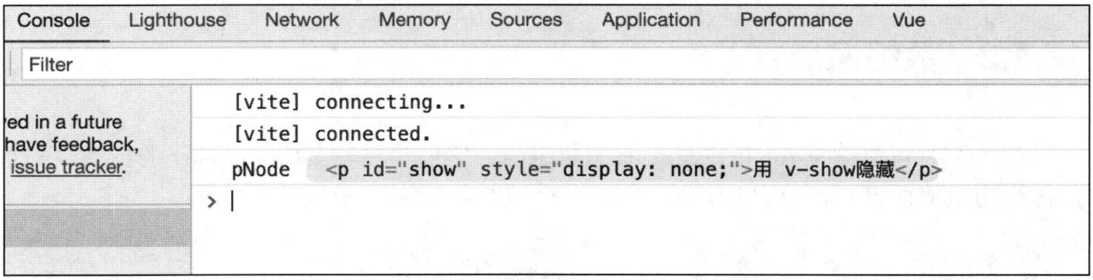

图 17-21　浏览器控制台的"Console"选项卡

17.4　v-for循环指令

循环指令在某种程度上解放了前端开发人员的双手。因为早年间笔者使用 jQuery 做前端开发时，数组和对象数据的渲染都是通过 JavaScript 手动拼接字符串，再"塞入"制定的 DOM 元素下的。有了 Vue.js 框架后，通过 v-for 指令就能轻松地将数据循环渲染到模板上。

17.4.1　v-for 指令的使用方法

v-for 指令直接作用在 DOM 元素上的形式有两种。

1. 遍历数组

```
<div v-for="(item, index) in arr" :key="index"></div>
```

其中，item 参数为 arr 数组中的每一项；arr 为需要被遍历渲染的目标数据；index 为索引参数，指的是数组的索引，通常会将其作为:key 的值。这种形式保证了每一项数据的独立性，便于后续 diff 算法更新数据。

2. 遍历对象

```
<div v-for="(value, key, index) in obj" :key="index"></div>
```

其中，value 表示对象参数每一项的值；:key 表示对象参数每一项的键；index 表示索引，类似上述遍历数组中的 index。

17.4.2　数组遍历

在开发时可以给 v-for 指令直接添加数组值，它的语法糖如 item in arr 的形式，3 个关键词用空格隔开，arr 可以直接编写成一个数组的形式。示例代码如下：

```
<template>
  <div v-for="(item, index) in [1, 2, 3, 4]" :key="index">
    <p>姓名：{{ item }}</p>
  </div>
</template>
```

```
<script>
import { reactive } from 'vue'
export default {
  setup() {

  }
}
</script>
```

示例遍历效果如图 17-22 所示。

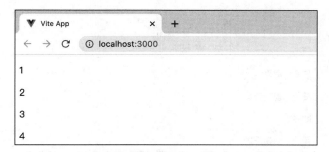

图 17-22　示例遍历效果

v-for 指令也可以接收一个变量值，将 arr 定义在 setup 函数内，修改代码如下：

```
<template>
  <div v-for="(item, index) in state.arr" :key="index">
    <p>姓名：{{ item.name }}</p>
    <p>职业：{{ item.work }}</p>
  </div>
</template>

<script>
import { reactive } from 'vue'
export default {
  setup() {
    const state = reactive({
      arr: [
        {
          name: '尼克',
          work: '前端开发'
        },
        {
```

```
          name: '十三',
          work: '后端开发'
        }
      ]
    })
    return { state, change }
  }
}
</script>
```

示例运行效果如图 17-23 所示。

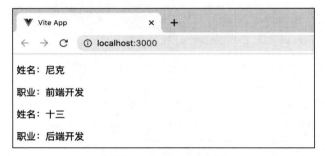

图 17-23　示例运行效果

此时，arr 变量是一个响应式变量，在 setup 函数内改变它的值时，视图也会跟着变化。可以在上述代码的基础上增加一个"修改"按钮，将 arr[1] 中的 name 修改成"十四"，代码如下：

```
<template>
  <div v-for="(item, index) in state.arr" :key="index">
    <p>姓名：{{ item.name }}</p>
    <p>职业：{{ item.work }}</p>
  </div>
  <button @click="change">修改</button>
</template>

<script>
import { reactive } from 'vue'
export default {
  setup() {
    const state = reactive({
      arr: [
        {
```

```
        name: '尼克',
        work: '前端开发'
      },
      {
        name: '十三',
        work: '后端开发'
      }
    ]
  })
  const change = () => {
    state.arr[1].name = '十四'
  }
  return { state, change }
 }
}
</script>
```

当单击"修改"按钮时,效果如图 17-24 所示。

图 17-24 示例运行效果

这里有一点需要注意,在 Vue.js 早期版本中,变量内部的属性值若为对象,且对象内部再嵌套对象,则修改深层的对象值是不会触发响应式渲染的。而在目前最新的版本中,已经解决了这个问题。示例代码如下:

```
<template>
  <div v-for="(item, index) in state.arr" :key="index">
    <p>姓名:{{ item.name }}</p>
    <p>职业:{{ item.work }}</p>
    <p>爱好:<span>{{ item.hobby.a.b }}</span></p>
  </div>
```

```
    <button @click="change">修改</button>
</template>

<script>
import { reactive } from 'vue'
export default {
  setup() {
    const state = reactive({
      arr: [
        {
          name: '尼克',
          work: '前端开发',
          hobby: {
            a: {
              b: 1
            }
          }
        },
        {
          name: '十三',
          work: '后端开发',
          hobby: {
            a: {
              b: 2
            }
          }
        }
      ]
    })
    const change = () => {
      state.arr[1].name = '十四'
      state.arr[1].hobby.a.b = '3'
    }
    return { state, change }
  }
}
</script>
```

添加一个 hobby 属性，值为嵌套的两层对象，再通过 state.arr[1].hobby.a.b = '3' 表达式修改 b 的值，效果如图 17-25 所示。

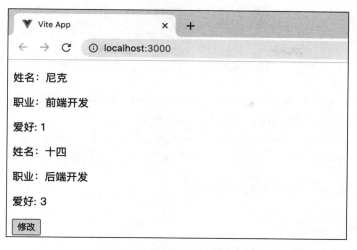

图 17-25　示例运行效果

其内部属性的修改，也被反映到了视图中。

17.4.3　对象遍历

除支持遍历数组外，v-for 指令还支持遍历一个对象，通过在 setup 函数内声明一个对象变量来完成对象的遍历。示例代码如下：

```
<template>
  <div v-for="(value, key, index) in state.obj" :key="index">
    <p>{{ index }}-{{ key }}: {{ value }}</p>
  </div>
</template>

<script>
import { reactive } from 'vue'
export default {
  setup() {
    const state = reactive({
      obj: {
        'name': '尼克',
        'work': '前端',
        'age': 28
      }
    })
```

```
    return { state }
  }
}
</script>
```

其中，value 表示对象中每一项的值，key 表示对象中每一项的键，index 表示对象中每一项的索引值。示例运行效果如图 17-26 所示。

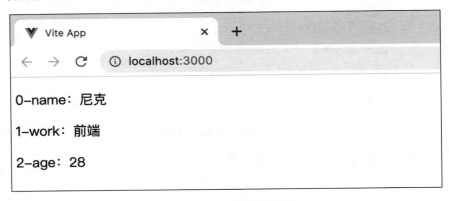

图 17-26　示例运行效果

这里有一个注意事项，当对象的属性值为数字时，Vue.js 会先将数字进行升序排列，再渲染到视图中。示例代码如下：

```
<template>
  <div v-for="(value, key, index) in state.obj" :key="index">
    <p>{{ key }}: {{ value }}</p>
  </div>
</template>

<script>
import { reactive } from 'vue'
export default {
  setup() {
    const state = reactive({
      obj: {
        2: '尼克',
        1: '前端',
        0: 28
      }
    })
    return { state }
```

```
    }
}
</script>
```

将对象 obj 的键值依次改为 2、1、0，从逻辑的角度出发，视图渲染的顺序应为"尼克""前端""28"，但是最终的结果却是相反的，如图 17-27 所示。

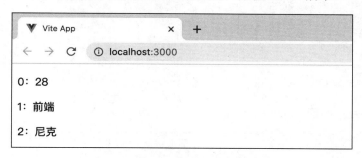

图 17-27 示例运行效果

究其原因，是 JavaScript 本身的语法所致。当对象的属性值是数字时，在渲染的时候，默认是以升序输出的，浏览器控制台输出情况如图 17-28 所示。

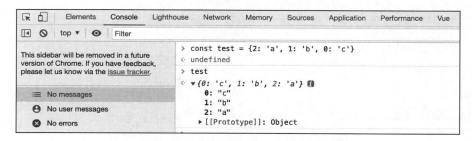

图 17-28 浏览器控制台输出情况

定义一个变量 test，为其赋值 { 2: 'a', 1: 'b', 0: 'c' }。当再次输出 test 值时，结果变为按键值升序排列。

17.4.4 迭代一个整数

在业务开发中，有时只需要循环遍历出一些相同的项，不想声明数组或对象，此时可以赋值给 v-for 指令一个整数，便能遍历出与数字相对应的项目数。示例代码如下：

```
<template>
```

```
<div v-for="(item, index) in 5" :key="index">
  <p>{{ item }}</p>
</div>
</template>

<script>
import { reactive } from 'vue'
export default {
  setup() {
  }
}
</script>
```

示例运行效果如图 17-29 所示。

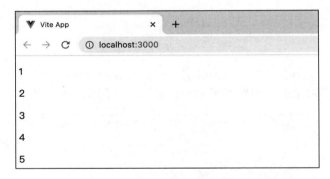

图 17-29　示例运行效果

该方法在编写一些静态网页中的重复项时非常好用。

17.4.5　使用 v-for 指令和 v-if 指令时的注意事项

v-if 指令作为一个条件渲染指令，当它接收的值为 True 时，目标元素被显示；反之，目标元素被隐藏。

在 Vue 2 中，v-for 指令的优先级高于 v-if 指令的优先级，可以将 v-for 指令和 v-if 指令同时作用在一个元素节点上。但是官方不推荐以这种形式使用 v-for 指令和 v-if 指令，因为 v-for 指令的优先级高于 v-if 指令的优先级，所以会先执行 v-for 指令，导致在每次循环遍历项中单独执 v-if 指令，这样会造成一定的性能浪费，每次渲染都会先循环再进行条件判断。

示例代码如下:

```
<template>
  <div id="app">
    <div v-for="(item, index) in arr" :key="index" v-if="item.show">
      <p>姓名: {{ item.name }}</p>
    </div>
  </div>
</template>

<script>
export default {
  name: 'App',
  data() {
    return {
      arr: [
        {
          name: '尼克',
          show: true
        },
        {
          name: '十三',
          show: false
        }
      ]
    }
  }
}
</script>
```

上述代码为 Vue 2 的页面组件编写形式,再次强调,虽然可以这样写,但是官方不建议这样使用。如果这样写,编辑器的语法提示会高亮显示。

而 Vue 3 则明确规定,不支持 v-for 指令和 v-if 指令同时出现在一个标签元素中。笔者为读者提供 3 种解决思路。第 1 种是在外层添加 div 层进行循环,之后在内部进行条件判断。第 2 种是笔者个人比较推荐的方式,在外层添加一个 template 标签,它不会在变异后生成元素节点,而第 1 种方式则会增加一层 div 的包裹。示例代码如下:

```
<template>
  <!--外层的 template 在变异后是不会产生新的元素的-->
  <template v-for="(item, index) in state.arr">
    <!--在 template 内部判断变量是否满足渲染条件-->
    <div :key="index" v-if="item.show">
```

```html
    <p>姓名：{{ item.name }}</p>
   </div>
  </template>
</template>

<script>
import { reactive } from 'vue'
export default {
  setup() {
    const state = reactive({
      arr: [
        {
          name: '尼克',
          show: true
        },
        {
          name: '十三',
          show: false
        }
      ]
    })
    return { state }
  }
}
</script>
```

第 3 种思路是先计算属性，然后对循环的属性进行过滤。示例代码如下：

```html
<template>
  <!--赋值计算属性 computed，将返回的值作为遍历对象-->
  <div v-for="(item, index) in _arr" :key="index">
    <p>姓名：{{ item.name }}</p>
  </div>
</template>

<script>
import { reactive, computed } from 'vue'
export default {
  setup() {
    const state = reactive({
      arr: [
        {
```

```
      name: '尼克',
      show: true
    },
    {
      name: '十三',
      show: false
    }
  ]
})
    // 通过 computed 属性,过滤出 arr 中需要展示的项
 const _arr = computed(() => {
   return state.arr.filter(item => item.show)
 })
 return { state, _arr }
 }
}
</script>
```

Vue.js 模板中的虚拟 DOM 渲染是非常消耗性能的。因此,需要在 setup 函数内对数据进行过滤,将会大大减少浏览器的性能开销。

注意事项如下。

(1) 为了书写规范的代码,永远不要把 v-for 指令和 v-if 指令同时作用在一个标签元素上,这样会带来不必要的性能开销。

(2) 外层嵌套 template 元素,页面不会渲染新的 DOM 节点,以此来避免多级元素嵌套的麻烦。

(3) 如果条件出现在循环属性的内部,则可以先计算属性 computed,对循环的属性进行过滤,再将过滤后的属性渲染到页面中。

17.5 class 与 style 绑定

操作元素的 class 列表和 style 内联样式是绑定数据的一个常见需求。因为它们都是元素的原生属性,所以可以通过 v-bind 指令处理它们,通过表达式计算出字符串结果。不过拼接字符串容易出错,在将 v-bind 指令用于 class 和 style 时,Vue.js 做了语法上的增强,表达式的类型除字符串外,还可以是对象或数组。

17.5.1 绑定 class 属性

1. 对象语法

基本语法如下：

```
v-bind:class="{样式名称: 变量}"
```

可以传给 v-bind:class 一个对象，这个对象内的键（key）就是要添加的样式名称，所对应的值（value）是开发时定义的变量。通常值为布尔类型，当值为 True 时，表示将该样式名称添加到元素 class 属性上；当值为 False 时，表示不添加该样式名称到元素属性上。

假设有一个场景，可以通过单击按钮来控制屏幕上标签文字的颜色。示例代码如下：

```
<template>
  <!--通过变量 isRed 控制是否添加 red 类名-->
  <div v-bind:class="{ red: state.isRed }">我是尼克陈</div>
  <!--单击事件，改变 isRed 变量的值-->
  <button @click="change">变红</button>
</template>

<script>
import { reactive } from 'vue'
export default {
  setup() {
    const state = reactive({
      isRed: false // 变量声明
    })
    // 控制 isRed 变量的方法
    const change = () => {
      state.isRed = true
    }
    // 返回变量和方法
    return { state, change }
  }
}
</script>
<!--事先添加好样式-->
<style scoped>
```

```
  .red {
    color: red
  }
</style>
```

示例运行效果如图17-30所示。

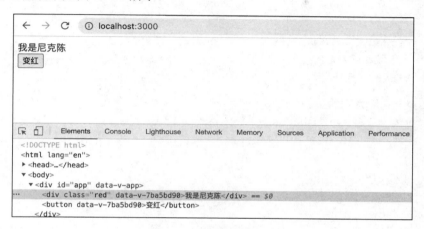

图17-30 示例运行效果

当单击"变红"按钮时，观察元素的变化，div的class属性被添加red类名，并且样式也随之生效，文字变成了红色。

注意，当类名中有连接线时，类似red-a，必须用单引号包裹，如'red-a'。

对象语法还可以结合计算属性，将整个对象作为变量，修改上述代码，代码如下：

```
<template>
  <!--通过变量classObj控制整个类名属性-->
  <div v-bind:class="classObj">我是尼克陈</div>
  <!--单击事件，改变isRed变量的值-->
  <button @click="change">变红</button>
</template>

<script>
// 引入计算属性computed
import { reactive, computed } from 'vue'
export default {
  setup() {
    const state = reactive({
      isRed: false // 变量声明
```

```
    })
    // 通过计算属性生成 classObj 对象，当 computed 回调函数内部的 state 属性发生变化时，
就会触发 computed 的执行
    const classObj = computed(() => {
      return {
        red: state.isRed
      }
    })
    // 控制 isRed 变量的方法
    const change = () => {
      state.isRed = true
    }
    // 返回 classObj 对象给模板使用
    return { classObj, change }
  }
}
</script>
<style scoped>
  .red {
    color: red
  }
</style>
```

在上述代码中，通过返回整个 classObj 对象来控制 class 属性需要添加哪些变量，其本质和第 1 种形式是一样的，只不过这些类名的值在 setup 函数内处理，不用在模板内写过多的判断语句，保持了代码的美观和整洁。

2. 数组语法

class 属性也支持绑定数组，修改上述代码，代码如下：

```
<template>
  <!--数组内的每一项为声明的变量-->
  <div v-bind:class="[state.redClass, state.fontSizeClass]">我是尼克陈</div>
</template>

<script>
import { reactive } from 'vue'
export default {
  setup() {
    const state = reactive({
      redClass: 'red', // 颜色变量名声明
      fontSizeClass: 'big' // 字号变量名声明
```

```
    })
    return { state }
  }
}
</script>
<!--类名所对应的样式-->
<style scoped>
  .red {
    color: red
  }
  .big {
    font-size: 40px;
  }
</style>
```

:class 可以接收一个数组，数组内的每一项为一个变量，变量所对应的值便是类名。如上述代码中 redClass 对应的变量名为 red，fontSizeClass 对应的变量名为 big。这两个类名的样式事先在 style 标签中写好了，示例运行效果和类名展示如图 17-31 所示。

图 17-31　示例运行效果和类名展示

17.5.2　绑定内联样式 style 属性

1. 对象语法

内联样式也是支持对象语法的，但是有一点要注意，样式属性必须使用驼峰（camelCase）或连接线（kebab-case，要用引号包裹）形式来命名，示例代码如下：

```
<template>
  <!--添加两个变量activeColor和fontSize-->
  <div :style="{ color: state.activeColor, 'font-size': state.fontSize + 'px' }">我是尼克陈</div>
</template>

<script>
import { reactive } from 'vue'
export default {
  setup() {
    const state = reactive({
      activeColor: 'blue', // 颜色变量声明
      fontSize: '40' // 字号变量声明
    })
    // 返回变量
    return { state }
  }
}
</script>
```

整体和原生 style 属性的语法差别不大，但是要注意驼峰和连接线的写法。示例运行效果如图 17-32 所示。

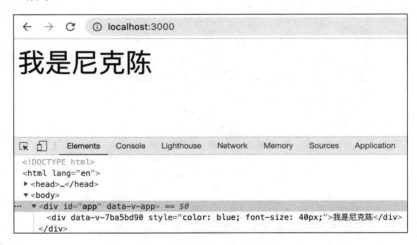

图 17-32　示例运行效果

内联样式同样支持返回整个 styleObj 对象形式，这样做会让语法更加清晰、整洁。

```
<template>
  <!--添加 styleObj 变量-->
```

```
  <div :style="state.styleObj">我是尼克陈</div>
</template>

<script>
import { reactive } from 'vue'
export default {
  setup() {
    const state = reactive({
      // 声明 styleObj 对象变量，内部为内联样式的键值对
      styleObj: {
        color: 'blue',
        fontSize: '40px'
      }
    })
    return { state }
  }
}
</script>
```

2. 数组语法

数组语法可以将多个样式对应到同一个元素上，示例代码如下：

```
<template>
  <!--数组中的每一项对应的值是一个对象，可将接收的多个对象合并到一个 style 中-->
  <div :style="[state.colorStyle, state.fontWeightStyle]">我是尼克陈</div>
</template>

<script>
import { reactive } from 'vue'
export default {
  setup() {
    const state = reactive({
      // 颜色 style 变量
      colorStyle: {
        color: 'blue'
      },
      // 字号 style 变量
      fontWeightStyle: {
        fontWeight: 'blod'
      }
    })
    return { state }
```

```
        }
    }
</script>
```

示例运行效果如图 17-33 所示。

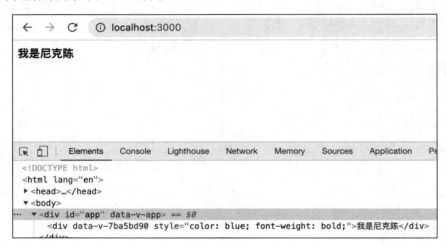

图 17-33　示例运行效果

17.5.3　三元运算符

在具体的业务中，往往需要根据不同的变量，选择不同的样式属性进行赋值操作，常用三元运算符进行判断。假设一个场景，默认字号为 12px，当单击当前选项时，改变 isActive 变量值，将 isActive 为 True 的元素字号设置为 20px，示例代码如下：

```
<template>
    <!--默认字号为12px, iaActive 控制 font20 类名是否加入 class 中-->
    <div v-bind:class="{ font12: true, font20: state.iaActive == '1' }"
@click="change('1')">我是尼克陈</div>
    <div v-bind:class="{ font12: true, font20: state.iaActive == '2' }"
@click="change('2')">我是十三</div>
</template>

<script>
import { reactive } from 'vue'
export default {
    setup() {
```

```
    const state = reactive({
      isActive: '1' // 默认 iaActive 为 1
    })
    // 单击当前选项，将当前变量值传入，赋值给 isActive
    const change = (active) => {
      state.iaActive = active
    }
    return { state, change }
  }
}
</script>
<!--提前设置好 font12 和 font20 的样式属性-->
<style scoped>
  .font12 {
    font-size: 12px
  }
  .font20 {
    font-size: 20px;
  }
</style>
```

改变字号前后的示例运行效果分别如图 17-34 和图 17-35 所示。

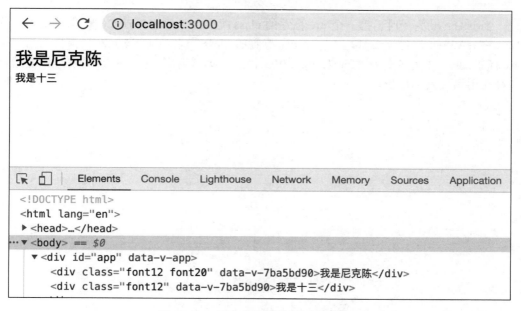

图 17-34　改变字号前的示例运行效果

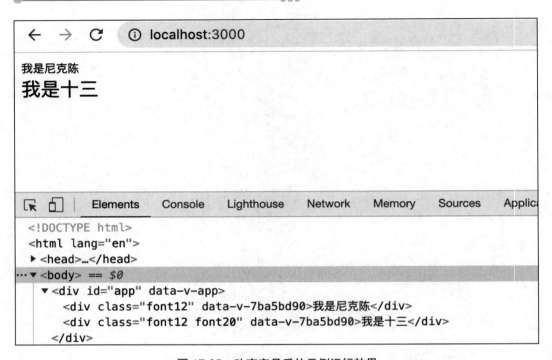

图 17-35 改变字号后的示例运行效果

当 isActive 为 1 时，第一个 div 标签的 class 类名为"font12 font20"，当单击当前选项，将 isActive 设置为 2 时，第一个 div 标签的 class 类名中的"font20"消失，第二个 div 标签的 class 类名变为"font12 font20"。样式的更多运用，会在后续的实战章节结合多种应用场景具体分析。

第 18 章

Vue 3 新特性

Vue 最主要的特性就是响应式机制、SFC 开发模式、Option 选项形式的声明语法。Vue 3 对这几个机制都做了优化，优化内容如下。

- ES6 Proxy 代替 Object.defineProperty 的响应式机制。
- 组合式 API（Composition API）。
- 渲染性能提升。

18.1 新特性之setup函数

18.1.1 setup 函数简介

在介绍 setup 函数之前，先来解释一下什么是组合式 API（Composition API）。

Vue 3 将 Vue 2 的选项式 API（Option API）制作成了一个个钩子（Hook），如 watch、computed 等方法，在 Vue 2 中是以选项形式编写的，代码如下：

```
// options API
export default {
  name: 'App',
  watch: {

  },
  computed: {
```

```
    }
}
```

而 Vue 3 新增的 setup 方法，也以选项的形式出现在抛出的对象中，但是诸如上述代码中的 watch、computed 等方法，都变成 Hook 函数的形式，通过 Vue 解构出来并在 setup 方法中使用，代码如下：

```
// Composition API
import { watch, computed } from 'vue'
export default {
  name: 'App',
  setup() {
    watch(() => {}, () => {})
    const a = computed(() => {})
  }
}
```

setup 函数存在的意义就是让开发人员能够使用新增的组合 API，并且这些组合 API 只能在 setup 函数内使用。

setup 函数调用的时机是创建组件实例，之后初始化 props，接着调用 setup 函数。从生命周期钩子的角度来看，它会在创建钩子之前被调用，因此在 setup 函数内是获取不到 methods 和 data 的方法和数据的。官方为了不让用户产生疑惑，索性就将 setup 函数内的 this 变量设置为 undefined。

打印 setup 函数中的上下文 this，示例代码如下：

```
<template>
  <div>测试</div>
</template>

<script>
export default {
  setup() {
    console.log('this: ', this)
  }
}
</script>
```

打印效果如图 18-1 所示。

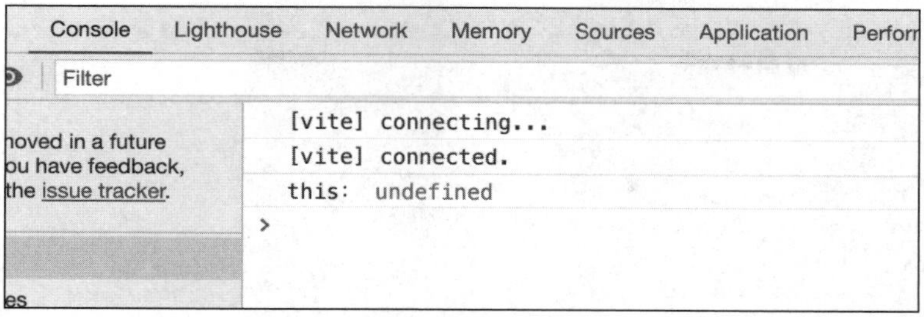

图 18-1 打印上下文 this 效果

同时，setup 函数不支持添加异步操作，如果使用下面的形式书写，则代码是错误的：

```
<script>
  export default {
    async setup() {
      const data = await('/api/test')
    }
  }
</script>
```

setup 函数返回的对象会暴露给模板。

18.1.2 在模板中使用 setup 函数

假设在 setup 函数内通过 ref、reactive 创建两个变量，如果 setup 函数返回一个对象，则对象的属性将会被合并到模板变量的渲染上下文，也就是在模板里可以使用 setup 函数返回的对象内容（包括函数和方法）。

示例代码如下：

```
<template>
  <!--ref 声明的变量 name, 直接使用, 无须再多一级引用-->
  <div>{{ name }}: {{ state.work }}</div>
</template>

<script>
  import { ref, reactive } from 'vue'

  export default {
    setup() {
      // ref 声明响应式变量
```

```
    const name = ref('尼克')
    // reactive 声明响应式变量
    const state = reactive({ work: '前端开发' })

    // 暴露给模板
    return {
      count,
      state,
    }
  },
}
</script>
```

示例运行效果如图 18-2 所示。

图 18-2 示例运行效果

18.1.3　在 setup 函数中使用渲染函数

setup 函数也可以返回一个函数，函数中可以使用当前 setup 函数作用域中的响应式数据。示例代码如下：

```
<script>
  import { ref, reactive, h } from 'vue'

  export default {
    setup() {
      const name = ref('尼克')
      const state = reactive({ work: '前端开发' })
      return () => h('h1', [name.value, state.work])
    },
  }
</script>
```

以上代码的运行效果如图 18-3 所示。

图 18-3　示例运行效果

该示例通过 h 函数将 name.value（在 setup 函数作用域内，需要使用.value 获取值）和 state.work 渲染到 h1 标签内。不过，常用的正常开发业务很少会使用这样的形式。

18.1.4　setup 函数接收的参数

setup 函数接收两个参数，一个是 props 对象，另一个是 context 上下文。

1. props 对象

下面用一个父子组件的传值示例进行介绍。首先新建一个 Son.vue 子组件，子组件接收父组件传入的 count 变量，将变量显示在模板上。在父组件中引入 Son.vue，并且传入一个变量 count。完整示例代码如下：

```
<!--父组件-->
<template>
  <!--子组件，传递一个 count 参数-->
  <Son :count="count"></Son>
</template>

<script>
import { ref } from 'vue'
// 引入子组件
import Son from './components/Son.vue'

export default {
  components: {
    Son
  },
```

```
  setup() {
    const count = ref(0)
    return {
      count
    }
  }
}
</script>
<!--子组件-->
<template>
  <div>{{ count }}</div>
</template>

<script>
export default {
  name: 'Son',
  props: {
    count: Number
  },
  setup(props) {
    console.log('props', props)
  }
}
</script>
```

查看子组件中打印的 props 对象,如图 18-4 所示。

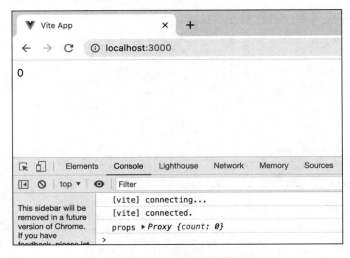

图 18-4　子组件运行效果

在浏览器控制台中打印 props 对象，可以发现它被 Proxy 代理过，这是 Vue 3 实现响应式的核心 API，也就是说从父组件传到子组件的 count 变量已经是响应式数据了。

最终结论是，setup 函数的第一个为父组件传入的属性值对象，在 setup 函数内需要使用父组件传入的对象，可以直接使用第一个参数。

2. context 上下文

ctx（context）参数提供了一个上下文对象，从原来的 Vue 2.x 中的 this，选择性地暴露一些属性。ctx 为开发人员提供了 3 个属性，分别是 attrs、slots 和 emit。

attrs 提供父组件传入的值。此时读者会有疑问，props 已经提供了父组件传入的值，还要 attrs 做什么？官方文档是这样解释的：

（1）组件使用 props 的场景更多，有时候甚至只使用 props；

（2）将 props 独立出来作为第一个参数，可以让 TypeScript 对 props 单独做类型推导，不会和上下文中的其他属性混淆，这也使得 setup、render 和其他使用了 TSX 的函数式组件的签名保持一致。

这里也有一个需要注意的地方，在使用 attrs 时，不能在 options 中声明 props，否则 attrs 取不到变量，修改 Son.vue 文件，示例代码如下：

```
<template>
  <div>{{ attrs.count }}</div>
</template>

<script>
export default {
  name: 'Test',
  props: {
    count: Number
  },
  setup(props, ctx) {
    console.log('ctx', ctx.attrs.count)
    return {
      attrs: ctx.attrs
    }
  }
}
</script>
```

在代码中声明 props 选项后，打印出的结果如图 18-5 所示。

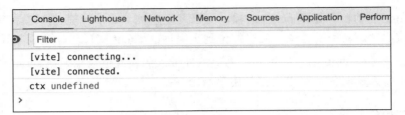

图 18-5　打印结果

尝试去掉 props 选项,示例代码如下:

```
<template>
  <div>{{ attrs.count }}</div>
</template>

<script>
export default {
  name: 'Test',
  setup(props, ctx) {
    console.log('ctx', ctx.attrs.count)
    return {
      attrs: ctx.attrs
    }
  }
}
</script>
```

查看控制台的打印结果,如图 18-6 所示。

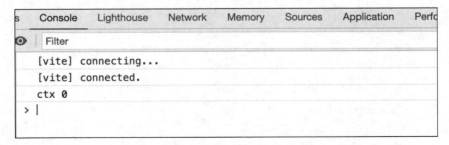

图 18-6　去掉 props 选项的打印结果

ctx.emit 方法可以理解为 Vue 2 模式下的 this.$emit 方法,它的作用是调用父组件传递的方法,并且可以携带参数返回给父组件的方法。

父组件的示例代码如下：

```vue
<!--父组件-->
<template>
  <!--子组件传递一个 count 参数和一个 add 方法-->
  <Son :count="count" @add="add"></Son>
</template>

<script>
import { ref } from 'vue'
// 引入子组件
import Son from './components/Son.vue'

export default {
  components: {
    Son
  },
  setup() {
    const count = ref(0)
    // 声明 add 方法
    const add = (num) => {
      // 当前值加子组件传递过来的值
      count.value += num
    }
    return {
      count,
      add
    }
  }
}
</script>
```

子组件的示例代码如下：

```vue
<!--子组件-->
<template>
  <!--直接使用父组件传递过来的 count 变量-->
  <div>{{ count }}</div>
  <button @click="add">+</button>
</template>

<script>
export default {
  name: 'Son',
```

```
props: {
  count: Number,
  add: Function
},
setup(props, ctx) {
  const add = () => {
    // 调用父组件传递过来的函数方法名 add，并且附带一个 50 作为回传给父组件的变量
    ctx.emit('add', 50)
  }
  return {
    add
  }
}
}
</script>
```

在上述父子组件代码中，父组件把 count 值作为参数传递给子组件，并且将 add 方法也传递给子组件，在子组件内部展示 count 参数，以及添加单击事件。这里要注意子组件接收的方法，需要在 props 中注册，否则在 setup 函数内通过 emit 调用时会报警告。

通过上下文 ctx.emit 触发传递过来的方法及返回相应的回调参数。当单击按钮时，效果如图 18-7 所示。

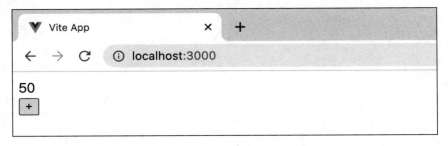

图 18-7　示例运行效果

18.2　Vue 3 之响应式系统API

响应式系统 API，顾名思义，就是在新的特性中实现 Vue 的响应式功能。笔者将通过简单的示例讲解和分析 reactive、ref、computed、readonly、watchEffect、watch 6 个响应式系统 API 的使用方法。

18.2.1 reactive

reactive 是 Vue 3 中提供的实现响应式数据的方法。在 Vue 2 中实现响应式数据是通过 Object 的 defineProPerty 属性来实现的，而在 Vue 3 中实现响应式数据是通过 ES2015（ES6）的 Proxy 方法来实现的。

在业务开发中，需要注意几个要点，下面通过示例进一步分析。

reactive 的参数必须是对象，reactive 方法接收一个对象（Object）或数组（Array）。示例代码如下：

```
<!--App.vue-->
<template>
  <p>{{ state.title }}</p>
</template>

<script>
import { reactive } from 'vue'
export default {
  name: 'App',
  setup() {
    const state = reactive({
      title: 'json'
    })

    return {
      state
    }
  }
}
</script>
```

示例运行效果如图 18-8 所示。

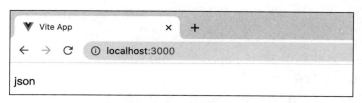

图 18-8　示例运行效果

尝试修改 reactive 接收的参数，代码如下：

```
<template>
  <p>{{ state[0] }}</p>
  <p>{{ state[1] }}</p>
  <p>{{ state[2] }}</p>
</template>
const state = reactive(['arr1', 'arr2', 'arr3'])
```

此时的示例运行效果如图 18-9 所示。

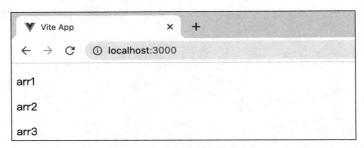

图 18-9　修改接收参数后的示例运行效果

读者可能会有疑问，为什么数组可以直接渲染呢？这里可以把数组理解为特殊的对象。平时常用的普通对象如下：

```
const obj = { a: '1', b: '2' }
```

想要获得 a 属性的值，可以通过键获取相应的值，如 obj.a 或 obj['a']。

数组作为特殊的对象，定义如下：

```
const arr = ['a', 'b']
```

此时，可以将其看作：

```
const arr = { 0: 'a', 1: 'b' }
```

数组的索引值默认为对象的键。所以，同样可以使用键值对的形式获取值，如 arr[0]。这就解释了为什么 reactive 可以接收数组作为参数。

reactive 包裹的对象已经通过 Proxy 进行响应式的赋能，可以通过如下形式修改值，修改后的值会直接体现在模板上：

```
<template>
  <p>{{ state.title }}</p>
```

```
</template>

<script>
import { reactive } from 'vue'
export default {
  name: 'App',
  setup() {
    const state = reactive({
      title: '陈尼克'
    })
    // 2 秒后，修改 title 的值为"李尼克"
    setTimeout(() => {
      state.title= '李尼克'
    }, 2000)

    return {
      state
    }
  }
}
</script>
```

上述代码初始化 title 为"陈尼克"，2 秒后执行 setTimeout 的回调函数，将 title 修改为"李尼克"，效果如图 18-10 所示。

图 18-10　示例运行效果

18.2.2　ref

ref 和 reactive 一样，是实现响应式数据的方法。在业务开发中，开发人员可以使用它定义一些简单的数据。示例代码如下：

```
<template>
  <p>{{ count }}</p>
```

```
</template>

<script>
import { ref } from 'vue'
export default {
  name: 'App',
  setup() {
    const count = ref(0)

    return {
      count
    }
  }
}
</script>
```

可以通过类似 count.value = 1 这样的语法修改数据。为什么它要这样修改变量，而 reactive 返回的对象可以直接修改，比如 state.count = 1 呢？

原因是 Vue 3 内部将 ref 悄悄地转换为 reactive，例如上述代码会被这样转换：

```
ref(0) => reactive({ value: 0 })
```

因此，count 相当于 reactive 返回的一个值，根据 reactive 修改值的方式就可以理解为什么 ref 返回的值是通过 .value 的形式被修改的。

还有一点需要注意，当 ref 作为渲染上下文的属性返回（在 setup() 返回的对象中）并在模板中使用时，它会自动解构，无须在模板中额外书写 .value。之所以会自动解构，是因为模板在被解析的时候，Vue 3 内部会判断模板内的变量是否是 ref 类型，如果是，就自动加上 .value；如果不是，则为 reactive 创建的响应集代理数据。

此时，打印一下 ref 创建的 count 对象，浏览器控制台中的内容如图 18-11 所示。

```
count ▼ RefImpl {_shallow: false, dep: undefined, __v_isRef: true,
        ▶ dep: Set(1) {ReactiveEffect}
          __v_isRef: true
          _rawValue: 0
          _shallow: false
          _value: 0
          value: (...)
        ▶ [[Prototype]]: Object
  >
```

图 18-11　count 对象的打印结果

在 Vue 3 中编译模板时，就是根据图 18-11 中 __v_isRef 属性是否为 true 来判断是否为 ref 所创建的变量的。

在代码中判断是否为 ref 所创建的对象，可以使用 isRef 方法。示例代码如下：

```
<template>
  <p>{{ count }}</p>
</template>

<script>
import { ref, isRef } from 'vue'
export default {
  name: 'App',
  setup() {
    const count = ref(0)
    console.log(isRef(count)) // true
    return {
      count
    }
  }
}
</script>
```

18.2.3 computed

在 Vue 2 时代，computed 作为 Option 选项出现在页面中。而到了 Vue 3 时代，它会以钩子函数的形式出现。下面通过示例介绍 computed 方法的具体使用方法，示例代码如下：

```
<template>
  <p>{{ text }}</p>
</template>

<script>
// 引入 computed 方法
import { reactive, computed } from 'vue'
export default {
  name: 'App',
  setup() {
    // 声明一个 reactive 响应式对象
    const state = reactive({
```

```
    name: '陈尼克',
    desc: '你好'
  })
  //computed 接收一个回调函数，将回调函数的返回值赋给 text 变量
  const text = computed(() => {
    console.log('执行 computed')
    return state.name + state.desc
  })
  // 2 秒后修改 state.name 的值
  setTimeout(() => {
    state.name = '李尼克'
  }, 2000)

  return {
    text
  }
}
}
</script>
```

在上述代码中，2 秒后修改 state.name 的值会触发 computed 回调函数的执行，因为回调函数内部使用了 name。

示例运行效果如图 18-12 所示。

图 18-12　示例运行效果

默认进入 setup 函数后会执行一次 computed 的回调函数，当修改 name 后，再次触发回调函数的执行。该功能可以用在页面内部修改某个变量后，需要计算得出另外一个变量的场景。

若将 computed 方法的回调函数做如下改动：

```
const text = computed(() => {
  console.log('执行 computed')
  return state.desc
})
```

2 秒后，将不会再看到控制台打印"执行 computed"，因为此处修改的是 name 属性，而回调函数内监听的是 desc 属性，所以回调函数是不会被触发的。

18.2.4 readonly

readonly，顾名思义，用于创建一个只读的数据，并且所有的内容都是只读的，不可修改。示例代码如下：

```
<template>
  <p>{{ state.name }}</p>
  <p>{{ state.desc }}</p>
  <button @click="fn">修改</button>
</template>

<script>
import { reactive, computed, readonly } from 'vue'
export default {
 name: 'App',
 setup() {
   const state = readonly({
     name: '陈尼克',
     desc: '你好'
   })

   const fn = () => {
     state.name = '李尼克'
     state.desc = '他好'
     console.log('state', state)
   }
```

```
      return {
        state,
        fn
      }
    }
  }
</script>
```

单击"修改"按钮后，触发执行 fn 函数，修改 name 和 desc 属性，但是视图并没有发生任何变化。查看控制台，state 打印结果如图 18-13 所示。

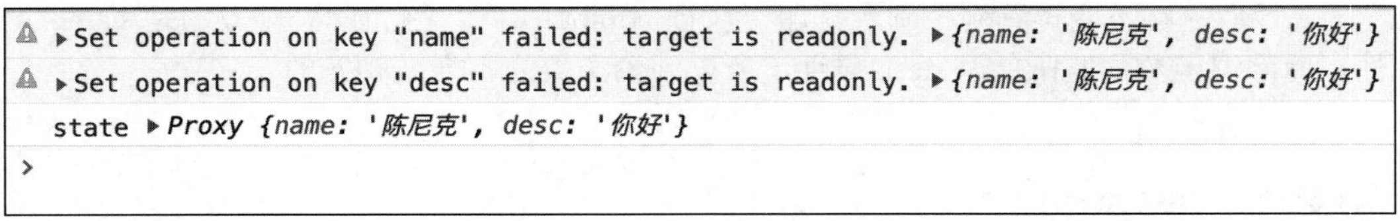

```
⚠ ▶Set operation on key "name" failed: target is readonly. ▶{name: '陈尼克', desc: '你好'}
⚠ ▶Set operation on key "desc" failed: target is readonly. ▶{name: '陈尼克', desc: '你好'}
   state ▶Proxy {name: '陈尼克', desc: '你好'}
▶
```

图 18-13　state 打印结果

图 18-13 中给出了警告，name 和 desc 为只读属性，并且修改的结果也显示 state 是没有变化的。

18.2.5　watchEffect

watchEffect 会监听响应式数据的变化，并且会在第一次渲染的时候立即执行回调函数，示例代码如下：

```
<template>
  <div>
    <h1>{{ state.search }}</h1>
    <button @click="handleSearch">改变查询字段</button>
  </div>
</template>

<script>
// 引入 watchEffect 方法
import { reactive, watchEffect } from 'vue'
export default {
  setup() {
    let state = reactive({
      search: Date.now() // 定义 search 为当前时间戳
```

```
  })
  // watchEffect 方法接收一个函数作为参数，并且该函数内如果有响应式变量，当其值被改
变时，回调函数就会被执行，类似 computed 钩子函数
  watchEffect(() => {
    console.log('监听查询字段${state.search}')
  })
  // 单击事件方法，更新 search 变量为当前时间戳
  const handleSearch = () => {
    state.search = Date.now()
  }
  return {
    state,
    handleSearch
  }
 }
}
</script>
```

单击"改变查询字段"按钮，运行效果如图 18-14 所示。

图 18-14　示例运行效果

第一个打印值为初始化时执行的回调函数。第二个打印值为单击"改变查询字段"按钮后，在修改 search 变量时触发的回调函数。

watchEffect 方法返回一个新的函数,开发人员可以通过执行这个函数或当组件被卸载时停止监听行为。示例代码如下:

```
<template>
  <div>
    <h1>{{ state.search }}</h1>
    <button @click="handleSearch">改变查询字段</button>
  </div>
</template>

<script>
// 引入 watchEffect 方法
import { reactive, watchEffect } from 'vue'
export default {
  setup() {
    let state = reactive({
      search: Date.now() // 定义 search 为当前时间戳
    })
    // watchEffect 方法接收一个函数作为参数,并且该函数内如果有响应式变量,当其值被改变时,回调函数就会被执行,类似 computed 钩子函数
    const stop = watchEffect(() => {
      console.log('监听查询字段${state.search}')
    })
    // 单击事件方法,更新 search 变量为当前时间戳
    const handleSearch = () => {
      state.search = Date.now()
    }
    // 2 秒后,执行 watchEffect 方法返回的 stop 函数。
    setTimeout(() => {
      stop()
    }, 2000)

    return {
      state,
      handleSearch
    }
  }
}
</script>
```

执行上述代码,2 秒后单击"改变查询字段"按钮,显示内容如图 18-15 所示。

第 18 章 Vue 3 新特性

图 18-15 示例运行效果

除初始化打印出来的 search 值外，便没有再继续监听 search 变化触发的回调函数。

watchEffect 回调方法内有一个很重要的方法，用于清除副作用。它接收的回调函数也接收一个函数 onInvalidate。在 watchEffect 监听的变量改变之前被调用一次，具体执行顺序笔者通过代码来解释，示例代码如下：

```
<template>
  <div>
    <h1>{{ state.search }}</h1>
    <button @click="handleSearch">改变查询字段</button>
  </div>
</template>

<script>
// 引入 watchEffect 方法
import { reactive, watchEffect } from 'vue'
export default {
  setup() {
    let state = reactive({
      search: Date.now() // 定义 search 为当前时间戳
    })
    // watchEffect 方法接收一个函数作为参数，并且该函数内如果有响应式变量，当其值被改
变时，回调函数就会被执行，类似 computed 钩子函数
    const stop = watchEffect((onInvalidate) => {
```

```
      console.log('监听查询字段${state.search}')
      onInvalidate(() => {
        console.log('执行 onInvalidate')
      })
    })
    // 单击事件方法，更新 search 变量为当前时间戳
    const handleSearch = () => {
      state.search = Date.now()
    }
    return {
      state,
      handleSearch
    }
  }
}
</script>
```

每当单击"改变查询字段"按钮改变 search 值时，onInvalidate 函数都会在监听的变量被打印之前执行一次，效果如图 18-16 所示。

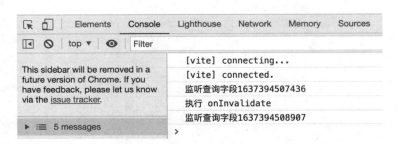

图 18-16　示例运行效果

这个特性的用处非常大，例如，如果需要监听 search 值的变化并请求接口数据，而此时接口是异步返回的，每当改变 search 值时都会请求一次接口，如果 search 值改变得

很频繁，就会频繁地请求接口，导致服务器端压力倍增，此时就可以通过 Vue 3 的这个特性降低服务器端的压力，具体逻辑如下：

```
<template>
  <div>
    <h1>{{ state.search }}</h1>
    <button @click="handleSearch">改变查询字段</button>
  </div>
</template>
<script>
import { reactive, watchEffect } from 'vue'
export default {
  setup() {
    let timer = null // 声明一个变量用于接收 setTimeout 返回
    let state = reactive({
      search: Date.now()
    })
    watchEffect((onInvalidate) => {
      console.log('监听查询字段${state.search}')
      // 模拟一个 3 秒的异步请求
      timer = setTimeout(() => {
        console.log('模拟接口异步请求，3 秒后返回详情信息')
      }, 3000)
      // 通过 onInvalidate 函数清除上一次请求，避免造成资源浪费
      onInvalidate(() => {
        console.log('清除');
        clearInterval(timer);
      })
    })

    const handleSearch = () => {
      state.search = Date.now()
    }
    return {
      state,
      handleSearch
    }
  }
}
</script>
```

在 watchEffect 回调函数内，使用 setTimeout 的形式模拟响应时间为 3 秒的异步请求。上面的代码可以被理解为 3 秒内如果不改变 search 变量的值，那么页面就成功返回接口数据；如果在 3 秒内再次单击"改变查询字段"按钮改变了 search 变量的值，则

onInvalidate 函数就会被触发,用于清理上一次的接口请求,之后根据新的 search 变量的值执行新的请求。

18.2.6 watch

　　watch 的功能和 Vue 2 选项属性中的 watch 的功能是一样的,也和 watchEffect 相似,区别在于 watch 必须指定一个特定的变量,它不会默认执行回调函数,而是等到监听的变量改变才会执行,并且可以获得改变前和改变后的值。示例代码如下:

```
<template>
  <div>
    <h1>{{ state.search }}</h1>
    <button @click="handleSearch">改变查询字段</button>
  </div>
</template>
<script>
import { reactive, watch } from 'vue'

export default {
  setup() {
    let state = reactive({
      search: Date.now() // 初始化 search 为当前时间戳
    })
    // 声明 watch 方法,监听 search 变量的变化
    watch(() => {
      return state.search
    }, (nextData, preData) => {
      // 打印改变前和改变后的数据
      console.log('preData', preData)
      console.log('nextData', nextData)
    })
    // 修改 search 变量为当前时间戳
    const handleSearch = () => {
      state.search = Date.now()
    }
    return {
      state,
      handleSearch
    }
  }
}
</script>
```

上述代码在浏览器中的显示效果如图 18-17 所示。

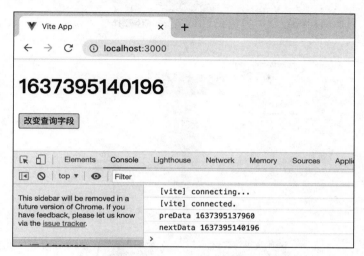

图 18-17　示例运行效果

从图 18-17 可以看出，在初始化时确实没有打印回调函数，当单击"改变查询字段"按钮触发 search 变量修改时，会将修改前和修改后的值打印出来。

18.3　生命周期

世间万物皆有生死轮回，Vue 同样也有属于自己的生命周期。本节通过与 Vue 2 生命周期的对比，让读者更好地理解 Vue 3 生命周期，以便日后写业务代码时不会犯一些低级错误。

18.3.1　Vue 2 生命周期解读

所谓生命周期，无非是现代前端框架采用了单页面的开发形式，页面组件间的切换不再刷新浏览器，导致每个页面组件没有自己独立的状态。说得再直白一些，就是切换了页面，浏览器地址栏变了，但是页面没有刷新，无法触发获取页面数据的方法，因此催生出"生命周期"这样一个"新鲜"的技术词汇。笔者会在后续路由章节详细讲解这方面的知识点。

图 18-18 所示是官方提供的回顾 Vue 2 生命周期的图片。

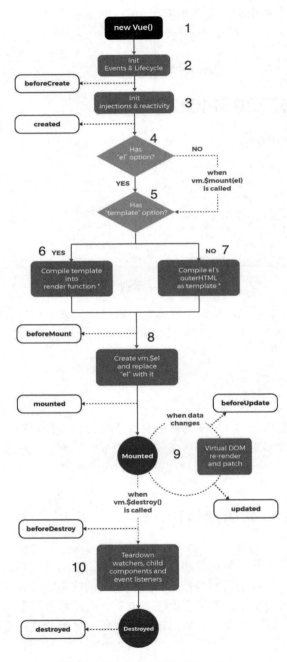

图 18-18　Vue 2 生命周期

笔者在图 18-18 中对生命周期进行了编号，以便于接下来的讲解。首先来看标记 1，new Vue() 指初始化实例，使用过 Vue 技术栈的读者应该都非常熟悉。标记 2 是初始化事件和组件生命周期，此时会执行 beforeCreate 钩子函数，它是在组件创建之前被执行的。标记 3 是初始化注入和响应式，在这个时候 data 数据就已经被创建了，接下来执行 created 钩子函数，它会判断是否有 el 选项，el 是在项目入口页初始化的选项，代码如下：

```
new Vue({
  el: '#app'
})
```

使用 vm.$mount(el) 形式手动挂载，其实和上述代码中的 el 挂载在本质上没有区别。

标记 5 用来判断是否有模板，代码如下：

```
new Vue({
  el: '#app',
  template: '<p>陈尼克</p>'
})
```

如上述代码所示，如果有 template 选项，就会进入标记 6 进行模板编译；如果没有 template 选项，就会在标记 7 处获取 el 的 outerHTML 作为模板进行编译。

执行到这一步，beforeMount 钩子函数被触发，在标记 8 内将模板转换为 AST 树，再将 AST 树转换成 render 函数，最后转换为虚拟 DOM 挂载到真实 DOM 节点上。

在标记 9 处组件已经加载完毕，组件内部有更新数据时的生命周期，以及更新前和更新后各自触发的钩子函数。

在标记 10 处组件被卸载，监听器也会被卸载，可以在这里做一些组件销毁后的工作。

整个 Vue 2 的生命周期用图 18-18 作为思考的索引是再好不过的。与其死记硬背每个生命周期钩子函数的作用，还不如去理解和感受这张图中所描述的一个 Vue 组件从构建到销毁的过程。

18.3.2 Vue 3 生命周期解读

前面笔者对 Vue 2 的生命周期知识进行了简单的回顾，也让读者的脑海里有了一个初步的印象，接下来对 Vue 3 生命周期进行讲解，对比之下印象会更加深刻。

对于生命周期钩子函数，Vue 3 对应 Vue 2 的写法如下。

- beforeCreate→setup。

- created→setup。
- beforeMount→onBeforeMount。
- mounted→onMounted。
- beforeUpdate→onBeforeUpdate。
- updated→onUpdated。
- beforeDestroy→onBeforeUnmount。
- destroyed→onUnmounted。
- errorCaptured→onErrorCaptured。

Composition API 里没有 beforeCreate 和 created 对应的生命周期，统一改成 setup 函数。

Vue 3 生命周期在代码中的体现如下：

```
<!--App.vue-->
<template>
  <div>
    <h1>生命周期{{ state.count }}</h1>
    <div v-if="state.show">
      <Test />
    </div>
  </div>
</template>

<script>
// 子组件，用于测试 onBeforeUnmount 组件销毁时的生命周期钩子函数
import Test from './components/Test.vue'
import { onBeforeMount, onMounted, onBeforeUpdate, onUpdated,
onBeforeUnmount, onUnmounted, onErrorCaptured, reactive } from 'vue'

export default {
  components: {
    Test
  },
  setup() {
    const state = reactive({
      count: 0,
      show: true
    })
```

```
    // 2秒后隐藏子组件,测试组件被销毁时的生命周期钩子
    setTimeout(() => {
      state.count = 2
      state.show = false
    }, 2000)

    onBeforeMount(() => {
      console.log('onBeforeMount')
    })

    onMounted(() => {
      console.log('onMounted')
    })

    onBeforeUpdate(() => {
      console.log('onBeforeUpdate')
    })

    onUpdated(() => {
      console.log('onUpdated')
    })

    onBeforeUnmount(() => {
      console.log('onBeforeUnmount')
    })

    onUnmounted(() => {
      console.log('onUnmounted')
    })

    onErrorCaptured(() => {
      console.log('onErrorCaptured')
    })

    return {
      state
    }
  }
}
</script>
```

新建一个子组件 Test.vue,用于测试组件被销毁时的生命周期钩子函数,代码如下:

```
<!--src/components/Test.vue-->
```

```
<template>
  <div>我是子组件</div>
</template>

<script>
import { onBeforeUnmount, onUnmounted } from 'vue'
export default {
  name: 'Test',
  setup() {
    onBeforeUnmount(() => {
      console.log('子组件-onBeforeUnmount')
    })

    onUnmounted(() => {
      console.log('子组件-onUnmounted')
    })
  }
}
</script>
```

运行代码，只需 2 秒，浏览器控制台中的打印效果如图 18-19 所示。

图 18-19　生命周期打印效果 1

2 秒后，浏览器控制台中的打印效果如图 18-20 所示。

图 18-20　生命周期打印效果 2

在页面渲染前执行 onBeforeMount 函数，接着执行 onMounted 函数。当组件有变量更新导致页面变化时，先执行 onBeforeUpdate 函数，接下来没有马上执行 onUpdated 函数，而是执行子组件的销毁生命周期钩子函数 onBeforeUnmount 和 onUnmounted，这是因为子组件在父组件中渲染，在页面变化没有完全结束前，是不会执行父组件的 onUpdated 生命周期钩子函数的。

笔者建议，请求数据需要写在 onMounted 钩子函数内，该生命周期钩子函数支持 async await 写法，示例代码如下：

```
onMounted(async () => {
  const data = await serviceApi(params)
})
```

综上所述，Vue 2 的生命周期和 Vue 3 的生命周期在本质上没有太大的不同，只是在表现形式上发生了一些变化。Vue 2 是选项属性的形式，而 Vue 3 变成了更加自由的钩子函数形式。

18.4 Vue 3 在性能上的提升

Vue 3 在发布时,号称在性能上比 Vue 2 快了 1.2~2 倍。本节将介绍究竟是哪些方面的优化带来了 Vue 3 性能方面的提升。

18.4.1 静态标记

Vue 2 中的虚拟 DOM 是全量对比的模式,而 Vue 3 新增了静态标记(PatchFlag),在页面更新前之前、DOM 节点进行对比时,只对比带有静态标记的节点。另外,静态标记枚举定义了十几种类型,用来更精确地定位需要对比的节点的类型。下面通过示例分析对比的过程。

示例代码如下:

```
<div>
  <p>尼克陈</p>
  <p>{{ message }}</p>
</div>
```

Vue 2 的全量对比模式如图 18-21 所示。

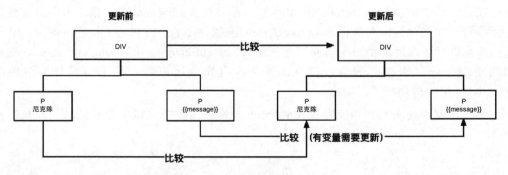

图 18-21　Vue 2 的全量对比模式

通过图 18-21 不难发现,Vue 2 的 Diff 算法将每个标签都比较了一次,最后发现带有 {{ message }} 变量的标签是需要被更新的标签。在需要对比的标签非常多的情况下,会消耗浏览器的计算能力,显然还有优化的空间。

Vue 3 对 Diff 算法进行了优化,在创建虚拟 DOM 时,根据 DOM 内容是否发生变化而给予相应类型的静态标记，如图 18-22 所示。

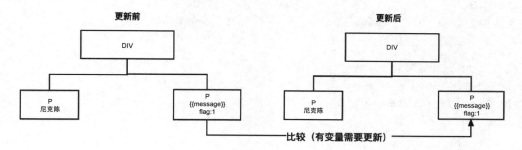

图 18-22　Vue 3 标记后的 Diff 算法示意图

观察图 18-22 不难发现，视图的更新只对带有 flag 标记的标签进行了对比（Diff 算法），所以只进行了 1 次比较。而相同情况下，Vue 2 进行了 3 次比较。这便是 Vue 3 相对 Vue 2 在性能方面的提升。

注意，图 18-22 中的标签是事先转换成虚拟 DOM 的标签，所以在转化的过程中顺便就把静态标记标注好了。

通过把模板代码转译成虚拟 DOM 可以验证上述的分析是否正确。读者可以打开模板转化网站对上述代码进行转译。

静态标记编译后的示意图如图 18-23 所示。

图 18-23　静态标记编译后的示意图

图 18-23 方框内的代码为转译后的虚拟 DOM 节点，第一个 p 标签内的文字为静态内容，第二个 p 标签为绑定的变量，打上了 1 标签，代表 TEXT（文字），标记枚举类型如下。

```
export const enum PatchFlags {

  TEXT = 1,// 动态的文本节点
  CLASS = 1 << 1,   // 2，动态的 class
  STYLE = 1 << 2,   // 4，动态的 style
  PROPS = 1 << 3,   // 8，动态属性，不包括类名和样式
  FULL_PROPS = 1 << 4,   // 16，动态 key，当 key 变化时需要完整的 Diff 算法做比较
```

```
HYDRATE_EVENTS = 1 << 5,    // 32，表示带有事件监听器的节点
STABLE_FRAGMENT = 1 << 6,    // 64，一个不会改变子节点顺序的 Fragment
KEYED_FRAGMENT = 1 << 7,    // 128，带有 key 属性的 Fragment
UNKEYED_FRAGMENT = 1 << 8,    // 256，子节点没有 key 的 Fragment
NEED_PATCH = 1 << 9,    // 512
DYNAMIC_SLOTS = 1 << 10,    // 动态 solt
HOISTED = -1,   // 特殊标志是负整数表示永远不会用作 Diff
BAIL = -2    // 一个特殊的标志，表示差异算法
}
```

上述内容取自 Vue 3 的一段源码。

18.4.2 静态提升（hoistStatic）

在平时开发过程中，编写函数时会定义一些固定的变量。在 Vue 3 中，会将这些变量提升出去定义，示例代码如下：

```
const PAGE_SIZE = 10
function getData () {
    $.get('/data', {
    data: {
    page: PAGE_SIZE
    },
    ...
    })
}
```

诸如上述代码，如果将 PAGE_SIZE = 10 写在 getData 方法内，则每次调用 getData 方法都会重新定义一次 PAGE_SIZE 变量，Vue 3 在这方面也做了优化。

继续使用第 18.4.1 小节的例子，观察编译后的虚拟 DOM 结构。

做静态提升前，效果如图 18-24 所示。

图 18-24　做静态提升前的效果

单击右上角的"Options"选项,在打开的菜单中选择"hoistStatic"选项,代码变化如图 18-25 所示。

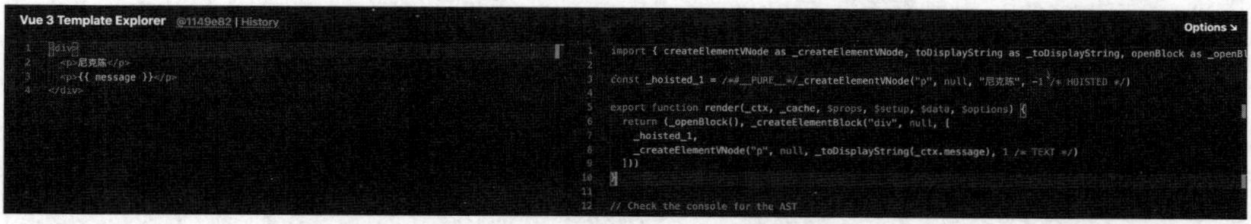

图 18-25 选择"hoistStatic"选项后的代码

不难发现,这里多了一行代码,如下所示:

```
const _hoisted_1 = /*#__PURE__*/_createElementVNode("p", null, "尼克陈", -1 /* HOISTED */)
```

细心的读者会发现,"尼克陈"被提到了 render 函数外,每次渲染时只读取 _hoisted_1 变量即可。还有一个细节,_hoisted_1 变量被打上了 PatchFlag 标签,静态标记值为-1,特殊标志是负整数,表示永远不会用作 Diff。也就是说被打上-1 标记的变量将不再参与 Diff 算法,这又提升了 Vue 在更新组件时的性能。

18.4.3 事件监听缓存

默认情况下,@click 事件会被认为是动态变量,因此每次更新视图时,都会追踪它的变化。但是正常情况下,业务代码中的@click 事件在视图渲染前后都是不变的,基本上不需要追踪它的变化。Vue 3 对此做了相应的优化,叫作事件监听缓存(cacheHandler),在示例网站中添加如下代码:

```
<div>
  <p @click="handleClick">点击我</p>
</div>
```

编译后如图 18-26 所示(未开启事件监听缓存)。

图 18-26 未开启事件监听缓存的效果

在未开启事件监听缓存的情况下，可以从图 18-26 中看到这串代码编译后被静态标记为 8，之前分析过被静态标记的标签会被"拉"去做 Diff，而静态标记 8 表示"动态属性，不包括类名和样式"。@click 被认为是动态属性，所以需要开启 Options 下的事件监听缓存属性，如图 18-27 所示。

图 18-27　开启事件监听缓存的效果

开启事件监听缓存之后，编译后的代码已经没有静态标记了，也表明图中的 p 标签不再被追踪比较变化情况，再次提升了 Vue 的视图渲染性能。

18.4.4　SSR 服务端渲染

在开发中使用 SSR 时，Vue 3 会将静态标签直接转换为文本，而 React 先将 JSX 转换为虚拟 DOM，再将虚拟 DOM 转换为 HTML，Vue 3 比 React 少了一步操作。

编译后的结果如图 18-28 所示。

图 18-28　SSR 服务端渲染

18.4.5　静态节点（StaticNode）

在 SSR 服务端渲染会将静态标签直接转换为文本。在客户端渲染时，只要标签嵌套的静态标签大于或等于 10 个，Vue 3 就会将其编译成 HTML 字符串，如图 18-29 所示。

图 18-29　编译成 HTML 字符串

注意，此时需要开启 Options 中的"hoistStatic"选项。

以上便是 Vue 3 在编译时针对虚拟 DOM 的性能优化，这使得 Vue 3 在性能上是 Vue 2 的 1.2～2 倍。这部分知识在求职面试中遇到的概率非常大，能很好地回答出 Vue 3 在性能优化上的改进，也是一种能力的体现。

第 19 章

CSS 预处理工具 Less 的介绍和使用规范

本章介绍 CSS（层叠样式表）预处理工具 Less 的使用方法。没有学过预处理工具的读者通过学习本章会认识到原来使用 CSS 也能设置变量、方法，学习本章的内容对后期上手开发项目编写 CSS 部分的代码有很大的帮助。比如，项目的主题色可以设置多个变量，不用重复编写；Flex 布局可以写成一个公用的方法，不必每次都写重复的代码；若文字数量超出，显示了省略号，又记不住被省略的那几个必要的属性，则可以通过 Less 写一个带参数的方法。简单地说，就是提取大量重复的代码，让项目中的 CSS 代码更加规范，哪怕少写一行代码，也是对项目开发效率的提升。

19.1 初识Less

Less 是一门 CSS 预处理语言，它扩展了 CSS 语法，相当于给 CSS 增加了一层强化 BUFF。使得 CSS 有了嵌套语法、变量、混合、函数等特性，继而让 CSS 更易维护和扩展。Less 可以运行在 Node 或浏览器端。

最基础的示例如下：

```
@base: #fff;
.wh(@width, @height) {
  width: @width;
  height: @height;
}
```

```
.box {
  color: @base;
  .wh('30px', '30px')
}
```

在上述 Less 代码中，设置了一个变量@base 和一个方法.wh。在.box 代码体中使用@base 设置 color 的属性值，使用.wh 传入 30px 作为参数值，编译输出后的代码如下：

```
.box {
  color: #fff;
  width: '30px';
  height: '30px';
}
```

变量的形式带给开发人员的一个极大的好处是"统一管理"。比如上述的@base 变量控制的是整个项目的基础色，当项目需要统一修改基础色时，只需修改@base 的值，就能响应到整个项目中使用@base 变量的 Less 文件。

方法能让开发人员在编写代码时少写重复代码，提高编程效率。如果没有.wh 方法，在写宽和高样式的时候，就需要写 width 和 height。一个项目中需要写宽和高样式的地方比比皆是，每一处都要写 width 和 height，无疑增加了开发人员的工作量，而使用 Less 可以显著地提高开发效率。Less 还有很多让开发人员耳目一新的特性，在后续的小节中笔者会陆续讲解。

19.2 在浏览器中使用Less

在浏览器中使用 Less 通常有以下两种形式。
- 使用 NPM 下载 Less 包，用 webpack 打包编译后可以编译成最终的 CSS。
- 直接通过 Less 脚本在 HTML 页面中使用。

本节为了方便讲解 Less 的语法知识，选择第二种形式进行代码讲解。

首先创建一个 Less 文件夹，在文件夹中新建一个 index.html 文件，命令行代码如下：

```
mkdir less && cd less && touch index.html
```

Less 的运行需要启动一个 Web 服务器，从而在线浏览。在此使用一个 VSCode 插件，单击 VSCode 编辑器左侧的插件选项，搜索"Live Server"插件，之后安装并启动它，如图 19-1 所示。

图 19-1　Live Server 插件

安装成功后，VSCode 编辑器右下角会出现一个"Go Live"按钮，它的作用是直接启动一个 Web 服务器运行 HTML 文件。

在上述新建的 index.html 文件中添加如下代码：

```html
<!DOCTYPE html>
<html lang="en">
<head>
  <meta charset="UTF-8">
  <meta name="viewport" content="width=device-width, initial-scale=1.0">
  <link rel="stylesheet/less" type="text/css" href="./styles.less" />
  <title>Less 学习</title>
</head>
<body>
  <div class="box">
    <span>我是 less</span>
  </div>
  <script src="https://cdn.bootcss.com/less.js/3.11.1/less.min.js"></script>
</body>
</html>
```

上述代码中引入了本地 Less 样式文件 styles.less 及 Less 的 CDN 脚本文件，作用是编译引入的 Less 文件，转换为 CSS 样式。

因此，还需要新建一个名为 styles.less 的文件，代码如下：

```less
.box {
  span {
    font-size: 50px;
  }
}
```

单击"Go Live"按钮启动 Web 服务器，浏览器会自动打开启动的服务地址，显示内容如图 19-2 所示，表示成功启动。

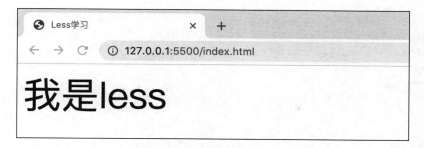

图 19-2　Web 服务器启动成功

设置字号的样式已经生效，表示 Less 文件被成功转换为样式文件了。此时，在浏览器控制台查看 Elements→Styles 中的内容，如图 19-3 所示。

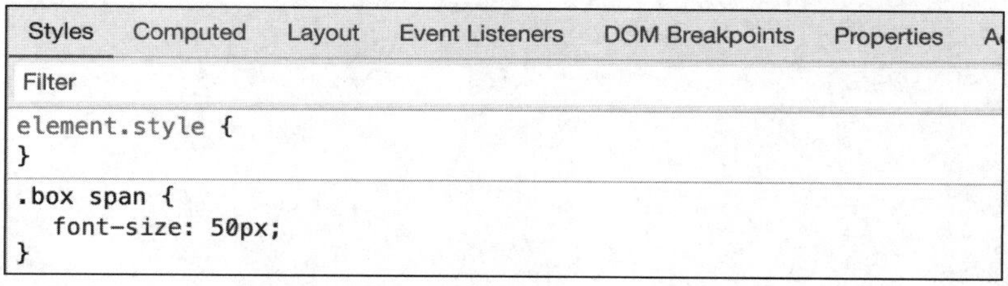

图 19-3　浏览器控制台 Styles 中的内容

19.3　Less变量的使用

Less 中使用"@"符号声明变量，比如@color: red。

假设笔者现在写一个电商项目，需要设置项目中的主色、辅助色等，可以采用如下形式的代码进行变量的声明。

```
// index.html
<!DOCTYPE html>
<html lang="en">
<head>
  <meta charset="UTF-8">
  <meta name="viewport" content="width=device-width, initial-scale=1.0">
  <link rel="stylesheet/less" type="text/css" href="./styles.less" />
  <title>Document</title>
</head>
<body>
  <div class="box">
```

```
    <p class="one">我是 red</p>
    <p class="two">我是 green</p>
    <p class="three">我是 blue</p>
  </div>
  <script src="https://cdn.bootcss.com/less.js/3.11.1/less.min.js"></script>
</body>
</html>
// styles.less
@primary: red;
@deepColor: green;
@lightColor: blue;

.box {
  .one {
    color: @primary;
  }
  .two {
    color: @deepColor;
  }
  .three {
    color: @lightColor;
  }
}
```

变量声明效果如图 19-4 所示。

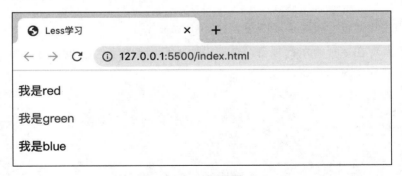

图 19-4　变量声明效果

以//开头的内容，用于注释单行，不会被编译到 CSS 文件中。

以/**/包裹的内容，用于注释多行，同样也不会被编译到 CSS 文件中。

有一点要注意，如果先声明一个变量，然后又声明了同名变量，那么该变量的值会被后面的声明覆盖。比如，将上述代码修改为下面的形式：

```less
// styles.less
@primary: red;
@deepColor: green;
@lightColor: blue;
@primary: pink;

.box {
  .one {
    color: @primary;
  }
  .two {
    color: @deepColor;
  }
  .three {
    color: @lightColor;
  }
}
```

笔者将@primary 重定义为 pink，那么.one 类名对应的标签的颜色将是粉红色，而不再是一开始定义的红色。

19.4　Less中的嵌套语法

嵌套语法在某种程度上解决了类名的命名困难问题。

很多时候在同一个页面中会出现多个同类名的标签，开发人员在写样式的时候，必须加上其父级的类名作为前缀，才不会导致样式冲突。

示例代码如下：

```html
<!DOCTYPE html>
<html lang="en">
<head>
  <meta charset="UTF-8">
  <meta name="viewport" content="width=device-width, initial-scale=1.0">
  <link rel="stylesheet/less" type="text/css" href="./styles.less" />
  <title>Less 学习</title>
</head>
<body>
  <div class="box">
    <div class="block1">
```

```html
    <span class="title">第一个 title</span>
  </div>
  <div class="block2">
    <span class="title">第二个 title</span>
  </div>
  <div class="block3">
    <span class="title">第三个 title</span>
  </div>
</div>
<script src="https://cdn.bootcss.com/less.js/3.11.1/less.min.js"></script>
</body>
</html>
```

如果想给 3 个 title 加上不同的字号，正常写 CSS 样式，代码如下：

```css
.block1 .title {
  font-size: 12px;
}
.block2 .title {
  font-size: 14px;
}
.block3 .title {
  font-size: 16px;
}
```

如果 title 内还有同名的标签，则前缀需要再加上对应的父级类名。此时 CSS 的可读性就变得非常差。

改成 Less 的嵌套写法，示例代码如下：

```less
.block1 {
  .title {
    font-size: 12px;
  }
}
.block2 {
  .title {
    font-size: 14px;
  }
}
.block3 {
  .title {
    font-size: 16px;
  }
}
```

这样写的好处就是 block1 下的所有类名都会带上 .block1 前缀，在编程过程中显得比较灵活，并且最后转换出来的代码是带上前缀的，如图 19-5 所示。

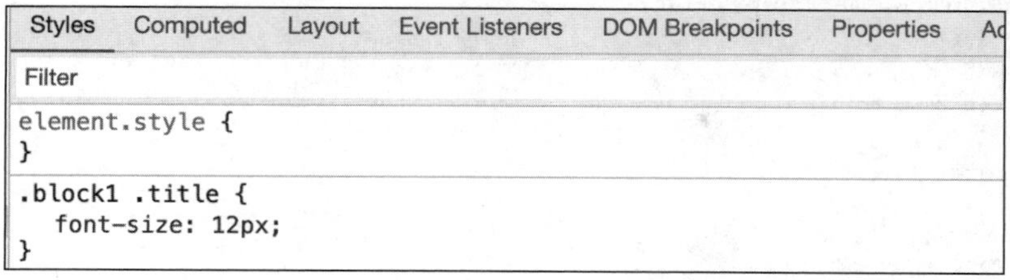

```
Styles   Computed   Layout   Event Listeners   DOM Breakpoints   Properties   A
Filter
element.style {
}
.block1 .title {
    font-size: 12px;
}
```

图 19-5　浏览器控制台样式

比如，想要实现一个新的效果：当鼠标指针划过当前文字时，字号变成 50px。在 Less 语法中，选择当前节点可以使用 & 关键字。对上述代码进行修改，代码如下：

```less
.block1 {
  .title {
    font-size: 12px;
    &:hover {
      font-size: 50px;
    }
  }
}
.block2 {
  .title {
    font-size: 14px;
    &:hover {
      font-size: 50px;
    }
  }
}
.block3 {
  .title {
    font-size: 16px;
    &:hover {
      font-size: 50px;
    }
  }
}
```

在上述 CSS 代码中，& 代表的是 .title，所以当鼠标指针经过 title 时，font-size 属性值会被 hover 内的属性值覆盖，如图 19-6 所示。

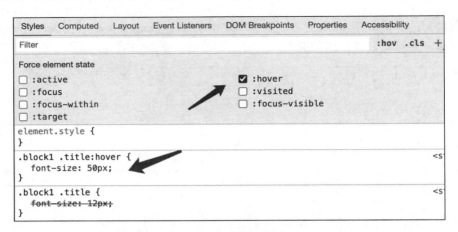

图 19-6 浏览器控制台触发 hover

同样地，要给标签添加伪类 affer 或 before，也可以使用&关键字，修改上述代码，代码如下：

```
.block1 {
  .title {
    font-size: 12px;
    &::before {
      content: '|';
    }
  }
}
.block2 {
  .title {
    font-size: 14px;
    &::before {
      content: '|';
    }
  }
}
.block3 {
  .title {
    font-size: 16px;
    &::before {
      content: '|';
    }
  }
}
```

显示效果如图 19-7 所示。

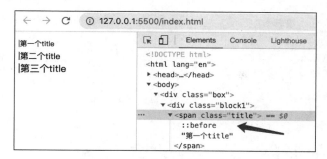

图 19-7　浏览器控制台样式

@规则（例如 @media 或 @supports）可以与选择器以相同的方式进行嵌套。@规则会被放在前面，同一规则集中的其他元素的相对顺序保持不变，这叫作冒泡（Bubbling）。

比如下面这部分代码：

```
.component {
  width: 300px;
  @media (min-width: 768px) {
    width: 600px;
    @media  (min-resolution: 192dpi) {
      background-image: url(/img/test.png);
    }
  }
  @media (min-width: 1280px) {
    width: 800px;
  }
}
```

会被编译为：

```
.component {
  width: 300px;
}
@media (min-width: 768px) {
  .component {
    width: 600px;
  }
}
@media (min-width: 768px) and (min-resolution: 192dpi) {
  .component {
```

```
    background-image: url(/img/test.png);
  }
}
@media (min-width: 1280px) {
  .component {
    width: 800px;
  }
}
```

19.5 Less的混合

Less 的混合（Mixin）有以下 3 种情况。

- 不带参数。
- 带参数，没有默认值。
- 带参数，有设置的默认值。

调用时也存在以下区别。

- 不带参数：调用时可以不加括号，直接使用。
- 带参数且没有默认值：调用时要加括号，括号里必须传值，否则编译会报错。
- 带参数且有默认值：调用时要加括号，参数可传可不传。

首先介绍不带参数的情况下使用 Less 的混合，示例代码如下：

```
<!DOCTYPE html>
<html lang="en">
<head>
  <meta charset="UTF-8">
  <meta name="viewport" content="width=device-width, initial-scale=1.0">
  <link rel="stylesheet/less" type="text/css" href="./styles.less" />
  <title>Less 学习</title>
</head>
<body>
  <div class="box">
    <p class="one">我是less</p>
  </div>
  <script src="https://cdn.bootcss.com/less.js/3.11.1/less.min.js"></script>
</body>
</html>
```

样式代码如下：

```less
.font-size-30 {
  font-size: 30px;
}
.font-weight-600 {
  font-weight: 600;
}

.box {
  .one {
    .font-size-30;
    .font-weight-600;
  }
}
```

上述样式代码声明了字号和字体的混合，并且将其运用到 .one 样式中，效果如图 19-8 所示。

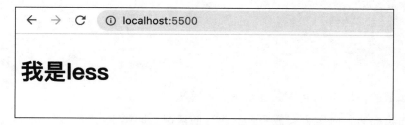

图 19-8　不带参数使用 Less 的混合效果

接下来介绍带参数且没有默认值的情况下使用 Less 的混合，示例代码如下：

```less
.font-size(@size) {
  font-size: @size;
}
.font-weight(@weight) {
  font-weight: @weight;
}

.box {
  .one {
    .font-size(30px);
    .font-weight(600);
  }
}
```

最后介绍带参数且有默认值的情况下使用 Less 的混合，示例代码如下：

```less
.font-size(@size: 30px) {
  font-size: @size;
}
.font-weight(@weight: 600) {
  font-weight: @weight;
}

.box {
  .one {
    .font-size;
    .font-weight;
  }
  .one {
    .font-size();
    .font-weight();
  }
  .one {
    .font-size(30px);
    .font-weight(600);
  }
}
```

在带参数的情况下，默认支持上述 3 种写法。

在开发页面时，时常会有需要画三角形的情况，即画上、下、左、右 4 个方位的三角形。若一直复制重复的代码再进行修改，显得不是那么优雅，这时可以用匹配模式。在匹配模式下，无论同名的哪一个 Less 的混合被匹配到，都会先执行通用匹配模式的代码，@_ 表示通用的匹配模式，具体样式代码如下：

```less
.triangle(@_, @width, @color) {
  width: 0;
  height: 0;
  border-style: solid;
}
.triangle(Bottom, @width, @color) {
  border-width: @width;
  border-color: @color transparent transparent transparent;
}
.triangle(Left, @width, @color) {
  border-width: @width;
  border-color: transparent @color transparent transparent;
}
```

```less
.triangle(Top, @width, @color) {
  border-width: @width;
  border-color: transparent transparent @color transparent;
}
.triangle(Right, @width, @color) {
  border-width: @width;
  border-color: transparent transparent transparent @color;
}

.box {
  .one {
    .triangle(Left, 100px, red);
  }
}
```

上述 Less 代码先设置了基本的.triangle 样式,然后分别设置上、下、左、右 4 个方位的匹配模式,并且通过@width 参数控制三角形的大小,显示效果如图 19-9 所示。

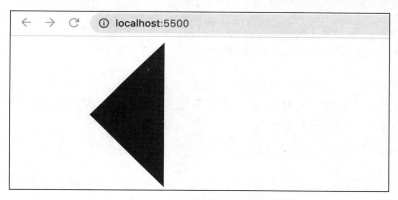

图 19-9　三角形显示效果

可以把配置写进公用的样式库中,在需要用到的地方通过@import 关键字引入。

对于 arguments 变量,使用@arguments 表示 Less 混合的所有参数,示例代码如下:

```less
.border(@width, @mode, @color) {
  border: @arguments;
}

.one {
  .border(1px, solid, red)
}
```

19.6 Less中的运算

使用算术运算符+、-、*、/ 可以对任何数字、颜色或变量进行运算。如果可能的话，使用算术运算符在加、减或比较之前会进行单位换算。计算的结果以最左侧操作数的单位类型为准。如果单位换算无效或失去意义，则忽略单位，比如 px 到 cm 或 rad 到%的转换。示例代码如下：

```less
// 所有操作数被转换成相同的单位
@conversion-1: 5cm + 10mm; // 结果是 6cm
@conversion-2: 2 - 3cm - 5mm; // 结果是 -1.5cm

@incompatible-units: 2 + 5px - 3cm; // 结果是 4px

// 变量示例
@base: 5%;
@filler: @base * 2; // 结果是 10%
@other: @base + @filler; // 结果是 15%
```

乘法和除法不做转换，因为这两种运算在大多数情况下都没有意义，一个长度乘一个长度就得到一个区域，而 CSS 是不支持指定区域的。Less 将按数字的原样进行操作，并为计算结果指定明确的单位类型。

```less
@base: 2cm * 3mm; // 结果是 6cm
```

不过，也有特例。为了与 CSS 保持兼容，calc()方法并不会对数学表达式进行计算，但是在嵌套函数中会计算变量的数学公式的值，示例代码如下：

```less
@a: 100vh/2
height: calc(50% + (@a - 40px)); // 输出结果为 calc(50% - (50vh - 40px))
```

19.7 Less中的导入

当下的前端开发中万物皆是模块。Less 也不例外，一个 Less 文件可以被当作一个模块来处理，一个 Less 文件中可以引入另外一个 Less 文件，并且可以使用里面的变量信息，示例代码如下：

```html
<!DOCTYPE html>
<html lang="en">
<head>
  <meta charset="UTF-8">
  <meta name="viewport" content="width=device-width, initial-scale=1.0">
  <link rel="stylesheet/less" type="text/css" href="./styles.less" />
  <title>Less 学习</title>
</head>
<body>
  <div class="box">
    <div class="one">我是 less</div>
  </div>
  <script src="https://cdn.bootcss.com/less.js/3.11.1/less.min.js"></script>
</body>
</html>
```

样式 styles.less 示例代码如下：

```less
// styles.less
@import './styles1.less';

@color1: red;

.box {
  .one {
    color: @color2;
  }
}
```

样式 styles1.less 示例代码如下：

```less
// styles1.less
@color2: blue;
```

在上述代码中，在 styles.less 文件中引入 styles1.less 文件后，可以在 styles.less 中直接使用 styles1.less 中定义的样式变量，如上述 styles1.less 代码中使用了 styles1.less 中定义的@color2 变量，会将.one 的文字颜色设置成蓝色（blue）。

在声明变量时，颜色主题可以单独创建一个 Less 文件。字号、文字粗细、阴影、透明度等也可以单独抽离一个 Less 文件，通过引入的方式全部引入 index.less，在组件中使用时，只需引入 index.less 文件，便可使用在 index.less 中引入的 Less 文件的变量。

19.8　开发中常用的Less示例

在平时的业务开发中，会反复用到一些样式，开发人员可以将这些反复使用的样式抽离出来，单独做成变量或混合，从而提高项目的开发效率。本节将向读者介绍几个常见的样式案例。

19.8.1　文本超出截断

文本太长需要进行截断显示，这是前端开发过程中出现较为频繁的情况。在没有使用 Less 前，笔者每次用到它时，都要翻阅一下资料，或者上网查找如何使用，既浪费时间，又影响开发效率。使用 Less 提取混合可以很方便地实现这个效果，示例代码如下：

```
<!DOCTYPE html>
<html lang="en">
<head>
  <meta charset="UTF-8">
  <meta name="viewport" content="width=device-width, initial-scale=1.0">
  <link rel="stylesheet/less" type="text/css" href="./styles.less" />
  <title>Less 学习</title>
</head>
<body>
  <div class="box">
    <div class="text">我是less我是less我是less我是less我是less我是less我是less</div>
    <div class="text1">我是less我是less我是less我是less我是less我是less我是less</div>
  </div>
  <script src="https://cdn.bootcss.com/less.js/3.11.1/less.min.js"></script>
</body>
</html>
```

样式文件 styles.less 的示例代码如下：

```
.ellipsisSingle {
  -webkit-box-orient: vertical;
    overflow: hidden;
  text-overflow: ellipsis;
```

```less
  white-space: nowrap;
}

.box {
  .text {
    .ellipsisSingle;
    width: 200px;
    height: 20px;
  }
  .text1 {
    .ellipsisSingle;
    width: 200px;
    height: 20px;
  }
}
```

在上述样式代码中，通过.ellipsisSingle 定义一个单行的省略样式，并将其运用到.text 和.text1 类中。通过这个设置可以将单行省略样式抽离出来，应用于多个地方。查看浏览器，效果如图 19-10 所示。

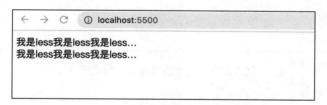

图 19-10　文本超出截断运行效果 1

同时，混合是可以带参数的。将上述方式扩展一下，传递@num 作为省略的行数，修改 styles.less 代码如下：

```less
.ellipsisMultiple(@num: 1) {
  display: -webkit-box;
  -webkit-box-orient: vertical;
  overflow: hidden;
  text-overflow: ellipsis;
  -webkit-line-clamp: @num;
}
```

默认值为 1，表示默认省略的行数为 1 行。当传递@num 为 2 时，表示省略的行数为 2 行。修改 styles.less 代码如下：

```less
.ellipsisMultiple(@num: 1) {
```

```less
  display: -webkit-box;
  -webkit-box-orient: vertical;
  overflow: hidden;
  text-overflow: ellipsis;
  -webkit-line-clamp: @num;
}

.box {
  .text {
    .ellipsisMultiple(2);
    width: 200px;
  }
}
```

浏览器上的页面展示效果如图 19-11 所示。

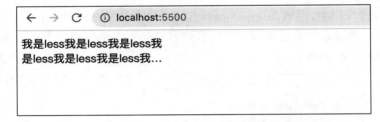

图 19-11　文本超出截断运行效果 2

19.8.2　文字居中

在编写居中样式时，经常连续写两个样式，比如：

```
height: 20px;
line-height: 20px
```

其目的是让标签内的文字垂直居中。代码中充斥着这样成对出现的属性，难免让人看得眼花缭乱。此时可以使用 Less 进行优化，将其封装成混合。示例代码如下：

```html
<!DOCTYPE html>
<html lang="en">
<head>
  <meta charset="UTF-8">
  <meta name="viewport" content="width=device-width, initial-scale=1.0">
  <link rel="stylesheet/less" type="text/css" href="./styles.less" />
```

```
    <title>Less 学习</title>
</head>
<body>
    <div class="box">
        <div class="text">我是less</div>
    </div>
    <script
src="https://cdn.bootcss.com/less.js/3.11.1/less.min.js"></script>
</body>
</html>
```

样式代码 styles.less 如下：

```
.line-text-center (@h) {
  line-height: @h;
  text-align: center
}

.box {
  .text {
    background: #000000;
    color: #fff;
    width: 200px;
    height: 200px;
    .line-text-center(200px);
  }
}
```

在上述样式代码中，传入 .line-text-center 的变量为当前节点的高度，将高度的值设置为 line-height 的值，达到上下居中的效果，如图 19-12 所示。

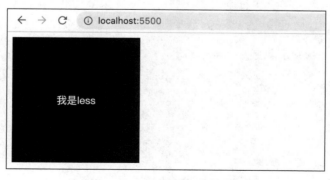

图 19-12　文字居中运行效果

19.8.3　背景+选中高亮

在开发中经常会遇到这样的需求：展示一个列表，列表中的每一项设置被选中后高亮背景，以及鼠标指针划过后高亮背景。示例代码如下：

```html
<!DOCTYPE html>
<html lang="en">
<head>
  <meta charset="UTF-8">
  <meta name="viewport" content="width=device-width, initial-scale=1.0">
  <link rel="stylesheet/less" type="text/css" href="./styles.less" />
  <title>Less 学习</title>
</head>
<body>
  <div class="list">
    <div class="item active">选项 1</div>
    <div class="item">选项 2</div>
    <div class="item">选项 3</div>
    <div class="item">选项 4</div>
  </div>
  <script src="https://cdn.bootcss.com/less.js/3.11.1/less.min.js"></script>
</body>
</html>
```

在上述 HTML 代码中设置了一个 div 属性，类名为 list，其下包裹着 4 个类名为 item 的 div 标签。默认设置第一个标签为选中状态，添加类名 active。样式代码如下：

```
.touch-action(@active-bg-color, @hover-bg-color) {
  &.active {
    background-color: @active-bg-color;
  }
  &:hover {
    background-color: @hover-bg-color;
  }
}

.list {
  width: 200px;
  .item {
```

```
  .touch-action(#ccc, #aaa)
  }
}
```

设置.touch-action 混合，它的作用是添加当前选中的类名为 active 的标签的背景色，以及划过当前标签的背景色。

浏览器中页面的效果如图 19-13 所示。

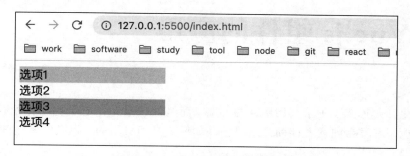

图 19-13　浏览器中页面的效果

在图 19-13 中，"选项 1"是默认添加 active 类名的 div 标签，当笔者用鼠标指针滑过"选项 3"的时候，其背景色会随之发生变化。在编码时可以通过.touch-action 混合动态传入选中的背景色和划过背景色。

第 20 章

Vue.js 组件的应用

模块化开发形式少不了公用组件的抽离,而组件的定义也是开发人员必须掌握的一项开发技能,本章将向读者详细介绍组件是如何定义和引用的,以及组件之间传值的各种技巧。

20.1 组件的定义和引用

20.1.1 全局组件

在讲解组件之前,先使用 Vite 工具初始化一个 Vue 3 项目模板。在此项目模板的基础上,分析组件的各种应用。项目目录结构如图 20-1 所示。

图 20-1 项目目录结构

全局组件是指在任何页面中不必再单独引入组件并注册，直接在模板中使用组件名称便可引入页面的组件。

首先在 src 目录下新建一个 globalComponents 文件夹，用于放置项目的全局组件。然后新建一个名为 Header.vue 的全局组件，添加如下代码：

```
<template>
  <div>全局组件 Header</div>
</template>

<script>
export default {
  name: 'Header' // 以大写字母开头的组件名称
}
</script>
```

进入 main.js，进行全局组件的注册，示例代码如下：

```
import { createApp } from 'vue'
import App from './App.vue'
// 引入全局组件 Header, 注意 Vite 启动的项目引入 Header 的路径是需要添加后缀.vue 的, 否则会报错
import Header from './globalComponents/Header.vue'
// 初始化实例
const app = createApp(App)
// 使用 component 方法注册全局组件
app.component('Header', Header)
// 将实例挂载到#app 标签上
app.mount('#app')
```

注册全局组件后，进入 App.vue，尝试引用全局组件，示例代码如下：

```
<template>
  <div>
    <Header></Header>
  </div>
</template>
<script>
export default {}
</script>
```

通过 npm run dev 命令启动项目后，浏览器渲染效果如图 20-2 所示。

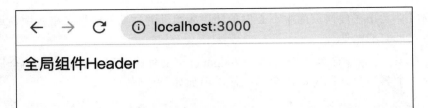

图 20-2　全局组件渲染效果

说到全局组件，不得不提到另一种全局组件注册的方式，这种方式也是注册各大知名组件库使用的方式，使用过 ElementUI、Vant 等组件库的开发人员应该很熟悉这种注册方式，示例代码如下：

```
import { createApp } from 'vue'
import App from './App.vue'
import ElementUI from 'ElementUI' // 引入ElementUI 组件库
// 初始化实例
const app = createApp(App)
// 全局引用组件库
app.use(ElementUI)
// 将实例挂载到#app 标签上
app.mount('#app')
```

在上述代码中引入了 ElementUI 组件库，并且将其全局注册到 Vue 3 生成的实例中。

现在笔者也想使用同样的方式注册全局组件。在之前项目的 globalComponents 文件夹下新建 Footer.vue，添加如下代码：

```
<template>
  <div>全局组件 Footer</div>
</template>

<script>
export default {
  name: 'Footer'
}
</script>
```

注意，在定义组件时 name 一定要写上，否则后续注册组件时不方便定义名称。

在 globalComponents 文件夹下新建 index.js，用于注册全局组件，示例代码如下：

```
import Header from './Header.vue'
import Footer from './Footer.vue'
```

```
// 定义数组，将组件填入
const components = [Header, Footer]

export default {
  install (app) {
    // 利用数组的 forEach 循环，注册全局组件
    components.forEach(item => {
      app.component(item.name, item)
    })
  }
}
```

引入 Header 和 Footer 两个组件，最终抛出一个对象，在对象内部定义 install 函数，函数接收的第一个参数为 Vue 3 生成的实例。因此，可以在函数内部进行组件的注册。

修改 main.js 代码，示例代码如下：

```
import { createApp } from 'vue'
import App from './App.vue'
import GlobalComponent from './globalComponents' // 引入自定义的全局组件库
// 初始化实例
const app = createApp(App)
// 使用实例的 use 方法，传入自定义全局组件库
app.use(GlobalComponent)

app.mount('#app')
```

在 App.vue 脚本中，引入全局组件库 globalComponents 的 Header 和 Footer 两个组件，代码如下：

```
<template>
  <div>
    <Header></Header>
    <Footer></Footer>
  </div>
</template>
<script>
export default {}
</script>
```

重启项目，可以看到此时的浏览器渲染效果如图 20-3 所示。

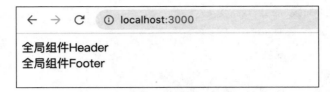

图 20-3　全局组件渲染效果

笔者建议读者扩展 globalComponents 目录，将其做成一个开源的组件库，这也能为自己的履历增色不少。

20.1.2　局部组件

局部组件是在开发项目时常用的组件提取形式，需要在实例页面中引入，并且注册之后才能使用。

打开编辑器，在 src/components 文件夹下新建 Test.vue 文件，添加如下代码：

```
<template>
  <div>我是局部组件</div>
</template>

<script>
export default {
  name: 'Test'
}
</script>
```

修改 App.vue 文件，代码如下：

```
<template>
  <div>
    <Test></Test>
  </div>
</template>
<script>
// 引入 Test 组件
import Test from './components/Test.vue'
export default {
  components: {
    // 注册 Test 组件
    Test
```

```
    }
}
</script>
```

注意，一定要在选项中注册好 Test 组件，否则使用的时候会报错。查看浏览器，渲染效果如图 20-4 所示。

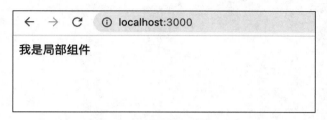

图 20-4　局部组件渲染效果

在注册局部组件时，命名形式可以有多种。

比如上述 Test 组件，在引用时可以采用小写形式：

```
<test></test>
```

也可以在注册时使用驼峰命名方式：

```
export default {
  components: {
    NickTest: Test
  }
}
```

在使用的时候，采用中横线的形式。

```
<nick-test></nick-test>
```

这里笔者建议制定整个项目的组件命名规范，会让整个项目代码看起来更加整洁。

20.1.3　动态组件

Vue 提供了一个关键字 is，简单解释就是扩展 HTML 标签的限制。

动态组件就是几个组件被放在一个挂载点下，根据父组件的某个变量来决定显示哪个组件或都不显示。

动态切换是指在挂载点使用 component 标签，之后使用 v-bind:is="组件名"，会自动查找匹配的组件名，如果没有找到，则不显示。改变挂载的组件，只要修改 is 指令的值即可。

在 /scr/components 目录下添加一个 Test2.vue 组件，示例代码如下：

```
<template>
  <div>我是局部组件 2</div>
</template>

<script>
export default {
  name: 'Test2'
}
</script>
```

通过动态组件，在同一个标签下根据变量的改变，渲染 Test 组件或 Test2 组件，修改 App.vue 代码：

```
<template>
  <div>
    <!--添加切换变量的方法-->
    <button @click="change('Test')">渲染局部组件 1</button>
    <button @click="change('Test2')">渲染局部组件 2</button>
    <!--动态组件，根据 current 变量，渲染不同的组件-->
    <component :is="current"></component>
  </div>
</template>
<script>
import { ref } from 'vue'
// 引入 Test 组件
import Test from './components/Test.vue'
import Test2 from './components/Test2.vue'
export default {
  components: {
    // 注册组件
    Test,
    Test2
  },
  setup () {
    const current = ref('Test') // 初始化 Test 组件
    // 切换方法，赋值 current 变量
    const change = (componentName) => {
```

```
      current.value = componentName
    }
    return {
      current,
      change
    }
  }
}
</script>
```

此时，单击任意按钮，可以调用 change 事件，改变 current 的值，component 标签的 is 属性随之切换到与变量值相对应的组件。

图 20-5 所示是单击"渲染局部组件 2"按钮的效果。

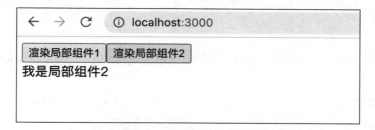

图 20-5　单击"渲染局部组件 2"按钮的效果

该功能常被用于根据返回的数据渲染对应的组件，比如管理员和用户，根据权限接口请求返回的角色，动态渲染管理员组件或用户组件。

20.2　组件间的值传递

20.2.1　父子组件通信

父子组件间传值在开发过程中非常普遍。Vue 3 中组件间值的接收也发生了一些变化。

1. 父传子

在/src/components 目录下新建一个 Son.vue 文件，示例代码如下：

```
<template>
  <div>我是子组件</div>
```

```
<!--将父组件传进来的值展示在模板上-->
<div>count: {{ count }}</div>
</template>

<script>
export default {
  // 定义传值的名称和类型,这里 key 需要和父组件传值的属性保持一致
  props: {
    count: String
  },
  setup (props) {
    // 打印 props 属性下的 count 变量
    console.log('props', props.count)
  }
}
</script>
```

需要注意的是,一定要定义 props 属性,否则在 setup 函数内无法获取父组件传递进来的值。

紧接着修改 App.vue,将其作为父组件,引入 Son.vue 进行传值操作,代码如下:

```
<template>
  <div>
    <Son count="1" />
  </div>
</template>
<script>
// 引入 Son 组件
import Son from './components/Son.vue'
export default {
  components: {
    // 注册组件
    Son
  }
}
</script>
```

设置 Son 组件的 count 属性值为 "1",启动浏览器,观察页面是否成功渲染子组件,效果如图 20-6 所示。

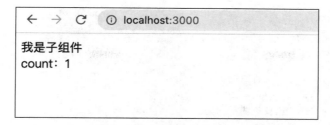

图 20-6 子组件渲染效果

2. 子传父

父组件传子组件属于正向传递，反过来，子组件向父组件传递属于逆向传递，此时需要使用 emit 方法，将子组件的内容返回给父组件。修改 Son.vue 文件，示例代码如下：

```
<template>
  <div>我是子组件</div>
  <div>count: {{ count }}</div>
</template>

<script>
export default {
  props: {
    count: String
  },
  setup (props, ctx) {
    // 调用 setup 第 2 个参数的 emit 方法，执行父组件传递进来的回调函数方法
    ctx.emit('callback', '子组件执行 callback')
  }
}
</script>
```

修改父组件 App.vue 的内容，传递 callback 函数给子组件，代码如下：

```
<template>
  <div>
    <Son @callback="callback" count="1" />
  </div>
</template>
<script>
// 引入 Son 组件
import Son from './components/Son.vue'
export default {
  components: {
```

```
    // 注册组件
    Son
  },
  setup () {
    // 传递给子组件返回内容的回调函数
    const callback = (val) => {
      console.log('子组件返回的内容: ', val)
    }

    return {
      callback
    }
  }
}
</script>
```

在给子组件传递方法时,需要添加@关键字,在 Vue 内部编译代码时会将该关键字识别为方法传递。

在浏览器中打开控制台,打印结果如图 20-7 所示。

图 20-7 控制台打印结果

需要传递给父组件的内容,可以在子组件内调用 emit 时添加到第 2 个参数中。

Vue 官方提示,在使用 Vue 3 编写组件代码时,不要再使用 Options 选项混合 Vue 3 的编写形式,否则组件会出现一些不兼容的问题。

20.2.2 兄弟组件通信

无论是正向的父传子,还是逆向的子传父,都是有上下级关系的。而兄弟组件间的通信没有上下级的关系,需要跨组件传递,传递过程如图 20-8 所示。

第 20 章 Vue.js 组件的应用

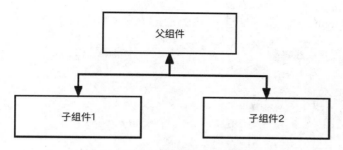

图 20-8 兄弟组件通信示意图

1. 中间媒介

虽然两个子组件之间没有直接联系，但是通过图 20-8 可以看出它们的共同点是归属于同一个父组件。因此，可以将父组件作为中间媒介，当子组件 1 改变值的时候，通过父组件将消息发送给子组件 2，当子组件 2 发生数据变化时，同样也可以通过父组件将消息传递给子组件 1。

修改 Son.vue 文件，将其作为子组件 1，示例代码如下：

```
<template>
  <div>我是子组件 1</div>
  <!--展示子组件 2 传递的数据-->
  <div>Son2 传递的值：{{ count2 }}</div>
  <!--单击按钮，触发父组件传递的修改数据的方法-->
  <button @click="change">传递值给 Son2</button>
</template>

<script>
export default {
  // 在父组件中定义一个 count2，传递给子组件 1
  props: {
    count2: Number
  },
  setup (props, ctx) {
    // 触发父组件传递的方法
    const change = () => {
      ctx.emit('callback', 111)
    }

    return { change }
  }
}
</script>
```

在 /src/components 目录下新建一个 Son2.vue，将其作为子组件 2，示例代码如下：

```
<template>
  <div>我是子组件 2</div>
  <!--展示子组件 1 传递的数据-->
  <div>Son1 传递的值：{{ count1 }}</div>
  <!--单击按钮，触发父组件传递的修改数据的方法-->
  <button @click="change">传递值给 Son1</button>
</template>

<script>
export default {
  // 在父组件中定义一个 count1，传递给子组件 2
  props: {
    count1: Number
  },
  setup (props, ctx) {
    // 触发父组件传递的方法
    const change = () => {
      ctx.emit('callback', 222)
    }

    return { change }
  }
}
</script>
```

修改中间媒介 App.vue，需要定义一个 count1 作为传递给 Son2 的变量。同理，定义一个 count2 作为传递给 Son1 的变量。定义两个触发数据修改的方法 change1 和 change2，具体示例代码如下：

```
<template>
  <div>
    <!--传递给子组件 1 的方法 change1，以及 Son2 的数据 count2-->
    <Son1 @callback="change1" :count2="count2" />
    <hr>
    <!--传递给子组件 2 的方法 change2，以及 Son1 的数据 count1-->
    <Son2 @callback="change2" :count1="count1" />
  </div>
</template>
<script>
import { ref } from 'vue'
// 引入 Son 组件
```

```
import Son1 from './components/Son.vue'
import Son2 from './components/Son2.vue'
export default {
  components: {
    // 注册组件
    Son1,
    Son2
  },
  setup () {
    const count1 = ref(0)
    const count2 = ref(0)
    // 传递给 Son1 的回调方法
    const change1 = (val) => {
      count1.value = val
    }

    // 传递给 Son2 的回调方法
    const change2 = (val) => {
      count2.value = val
    }

    return {
      count1,
      count2,
      change1,
      change2
    }
  }
}
</script>
```

以上代码相当于把子组件数据的定义在父组件中同步一套,传递给父组件下需要的兄弟组件。完成上述编码后,浏览器显示效果如图 20-9 所示。

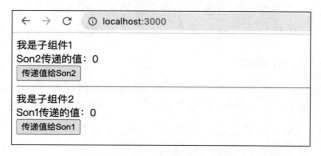

图 20-9 浏览器显示效果

图 20-9 上半部分是子组件 1，下半部分是子组件 2。两个子组件互不联系，通过父组件这个中间媒介转发消息。此时，单击子组件 1 中的"传递值给 Son2"按钮，效果如图 20-10 所示。

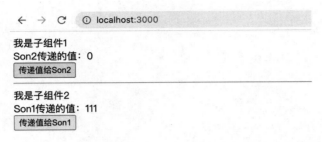

图 20-10　单击"传递值给 Son2"按钮后的效果

可以观察到，子组件 2 发生了变化，"Son1 传递的值"显示为 111，说明数据已经从 Son1 传递给 Son2 了。

同样地，单击子组件 2 中的"传递值给 Son1"按钮，效果如图 20-11 所示。

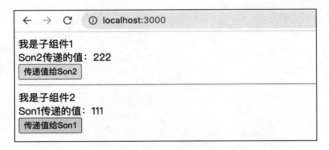

图 20-11　单击"传递值给 Son1"按钮后的效果

可以看到，子组件 1 同样也显示了子组件 2 传递过来的值 222。

上述方法便是"中间媒介"方法。无论子组件的嵌套有多深，只要找到它们的同一个祖先组件，将祖先组件作为"中间媒介"，便可完成数据和方法的互传。

2. 事件总线（EventBus）

事件总线就是在全局生成一个"池子"，所有的页面都可以使用这个"池子"。可以往"池子"里注册方法，也可以触发"池子"中已经被注册的方法。

在注册方法时，设置触发方法的关键字，再定义一个回调函数，该回调函数的参数就是在方法被触发时传进去的变量，这便是经典的设计模式——发布订阅模式。

发布订阅模式的伪代码如下：

```
// 注册方法
'池子'.on('关键字','回调方法')

// 触发注册的方法
'池子'.emit('关键字','参数')
```

当 Vue 升级到 3.0 版本后，其创建项目实例的方法为 createApp({})，prototype 属性也被取消了，因此无法通过 Vue 2 的 Vue.prototype.$bus = new Vue()方式使用事件总线。

Vue 3 提供了新的定义全局方法的属性，示例代码如下：

```
//在main.js中
const app = createApp({}) //创建Vue实例
app.config.grobalProperties.$bus = createApp({}) //事件总线
```

当笔者尝试用上述形式注册事件时，发现代码报错。原因是 Vue 3 把$on、$off、$once 等时间函数都移除了，只留下$emit 用于父子组件之间的沟通。

官方推荐使用第三方插件——mitt。

安装 mitt，命令如下：

```
npm install mitt --save
```

在 main.js 中引入 miit，将其实例化，并赋值给全局变量$bus，具体代码如下：

```
import { createApp } from 'vue'
// 引入 mitt
import mitt from 'mitt'
import App from './App.vue'

const app = createApp(App)
// 实例化 mitt，并挂载到全局属性 globalProperties 上
app.config.globalProperties.$bus = new mitt()

app.mount('#app')
```

在需要使用它的页面中直接引入全局变量，进行订阅和发布。修改 Son.vue 代码如下：

```
<template>
  <div>我是子组件1</div>
  <div>Son2 传递的值：{{ count2 }}</div>
```

```
  <button @click="change">传递值给 Son2</button>
</template>

<script>
// getCurrentInstance 方法可以获得全局变量属性 globalProperties
import { ref, getCurrentInstance } from 'vue'
export default {
  setup (props, ctx) {
    const count2 = ref(0)
    // 通过结构，获得 appContext 变量
    const { appContext } = getCurrentInstance()
    // 获得全局上下文后，得到$bus 事件总线
    const eventBus = appContext.config.globalProperties.$bus

    // 订阅组件 1 的事件，等待组件 2 被触发
    eventBus.on('waitSon2', (val) => {
      console.log('组件 2 传递来的值', val)
      count2.value = val
    })

    // 触发组件 2 注册的事件
    const change = () => {
      eventBus.emit('waitSon1', 222)
    }

    return { count2, change }
  }
}
</script>
```

通过 eventBus 的 on 方法进行订阅、emit 方法进行发布。在上述代码中订阅一个关键字为"waitSon2"的方法，在 Son2.vue 中等待触发该方法，并且传入参数。

修改 Son2.vue 组件，代码如下：

```
<template>
  <div>我是子组件 2</div>
  <div>Son1 传递的值：{{ count1 }}</div>
  <button @click="change">传递值给 Son1</button>
</template>

<script>
import { ref, getCurrentInstance } from 'vue'
export default {
```

```
setup (props, ctx) {
  const count1 = ref(0)
  const { appContext } = getCurrentInstance()
  const eventBus = appContext.config.globalProperties.$bus

  // 订阅组件 2 的事件，等待组件 1 被触发
  eventBus.on('waitSon1', (val) => {
    console.log('组件 1 传递来的值', val)
    count1.value = val
  })

  // 触发组件 1 注册的事件
  const change = () => {
    eventBus.emit('waitSon2', 111)
  }

  return { count1, change }
}
}
</script>
```

以上代码同 Son.vue 中的代码，只是换成了订阅的事件，等待在 Son.vue 中去执行 "waitSon1" 关键字。

父组件 App.vue 代码修改如下：

```
<template>
  <div>
    <Son1 />
    <hr>
    <Son2 />
  </div>
</template>
<script>
// 引入 Son 组件
import Son1 from './components/Son.vue'
import Son2 from './components/Son2.vue'
export default {
  components: {
    // 注册组件
    Son1,
    Son2
  }
}
</script>
```

此时，不需要在父组件中定义与父组件无关的状态和方法。使用事件总线的优势是让代码有强关联性，在需要的地方做需要的事情。

重启项目，浏览器中的默认显示内容如图 20-12 所示。

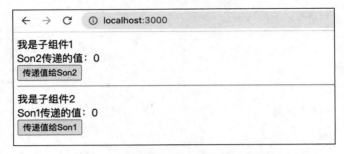

图 20-12　浏览器中的默认显示内容

单击子组件 1 中的"传递值给 Son2"按钮，此时会触发在 Son2.vue 组件内订阅的"waitSon1"方法，并且将参数"222"传递过去，浏览器中的显示内容如图 20-13 所示。

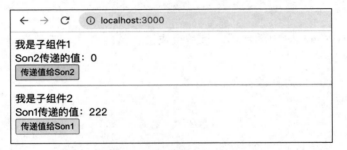

图 20-13　单击"传递值给 Son2"按钮后的效果

同理，单击子组件 2 中的"传递值给 Son1"按钮，会触发在 Son.vue 组件内订阅的"waitSon2"方法，并且将参数"111"传递过去，浏览器中的显示内容如图 20-14 所示。

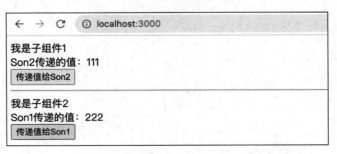

图 20-14　单击"传递值给 Son1"按钮后的效果

20.2.3 祖孙组件通信

祖先组件若想与孙组件通信，必须要经过至少一层子组件，传递过程如图 20-15 所示。

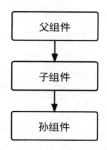

图 20-15　祖孙组件通信示意图

假设图 20-15 中的父组件有一个数据 a 需要传入孙组件，首先要将数据 a 传入子组件，子组件接收到 a 后，再将其传入孙组件。当组件嵌套的层级较深时，用此方法传值就会变得难以维护，变量一旦被修改，就会牵连途经的各个组件。

随着项目复杂度的提升，使用这种方法传值会导致整个项目的变量透传变得不可控。在此，笔者推荐使用 provide/inject 解决上述祖孙组件通信的问题。

provide/inject 字面意思是"提供/注入"，但是在网上被叫作"依赖/注入"。本书中使用"提供/注入"这个解释。

针对上述问题，可以先在祖先组件中声明 provide，然后在孙组件中通过 inject 获得数据。下面结合代码进行分析，修改 App.vue 代码如下：

```
<template>
  <div>
    <h1>provide/inject</h1>
    <Son />
  </div>
</template>

<script>
// 引入子组件
import { provide } from 'vue'
import Son from './components/Son.vue'
export default {
```

```
  components: {
    Son
  },
  setup() {
    provide('name', '陈尼克')  // 单个声明形式
  }
}
</script>
```

修改子组件Son.vue，代码如下：

```
<!--Son.vue-->
<template>
  <div>我是子</div>
  <GrandSon />
</template>

<script>
// 引入孙组件
import GrandSon from './GrandSon.vue'
export default {
  name: 'Son',
  components: {
    GrandSon
  }
}
</script>
```

在/scr/components目录下新建孙组件GrandSon.vue，并添加如下代码：

```
<!--GrandSon.vue-->
<template>
  <div>我是孙子，{{ name }}</div>
</template>

<script>
import { inject } from 'vue'
export default {
  name: 'GrandSon',
  setup() {
    const name = inject('name', '嘻嘻')  // 第2个参数为默认值，可选
    return {
      name
    }
```

```
  }
}
</script>
```

重启项目，示例运行效果如图 20-16 所示。

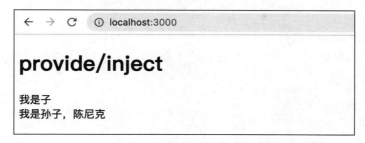

图 20-16　示例运行效果

孙组件成功获得祖先组件传递过来的 name 属性，并且渲染在视图上。

如果要修改传入孙组件的值，就必须将修改方法通过 provide 传递给孙组件，在孙组件中执行该方法，才能将 name 属性修改成功。

修改 App.vue 代码如下：

```
<template>
  <div>
    <h1>provide/inject</h1>
    <Son />
  </div>
</template>

<script>
// 引入子组件
import { provide, ref } from 'vue'
import Son from './components/Son.vue'
export default {
  components: {
    Son
  },
 setup() {
   const name = ref('陈尼克')
   provide('name', name)  // 单个声明形式
   // 修改变量的方法
   const change = () => {
     name.value = '十三'
```

```
  }
  // 提供给孙组件
  provide('change', change)
 }
}
</script>
```

修改 GrandSon.vue 组件，代码如下：

```vue
<!--GrandSon.vue-->
<template>
  <div>我是孙子，{{ name }}</div>
  <!--单击触发注入的 change 方法-->
  <button @click="change">修改</button>
</template>

<script>
import { inject } from 'vue'
export default {
  name: 'GrandSon',
  setup() {
    const name = inject('name', '嘻嘻') // 第 2 个参数为默认值，可选
    // 注入 change 方法，返回给 template 模板使用
    const change = inject('change')
    return {
      name,
      change
    }
  }
}
</script>
```

单击"修改"按钮后，浏览器显示内容如图 20-17 所示。

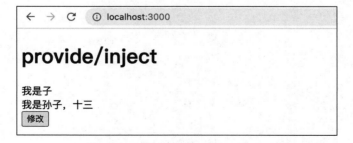

图 20-17　浏览器显示的内容

第 21 章

路由插件 Vue-Router 库的使用和原理浅析

本章将介绍 Vue.js 路由的相关知识。单页 Web 应用（Single Page Web Application，SPA）允许开发人员通过 URL 地址的改变切换相应的组件并且保持页面不刷新。在 Vue.js 构建项目中使用路由需要引入 Vue-Router 库。本章也会介绍 Vue-Router 库的安装和应用，并结合路由介绍 Vue.js 的过度和动画的使用。

21.1 路由的作用

在讲解路由之前，介绍为什么在开发单页面项目时会用到路由插件。

回想几年前，在传统多页面开发模式下，一个网站由多个 HTML 文件组成，每个页面各司其职，将项目部署到线上之后，用户跳转页面都是通过直接切换页面路径，进而刷新整个网页完成的，如图 21-1 所示。

每请求一个页面，都向服务器请求一次 HTML 资源，服务器响应后返回 HTML 文件，浏览器解析 HTML 资源并渲染页面。

为了提升用户体验并让代码具备模块化功能，Vue、React 等框架应运而生，它们利用虚拟 DOM 原理，将传统页面直接输出为真实 DOM 的形式，转换为通过 JavaScript 渲染的形式插入入口页面（Vue、React 都有一个 App.xxx 作为项目的入口页面），此时的请求流程如图 21-2 所示。

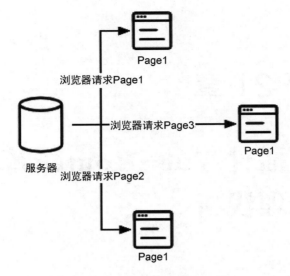

图 21-1 传统网站跳转页面

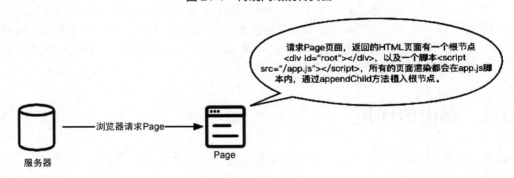

图 21-2 请求流程

根据上述内容可以发现单页面开发时的一个问题：当切换浏览器地址时，页面是如何做到根据浏览器地址的变化显示相应的视图呢？注意，从始至终，就只有一个入口页面。

Vue-Router 库就是为了解决上述问题而存在的。它的作用是监听浏览器地址的变化，从而显示相应的组件。在开发时会配置一份"路径→组件"的映射关系，每当浏览器地址变化时，Vue-Router 库内部都会执行监听回调函数来获取 location.pathname，匹配相应的组件进行视图渲染。

21.2 路由插件的安装

在 Vue.js 中使用路由插件 Vue-Router 库有两种方式。

1. CDN 方式

可以直接引入插件的 CDN 链接。

链接的版本号可以根据项目需要手动修改官方提供的响应版本。

CDN 方式适合直接使用 HTML 开发的形式，在现代前端模块化开发的大趋势下，笔者不建议使用该方式进行业务开发。

2. npm 包下载

通过 Vue-CLI 构建项目时，可以选择带上路由插件。也可以构建一个空的项目，手动通过如下代码安装 Vue-Router 库。

```
npm install vue-router@next --save
```

目前想要安装最新版本的 Vue-Router 库，需要在库名后面加上 @next。

21.3 路由简单应用

首先，通过 Vite 指令构建一个以 Vue.js 为模板的新项目，代码如下：

```
npm init vite@latest router-demo --template vue
```

指令构建成功的结果如图 21-3 所示。

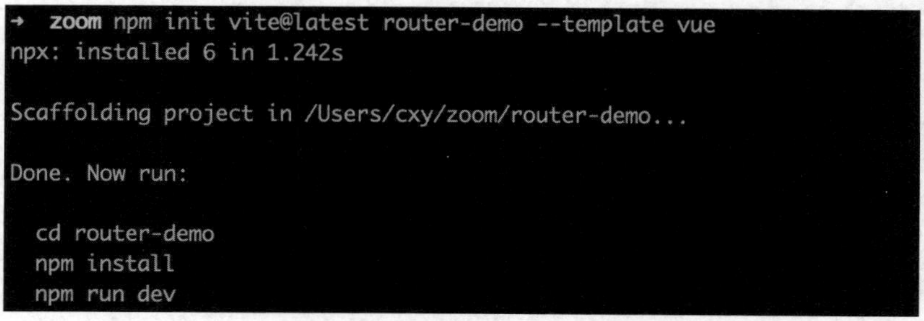

图 21-3　指令构建成功的结果

进入项目 router-demo，执行 npm install 命令安装相应的工具包，并且安装路由插件，代码如下：

```
npm install vue-router@next --save
```

完成项目的创建后，介绍几个关键的路由 API。

- createRouter：初始化路由实例，创建出的实例将会被 Vue.js 创建的实例通过 app.use(xxx)引用。
- createWebHistory：History 路由模式，是一个方法，将执行后的返回值赋给 createRouter 初始化方法的 history 属性，用于设置浏览器路径的模式。
- createWebHashHistory：Hash 路由模式，同样也是一个方法，将执行后的返回值赋给 createRouter 初始化方法的 history 属性，用于设置浏览器路径的模式。
- router-link：是一个组件，该组件的基本作用是通过设置跳转链接，在被单击时改变浏览器的地址栏，从而切换与链接相对应的组件。
- router-view：是一个组件，配合 router-link 切换，显示的组件通过 router-view 显示在浏览器上。

了解上述 API 的作用后，在初始化项目的 src 目录下新建 pages 文件夹，添加两个组件，用于路由的切换，示例代码如下：

```
<!--views/Home.vue-->
<template>
  <div>我是 Home</div>
</template>

<script>
export default {
  name: 'Home'
}
</script>

<!--views/About.vue-->
<template>
  <div>我是 About</div>
</template>

<script>
export default {
  name: 'About'
```

```
}
</script>
```

在 src 目录下新建 router 文件夹,用于初始化路由实例,示例代码如下:

```
// router/index.js
import { createRouter, createWebHashHistory } from 'vue-router'

const router = createRouter({
  history: createWebHashHistory(), // Hash 模式: createWebHashHistory。History
模式: createWebHistory
  routes: [
    {
      path: '/', // 默认路径"/",显示 Home 组件
      name: 'home', // 可选项,用于在路由实例方法跳转时,使用 name 属性
      component: () => import('../views/Home.vue') // 引入 Home 组件
    },
    {
      path: '/about',
      name: 'about',
      component: () => import('../views/About.vue') // 引入 About 组件
    }
  ]
})
// 将初始化的路由实例导出
export default router
```

修改 main.js 文件,将上述导出的路由实例注册到 Vue 的全局实例中,示例代码如下:

```
// main.js
import { createApp } from 'vue'
import App from './App.vue'
// 导入路由实例
import router from './router'

const app = createApp(App)
// 注册路由实例
app.use(router)
app.mount('#app')
```

修改 App.vue 代码，将路由的路径和组件对应起来，进行导航切换，示例代码如下：

```
<template>
  <div class="container">
    <div>
      <!--router-link 用作导航切换组件-->
      <router-link to='/'>Home</router-link>
      <router-link to='about'>About</router-link>
    </div>
    <!--地址栏路径对应的组件，都将显示在 router-view 组件下-->
    <router-view />
  </div>
</template>

<script>
export default {
  name: 'App'
}
</script>
```

通过 npm run dev 指令启动项目，浏览器显示效果如图 21-4 所示。

图 21-4　浏览器显示效果

单击"About"按钮，切换组件后的显示效果如图 21-5 所示。

图 21-5　切换组件后的显示效果

21.4 路由的实例方法

21.4.1 事件监听

在真实的业务开发中，有许多地方会用到路由的监听。比如有这样一个需求，在第 21.3 节的项目中，切换到"/about"路径之前想打印一些内容，可以在 App.vue 中做如下修改：

```
<template>
  <div class="container">
    <div>
      <!--router-link 用作导航切换组件-->
      <router-link to='/'>Home</router-link>
      <router-link to='about'>About</router-link>
    </div>
    <!--地址栏路径对应的组件，都将显示在 router-view 组件下-->
    <router-view />
  </div>
</template>

<script>
// 引入路由实例，该实例只会在项目初始化的时候被创建一次
import router from './router'
export default {
  name: 'App',
  setup() {
    // 实例的 beforeEach 方法，用于切换路由前的监听
    router.beforeEach((to, from) => {
      // 回调函数接收两个参数，第 1 个参数是路由要去哪里，第 2 个参数是路由从何而来
      console.log('去何处', to)
      console.log('从何来', from)
      // 当路由要前往 name 属性为 about 时，打印如下内容
      if (to.name == 'about') {
        console.log('去 About 之前的打印')
      }
    })
  }
}
</script>
```

打开浏览器，查看控制台的打印情况，当单击"About"按钮时，控制台中会打印出对应的内容，结果如图 21-6 所示。

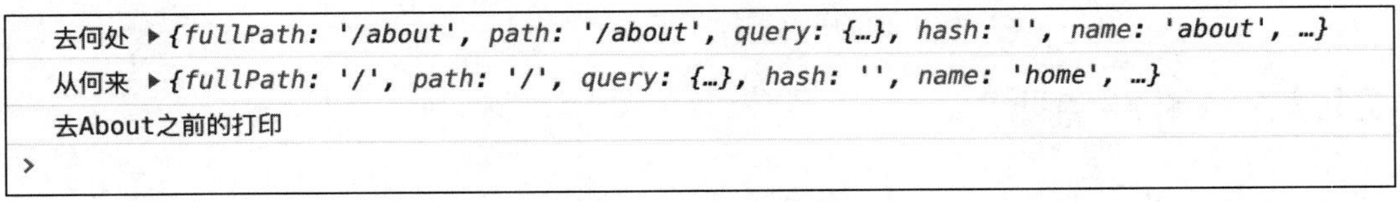

```
去何处 ▶{fullPath: '/about', path: '/about', query: {…}, hash: '', name: 'about', …}
从何来 ▶{fullPath: '/', path: '/', query: {…}, hash: '', name: 'home', …}
去About之前的打印
>
```

图 21-6 单击"About"按钮时的打印结果

再单击"Home"按钮，程序将不会执行 if 语句中的代码，控制台打印结果如图 21-7 所示。

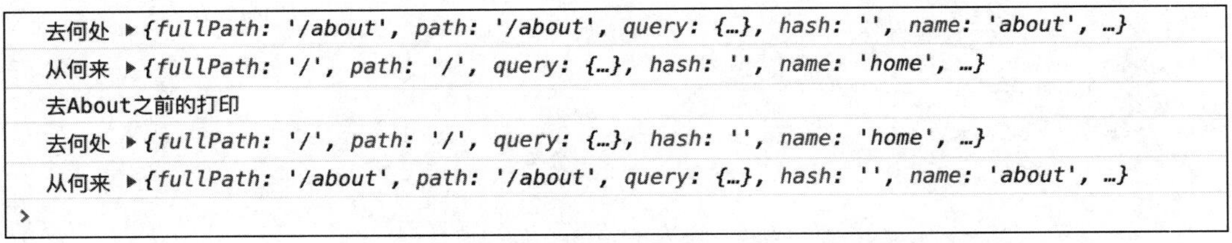

```
去何处 ▶{fullPath: '/about', path: '/about', query: {…}, hash: '', name: 'about', …}
从何来 ▶{fullPath: '/', path: '/', query: {…}, hash: '', name: 'home', …}
去About之前的打印
去何处 ▶{fullPath: '/', path: '/', query: {…}, hash: '', name: 'home', …}
从何来 ▶{fullPath: '/about', path: '/about', query: {…}, hash: '', name: 'about', …}
>
```

图 21-7 单击"Home"按钮时的打印结果

注意，监听事件都会返回一个函数，执行该函数便可删除当前的监听事件。

21.4.2 跳转方法

除使用 router-link 组件进行路由跳转外，还可以使用实例方法的形式进行路由的跳转，router 实例为开发人员提供了 push 方法进行路由的方法跳转。修改 Home.vue 代码如下：

```
<template>
  <div>我是 Home</div>
  <!--创建单击跳转的按钮-->
  <button @click="goTo">前往 About 组件</button>
</template>

<script>
// 导入路由实例
import router from '../router'
export default {
  name: 'Home',
  setup () {
```

```
  // 跳转方法
  const goTo = () => {
    router.push({ path: '/about' })
  }
  // 返回跳转方法给template模板使用
  return {
    goTo
  }
 }
}
</script>
```

重启项目，Home 组件显示效果如图 21-8 所示。

图 21-8　Home 组件显示效果

单击"前往 About 组件"按钮，显示效果如图 21-9 所示。

图 21-9　单击"前往 About 组件"按钮后的效果

21.4.3　获取路径参数

假设在路由跳转时需要在路径上带上参数，并且需要在目标页面获取路径上的浏览器查询参数。

此时，可以修改 Home.vue 组件的代码：

```
<template>
  <div>我是Home</div>
```

```html
<!--创建单击跳转的按钮-->
<button @click="goTo">前往 About 组件</button>
</template>

<script>
// 导入路由实例
import router from '../router'
export default {
  name: 'Home',
  setup () {
    // 跳转方法
    const goTo = () => {
      router.push({ path: '/about', query: { id: 1 } }) // 添加 query 属性，属性内的值便是跳转时所带的参数
    }
    // 返回跳转方法给 template 模板使用
    return {
      goTo
    }
  }
}
</script>
```

上述代码在跳转方法上添加了 query 属性，在跳转到 About 组件时，浏览器会带上 id=1 的查询参数。修改 About.vue 组件的代码如下：

```html
<template>
  <div>我是 About</div>
</template>

<script>
// 引入项目中的实例 router
import router from '../router'
// 引入 Vue-Router 为我们提供的 useRoute 方法
import { useRoute } from 'vue-router'
export default {
  name: 'About',
  setup () {
    // 方式1：通过 useRoute 方法获取查询参数对象
    const { query: query1 } = useRoute()
    // 方式2：通过实例 router 获取查询参数对象
    const { query: query2 } = router.currentRoute.value
    // 分别打印它们
```

```
      console.log('query1', query1)
      console.log('query2', query2)
    }
  }
</script>
```

打开浏览器，在 Home 组件中单击"前往 About 组件"按钮，控制台打印效果如图 21-10 所示。

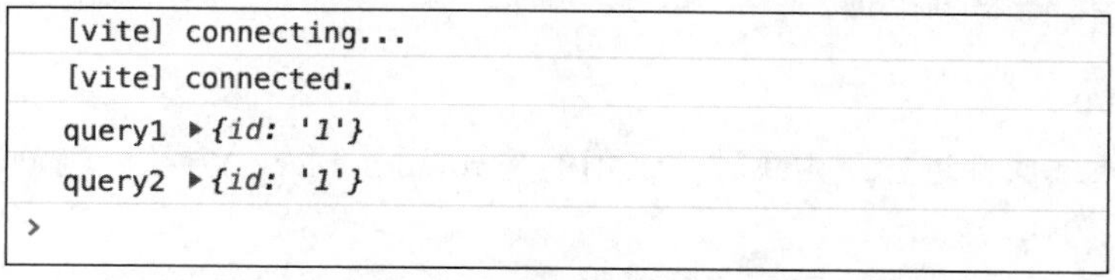

```
[vite] connecting...
[vite] connected.
query1  ▶ {id: '1'}
query2  ▶ {id: '1'}
>
```

图 21-10　单击"前往 About 组件"按钮后的效果

代码中提到的两种方式都可以获取浏览器查询参数。

21.5　router-link 相关属性

本节主要介绍组件的一些常用属性，便于读者在开发过程中使用。

1. to

to 属性表示前往的目标路径。当被单击时，组件内部会调用 push 方法，前往 to 的值所对应的组件页面。to 接收的值可以是一个字符串，也可以是一个对象。示例代码如下：

```
<!--字符串, path-->
<router-link to="/about">About</router-link>

<!--字符串, name-->
<router-link to="about">About</router-link>

<!--对象, path-->
<router-link :to="{ path: '/about' }">About</router-link>

<!--对象, name-->
<router-link :to="{ name: 'about' }">About</router-link>
```

```
<!--带参-->
<!--params 的带参形式，不会体现在浏览器查询参数上，需要使用 useRoute 方法返回的 params
属性获取-->
<router-link :to="{ name: 'about', params: { id: 1 } }">About</router-link>

<!--带参-->
<!--query 的带参形式，不会体现在浏览器查询参数上，需要使用 useRoute 方法返回的 query
属性获取-->
<router-link :to="{ name: 'about', query: { id: 1 } }">About</router-link>
```

2．replace

设置 replace 属性进行路由跳转，采用的是 router.replece()方法。浏览器历史中不会留下记录。示例代码如下：

```
<router-link :to="{ name: 'about' }" replace>About</router-link>
```

3．active-class

active-class 属性的作用是设置被激活标签的类名，示例代码如下：

```
<router-link active-class="active" to='/'>Home</router-link>
<router-link active-class="active" to="about">About</router-link>
...
<style>
.active {
  font-size: 20px;
}
</style>
```

运行上述代码，当标签被选中时，文字字号会变大，显示效果如图 21-11 所示。

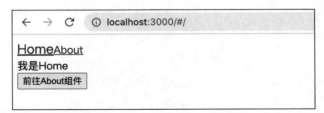

图 21-11　字号变大的显示效果

4．custom

custom 属性的值为 False，表示把 router-link 中间的内容用 a 标签包起来；custom

属性的值为 True，表示不把 router-link 中间的内容用 a 标签包起来，也就无法自动实现路由跳转的功能，需要手动实现。

示例代码如下：

```
<router-link to='/'>Home</router-link>
<router-link to="about" custom><li>About</li></router-link>
```

浏览器控制台的显示结果如图 21-12 所示。

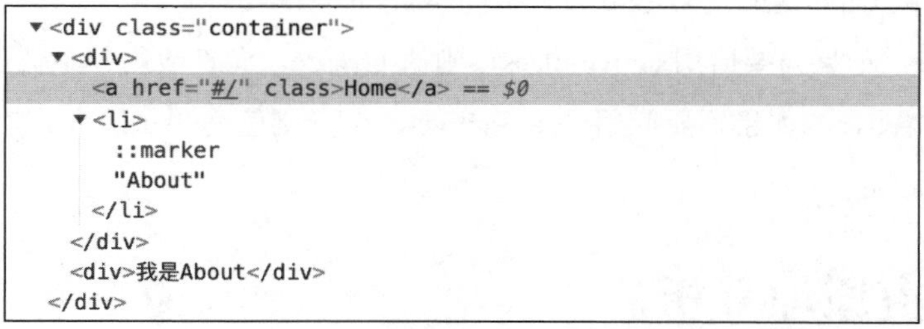

图 21-12　浏览器控制台的显示结果

设置了 custom 属性的标签，却没有被编译成 a 标签，需要自己手动实现路由的跳转。这个特性在使用自定义路由组件 NavLink 时非常有用。

5. v-slot

router-link 的 v-slot 属性通过一个作用域插槽暴露底层的定制能力。这是一个更高阶的 API，主要面向库作者，也可以为开发人员提供便利，大多数情况下用在一个类似 NavLink 的组件里。

在开发时可能只想把激活的 class 应用到一个外部元素而不是 a 标签本身，这时开发人员可以在一个 router-link 中包裹该元素并使用 v-slot 属性创建链接，示例代码如下：

```
<router-link
  to="about"
  custom
  v-slot="{ href, route, navigate, isActive, isExactActive }"
>
  <li
    :class="[isActive && 'router-link-active', isExactActive && 'router-link-exact-active']"
  >
    <a :href="href" @click="navigate">{{ route.fullPath }}</a>
```

```
    </li>
</router-link>
```

- href：解析后的 URL，将作为 a 标签的 href 属性。如果什么都没提供，则它会包含 base。
- route：解析后的规范化的地址。
- navigate：触发导航的函数，会在必要时自动阻止事件，和 router-link 一样。例如，按 Ctrl 或 Cmd 键的同时单击仍然会被 navigate 忽略。
- isActive：如果需要应用 active-class，则值为 True。允许应用一个任意的 class。
- isExactActive：如果需要应用 exact-active-class，则值为 True。允许应用一个任意的 class。

21.6 路由原理分析

21.6.1 Hash 模式原理

读者经常会在浏览器上看到这样一个场景，单击某些文字，网页会跳转到某个固定的位置，并且页面不会刷新。

这便是浏览器的 a 标签锚点。Hash 模式被运用在了单页面开发的路由模式上。下面简单实现一个通过 Hash 模式控制页面组件的示例。浏览器原生方法提供了一个监听事件 hashchange，它能监听到的改变如下：

- 单击 a 标签改变 URL 地址；
- 浏览器的前进和后退行为；
- 通过 window.location 方法改变地址栏。

以上 3 种情况都会触发 hashchange 监听事件，通过这个事件在开发时可以获取 localtion.hash，继而匹配相应的组件，下面是简易的代码实现：

```
<!DOCTYPE html>
<html lang="en">
<head>
  <meta charset="UTF-8">
  <meta name="viewport" content="width=device-width, initial-scale=1.0">
  <title>Hash 模式</title>
```

```
</head>
  <body>
    <div>
      <ul>
        <li><a href="#/page1">page1</a></li>
        <li><a href="#/page2">page2</a></li>
      </ul>
      <div id="route-view"></div>
    </div>
  <script type="text/javascript">
    // 下面为 Hash 的路由实现方式
    // 第一次加载的时候，不会执行 hashchange 监听事件，默认只执行一次
    window.addEventListener('DOMContentLoaded', Load)
    window.addEventListener('hashchange', HashChange)
    var routeView = null
    function Load() {
      routeView = document.getElementById('route-view')
      HashChange()
    }
    function HashChange() {
      console.log('location.hash', location.hash)
      switch(location.hash) {
      case '#/page1':
        routeView.innerHTML = 'page1'
        return
      case '#/page2':
        routeView.innerHTML = 'page2'
        return
      default:
        routeView.innerHTML = 'page1'
        return
      }
    }

  </script>
  </body>
</html>
```

当初始的 HTML 文档被完全加载和解析完成后，DOMContentLoaded 事件被触发，而无须等待样式表、图像和子框架完成加载。Hashchange 监听事件不会被默认触发，网页首次加载完成后，需要默认执行一次 hashchange 监听方法要执行的函数 HashChange。当用户单击代码中的两个 a 标签时，URL 地址栏改变触发 hashchange 事件，HashChange

方法通过获得 location.hash 匹配相应的组件（这里假设 page1、page2 为页面容器组件）。

通过 VSCode 插件（Live Server）启动上述 HTML，分别单击"page1"和"page2"，效果如图 21-13 和图 21-14 所示。

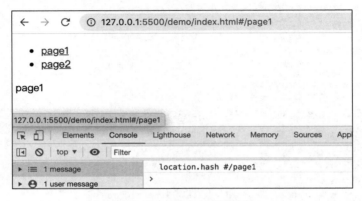

图 21-13　page1 运行效果

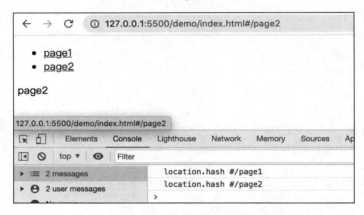

图 21-14　page2 运行效果

这样就实现了一个简易的 Hash 路由模式，读者可以自己手动实现一下，加深记忆。

21.6.2　History 模式原理

通过 History 模式控制路由会遇到一些麻烦，根本原因是在利用 History 模式时，popstate 监听事件无法监听到 pushState、replaceState、a 标签这 3 种形式的变化，浏览器的前进和后退是可以监听到的。那么，有什么好的解决方案吗？

小知识：pushState 和 replaceState 都是 HTML 5 的新 API，它们的作用很大，可以做到改变浏览器地址却不刷新。

可以遍历页面上的所有 a 标签，在阻止 a 标签的默认事件的同时，加上单击事件的回调函数，在回调函数内获取 a 标签的 href 属性值，再通过 pushState 改变浏览器的 location.pathname 属性值，最后手动执行 popstate 事件的回调函数去匹配相应的路由。

逻辑上可能有些绕，笔者用代码解释一下，示例代码如下：

```html
<!DOCTYPE html>
<html lang="en">
<head>
  <meta charset="UTF-8">
  <meta name="viewport" content="width=device-width, initial-scale=1.0">
  <title>History 模式</title>
</head>
<body>
  <div>
    <ul>
      <li><a href="/page1">page1</a></li>
      <li><a href="/page2">page2</a></li>
    </ul>
    <div id="route-view"></div>
  </div>
  <script type="text/javascript">
    // 下面为 History 路由模式实现方式
    window.addEventListener('DOMContentLoaded', Load)
    window.addEventListener('popstate', PopChange)
    var routeView = null
    function Load() {
      routeView = document.getElementById('route-view')
      PopChange()
      // 获取所有带 href 属性的 a 标签节点
      var aList = document.querySelectorAll('a[href]')
      // 遍历 a 标签节点数组，阻止默认事件，添加单击事件回调函数
      aList.forEach(aNode => aNode.addEventListener('click', function(e) {
        e.preventDefault() //阻止 a 标签的默认事件
        var href = aNode.getAttribute('href')
        // 手动修改浏览器的地址栏
        history.pushState(null, '', href)
        // 通过 history.pushState 手动修改地址栏
        // popstate 监听不到地址栏的变化，所以此处需要手动执行回调函数 PopChange
        PopChange()
```

```
    }))
  }
  function PopChange() {
    console.log('location', location)
    switch(location.pathname) {
    case '/page1':
      routeView.innerHTML = 'page1'
      return
    case '/page2':
      routeView.innerHTML = 'page2'
      return
    default:
      routeView.innerHTML = 'page1'
      return
    }
  }
</script>
</body>
</html>
```

　　浏览器运行效果和 Hash 模式的浏览器运行效果是一样的。读者可以结合代码、注释及本节的文字说明理解路由的原理。

第 22 章

全局状态管理插件 Vuex 的介绍和使用

状态管理是项目开发过程中必不可少的环节，Vue 官方配有专门用于状态管理的插件——Vuex。本章将介绍 Vuex 的相关概念和使用方法。

22.1 认识 Vuex

22.1.1 什么是 Vuex

Vuex 的官方解释如下：Vuex 是一个专为 Vue.js 应用程序开发的状态管理模式。它采用集中式存储管理应用的所有组件的状态，并以相应的规则保证状态以一种可预测的方式发生变化。Vuex 被集成到 Vue 的官方调试工具 DevToolsextension，提供了诸如零配置的 time-travel 调试、状态快照导入和导出等高级调试功能。

笔者对 Vuex 的理解用一句话即可概括：Vuex 是管理 Vue 应用跨组件数据的工具。

跨组件数据指的是，在 A、B、C 组件中都需要用到的数据，比如购物车的数据，在很多页面中都需要用到。

22.1.2　Vuex 如何存储数据

为了后续能更好地使用 Vuex 进行项目的状态管理，下面先来介绍一下它是如何进行状态存储的。笔者将具体分析 Vuex 和 localStorage、sessionStorage 在存储上的区别。

1. Vuex

Vuex 将数据存储在浏览器内存中。它采用集中式存储和管理应用的所有组件的状态。在不刷新网页的情况下，状态会一直保持。一旦刷新网页，所有状态都会被初始化重置。

2. sessionStorage

sessionStorage 是一种会话式存储，多用于保存同一个窗口或标签页的数据。数据保存在浏览器本地环境，在关闭窗口或标签页后，数据将会被清理。这就好比人与人对话，当人离开后，对话就结束了。

3. localStorage

localStorage 是一种持久型存储，与 sessionStorage 功能相似，但是在数据的存储时长上有所区别。存储为 localStorage 的数据，除非开发人员手动清理或重装浏览器，否则数据不会被轻易地删除。

读者可能会问：localStorage 存储功能这么强大，为什么不能代替 Vuex 进行 Vue 项目数据状态的管理呢？

在某些场景下，数据存储在 localStorage 中是比较合适的，比如一些不需要变化的数据。但是在 Vue.js 单页面应用开发中，两个组件 A 和 B 公用一份数据，B 组件中的数据需要响应 A 组件对数据的改动，在这种情况下，localStorage 和 sessionStorage 就显得比较乏力，毕竟 Vuex 有一整套高度兼容 Vue.js 开发模式的逻辑结构。

22.1.3　Vuex 核心概念

1. 单向数据流

单项数据流指通过一定的规则改变数据，数据的改变触发视图的更新，通过视图中的方法触发数据的更新，形成一个闭环，如图 22-1 所示。

第 22 章 全局状态管理插件 Vuex 的介绍和使用

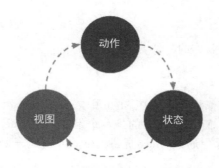

图 22-1 单向数据流状态循环

然而，复杂应用里会遇到多个组件共享一个状态、不同视图的行为触发并变更一个状态等问题，这时单向数据流就会被破坏。

Vuex 的出现就是为了解决这类复杂场景的应用，再来看一张 Vuex 官方提供的流程图，如图 22-2 所示。

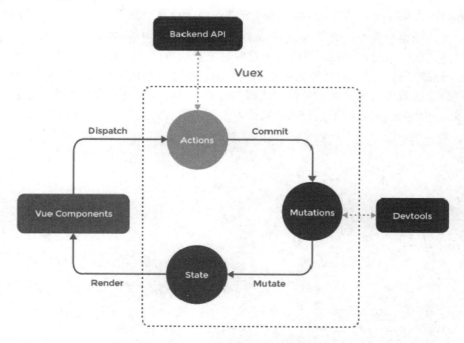

图 22-2 Vuex 官方提供的流程图

虚线框内被 Vuex 赋能，Vue 组件通过 Dispatch 关键字触发 Actions，再通过 Commit 调用 Mutations 里的方法并修改 State 数据，Vue 组件中若是有依赖 Store 里的数据，那么便会触发 Vue 组件的 Render 重绘，这样就又形成了一个闭环。

下面介绍涉及的一些名称的具体含义。

2. State

顾名思义，所有状态都将被存放在 State 中，类似 Vue 组件中的 data 属性，只不过 State 是面向整个应用的，而 data 针对的是单个组件。在 Vue 入口页构造 Vue 实例的时候引入 Store，可以在组件中通过 Vuex 提供的 useStore 钩子函数进行数据的获取，示例代码如下：

```
import { useStore } from 'vuex'
...
const store = useStore()
const state = store.state
```

3. getters

getters 类似 Vue 组件中的 computed 属性，用于计算一些需要二次改造的数据。

例如，如果想在 Vue 组件中通过 useStote 获得 State 中的某个数据，则需要对这个数据过滤，代码中使用 filter 方法可以获得过滤后的数据。如果在很多地方都要使用这个 filter 过滤条件，则需要开发人员不断地复制、粘贴这些代码，或者将这个 filter 方法抽离到公用函数再引入组件，两种方法都很鸡肋。getters 解决了这个难题，开发人员可以在 store 中定义 getters 属性，State 数据可作为参数被传入。示例代码如下：

```
import { createStore } from 'vuex'
...
const store = createStore({
  state: {
    todos: [
      { id: 1, text: '...', done: true },
      { id: 2, text: '...', done: false }
    ]
  },
  getters: {
    doneTodos: state => {
      return state.todos.filter(todo => todo.done)
    }
  }
})
```

在 Vue 组件中可以通过如下方式进行访问，示例代码如下：

```
store.getters.doneTodos // -> [{ id: 1, text: '...', done: true }]
```

getters 也可以接收其他的 getters 作为第 2 个参数，示例代码如下：

```
getters: {
  // ...
  doneTodosCount (state, getters) {
    return getters.doneTodos.length
  }
}
...
store.getters.doneTodosCount // -> 1
```

可以通过 mapGetters 将 Store 中的 getters 属性映射到局部计算属性，示例代码如下：

```
import { mapGetters } from 'vuex'

export default {
  // ...
  computed: {
  // 使用对象展开运算符将 getters 混入 computed 对象中
    ...mapGetters([
      'doneTodosCount',
      'anotherGetter',
      // ...
    ])
  }
}
```

在 Vue 组件中可以直接用 store.getters.doneTodosCount 获得开发人员所需的数据。

4. Mutations

更改 Vuex 的 Store 中的状态的唯一方法是提交 Mutations。

Vuex 中的 Mutations 类似事件，每个 Mutations 都有一个字符串的事件类型（Type）和一个回调函数（Handler）。这个回调函数就是开发人员实际进行状态更改的地方，并且它会接收 State 作为第一个参数，示例代码如下：

```
const store = createStore({
  state: {
    count: 1
```

```
  },
  mutations: {
    increment (state) {
      // 变更状态
      state.count++
    }
  }
})
```

在代码中不能直接调用一个 Mutations 处理函数。这个选项更像事件注册："当触发一个类型为 increment 的 Mutations 时，调用此函数。"要唤醒一个 Mutations 处理函数，需要用相应的事件类型调用 store.commit 方法，示例代码如下：

```
store.commit('increment')
```

5. Actions

其实 Actions 很好理解，它与 Mutations 类似，只不过 Actions 是提交 Mutations，而不是直接改变状态，并且 Actions 被赋予了异步的功能，也就是能在请求异步数据之后再触发状态的更新。示例代码如下：

```
import { createStore } from 'vuex'
const store = createStore({
  state: {
    count: 0
  },
  mutations: {
    increment (state, data) {
      state.count += data.length
    }
  },
  actions: {
    async increment (ctx) {
      const data = await getData()
      ctx.commit('increment', data)
    }
  }
})

// 分发 Actions
store.dispatch('increment')
```

6. Modules

要对状态分模块管理，而不是将所有的状态一股脑地都放在一个 State 中，导致状态过于臃肿，Modules 能帮助开发人员实现这个需求。具体实现的示例代码如下：

```
// 模块 A 的状态及触发更新的方法
const moduleA = {
  state: { ... },
  mutations: { ... },
  actions: { ... },
  getters: { ... }
}

// 模块 B 的状态及触发更新的方法
const moduleB = {
  state: { ... },
  mutations: { ... },
  actions: { ... }
}

// Vuex 为我们提供了 modules 方法，可以将 store 划分成模块，每个模块都有属于自己的 state、getters
// mutation、action
const store = createStore({
  modules: {
    a: moduleA,
    b: moduleB
  }
})

store.state.a // -> moduleA 的状态
store.state.b // -> moduleB 的状态
```

模块内部管理自己的 State，比如 Mutations 接收的第 1 个参数是该模块的局部状态对象。示例代码如下：

```
const moduleA = {
  state: { count: 0 },
  mutations: {
    increment (state) {
      // 这里的 state 对象是模块的局部状态
      state.count++
    }
  }
}
```

22.2 Vuex的使用方法

前面大致介绍了 Vuex 的一些基本功能，下面通过一个示例加深读者对上述所讲知识的理解。

22.2.1 初始化项目

通过 Vite 初始化一个项目，代码如下：

```
# npm 6.x
npm init vite@latest vuex-demo --template vue

# npm 7+，需要额外的双横线：
npm init vite@latest vuex-demo -- --template vue
```

在完成项目初始化后，通过 npm install 指令安装依赖。接下来安装 Vuex 插件。注意，在安装插件时需要带上@next 关键字，否则不会下载最新版本的 Vuex 插件，命令行代码如下：

```
npm install vuex@next
```

在 src 根目录下新建文件 store/index.js，并添加如下代码：

```
// src/store/index.js
import { createStore } from 'vuex'
import state from './state'
import actions from './actions'
import mutations from './mutations'

const store = createStore({
  state, // 状态管理
  mutations, // 更改 state 数据，并返回最新的 state
  actions, // dispatch 执行的方法列表
  modules: {}
})

export default store
```

不同于 Vuex 3，Vuex 4 采用函数返回的形式创建 Store 实例，但是参数没有变化，依旧是 State、Mutations、Actions 和 Modules。

接下来，笔者将实现一个简单的购物车功能，通过引用第 21 章的路由代码，在购物车页面单击"购物车"两侧的"加"或"减"按钮即可增加或减少购物车中物品的数量，之后在 Home.vue 页面中显示购物车中物品的数量，数据全权交由 Vuex 管理。

22.2.2 创建 Cart.vue 组件和 Home.vue 组件

在 components 目录下创建一个 Cart.vue 组件，示例代码如下：

```
<template>
  <button>-</button>
  <span>购物车</span>
  <button>+</button>
</template>

<script>
export default {
  name: 'Cart'
}
</script>
```

将上述组件引入 Home.vue，示例代码如下：

```
<!--views/Home.vue-->
<template>
  <Cart />
  <p>购物车数量：{{ count }}</p>
</template>

<script>
import { ref } from 'vue'
import Cart from '../components/Cart.vue'
export default {
  name: 'Home',
  components: {
    Cart
  },
  setup() {
    const count = ref(0)
```

```
    return {
      count
    }
  }
}
</script>
```

打开浏览器，示例运行效果如图 22-3 所示。

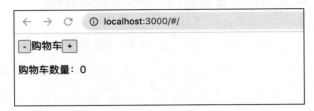

图 22-3 示例运行效果

22.2.3 添加配置内容

笔者希望单击"购物车"左右两侧的"加""减"按钮来实现购物车中物品数量的增加和减少，这就相当于在父组件中触发一个事件来更新 Vuex 中的 State 属性，之后反馈到 Cart 组件。

此时需要将数据放在 Vuex 的 State 属性中。

在 src/store 目录下新建 state.js 文件，添加如下代码：

```
export default {
  count: 0
}
```

添加改变 count 变量的方法。

在 src/store 目录下新建 actions.js 文件，添加如下代码：

```
export default {
  add(ctx, count) {
    ctx.commit('add', {
      count
    })
  },
```

```
  min(ctx, count) {
    ctx.commit('min', {
      count
    })
  }
}
```

ctx.commit 将会触发 mutations.js 中的方法改变 State 状态。

在同级目录下新建 mutations.js 文件,添加如下代码:

```
export default {
  add (state, payload) {
    state.count = state.count + payload.count
  },
  min (state, payload) {
    state.count = state.count - payload.count
  }
}
```

给 state.count 赋值会直接修改数据,需要通过 state.count+payload.count 的形式修改数据。

22.2.4 Cart 组件触发购物车物品数量的增减

回到 Cart.vue 组件,通过 Vuex 提供的方法触发 Actions 中的方法,示例代码如下:

```
<template>
  <button @click="min">-</button>
  <span>购物车</span>
  <button @click="add">+</button>
</template>

<script>
import { useStore } from 'vuex'
export default {
  name: 'Cart',
  setup() {
    const store = useStore()
    const add = () => {
      store.dispatch('add', 1)
    }
```

```
    const min = () => {
      store.dispatch('min', 1)
    }

    return { add, min }
  }
}
</script>
```

通过 ES6 的解构，从 Vuex 中获取 useStore 方法，并在 setup 中执行它，返回的值就是 Store 实例。通过 store.dispatch 方法触发 Actions 中的方法，第 1 个参数为 Actions 中对应的函数名，第 2 个参数为传进去的值，如图 22-4 所示。

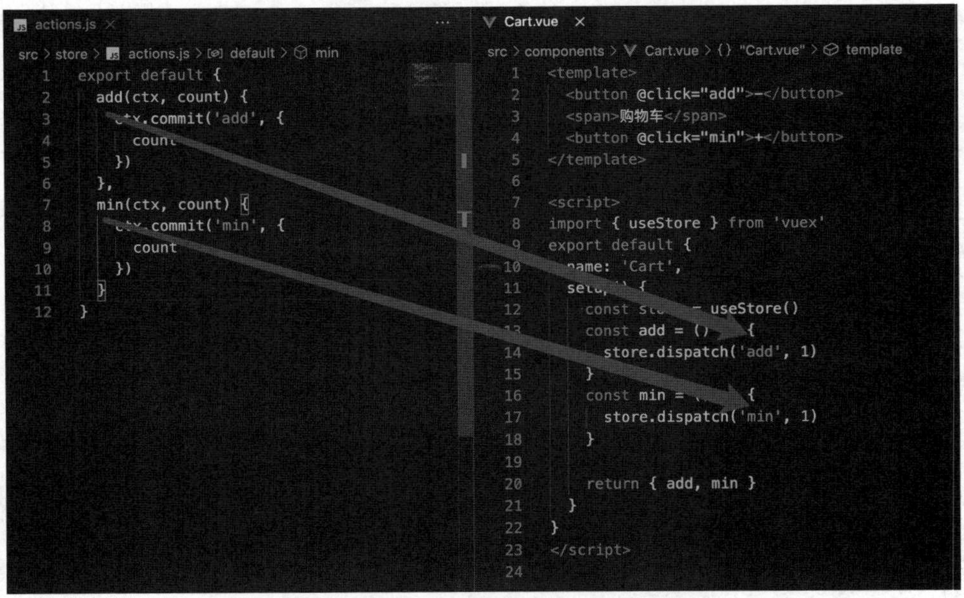

图 22-4 Actions 方法触发示意图

触发方法编写完之后，需要去 Home.vue 页面展示它，示例代码如下：

```
<!--/views/Home.vue-->
<template>
  <Cart />
  <p>购物车数量：{{ state.count }}</p>
</template>

<script>
```

```
import { ref } from 'vue'
import { useStore } from 'vuex'
import Cart from '../components/Cart.vue'
export default {
  name: 'Home',
  components: {
    Cart
  },
  setup() {
    const store = useStore()
    const state = store.state
    return {
      state
    }
  }
}
</script>
```

State 在 Store 实例内，通过上述方式将 State 返回给 template 模板使用，这样能实现数据的双向绑定。

最后在 main.js 文件中引入 Store 实例，示例代码如下：

```
// main.js
import { createApp } from 'vue'
import App from './App.vue'

import router from './router'
import store from './store'

const app = createApp(App)

app.use(router)
app.use(store)
app.mount('#app')
```

重启项目，打开浏览器，单击 "+" 按钮，效果如图 22-5 所示。

图 22-5　添加购物车物品数量的效果

这里有一点需要注意，若将 State 中的 count 变量单独赋值给 setup 中的 return，那么它将失去响应式能力，代码如下：

```html
<!--/views/Home.vue-->
<template>
  <Cart />
  <p>购物车数量：{{ count }}</p>
</template>

<script>
import { ref } from 'vue'
import { useStore } from 'vuex'
import Cart from '../components/Cart.vue'
export default {
  name: 'Home',
  components: {
    Cart
  },
  setup() {
    const store = useStore()
    const state = store.state
    return {
      count: state.count
    }
  }
}
</script>
```

原因其实很简单，在控制台中打印 store.state，查看它是什么对象，结果如图 22-6 所示。

```
store.state ▼Proxy
            ▶[[Handler]]: Object
            ▶[[Target]]: Object
             [[IsRevoked]]: false
▶
```

图 22-6　打印全局状态 State

从打印结果来看，State 是一个被 Proxy 包裹的对象，Vue 3 是通过 Proxy 实现的响应式数据，所以一旦脱离了 store.state，数据就失去了响应式能力。

如果觉得在模板中每次都要加 state.xxx 很麻烦，可以用 toRefs 包裹 State，之后解构，示例代码如下：

```
import { toRefs } from 'vue'
```

```
setup() {
  const store = useStore()
  const state = store.state
  return {
    ...toRefs(state)
  }
}
```

经过上述修改之后,便可直接在模板中使用{{ count }}了。

22.2.5 Actions 实现异步请求示例

在很多场景下,数据都是从接口获取的,并且在各个地方都要使用,比如用户信息数据就可以在 actions.js 文件中实现异步加载并初始化。

模拟请求用户数据,示例代码如下:

```
export default {
  async getUserInfo(ctx, count) {
    const user = await getUserInfoAPI()
    ctx.commit('user', {
      user
    })
  }
}
```

getUserInfoAPI 相当于服务端提供的 API 接口,通过 async await 的方式获取异步数据,再赋值给 State。

Vuex 还有一点需要注意,一旦页面被刷新,State 数据都会被重置。"刷新"是指单击浏览器左上角的"刷新"按钮,或者手动执行 window.location.reload 方法。

第 23 章

Vue 3 项目实战之开发环境搭建

本章将从零开始创建一套可用于开发和生产环境的项目架子，涉及的内容有创建项目、添加 Vue Router 路由配置、添加 Vant UI 组件库、移动端 rem 适配、添加 iconfont 字体图标库、二次封装 Axios 请求库和添加 CSS 预处理器 Less 等。

23.1 创建项目

目前，创建 Vue 项目有 3 种方式。
- Vue CLI：官方初始化项目工具。
- Vite：官方全新推出的下一代前端开发与构建工具。
- Webpack：手动搭建 Vue 项目。

本着学新不学旧的理念，笔者将采用官方全新推出的 Vite 作为构建项目的工具。

按照官方文档的提示，使用 Vite 可以快速搭建一个项目。首先进入常用的开发目录，使用如下指令创建一个新项目：

```
# npm 6.x
npm init vite@latest newbee-mall-app --template vue

# npm 7+,需要额外的双横线：
npm init vite@latest newbee-mall-app -- --template vue
```

上述指令运行完毕后，文件夹中会多出一个名为 newbee-mall-app 的项目，进入该项目并安装依赖，之后启动项目，指令如下：

```
cd newbee-mall-app
npm install
npm run dev
```

此时的项目目录结构如图 23-1 所示。

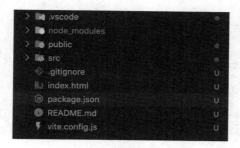

图 23-1　项目目录结构

Vite 默认将项目分配在 3000 端口上，成功启动项目后，打开浏览器，在地址栏中输入 http://localhost:3000，显示效果如图 23-2 所示。

图 23-2　项目运行效果

打开控制台，查看当前的 index.html 源码，代码如下：

```
<!DOCTYPE html>
<html lang="en">
  <head>
```

```
    <meta charset="UTF-8" />
    <link rel="icon" href="/favicon.ico" />
    <meta name="viewport" content="width=device-width, initial-scale=1.0" />
    <title>Vite App</title>
  </head>
  <body>
    <div id="app"></div>
    <!--Vite 初始化的项目, script 标签的 type 属性变成了 module-->
    <script type="module" src="/src/main.js"></script>
  </body>
</html>
```

简单地说，Vite 在开发模式下采用的是原生的 ES Module 开发模式。与 Webpack 不同的是，Webpack 会将代码编译成 ES5 的代码形式，并且内置自定义模块化方法进行前端的模块化开发。而 Vite 在开发模式下采用原生 ES Module 模式进行模块化开发，在浏览器中可以直接使用 import、export 等关键词，这种方式直接减少了编译的步骤，大幅度提高了前端的开发效率。

但是，目前支持原生 ES Module 的浏览器并不多，在生产环境下还是需要编译的。读者可以通过查询网站查看原生 ES Module 的浏览器支持情况，如图 23-3 所示。

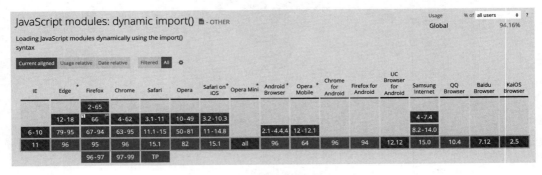

图 23-3　浏览器适配表

23.2　添加Vue-Router库的路由配置

先在上述项目根目录下执行如下指令，添加路由插件 Vue-Router 库：

```
npm install vue-router@next
```

命令行末尾添加 @next 能够确保安装最新的插件版本。

安装完毕后，在 src 目录下新增目录 router，并新增 index.js 文件，示例代码如下：

```js
// /src/router/index.js
import { createRouter, createWebHashHistory } from 'vue-router'
import Home from '../views/Home.vue' // 后续添加的 Home 组件

// 使用 createRouter 创建路由实例
const router = createRouter({
  history: createWebHashHistory(), // Hash 模式：createWebHashHistory。History 模式：createWebHistory
  routes: [
    {
      path: '/',
      component: Home
    }
  ]
})

// 抛出路由实例，在 main.js 中引用
export default router
```

然后在 src 目录下新建 views 目录，并在该目录下新建 Home.vue 组件，示例代码如下：

```vue
<!--Home.vue-->
<template>
  <div>我是 Home</div>
</template>

<script>
export default {
  name: 'Home'
}
</script>
```

接着在 App.vue 文件下添加 router-view 组件，渲染路由匹配到的页面组件，示例代码如下：

```vue
<!--App.vue-->
<template>
  <!--展示路由匹配到的组件，如在/router/index.js 中，'/'匹配到 Home.vue 组件-->
  <router-view class="router-view" />
</template>
```

```
<script>

export default {
  name: 'App'
}
</script>
```

最后在 main.js 入口页引入路由实例，示例代码如下：

```
import { createApp } from 'vue'
import App from './App.vue'
import router from './router'

const app = createApp(App)

app.use(router)

app.mount('#app')
```

完成上述操作后，运行 npm run dev 指令重启项目，浏览器中的运行效果如图 23-4 所示。

图 23-4　项目运行效果

接下来，笔者解释一下 Vue-Router 3 和 Vue-Router 4 不同的地方。

首先是声明路由实例的形式不同，对比代码如下：

```
// Vue Router 3
const router = new VueRouter({
  mode: 'history',
  base: process.env.BASE_URL,
  routes: [
    // 路由配置不变
  ]
})

// Vue Router 4
const router = createRouter({
```

```
  history: createWebHashHistory(), // Hash 模式: createWebHashHistory。History
模式: createWebHistory
  routes: [
    {
      path: '/',
      component: Home
    }
  ]
})
```

其次，二者的使用方式不同，对比代码如下：

```
// Vue Router3
export default {
  methods: {
    goToHome() {
      this.$router.push('Home')
    }
  }
}

// Vue Router4
import { useRouter } from 'vue-router'
export default {
  setup() {
    const router = useRouter()
    const goToHome = () => router.push('Home')
    return { goToHome }
  }
}
```

23.3　添加Vant UI组件库

本书的实战项目使用的是 Vant UI 组件库，本节将讲解 Vant UI 组件库的使用方法。

Vant UI 组件库适用于移动端网页项目的开发，目前已经推出适配 Vue 3 的 Vant 3 版本。

按照官网提供的安装步骤，在项目根目录下执行安装指令：

```
npm install vant@3 -S
```

添加按需引入插件，它的作用是在引入组件库中的组件时支持按需引入，减小打包后代码的体积，代码如下：

```
npm install babel-plugin-import -D
```

-D 表示将依赖安装到 package.json 的 devDependencies 属性下，该属性下的依赖包在项目打包时不会被打包进生产环境的静态资源中。

安装成功后，在项目根目录下新建 babel.config.js 文件，示例代码如下：

```js
// babel.config.js
module.exports = {
  plugins: [
    ['import', {
      libraryName: 'vant',
      libraryDirectory: 'es',
      style: true
    }, 'vant']
  ]
}
```

在 main.js 中引入一个组件，测试此时是否能正常使用 Vant 提供的组件，示例代码如下：

```js
import { createApp } from 'vue'
import App from './App.vue'
import { Button } from 'vant' // 引入组件
import router from './router'
import 'vant/lib/index.css'; // 全局引入样式


const app = createApp(App) // 生成实例

app.use(router) // 注册路由
app.use(Button) // 全局注册 Button 组件

app.mount('#app') // 挂载实例
```

在 Home.vue 组件中添加一个 Button 组件，示例代码如下：

```html
<template>
  <div>我是 Home</div>
  <van-button type="primary" size="large">大号按钮</van-button>
</template>

<script>
export default {
```

```
  name: 'Home'
}
</script>
```

启动项目并通过浏览器访问,显示效果如图 23-5 所示。

图 23-5 组件引入效果

引入组件成功!

在上述示例代码中,笔者采用全局引入的方式引入组件,从代码的性能角度考虑,这是不可取的。因为笔者在代码中只引入了 Button 组件,所以只需引入与 Button 组件相关的样式即可。在实际开发时,可以使用插件 vite-plugin-style-import 来按需引入样式。

打开浏览器控制台,查看代码。在引入插件之前,页面中记载样式的形式如图 23-6 所示。

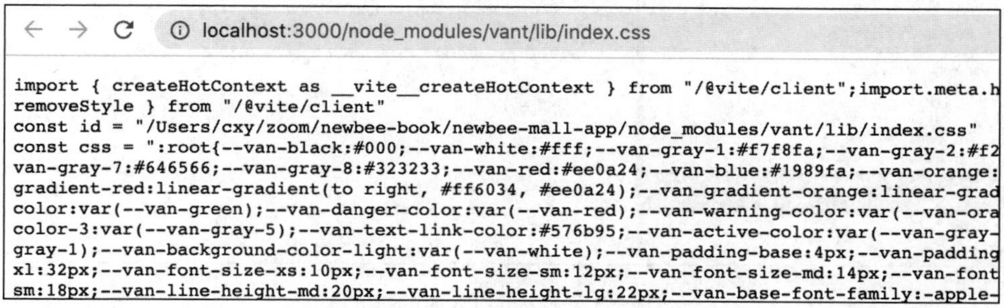

图 23-6 按需引入前记载的样式

此时,直接添加按需引入插件 vite-plugin-style-import,代码如下:

```
npm install vite-plugin-style-import -D
```

修改 vite.config.js 文件,代码如下:

```
import { defineConfig } from 'vite'
import vue from '@vitejs/plugin-vue'
import styleImport from "vite-plugin-style-import"
```

```
export default defineConfig({
  plugins: [
    vue(),
    styleImport({
      libs: [
        {
          libraryName: "vant",
          esModule: false,
          resolveStyle: (name) => return 'vant/es/${name}/style/index',
        },
      ],
    })
  ]
})
```

将 main.js 文件中全局引入样式的代码删除，重启项目之后，查看浏览器中的内容，如图 23-7 所示。

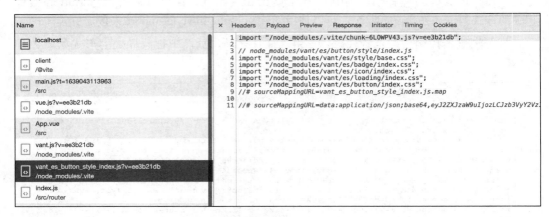

图 23-7　按需引入后的样式

图 23-7 中只加载了与 Button 组件相关插件的一些样式，如 badge、icon、loading，这些样式都是 Button 组件内部需要使用的相关组件的样式。

23.4　移动端rem适配

本书前端实战部分制作的是 H5 网页，考虑到手机有众多的机型，如果单纯地使用 px 作为 CSS 的基本单位，就可能导致不同分辨率的手机出现各种各样的布局问题。所以，笔者在此使用 rem 作为样式的基本单位，尽量做到不同手机的分辨率自适应。Vant UI 官方为开发人员提供了这方面的解决方案。

如果需要使用 rem 单位进行适配，推荐使用以下两个工具。

- postcss-pxtorem：一款 PostCSS 插件，用于将 px 单位转换为 rem 单位。
- lib-flexible：用于设置 rem 基准值。

进入项目根目录，通过指令安装上述两个插件：

```
npm install postcss-pxtorem lib-flexible
```

配置 PostCSS，在项目根目录下新建配置文件 postcss.config.js，示例代码如下：

```js
// postcss.config.js
// 用 Vite 创建项目，配置 postcss 需要使用的 post.config.js 文件，之前旧版本使用的 .postcssrc.js 已经被抛弃
// 具体配置可以去 postcss-pxtorem 仓库查看文档
module.exports = {
  "plugins": {
    "postcss-pxtorem": {
      rootValue: 37.5, // Vant 官方根字号是 37.5
      propList: ['*'],
      selectorBlackList: ['.norem'] // 过滤 .norem-开头的 class，不进行 rem 转换
    }
  }
}
```

在 main.js 文件中引入 lib-flexible 插件，示例代码如下：

```js
import { createApp } from 'vue'
import App from './App.vue'
import { Button } from 'vant'
import router from './router'
import 'lib-flexible' // 引入适配 rem 文件


const app = createApp(App)

app.use(router)
app.use(Button)

app.mount('#app')
```

修改 Home.vue，查看引入的插件是否生效，示例代码如下：

```
<template>
  <div class="home">我是 Home</div>
  <van-button type="primary" size="large">主要按钮</van-button>
</template>

<script>
export default {
  name: 'Home'
}
</script>
<style scoped>
.home {
  width: 100px;
  height: 100px;
  background-color: black;
}
</style>
```

重启项目并打开浏览器，将浏览器调整为手机预览模式，查看 div 样式，显示效果如图 23-8 所示。

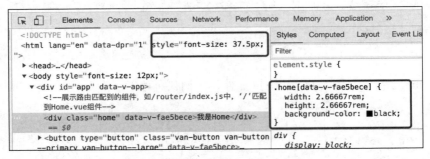

图 23-8　用手机预览模式查看 div 样式

lib-flexbile 的作用是将 HTML 的 font-size 属性值根据手机的分辨率进行适配。在图 23-8 中，1rem 等于 37.5px。

在编写组件的样式时，以 rem 作为单位，便可以动态地根据浏览器的分辨率，对组件的长、宽、内外边距等样式做适配。若在编写样式的过程中，不需要使用 rem 转换单位，则可以使用大写的 PX 作为单位，项目在编译时会忽略大写的 PX 单位。

还有一种方式可以让编写的样式不被强制转换。通过设置 selectorBlackList['.norem']，凡是添加了 .norem 类名的标签，编写以 PX 为单位的样式就不会被转换为 rem 单位。

23.5 添加iconfont字体图标库

在前几年的前端项目开发中，通常是让设计师将一些小图标切成雪碧图或小图片的形式供前端使用。但是遇到一些变色、改变图标大小等需求时，图片形式就显得尤为笨重：需要和设计师沟通修改的颜色，还要和没有颜色的图标尺寸保持一致；选中高亮的时候，由于图片需要网络加载，可能会出现页面闪烁的现象。诸如此类的麻烦事，在开发过程中屡见不鲜。

如今，前端开发可以使用字体图标的开发模式改变这一窘境。字体图标采用 SVG 的形式编写。在编写代码时，可以通过 font-size 属性改变图标大小，通过 color 属性改变图标的颜色。在提高开发效率的同时，提升了用户体验。

目前，市面上有不少口碑很好的开源字体图标库，比如 iconfont 和 iconPark。

- iconfont：阿里旗下的一款开源字体图标库。
- iconPark：字节跳动旗下的一款问世不久的字体图标库。

在选择一个插件时，需要考虑如下 3 个因素。

- 插件是否还在被维护中。
- 插件的解决方案是否丰富。
- 插件是否适合自身所开发的应用。

综合各类因素考虑，笔者选择 iconfont 作为本书实战项目的字体图标库。下面在项目中引入 iconfont。

首先，需要前往 iconfont 官网注册一个账户（如果已经有账户，则可以省略这一步操作）。

然后，单击"资源管理"→"我的项目"菜单项，如图 23-9 所示。

图 23-9　单击"资源管理"→"我的项目"菜单项

在打开的界面中单击"新建项目"按钮，如图 23-10 所示。

图 23-10　单击"新建项目"按钮

在打开的对话框中设置图标库的配置参数，本书实战项目采用如图 23-11 所示的配置。

图 23-11　设置配置参数

添加一个图标到购物车，并在购物车中加入 newbee-mall-app 项目，操作页面如图 23-12 所示。

图 23-12 在购物车中加入项目

选择"我的项目"→"我发起的项目"选项，生成新的图标代码，此时的页面显示内容如图 23-13 所示。

图 23-13 生成新的图标代码

将生成后的样式链接复制到当前所开发项目的 index.html 文件中，示例代码如下：

```html
<!--index.html-->
<!DOCTYPE html>
<html lang="en">
  <head>
    <meta charset="UTF-8" />
    <link rel="icon" href="/favicon.ico" />
    <meta name="viewport" content="width=device-width, initial-scale=1.0" />
    <link rel="stylesheet" href="https://at.alicdn.com/t/font_3005571_bochr0cpmis.css">
    <title>Vite App</title>
  </head>
  <body>
    <div id="app"></div>
    <script type="module" src="/src/main.js"></script>
  </body>
</html>
```

修改 Home.vue 文件，在该页面中添加 home 图标，示例代码如下：

```html
<template>
  <i class="iconfont icon-home"></i>
</template>

<script>
export default {
  name: 'Home'
}
</script>
```

重启项目，图标引入效果如图 23-14 所示。

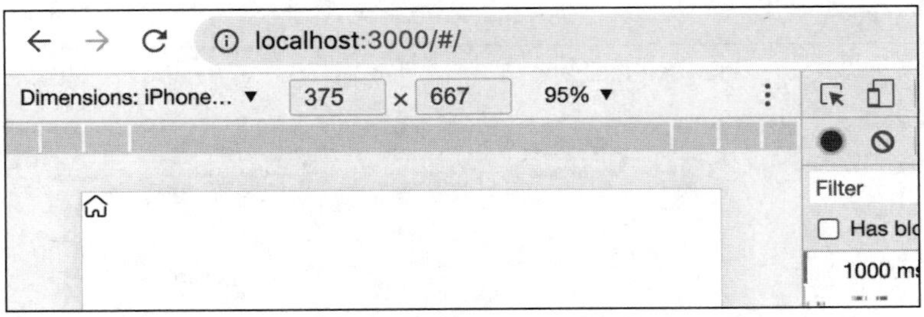

图 23-14　图标引入效果

此时，可以给上述图标添加样式。通过修改 font-size 属性，将其尺寸变大，示例代码如下：

```
<!--Home.vue-->
<template>
  <i class="iconfont icon-home"></i>
</template>

<script>
export default {
  name: 'Home'
}
</script>
<style scoped>
.icon-home {
  font-size: 100px;
}
</style>
```

改变图标尺寸后的显示效果如图 23-15 所示。

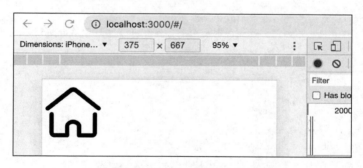

图 23-15　改变图标尺寸后的效果

如果想添加更多的图标，可以在 iconfont 图标库内自行添加，也可以让设计师将设计好的图标转换成 SVG 格式导入 iconfont 图标库。

23.6　二次封装Axios请求库

前后端分离后，前端需要使用 Ajax 技术请求服务端抛出的 API 接口。若使用原生的 Ajax 请求接口，免不了要从头开始封装，费时费力。当然，前端社区已经提供了很多优秀的请求库来提高开发人员的编码效率，其中前端最常用的是 Axios。它不仅可以在客户端使用,也可以在服务端使用。

下面笔者介绍在本书的实战项目中引入 Axios,并且进行简单的二次封装。

通过如下代码安装 Axios:

```
npm install axios
```

在 src 目录下新建 utils 目录,并在 utils 目录下新建 axios.js 文件,示例代码如下:

```
import axios from 'axios' // 引入 Axios
import { Toast } from 'vant' // 引入 Vant 组件库的提示组件 Toast
import router from '../router' // 引入路由实例

axios.defaults.baseURL = process.env.NODE_ENV == 'development' ?
'//backend-api-01.newbee.ltd/api/v1' :
'//backend-api-01.newbee.ltd/api/v1'
axios.defaults.withCredentials = true
axios.defaults.headers['X-Requested-With'] = 'XMLHttpRequest'
axios.defaults.headers['token'] = localStorage.getItem('token') || ''
axios.defaults.headers.post['Content-Type'] = 'application/json'

axios.interceptors.response.use(res => {
  // 若响应头内的 data 不为 object,则视为服务器端异常,这里直接通过 Promise.reject 抛出错误
  if (typeof res.data !== 'object') {
    Toast.fail('服务端异常!')
    return Promise.reject(res)
  }
  if (res.data.resultCode != 200) {
    // 若有 data,并且 resultCode 不等于 200,就表示请求通过了,但是响应失败
    if (res.data.message) Toast.fail(res.data.message)
    // 本项目返回码为 416,表示未登录,所以这里在未登录的情况下跳转到 login 登录页面
    if (res.data.resultCode == 416) {
      router.push({ path: '/login' })
    }
    // 最后通过 Promise.reject 抛出,前端可以通过链式调用 catch 捕获错误
    return Promise.reject(res.data)
  }
  // 其他情况一律返回 data 数据
  return res.data
})

export default axios
```

在上述配置中，baseURL 是请求库的 host 名称，通过 process.env.NODE_ENV 环境变量区分开发环境和生产环境。本书实战项目中只有一个接口地址，所以开发环境和生产环境一律使用"//backend-api-01.newbee.ltd/api/v1"地址作为基础路径。

withCredentials 表示跨域请求时是否需要使用凭证，这里将其设置为 True。

本书实战项目使用 token 完成用户鉴权操作，所以在请求头 headers 中需要携带 token，此 token 是在调用登录接口时获取的。

本书实战项目中的 POST 请求使用 JSON 对象传递，所以在上述配置中，POST 请求统一被设置成"application/json"的形式。

interceptors 拦截器的作用是在发起每次请求后拦截 API 接口所响应的内容，并做进一步的处理。比如在上述配置中，若服务端响应失败，则统一抛错。若请求需要登录鉴权的接口，则在没登录的情况下直接在这里进行拦截，跳转至登录页面。这样做的好处是，不用在每个请求接口的页面中单独判断用户的登录情况。

23.7 添加CSS预处理器Less

在之前的章节中笔者提到过，Less 能为开发人员提升样式文件编码的开发效率。Less 可以添加变量，在开发项目的时候，可以给变量设置主题色、字号、边距等。当项目需要修改主题色的时候，只需修改变量，就能实现全局的颜色变换。

通过指令安装 Less 和 less-loader 插件，代码如下：

```
npm install less less-loader -D
```

注意安装的版本，笔者目前安装的版本是 Less 4.1.2 版本、less-loader 10.2.0 版本。版本不对可能导致项目无法成功使用 Less。

在 src 目录下新建 theme 目录，用于存放自定义的 Less 样式，在里面新建 custom.less 文件，代码如下：

```
@primary: #1baeae; // 主题色
```

尝试修改 Home.vue 组件，验证 Less 是否在项目中生效，示例代码如下：

```
<template>
  <div class="father">
    <div class="son">新蜂商城</div>
  </div>
</template>
```

```
<script>
export default {
  name: 'Home'
}
</script>
<style lang="less" scoped>
/*通过@import 关键词引入 Less 变量文件*/
@import '../theme/custom.less';
/*采用 Less 的嵌套写法*/
.father {
  .son {
    font-size: 20px;
    color: @primary; /*直接使用引入的文件中的变量名称作为 color 的属性值*/
  }
}
</style>
```

主题色渲染效果如图 23-16 所示。

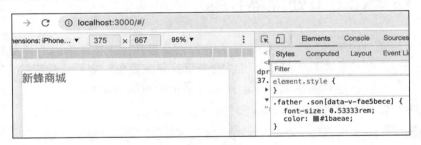

图 23-16　主题色渲染效果

通过查看浏览器控制台中的"Styles"选项卡可知，font-size 和 color 两个样式都已经生效，说明在项目中已成功使用 Less。

23.8　添加全局状态管理插件Vuex

在电商项目中，难免会有跨组件的状态。比如购物车内商品的数量变化，就会在导航组件和购物车组件之间共享状态。

在 src 目录下新建 store 目录，在 store 目录下分别新建 index.js、state.js、actions.js、mutations.js 几个文件，示例代码分别如下：

```
// index.js
```

```js
import { createStore } from 'vuex'
import state from './state'
import actions from './actions'
import mutations from './mutations'

const store = createStore({
  state, // 状态管理
  mutations, // 更改 state 数据，并返回最新的 state
  actions, // dispatch 执行的方法列表
  modules: {}
})

export default store

// state.js
export default {
  count: 0
}

// actions.js
export default {
  add(ctx, count) {
    ctx.commit('add', {
      count
    })
  },
  min(ctx, count) {
    ctx.commit('min', {
      count
    })
  }
}

// mutations.js
export default {
  add (state, payload) {
    state.count = state.count + payload.count
  },
  min (state, payload) {
    state.count = state.count - payload.count
  }
}
```

在 main.js 文件中引入 store 抛出的实例，代码如下：

```
import { createApp } from 'vue'
import App from './App.vue'
import { Button } from 'vant'
import router from './router'
import store from './store' // 引入 store 实例
import 'lib-flexible'

const app = createApp(App)

app.use(router)
app.use(store) // 注册 store 实例
app.use(Button)

app.mount('#app')
```

修改 Home.vue 组件，验证 Vuex 是否被成功引入，代码如下：

```
<template>
  <button @click="min">-</button>
  <span>购物车</span>
  <button @click="add">+</button>
</template>

<script>
import { useStore } from 'vuex'
export default {
  name: 'Home',
  setup() {
    const store = useStore() // 通过 useStore 方法，返回实例 store
    const add = () => {
      store.dispatch('add', 1) // 通过 dispatch 方法触发 actions.js 文件中的 add 方法，并传参 1
    }
    const min = () => {
      store.dispatch('min', 1) // 通过 dispatch 方法触发 actions.js 文件中的 min 方法，并传参 1
    }

    return { add, min }
  }
}
</script>
```

在打开浏览器之前，笔者建议安装官方提供的 Vue 开发工具 Vue.js devtools 查看状态变化。截至 2021 年 12 月，官方给出的最新版本是 6.0.0-beta20，可以直接前往 GitHub 官网下载。

根据官方提示，安装成功后打开浏览器控制台，效果如图 23-17 所示。

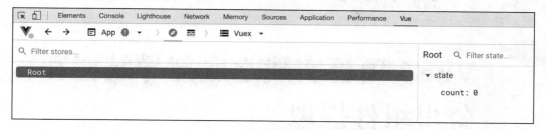

图 23-17　浏览器控制台效果

单击页面中的"+"按钮，控制台的变化如图 23-18 所示。

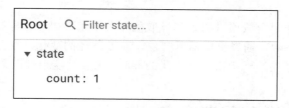

图 23-18　控制台的变化

至此，状态管理插件 Vuex 应用成功。

第 24 章

Vue 3 项目实战之底部导航栏和公用组件提取

本章将向读者介绍商城项目的底部导航栏和公用组件提取。导航栏的作用是切换浏览器地址栏的路径参数,通过页面监听方法,获取路径的变化,既而匹配相应的页面组件,如"首页""分类""购物车""我的"4 个主要功能组件的路径匹配。

24.1 需求分析和前期准备

前端最终要实现的页面底部的导航栏如图 24-1 所示。

首页　　分类　　购物车　　我的

图 24-1　新蜂商城 Vue 3 版本底部导航栏

在商城页面的底部会设置一个导航栏,其中有"首页""分类""购物车""我的"4 个主要功能。每个功能模块都有各自对应的图标,选中一个功能模块后会有高亮效果并且显示对应导航栏的容器组件。

笔者已经制作好了一份开发项目过程中需要的图标库,将地址添加到项目根目录下的 index.html 文件中,代码如下:

```
<!DOCTYPE html>
<html lang="en">
  <head>
```

```html
    <meta charset="UTF-8" />
    <link rel="icon" href="/favicon.ico" />
    <meta name="viewport" content="width=device-width, initial-scale=1.0" />
    <link rel="stylesheet" href="https://at.alicdn.com/t/font_1623819_3g3arzgtlmk.css">
    <title>新蜂商城</title>
  </head>
  <body>
    <div id="app"></div>
    <script type="module" src="/src/main.js"></script>
  </body>
</html>
```

添加 link 标签，href 属性地址如下：

https://at.alicdn.com/t/font_1623819_3g3arzgtlmk.css

该地址内已经包含了项目使用的全部字体图标，如果有其他的图标需求，也可以自行前往 iconfont 网站进行配置，具体步骤在第 23.5 节中有相应的介绍。

项目中还使用了一些笔者定义好的 Less 方法，修改 src/theme.custom.less 代码如下：

```less
@primary: #1baeae; // 主题色
@orange: #FF6B01;
@bc: #F7F7F7;
@fc:#fff;

// // 背景图片地址和大小
.bis(@url) {
  background-image: url(@url);
  background-repeat: no-repeat;
  background-size: 100% 100%;
}

// //圆角
.borderRadius(@radius) {
  -webkit-border-radius: @radius;
  -moz-border-radius: @radius;
  -ms-border-radius: @radius;
  -o-border-radius: @radius;
  border-radius: @radius;
}

// //1px 底部边框
```

```less
.border-1px(@color){
  position: relative;
  &:after{
    display: block;
    position: absolute;
    left: 0;
    bottom: 0;
    width: 100%;
    border-top: 1px solid @color;
    content: '';
  }
}
// //定位全屏
.allcover{
  position:absolute;
  top:0;
  right:0;
}

// //定位上下和左右居中
.center {
  position: absolute;
  top: 50%;
  left: 50%;
  transform: translate(-50%, -50%);
}

// //定位上下居中
.ct {
  position: absolute;
  top: 50%;
  transform: translateY(-50%);
}

// //定位左右居中
.cl {
  position: absolute;
  left: 50%;
  transform: translateX(-50%);
}

// //宽,高
.wh(@width, @height){
```

```less
  width: @width;
  height: @height;
}

// //字号,颜色
.sc(@size, @color){
  font-size: @size;
  color: @color;
}

.boxSizing {
  -webkit-box-sizing: border-box;
  -moz-box-sizing: border-box;
  box-sizing: border-box;
}

// //flex 布局和子元素对其方式
.fj(@type: space-between){
  display: flex;
  justify-content: @type;
}
```

在上述 Less 文件中笔者做了注释，定义了项目中常用的一些 CSS 样式和颜色属性。在项目开发过程中，在页面组件里可以直接引入上述文件，在编写样式时使用上述变量编写可以提高编程效率。上述内容在项目开发过程中会随着业务需求的变更进行调整。读者也可以根据自身对 Less 的理解进行修改。

24.2 编写导航栏的代码

打开前端项目，在 src/components 目录下新建 NavBar.vue 组件，引入 router-link 作为导航组件，它是 Vue-Router 路由插件提供的路径跳转组件，内置了跳转逻辑，将每个组件对应跳转的路径填写至 to 属性，属性值需要后续在路由配置项中进行设置。导航栏代码如下：

```
<template>
  <div class="nav-bar van-hairline--top">
    <ul class="nav-list">
      <router-link class="nav-list-item" to="home">
        <i class="nbicon nblvsefenkaicankaoxianban-1"></i>
        <span>首页</span>
```

```
    </router-link>
    <router-link class="nav-list-item" to="category">
      <i class="nbicon nbfenlei"></i>
      <span>分类</span>
    </router-link>
    <router-link class="nav-list-item" to="cart">
      <van-icon name="shopping-cart-o" />
      <span>购物车</span>
    </router-link>
    <router-link class="nav-list-item" to="user">
      <i class="nbicon nblvsefenkaicankaoxianban-"></i>
      <span>我的</span>
    </router-link>
  </ul>
 </div>
</template>

<script>
export default {
  name: 'NavBar'
}
</script>
```

在最外层的 div 中添加了 van-hairline--top 类名,它是由 VantUI 组件库提供的内置样式,专门用于解决移动端 1px 的显示问题。比如,van-hairline--top 表示在上边框添加一条 1px 的细线。

完成上述操作后,在 src/views/Home.vue 组件内引入 NavBar 组件,代码如下:

```
<template>
  <div>
    <nav-bar />
  </div>
</template>

<script>
import NavBar from 'components/NavBar.vue'
export default {
  name: 'Home',
  components: {
    NavBar
  }
```

```
}
</script>
```

注意，上述代码中笔者在引入组件时，使用了别名路径"components"。需要在项目根目录下的 vite.config.js 文件中进行配置，配置项如下：

```
import path from 'path'
export default defineConfig({
  plugins: [...],
  resolve: {
    alias: {
      "@": path.resolve(__dirname, "src"),
      "components": path.resolve(__dirname, "src/components"),
      "store": path.resolve(__dirname, "src/store"),
      "utils": path.resolve(__dirname, "src/utils"),
    },
  }
})
```

如上述代码所示，@表示 src 路径，components 表示 src/components 路径。诸如此类配置，可以减少烦琐的前缀路径，提升代码的整洁度。

编码完成后重启项目，浏览器中的导航栏初始效果如图 24-2 所示。

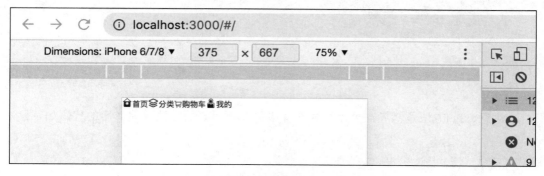

图 24-2　导航栏初始效果

在项目开发过程中，笔者建议读者将浏览器设置为移动端开发模式，方便在浏览器上查看移动端的效果。

完成基本模板的编写后，接下来给导航栏添加一些样式。

通过固定定位,将导航栏设置到页面的底部,样式代码如下:

```
<style lang="less" scoped>
@import '../theme/custom';
.nav-bar {
  position: fixed;
  left: 0;
  bottom: 0;
  width: 100%;
  padding: 5px 0;
  z-index: 1000;
  background: #fff;
  transform: translateZ(0);
  -webkit-transform: translateZ(0);
}
</style>
```

给导航主体 nav-list 添加样式,使导航选项均匀排列,代码如下:

```
<style lang="less" scoped>
@import '../theme/custom';
.nav-bar {
  ...
  .nav-list {
    .fj();
    width: 100%;
    padding: 0;
  }
}
</style>
```

注意,fj()方法是笔者在公用样式文件中提前声明好的方法,编译后的代码如下:

```
display: flex;
justify-content: space-between;
```

对每个单项进行样式调整,使用上下布局的形式,上面是图标,下面是文字,代码如下:

```
<style lang="less" scoped>
@import '../theme/custom';
.nav-bar {
  ...
  .nav-list {
```

```less
  ...
  .nav-list-item {
    display: flex;
    flex: 1; /*每一项等宽*/
    flex-direction: column; /*纵向布局*/
    text-align: center; /*文字居中对齐*/
    color: #666;
    /*单击触发高亮*/
    &.router-link-active {
      color: @primary;
    }
    i {
      text-align: center;
      font-size: 22px;
    }
    span{
      font-size: 12px;
    }
  }
}
</style>
```

当导航选项被选中时，在其标签上添加一个 router-link-active 类名，样式代码如图 24-3 所示。

```
▼<ul class="nav-list" data-v-4295d220> flex
  ▼<a aria-current="page" href="#/home" class="router-link-active" router-
   link-exact-active nav-list-item active" data-v-4295d220> flex == $0
    ▼<i class="nbicon nblvsefenkaicankaoxianban-1" data-v-4295d220>
        ::before
     </i>
```

图 24-3　导航栏选项被选中的样式代码

在上述样式中，为了让被选中的导航选项能高亮显示，将 router-link-active 类名设置成主题色。单击该导航选项后，其图标和文字都会显示主题色，而不是显示默认的灰色，进而完成"高亮"显示操作。

最后，修改路由配置文件，将"/"路径重定向到"/home"路径，代码如下：

```js
import { createRouter, createWebHashHistory } from 'vue-router'
import Home from '../views/Home.vue' // 后续添加的 Home 组件

// createRouter 创建路由实例
```

```
const router = createRouter({
  history: createWebHashHistory(), // Hash模式:createWebHashHistory。History
模式: createWebHistory
  routes: [
    {
      path: '/',
      redirect: '/home' // 重定向到 /home 路径下
    },
    {
      path: '/home',
      name: 'home',
      component: Home
    }
  ]
})

// 抛出路由实例, 在 main.js 中引用
export default router
```

此时重启项目,导航栏完善后的效果如图 24-4 所示。

图 24-4 导航栏完善后的效果

24.3 添加导航栏容器组件

在切换底部导航选项时,需要显示相应的容器组件,接下来创建容器组件。

在前端项目 src/views 目录下新增 Category.vue、Cart.vue、User.vue 3 个容器组件,分别对应导航栏中的分类模块、购物车模块和个人中心模块,示例代码如下:

```
<!--Category.vue-->
<template>
  <div>
    Category
    <nav-bar />
  </div>
</template>

<script>
import NavBar from 'components/NavBar.vue'
export default {
  name: 'Category',
  components: {
    NavBar
  }
}
</script>

<!--Cart.vue-->
<template>
  <div>
    Cart
    <nav-bar />
  </div>
</template>

<script>
import NavBar from 'components/NavBar.vue'
export default {
  name: 'Cart',
  components: {
    NavBar
  }
}
</script>

<!--User.vue-->
<template>
```

```html
<div>
  User
  <nav-bar />
</div>
</template>

<script>
import NavBar from 'components/NavBar.vue'
export default {
  name: 'User',
  components: {
    NavBar
  }
}
</script>
```

创建完上述容器组件后，需要根据 router-link 的 to 属性值配置路由。找到路由配置项 src/router/index.js，将 3 个容器组件配置到对应的路径上，示例代码如下：

```javascript
import { createRouter, createWebHashHistory } from 'vue-router'
import Home from '@/views/Home.vue' // 后续添加的 Home 组件
import Category from '@/views/Category.vue'
import Cart from '@/views/Cart.vue'
import User from '@/views/User.vue'

// createRouter 创建路由实例
const router = createRouter({
  history: createWebHashHistory(), // Hash 模式：createWebHashHistory。History 模式：createWebHistory
  routes: [
    {
      path: '/',
      redirect: '/home'
    },
    {
      path: '/home',
      name: 'home',
      component: Home // 首页
    },
    {
      path: '/category',
      name: 'category',
      component: Category // 分类
    },
    {
      path: '/cart',
```

```
      name: 'cart',
      component: Cart // 购物车
    },
    {
      path: '/user',
      name: 'user',
      component: User // 我的
    }
  ]
})

// 抛出路由实例，在 main.js 中引用
export default router
```

上述路由配置项的作用是，当 router-link 组件的 to 属性为 user 时，页面中显示的组件便是上述配置项中的 User 组件。

此时单击底部导航栏中的任意一项，浏览器地址栏上的路径就会发生变化，当路径变化时，Vue-Router 便会监听路径的变化，进而显示相应的组件到 router-view 标签上。

重启项目，单击导航栏中的"分类"选项后，浏览器中的导航栏切换效果如图 24-5 所示。

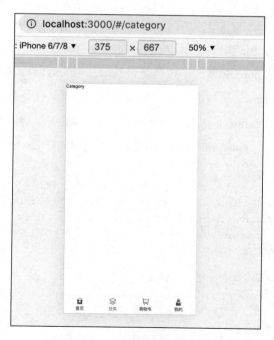

图 24-5　导航栏切换效果

浏览器地址栏中的 URL 发生了变化，页面中显示的内容切换到分类组件，底部的"分类"文字也变成了高亮显示效果。

24.4 公用头部组件提取

某些页面需要在顶部显示一个头部标签信息，方便用户定位当前页面所处的位置，显示效果如图 24-6 所示。

图 24-6　页面头部标签

因为此类显示效果在项目中出现的频率比较高，所以笔者将其制作成一个公用的组件，传入相应的参数进行显示。

在项目 src/components 目录下新建 CustomHeader.vue 组件，该组件具备以下几个功能。

- 接收外部传入的 title 属性，显示组件中间的文字信息。
- 接收外部传入的 noback 属性，控制是否显示左侧的返回标签。
- 接收外部传入的 back 属性，用于控制跳转到上一页，还是跳转回指定页面。
- 接收外部传入的 callback 参数，当单击"返回"图标时，触发回调函数。

结合上述功能描述，CustomHeader.vue 组件的代码如下：

```
<template>
  <header class="custom-header van-hairline--bottom">
    <i v-if="!isback" class="nbicon nbfanhui" @click="goBack"></i>
    <i v-else>      </i>
    <div class="custom-header-name">{{ title }}</div>
    <i class="nbicon nbmore"></i>
  </header>
<!--展位标签,用于相对/绝对定位时,撑开高度-->
  <div class="block" />
</template>

<script>
```

```js
import { ref } from 'vue'
import { useRouter } from 'vue-router'
export default {
  name: 'CustomHeader',
  props: {
    // title 信息
    title: {
      type: String,
      default: ''
    },
    // 返回的路径
    back: {
      type: String,
      default: ''
    },
    // 是否显示返回标签
    noback: {
      type: Boolean,
      default: false
    }
  },
  emits: ['callback'], // 回调函数
  setup(props, ctx) {
    const isback = ref(props.noback)
    const router = useRouter()
    const goBack = () => {
      if (!props.back) {
        // 没有返回路径的时候，默认返回一页
        router.go(-1)
      } else {
        // 有返回路径的时候，直接跳转到返回的路径
        router.push({ path: props.back })
      }
      ctx.emit('callback')
    }
    return {
      goBack,
      isback
    }
  }
}
</script>
```

```
<style lang="less" scoped>
 @import '../theme/custom';
 .custom-header {
   position: fixed;
   top: 0;
   left: 0;
   z-index: 10000;
   .fj();
   .wh(100%, 44px);
   line-height: 44px;
   padding: 0 10px;
   .boxSizing();
   color: #252525;
   background: #fff;
   .custom-header-name {
     font-size: 14px;
   }
 }
 .block {
   height: 44px;
 }
</style>
```

上述 div 为 block 类名的标签,用于解决相对或绝对定位时高度塌陷的问题。比如,上述组件设置的是 44px 的高度,在设置了固定定位之后,当应用于其他页面组件时,组件标签脱离了文档流,在其他页面继续往下添加内容,内容的位置和公用头部组件可能重叠,所以需要给公用头部组件设置一个高度,解决其高度塌陷的问题。

此时,声明一个详情页面(该页面将用于后续的商品详情页面),验证一下上述公用组件是否可行。在 src/views 目录下新建 GoodDetail.vue,代码如下:

```
<template>
  <div>
    <custom-header :title="'商品详情'" />
  </div>
</template>

<script>
import CustomHeader from 'components/CustomHeader.vue'
export default {
  name: 'GoodDetail',
  components: {
    CustomHeader
```

```
    }
  }
</script>
```

添加路由配置项，代码如下：

```
// src/router/index.js
import GoodDetail from '@/views/GoodDetail.vue'
...
{
  path: '/good-detail',
  name: 'GoodDetail',
  component: GoodDetail // 商品详情
}
```

打开浏览器，在地址栏中输入商品详情地址，此时页面头部标签编码实现效果如图 24-7 所示。

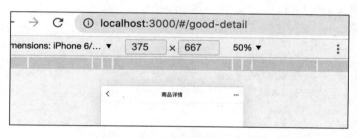

图 24-7 页面头部标签编码实现效果

当然，编写公用组件不是一蹴而就的事情。在项目开发过程中，公用组件的内部逻辑还要随着业务的改变而不断地优化，最终达到一个适配全局项目的能力。在后续的业务实现中，还会对该组件进行一些微调。

24.5 接口文档及请求地址封装

为了保证项目尽量接近真实开发场景，笔者提供了在线接口文档，访问地址是 http://backend-api-01.newbee.ltd/swagger-ui.html。

本书的 Vue 3 商城项目所需的接口都已经在文档中体现，与真正开发项目的内容基本一致。

下面笔者对前端请求接口的代码进行二次封装，便于后续的页面引用。

使用用户鉴权相关接口做示范,首先在项目 src 目录下新建 service 文件夹,在 service 文件夹下新建 user.js 文件,代码如下:

```javascript
import axios from '../utils/axios'
// 获取用户信息
export function getUserInfo() {
  return axios.get('/user/info');
}
// 编辑用户信息
export function EditUserInfo(params) {
  return axios.put('/user/info', params);
}
// 登录
export function login(params) {
  return axios.post('/user/login', params);
}
// 退出登录
export function logout() {
  return axios.post('/user/logout')
}
// 注册
export function register(params) {
  return axios.post('/user/register', params);
}
```

页面中使用的代码如下:

```vue
<template>
  <div>
    Home
    <nav-bar />
  </div>
</template>

<script>
import NavBar from 'components/NavBar.vue'
// 引入接口方法
import { getUserInfo } from 'service/user.js'
export default {
  name: 'Home',
  components: {
    NavBar
  },
  setup() {
```

```
    // 调用接口方法，返回一个promise对象
    getUserInfo().then(res => {
      console.log(res)
    })
  }
}
</script>
```

注意，需要在 vite.config.js 文件中添加 service 的别名配置，代码如下：

```
resolve: {
  alias: {
    ...
    "service": path.resolve(__dirname, "src/service")
  },
}
```

统一将用户信息鉴权相关接口放到 user.js 文件下，这样做是为了在后续修改用户鉴权相关接口时有一个统一的入口。获取用户信息的接口如果需要修改，只需在 user.js 文件中修改 getUserInfo 方法下的代码即可。上述写法基于笔者个人对项目的理解和个人的开发习惯，读者也可以利用 ES6 给予开发人员的前端模块化能力，将代码封装得更加健壮。

第 25 章

Vue 3 项目实战之用户模块

本章笔者将带领读者编写商城项目中用户模块的前端代码，包括个人中心和登录鉴权部分的代码实现。笔者将对用户注册和登录功能的实现、用户身份验证信息 token 的存储、接口回调的处理进行讲解。鉴权是整个项目的核心模块，除部分公共数据是所有人都可查看的外，其余接口的调用和处理都需要与商城用户进行绑定，这部分接口需要进行用户鉴权。

鉴权这个知识点非常重要，跟随笔者完成本章内容的学习，读者可以对 Vue 项目中用户鉴权的处理有更加具体的认识，也希望读者可以一通百通，顺利地应用于其他需要开发的前端项目中。

25.1 需求分析和前期准备

用户登录流程设计已经在本书的第 10 章中讲解了，完整的登录验证流程可参考图 10-3。服务端代码负责用户注册、登录和身份验证的逻辑处理。前端主要负责前端代码页面的实现、接口参数的获取与拼接、接口请求及回调处理。

通过调用注册接口注册一个账户，之后通过登录接口获取服务端提供的 token 参数，在每次请求的时候，将 token 设置到请求头 headers 中，服务端会在每次收到请求时，验证该 token 值是否有效。验证成功之后，将需要的数据返回给客户端。

本章要实现的页面效果如图 25-1 所示。

第 25 章　Vue 3 项目实战之用户模块

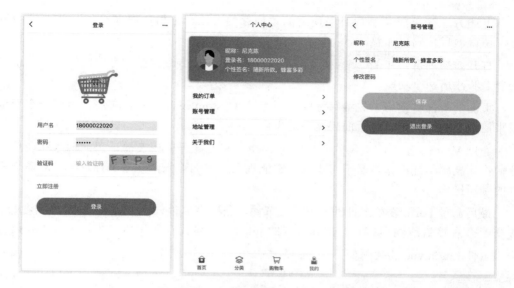

图 25-1　登录页面及个人中心页面

图 25-1 左侧的页面为注册页面，登录页面布局和注册页面布局相同；中间的页面为个人中心页面，用于展示用户个人信息，也是管理订单、账户、地址等功能的入口；右侧的页面为选择"账号管理"后的二级页面，用于修改账户信息和退出登录。

25.2　注册页面和登录页面的制作

在 src/utils 目录下新建一个工具类文件 help.js，示例代码如下：

```
// src/utils/help.js
// 获取本地localStorage参数
export const getLocal = (name) => {
  return localStorage.getItem(name)
}
// 设置本地localStorage参数
export const setLocal = (name, value) => {
  localStorage.setItem(name, value)
}
// 删除本地localStorage参数
export const removeLocal = (name) => {
  localStorage.removeItem(name)
}
```

· 545 ·

上述方法简单封装了项目中使用的本地存储方法,在引用时减少了一些单词的拼接,使得项目代码更加整洁。

打开前端项目,在 src/views 目录下新建组件 Login.vue。在该组件内,将实现用户的登录和注册两个功能。

页面的头部将使用事先编写好的公用组件 CustomHeader 进行布局,声明一个变量用来控制当前页面是登录页面还是注册页面。

通过 Vant UI 组件库提供的表单组件 Field,进行账号密码及验证码的输入和表单验证操作,表单验证操作是必不可少的,它能规范用户的输入,并减少开发人员对提交属性的判断操作。

最后通过 Form 表单组件的 @submit 事件,获取表单输入框组件 Field 对应的参数,提交给登录接口或注册接口,获取相应的 token,并将其存入浏览器本地 localStorage。

组件 Login.vue 的代码如下:

```
<template>
  <div class="login">
    <!--自定义公用头部组件,title 属性根据 type 类型传入登录表单或注册表单,单击"回退"
按钮,回调首页-->
    <custom-header :title="type == 'login' ? '登录' : '注册
'" :back="'/home'"></custom-header>
    <!--Logo 图片-->
    <img class="logo" src="https://s.yezgea02.com/1604045825972/newbee-
mall-Vue 3-app-logo.png" alt="">
    <!--当 type 为 login 时,显示登录表单-->
    <div v-if="type == 'login'" class="login-body login">
      <!--表单提交事件-->
      <van-form @submit="onSubmit">
        <!--用户名表单输入框-->
        <van-field
          v-model="username"
          name="username"
          label="用户名"
          placeholder="用户名"
          :rules="[{ required: true, message: '请填写用户名' }]"
        />
        <!--密码表单输入框-->
        <van-field
          v-model="password"
          type="password"
```

```html
      name="password"
      label="密码"
      placeholder="密码"
      :rules="[{ required: true, message: '请填写密码' }]"
    />
    <div style="margin: 16px;">
      <!--切换为注册表单-->
      <div class="link-register" @click="toggle('register')">立即注册</div>
      <!--触发表单事件-->
      <van-button round block color="#1baeae" native-type="submit">登录</van-button>
    </div>
  </van-form>
</div>
<!--当type为register时，显示注册表单-->
<div v-else class="login-body register">
  <!--表单提交事件-->
  <van-form @submit="onSubmit">
    <!--用户名表单输入框-->
    <van-field
      v-model="username1"
      name="username1"
      label="用户名"
      placeholder="用户名"
      :rules="[{ required: true, message: '请填写用户名' }]"
    />
    <!--密码表单输入框-->
    <van-field
      v-model="password1"
      type="password"
      name="password1"
      label="密码"
      placeholder="密码"
      :rules="[{ required: true, message: '请填写密码' }]"
    />
    <div style="margin: 16px;">
      <!--切换为登录表单-->
      <div class="link-login" @click="toggle('login')">已有登录账号</div>
      <!--触发表单事件-->
      <van-button round block color="#1baeae" native-type="submit">注册</van-button>
    </div>
```

```
        </div>
      </van-form>
    </div>
  </div>
</template>

<script>
import { reactive, toRefs } from 'vue'
import CustomHeader from 'components/CustomHeader.vue'  // 引入公用组件
import { login, register } from 'service/user'  // 引入登录和注册方法
import { setLocal } from 'utils/help'  // 工具类
import { Toast } from 'vant'  // 单独引入提示组件
export default {
  components: {
    CustomHeader  // 注册组件
  },
  setup() {
    const state = reactive({
      username: '',  // 登录用户名
      password: '',  // 登录密码
      username1: '',  // 注册用户名
      password1: '',  // 注册密码
      type: 'login',  // 登录或注册状态：login 为登录，register 为注册
    })

    // 切换登录和注册两种模式
    const toggle = (v) => {
      state.type = v
    }

    // 提交登录表单或注册表单
    const onSubmit = async (values) => {
      if (state.type == 'login') {
        // 调用登录接口
        const { data } = await login({
          "loginName": values.username,
          "passwordMd5": values.password
        })
        setLocal('token', data)
        // 需要刷新页面，否则 axios.js 文件中的 token 不会被重置
        window.location.href = '/'
```

```
      } else {
        await register({
          "loginName": values.username1,
          "password": values.password1
        })
        Toast.success('注册成功')
        // 注册成功之后，将 type 切换为 login 登录状态
        state.type = 'login'
      }
    }

    return {
      ...toRefs(state),
      toggle,
      onSubmit,
    }
  }
}
</script>

<style lang="less">
  .login {
    .logo {
      width: 120px;
      height: 120px;
      display: block;
      margin: 80px auto 20px;
    }
    .login-body {
      padding: 0 20px;
    }
    .login {
      .link-register {
        font-size: 14px;
        margin-bottom: 20px;
        color: #1989fa;
        display: inline-block;
      }
    }
    .register {
      .link-login {
```

```
        font-size: 14px;
        margin-bottom: 20px;
        color: #1989fa;
        display: inline-block;
      }
    }
  }
}
</style>
```

登录页面和注册页面均采用上下布局的方式,这种布局方式在前端是相对比较方便的,可以通过 Flex 弹性布局,将 flex-direction 设置为 column 作为上下布局的基础,再依次写入标签即可。

单击"立即注册"按钮和"已有登录账号"按钮,可以通过修改 type 变量,来回切换注册和登录两种模式。单击"注册"按钮和"登录"按钮,分别调用登录接口和注册接口。

注意,在使用 Form 和 Field 之前,需要前往 src/main.js 注册相应的组件,代码如下:

```
import { createApp } from 'vue'
import App from './App.vue'
import { Button, Icon, Form, Field } from 'vant'
import router from './router'
import store from './store'
import 'lib-flexible'
// 初始化实例
const app = createApp(App)
// 注册路由
app.use(router)
// 注册全局状态实例
app.use(store)
// 注册全局组件
app
  .use(Button)
  .use(Icon)
  .use(Form)
  .use(Field)
// 挂载实例
app.mount('#app')
```

编写完上述代码后,打开浏览器并输入访问路径/login(后续会根据接口权限进行跳转),显示效果如图 25-2 所示。

第 25 章 Vue 3 项目实战之用户模块

图 25-2 登录页面和注册页面的效果

25.3 验证码的制作

验证码的功能是保护登录接口和注册接口不被恶意攻击，防止不法分子通过脚本高频地调用接口，导致服务器资源被恶意占用。

验证码代码与登录和注册业务代码没有太强的关联性，只需对外提供验证码字符，并且将字符绘制到图片中，外部可以通过属性获取验证码字符，将用户输入的验证码和组件返回的验证码进行对比，判断输入的验证码是否正确。

笔者将验证码单独抽离成组件的形式，在 src/components 目录下新建 VueImageVerify.vue 组件。

利用 Canvas 的绘图功能，在页面上创建一块 2D 画布，在画布上填充一些随机字符串，之后添加一个单击事件，当单击画布时，随机字符串发生变化，重置画布。

验证码完整代码如下：

```
<template>
  <div class="img-verify">
    <!--canvas 画布-->
    <canvas ref="verify" :width="width" :height="height" @click="handleDraw"></canvas>
  </div>
</template>

<script>
import { reactive, onMounted, ref, toRefs } from 'vue'
export default {
  setup() {
    const verify = ref(null)
    const state = reactive({
      pool: 'ABCDEFGHIJKLMNOPQRSTUVWXYZ1234567890', // 字符串
      width: 120, // 默认画布宽度
      height: 40, // 默认画布高度
      imgCode: '' // 画布中验证码的字符串内容
    })
    onMounted(() => {
      // 初始化绘制图片验证码
      state.imgCode = draw()
    })

    // 单击图片重新绘制方法
    const handleDraw = () => {
      state.imgCode = draw()
    }

    // 生成随机数方法
    const randomNum = (min, max) => {
      return parseInt(Math.random() * (max - min) + min)
    }
    // 生成随机颜色方法
    const randomColor = (min, max) => {
      const r = randomNum(min, max)
      const g = randomNum(min, max)
      const b = randomNum(min, max)
      return 'rgb(${r},${g},${b})'
    }
```

```javascript
// 绘制图片验证码方法
const draw = () => {
  // 获取画布实例
  const ctx = verify.value.getContext('2d')
  // 填充随机颜色
  ctx.fillStyle = randomColor(180, 230)
  // 设置画布的形状和宽、高
  ctx.fillRect(0, 0, state.width, state.height)
  // 定义一个画布内的字符变量
  let imgCode = ''
  // 随机产生字符串,并且随机旋转
  for (let i = 0; i < 4; i++) {
    // 随机生成4个字符串
    const text = state.pool[randomNum(0, state.pool.length)]
    imgCode += text
    // 随机设置画布内字符的字号
    const fontSize = randomNum(18, 40)
    // 字符随机地旋转角度
    const deg = randomNum(-30, 30)
    /*
     * 绘制字符并让4个字符在不同的位置显示的思路:
     * 1. 定义字体
     * 2. 定义对齐方式
     * 3. 填充不同的颜色
     * 4. 保存当前的状态(以防止以上状态受影响)
     * 5. 平移 translate()
     * 6. 旋转 rotate()
     * 7. 填充文字
     * 8. restore 出栈
     * */
    ctx.font = fontSize + 'px Simhei'
    ctx.textBaseline = 'top'
    ctx.fillStyle = randomColor(80, 150)
    /*
     * save()方法把当前状态复制一份并压入一个保存图像状态的栈中。
     * 这就允许用户临时地改变图像状态,
     * 通过调用 restore() 恢复以前的值。
     * save 是入栈,restore 是出栈。
     * 用来保存 Canvas 的状态。入栈之后,可以调用 Canvas 的平移、放缩、旋转、错切、裁剪等操作方法。restore 用来恢复 Canvas 之前保存的状态,防止入栈后对 Canvas 执行的操作对后续的绘制有影响。
     * */
```

```
      ctx.save()
      // 随机旋转字符串
      ctx.translate(30 * i + 15, 15)
      ctx.rotate((deg * Math.PI) / 180)
      // fillText()方法用于在画布上绘制填色的文本。文本的默认颜色是黑色
      // 使用font属性定义字体和字号,并使用fillStyle属性以另一种颜色/渐变渲染文本
      // context.fillText(text,x,y,maxWidth);
      ctx.fillText(text, -15 + 5, -15)
      ctx.restore()
    }
    // 随机生成5条干扰线,干扰线的颜色要浅一点
    for (let i = 0; i < 5; i++) {
      ctx.beginPath()
      ctx.moveTo(randomNum(0, state.width), randomNum(0, state.height))
      ctx.lineTo(randomNum(0, state.width), randomNum(0, state.height))
      ctx.strokeStyle = randomColor(180, 230)
      ctx.closePath()
      ctx.stroke()
    }
    // 随机生成40个干扰的小点
    for (let i = 0; i < 40; i++) {
      ctx.beginPath()
      ctx.arc(randomNum(0, state.width), randomNum(0, state.height), 1, 0, 2 * Math.PI)
      ctx.closePath()
      ctx.fillStyle = randomColor(150, 200)
      ctx.fill()
    }
    // 最终返回随机生成的验证码,也就是4个字符
    return imgCode
  }

  return {
    ...toRefs(state),
    verify,
    handleDraw
  }
 }
}
</script>
<style type="text/css">
.img-verify canvas {
  cursor: pointer;
```

```
}
</style>
```

完成验证码组件的编写之后,在 Login.vue 组件中引入验证码组件,代码如下:

```
<template>
  <div class="login">
    ...
    <div v-if="type == 'login'" class="login-body login">
      <!--表单提交事件-->
      <van-form @submit="onSubmit">
        ...
        <!--密码表单输入框-->
        <van-field
          v-model="password"
          type="password"
          name="password"
          label="密码"
          placeholder="密码"
          :rules="[{ required: true, message: '请填写密码' }]"
        />
        <!--新增验证码输入表单-->
        <van-field
          center
          clearable
          label="验证码"
          placeholder="输入验证码"
          v-model="verify"
        >
          <template #button>
            <vue-img-verify ref="verifyRef" />
          </template>
        </van-field>
        ...
      </van-form>
    </div>
    <!--当 type 为 register 时,显示注册表单-->
    <div v-else class="login-body register">
      <!--表单提交事件-->
      <van-form @submit="onSubmit">
        ...
        <!--密码表单输入框-->
        <van-field
```

```html
            v-model="password1"
            type="password"
            name="password1"
            label="密码"
            placeholder="密码"
            :rules="[{ required: true, message: '请填写密码' }]"
          />
          <!--新增验证码输入表单-->
          <van-field
            center
            clearable
            label="验证码"
            placeholder="输入验证码"
            v-model="verify"
          >
            <template #button>
              <vue-img-verify ref="verifyRef" />
            </template>
          </van-field>
          ...
      </van-form>
    </div>
  </div>
</template>
```

```javascript
<script>
import { reactive, toRefs, ref, onMounted } from 'vue'
...
import VueImgVerify from 'components/VueImageVerify.vue'
...
export default {
  components: {
    ...
    VueImgVerify
  },
  setup() {
    const verifyRef = ref(null)
    const state = reactive({
      ...
      verify: '', // 用户输入的验证码
      imgCode: '' // 验证码组件生成的验证码
    })
```

```js
onMounted(() => {
  console.log('verifyRef.value', verifyRef.value)
})

// 提交登录表单或注册表单
const onSubmit = async (values) => {
  state.imgCode = verifyRef.value.imgCode || ''
  if (state.verify.toLowerCase() != state.imgCode.toLowerCase()) {
    Toast.fail('验证码有误')
    return
  }
  ...
}
return {
  ...toRefs(state),
  toggle,
  onSubmit,
  verifyRef // 返回 verifyRef，以供模板使用
}
}
}
</script>
```

在上述代码中，通过 ref="verifyRef"获取验证码组件的实例，在该实例中可以获取验证码组件中 setup 函数返回的对象，打印结果如图 25-3 所示。

```
verifyRef ▼ Proxy {…}
             ▶ [[Handler]]: Object
             ▼ [[Target]]: Object
                ▶ handleDraw: () => { state.imgCode = draw() }
                  height: 40
                  imgCode: "JCC2"
                  pool: "ABCDEFGHIJKLMNOPQRSTUVWXYZ1234567890"
                ▶ verify: canvas
                  width: 120
```

图 25-3　验证码组件实例的打印结果

注意，打印必须在 onMounted 方法的回调函数内执行，因为必须等到页面加载完毕才能获取验证码组件的实例内容。

有了上述方法，就可以在提交表单的时候，对前端输入的验证码和验证码组件返回的验证码进行对比，如果相同，就能通过验证并进行后续接口的发起操作。本书前端实战部分的验证码并未与服务端进行交互，只是在前端实现了基本的验证码功能。

25.4　鉴权验证跳转

前端在调用登录接口传递密码参数时，需要通过 md5 进行字段的加密。这是一个简单的保护机制，不能让密码暴露在网页的提交数据中。

首先通过指令安装 md5 插件，代码如下：

```
npm install js-md5 --save
```

然后在 Login.vue 组件中引入并使用它，代码如下：

```
<script>
...
import md5 from 'js-md5'
export default {
  setup() {
    ...
    const { data } = await login({
      "loginName": values.username,
      "passwordMd5": md5(values.password)
    })
    ...
  }
}
</script>
```

传入需要加密的内容作为参数，返回一个加密字符串。

笔者事先注册了一个账号，现在使用该账号验证登录接口是否成功，在文本框中分别输入账号和密码，查看浏览器调用情况，控制台中的内容如图 25-4 所示。

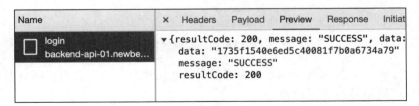

图 25-4　控制台中登录接口返回的结果

成功调用登录接口，返回的 data 便是 token。此时可以在代码中将 token 存入 localStorage，并且通过 window.location.href = '/'刷新页面后前往首页。这样做的目的是重新加载一次 axios.js 文件，使得 axios.js 文件中的如下代码可以执行：

```
axios.defaults.headers['token'] = localStorage.getItem('token') || ''
```

执行完毕后，每次请求时便会在请求头 headers 上带上 token 信息进行鉴权。

如果在未登录的情况下请求需要鉴权的接口，则接口会返回 416 错误码，这时就会触发 axios.js 中的如下代码，跳转到登录页面：

```
// 本项目返回码为 416 表示未登录的情况，这里在未登录的情况下跳转到 login 登录页面
if (res.data.resultCode == 416) {
  router.push({ path: '/login' })
}
```

25.5 个人中心页面的制作

个人中心页面分为上、下两部分。上半部分是用户信息的显示，下半部分是账户管理的一些配置入口，如我的订单、账号管理、地址管理、关于我们等。

上半部分的显示，在用户信息请求数据返回之前，使用 Vant UI 提供的骨架屏组件 Skeleton 进行占位。下半部分使用 ul+li 列表布局的形式，制作一个纵向列表，并给每一项添加路由跳转事件。

进入 src/views/User.vue 组件，添加如下代码：

```
<template>
  <div class="user-box">
    <!--自定义头部，设置 noback，没有返回-->
    <custom-header :title="'个人中心'" noback></custom-header>
    <!--骨架屏组件，在没有数据的时候，显示一个占位图片-->
    <!--avatar 表示默认头像；row 表示占位行数；loading 表示是否展示数据-->
    <van-skeleton title :avatar="true" :row="3" :loading="loading">
      <div class="user-info">
        <!--flex 布局，左边是头像，右边是用户信息-->
        <div class="info">
          <img src="https://s.yezgea02.com/1604040746310/aaaddd.png"/>
          <div class="user-desc">
            <!--绑定用户信息-->
            <span>昵称：{{ user.nickName }}</span>
            <span>登录名：{{ user.loginName }}</span>
            <span class="name">个性签名：{{ user.introduceSign }}</span>
          </div>
```

```html
        </div>
      </div>
    </van-skeleton>
    <ul class="user-list">
      <!--van-hairline--bottom,添加下边1px灰线-->
      <li class="van-hairline--bottom">
        <span>我的订单</span>
        <van-icon name="arrow" />
      </li>
      <!--goTo 方法,接收参数,前往参数对应的组件页面-->
      <li class="van-hairline--bottom" @click="goTo('/setting')">
        <span>账号管理</span>
        <van-icon name="arrow" />
      </li>
      <li class="van-hairline--bottom">
        <span>地址管理</span>
        <van-icon name="arrow" />
      </li>
      <li>
        <span>关于我们</span>
        <van-icon name="arrow" />
      </li>
    </ul>
    <!--公用底部导航栏-->
    <nav-bar></nav-bar>
  </div>
</template>
```

```javascript
<script>
import { reactive, onMounted, toRefs } from 'vue'
import NavBar from 'components/NavBar.vue' // 公用底部导航
import CustomHeader from 'components/CustomHeader.vue' // 公用头部
import { getUserInfo } from '@/service/user' // 获取用户信息接口
import { useRouter } from 'vue-router' // 路由
export default {
  components: {
    NavBar,
    CustomHeader
  },
  setup() {
    // 通过 useRouter 方法实例化路由,也可以直接引入 src/router/index.js 中抛出的路由实例
    const router = useRouter()
```

```js
    const state = reactive({
      user: {}, // 用户信息对象
      loading: true // 是否加载中
    })
    // 初始化，类似vue 2中的mounted生命周期
    onMounted(async () => {
      // 调用getUserInfo获取用户信息
      const { data } = await getUserInfo()
      // 接口返回参数
      /**
       * introduceSign: 个性签名
       * loginName: 登录名
       * nickName: 昵称
       */
      state.user = data
      state.loading = false
    })
    // 前往某个路径，第1个参数为路径地址，第2个参数为路径下携带的参数
    const goTo = (path, query) => {
      router.push({ path, query: query || {} })
    }
    // 返回给模板使用
    return {
      ...toRefs(state),
      goTo
    }
  }
}
</script>

<style lang="less" scoped>
  @import '../theme/custom';
  .user-box {
    .user-header {
      /*
        利用.fj()方法进行flex布局
      */
      .fj();
      /*
        利用.wh()方法设置宽、高
      */
      .wh(100%, 44px);
      line-height: 44px;
```

```
      padding: 0 10px;
      color: #252525;
      background: #fff;
      border-bottom: 1px solid #dcdcdc;
      .user-name {
        font-size: 14px;
      }
    }
    .user-info {
      width: 94%;
      margin: 10px;
      height: 115px;
      background: linear-gradient(90deg, @primary, #51c7c7);
      box-shadow: 0 2px 5px #269090;
      border-radius: 6px;
      .info {
        position: relative;
        display: flex;
        width: 100%;
        height: 100%;
        padding: 25px 20px;
        img {
          /*
          利用.wh()方法设置宽、高
          */
          .wh(60px, 60px);
          border-radius: 50%;
          margin-top: 4px;
        }
        .user-desc {
          display: flex;
          flex-direction: column;
          margin-left: 10px;
          line-height: 20px;
          font-size: 14px;
          color: #fff;
          span {
            color: #fff;
            font-size: 14px;
            padding: 2px 0;
          }
        }
      }
```

```css
    }
    .user-list {
      padding: 0 20px;
      margin-top: 20px;
      li {
        height: 40px;
        line-height: 40px;
        display: flex;
        justify-content: space-between;
        font-size: 14px;
        .van-icon-arrow {
          margin-top: 13px;
        }
      }
    }
  }
</style>
```

类名 user-info 对应的 div 标签内展示的是用户信息，通过 flex 实现头像居左、个人信息居右的布局。

类名 user-list 对应的 ul 标签内声明了 4 个 li 标签，同样通过 flex 实现左右布局，其作用分别是跳转到"我的订单""账号管理""地址管理""关于我们"4 个页面。

此时页面布局中会有一些宽度被撑开的问题，前往 src/App.vue 入口组件，添加如下样式代码：

```css
<style>
  * {
    box-sizing: border-box;
  }
  html, body {
    height: 100%;
    overflow-x: hidden;
    overflow-y: scroll;
  }
  #app {
    height: 100%;
    font-family: 'Avenir', Helvetica, Arial, sans-serif;
    -webkit-font-smoothing: antialiased;
    -moz-osx-font-smoothing: grayscale;
    color: #2c3e50;
  }
  .router-view{
```

```
    width: 100%;
    height: auto;
    position: absolute;
    top: 0;
    bottom: 0;
    margin: 0 auto;
    -webkit-overflow-scrolling: touch;
  }
</style>
```

设置一个全局的 box-sizing 为 border-box，此时页面的显示效果如图 25-5 所示。

图 25-5 个人中心页面显示效果

25.6 账号管理页面的制作

账号管理页面用于管理个人信息，如修改昵称、修改个性签名、修改密码、退出登录等。在个人中心页面中选择"账号管理"选项即可进入账号管理页面。

打开前端项目，在 src/views 下新建 Setting.vue，用于账号管理页面的制作。在 src/router/index.js 路由配置文件中添加如下代码：

```
import Setting from '@/views/Setting.vue'
...
{
  path: '/setting',
  name: 'Setting',
  component: Setting
}
```

与账号相关的 API 接口在之前的章节中已经被添加到 service/user.js 文件中，此处不再赘述。

账号管理页面的显示效果如图 25-6 所示。

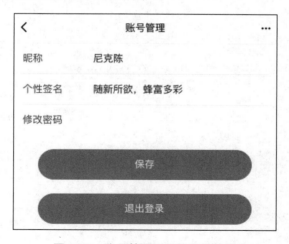

图 25-6　账号管理页面的显示效果

账号管理页面中包含 3 个表单输入框和两个按钮组件。单击"保存"按钮，会将表单内的数据提交给用户信息编辑接口。单击"退出登录"按钮，会调用登出接口，并清理本地 localStorage 中的 token 信息，最后刷新页面。

在 Setting.vue 组件内添加如下代码：

```html
<template>
  <div class="seting-box">
    <!--自定义头部-->
    <custom-header :title="'账号管理'"></custom-header>
    <div class="input-item">
      <!--昵称输入框-->
      <van-field v-model="nickName" label="昵称" />
      <!--个签输入框-->
      <van-field v-model="introduceSign" label="个性签名" />
      <!--密码输入框-->
      <van-field v-model="password" type='password' label="修改密码" />
    </div>
    <!--块级按钮，占满一行-->
    <van-button round class="save-btn" color="#1baeae" type="primary" @click="save" block>保存</van-button>
    <van-button round class="save-btn" color="#1baeae" type="primary" @click="handleLogout" block>退出登录</van-button>
  </div>
</template>

<script>
import { reactive, onMounted, toRefs } from 'vue'
import md5 from 'js-md5'
import CustomHeader from 'components/CustomHeader.vue' // 公用头部组件
import { getUserInfo, EditUserInfo, logout } from 'service/user' // 用户信息相关接口
import { removeLocal } from 'utils/help' // 本地操作工具函数
import { Toast } from 'vant' // 单独引入提示框组件
export default {
  components: {
    CustomHeader // 注册引入的头部组件
  },
  setup() {
    const state = reactive({
      nickName: '', // 昵称变量
      introduceSign: '', // 个性签名变量
      password: '' // 密码变量
    })
    // 初始化方法
    onMounted(async () => {
```

```js
    // 接口获取个人信息
    const { data } = await getUserInfo()
    // 设置个人信息
    state.nickName = data.nickName
    state.introduceSign = data.introduceSign
  })
  // 保存方法
  const save = async () => {
    // 提交的参数
    const params = {
      introduceSign: state.introduceSign,
      nickName: state.nickName
    }
    // 当密码有输入时，添加 passwordMd5 参数到 params 变量中
    if (state.password) {
      // md5 加密
      params.passwordMd5 = md5(state.password)
    }
    await EditUserInfo(params)
    Toast.success('保存成功')
  }
  // 登出方法
  const handleLogout = async () => {
    // 调用登出接口
    const { resultCode } = await logout()
    if (resultCode == 200) {
      // 成功后，清除本地 token 信息
      removeLocal('token')
      // 返回首页，使用 window.location.href 的目的是刷新页面，重新执行 src/utils/axios.js 中的头部 token 信息
      window.location.href = '/'
    }
  }
  // 返回变量和方法给模板使用
  return {
    ...toRefs(state),
    save,
    handleLogout
  }
}
}
</script>
```

```
<style lang="less" scoped>
  .seting-box {
    .save-btn {
      width: 80%;
      margin: 20px auto ;
    }
  }
</style>
```

在账号管理页面中，如果没有修改任何数据，"保存"按钮应处于禁用状态，避免发送无效的请求。此时，需要一个监听数据变化的方法监听 state 的变化，可以使用 Vue 3 为开发人员提供的 watch 方法，它的作用是定向监听某些数据的变化，从而触发回调函数，代码如下：

```
<template>
  ...
    <!--块级按钮，占满一行-->
    <van-button :disabled="!isChange" round class="save-btn" color="#1baeae" type="primary" @click="save" block>保存</van-button>
    <van-button round class="save-btn" color="#1baeae" type="primary" @click="handleLogout" block>退出登录</van-button>
  </div>
</template>

<script>
import { reactive, onMounted, toRefs, watch } from 'vue'
...
export default {
  ...
  setup() {
    const state = reactive({
      nickName: '', // 昵称变量
      introduceSign: '', // 个性签名变量
      password: '', // 密码变量
      isChange: false
    })

    // 初始化方法
    onMounted(async () => {
      // 接口获取个人信息
      const { data } = await getUserInfo()
      // 设置个人信息
```

```
      state.nickName = data.nickName
      state.introduceSign = data.introduceSign
      // 监听 state 的变化
      watch(state, () => {
        // 当数据变化时,将"保存"按钮恢复为可单击状态
        state.isChange = true
      })
    })
    ...
  }
}
</script>
```

将 watch 监听方法写在请求接口之后,是因为当接口请求完毕后,数据被赋值到 state 中,也会触发 watch 函数的监听。因此,需要将其写在数据初始化赋值之后,避免赋值操作对监听产生影响。

第 26 章

Vue 3 项目实战之首页和分类页面

本章将编写商城项目首页和分类页面的前端代码。虽然这两个页面主要用于展示数据，不需要与后端进行太多的数据交互，但是这两个页面也是非常重要的。

其中，首页是最先被用户浏览的页面，也是非常重要的入口。首页的设计和制作是重中之重，一定要生动、美观，抓住用户的眼球。分类页面需要将商品的分类数据层次分明地展示给用户，供用户筛选。另外，这两个页面中使用的前端知识在真实生产环境中非常普遍，涉及的知识点很多，比如搜索框、轮播图、图文展示、滚屏等内容都是前端项目开发中经常用到的，希望读者在学习和动手操作后，可以运用于其他的项目开发中。

26.1 需求分析和前期准备

在本书第 11 章和第 12 章这两章中，已经对商城的首页和分类页面进行了详细的拆解和分析。在第 11 章中介绍了首页的设计理念、首页的排版和元素构成、商品推荐的设置等。在第 12 章中介绍了商品分类、分类层级的设计等。没有看过这部分内容的读者，可以翻阅这两章的分析部分进行学习，本章不再赘述。

本章主要介绍前端代码实现时的注意事项。在制作首页和分类页面之前，看看最终要实现的页面效果，如图 26-1 所示。

第 26 章 Vue 3 项目实战之首页和分类页面

图 26-1 首页和分类页面效果

图 26-1 包含 3 张实战项目的截图，由左至右依次是首页的初始展示页面、向下滑动后的首页、分类页面。

在第一张截图中，首页的头部是一个固定搜索框。单击搜索框左侧的图标，可以进入分类页面。单击搜索框，可以跳转至商品搜索页面（该知识点将在第 27 章中进行讲解）。单击右侧的个人中心图标，可以跳转至个人中心页面。

当把整个页面向下滚动时，展示效果就是第二张截图中的内容了。此时的商城首页展示了更多的推荐商品，搜索框通过 fixed 被定位在顶部，并且页面滚动到一定位置时，搜索框的底色也变成了项目主题色（#1baeae）。

第三张截图是分类页面的效果图。其中，页面头部也有一个搜索框，单击后同样会跳转至商品搜索页面。在商品分类部分，采用 better-scroll 插件进行数据载入，它的作用是在 better-scroll 提供的容器下，让移动端的网页滚动得更加顺畅。分类页面采用的是左右布局的形式，左侧为商品的一级分类名称，右侧是一级分类相对应的二级分类。比如一级分类是"家电　数码　手机"，右侧对应的二级分类为"家电"分类下的"吸尘器""豆浆机"等，单击对应的二级分类，如"吸尘器"，页面将会跳转至商品搜索页面，显示所有与"吸尘器"相关的内容。

26.2　首页的制作

在正式制作页面之前，需要添加首页和分类页面的接口信息。打开前端项目，在 src/service 目录下添加两个文件 home.js 和 good.js，分别添加如下代码：

```
// home.js
import axios from '../utils/axios'

// 获取首页展示信息资源
export function getHome() {
  return axios.get('/index-infos');
}

// good.js
import axios from '../utils/axios'
// 获取分类信息资源
export function getCategory() {
  return axios.get('/categories');
}
```

提前安装好本章需要的外部资源，通过 npm 安装 better-scroll，代码如下：

```
npm i better-scroll -save
```

26.2.1　首页顶部的代码编写

首页顶部搜索框布局结构为经典的三栏布局，左右固定，中间自适应布局。该结构在前端经常采用 flex 弹性布局，在两边标签固定宽度的情况下，给中间的标签设置 flex 属性为 1，便可让其横向撑满剩下的宽度。

打开 src/views/Home.vue 组件，添加如下 HTML 代码：

```
<template>
  <div>
    <!--头部搜索框-->
    <header class="home-header wrap">
      <!--使用 vur-router 提供的全局组件 router-link 进行路由跳转，它的特点是不需要写方法，直接使用组件内的 to 属性进行页面跳转-->
```

```html
      <router-link to="./category">
        <!--分类图标,在 index.html 中,笔者已经添加了项目需要使用的 icon 字体图标在线
链接-->
        <i class="nbicon nbmenu2" />
      </router-link>
      <!--搜索框内容-->
      <div class="header-search">
        <span class="app-name">新蜂商城</span>
        <i class="iconfont icon-search"></i>
        <!--单击后跳转到商品搜索列表(本章暂不做跳转操作)-->
        <router-link class="search-title" to="./product-list">山河无恙,人间
皆安</router-link>
      </div>
      <!--跳转到个人中心页面,如果 isLogin 为 false,则显示"登录"文字,单击跳转至登
录页面,进行鉴权操作-->
      <router-link class="login" to="./login" v-if="!isLogin">登录
</router-link>
      <!--如果 isLogin 为 true,表示已经登录,则显示用户头像图标,单击跳转至个人中心页面-->
      <router-link class="login" to="./user" v-else>
        <van-icon name="manager-o" />
      </router-link>
    </header>
    <!--公用底部导航栏-->
    <nav-bar />
  </div>
</template>

<script>
import { reactive, onMounted, toRefs } from 'vue'
import NavBar from 'components/NavBar.vue' // 引入底部导航栏组件
import { getLocal } from 'utils/help' // 引入工具库方法
export default {
  name: 'Home',
  components: {
    NavBar // 注册底部导航组件
  },
  setup() {
    const state = reactive({
      isLogin: false, // 声明是否登录变量
    })

    onMounted(() => {
```

```
      const token = getLocal('token')  // 通过 getLocal 获取本地 token 参数
      if (token) {
        // 当有 token 时，赋值 isLogin 为 true
        state.isLogin = true
      }
    })
    // 返回变量给 template 使用
    return {
      ...toRefs(state)
    }
  }
}
</script>
```

获取首页信息的接口是公共接口，不需要登录认证，在非登录状态下也可以正常浏览首页信息。因此，需要在初始化方法 onMounted 内通过获取本地是否存在 token 参数判断是否处于登录状态，通过 isLogin 动态地改变头部搜索框右侧的图标展示。

完成上述代码编写后，重启浏览器，显示内容如图 26-2 所示。

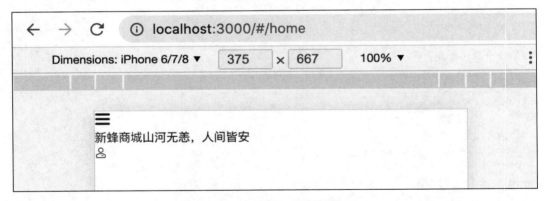

图 26-2　首页顶部的编码效果

随后通过 CSS 代码美化上述布局，样式代码如下：

```
<style lang="less" scoped>
@import '../theme/custom';
.home {
  height: 100%;
}
.home-header {
  position: fixed;
```

```less
left: 0;
top: 0;
.wh(100%, 50px);
.fj();
line-height: 50px;
padding: 0 15px;
.boxSizing();
font-size: 15px;
color: #fff;
z-index: 10000;
.nbmenu2 {
  color: @primary;
}

.header-search {
  display: flex;
  .wh(74%, 30px);
  line-height: 20px;
  margin: 10px 0;
  padding: 5px 0;
  color: #232326;
  background: rgba(255, 255, 255, .7);
  border-radius: 20px;
  .app-name {
    padding: 0 10px;
    color: @primary;
    font-size: 20px;
    font-weight: bold;
    border-right: 1px solid #666;
  }
  .icon-search {
    padding: 0 10px;
    font-size: 17px;
  }
  .search-title {
    font-size: 12px;
    color: #666;
    line-height: 21px;
  }
}
.icon-iconyonghu{
  color: #fff;
  font-size: 22px;
```

```
}
.login {
  color: @primary;
  line-height: 52px;
  .van-icon-manager-o {
    font-size: 20px;
    vertical-align: -3px;
  }
}
}
</style>
```

类名为 home-header 的 div 标签,通过固定定位的形式被固定在视图的顶部。

首页顶部完善后的效果如图 26-3 所示。

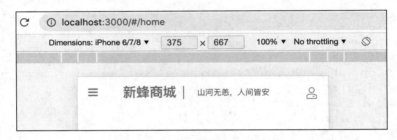

图 26-3　首页顶部完善后的效果

26.2.2　轮播图模块的代码编写

首页轮播图是必不可少的功能,它可以展示近期官网的一些活动,以及一些新上架的商品信息。每张轮播图都有一个跳转链接,可以在后台管理系统中配置好轮播图的跳转地址,之后就可以在单击轮播图后跳转至相应的页面。

项目中的轮播图使用的是 Vant UI 组件库为开发人员提供的 Swipe、SwiperItem 组件,使用这些组件大幅度提高了开发效率,开发时只需对其进行简单的二次封装便能使用。

考虑到后续可能会在多个地方使用轮播图的功能,笔者事先将其抽离成一个公用的组件。

在 src/components 目录下新建 Swiper.vue 组件,代码如下:

```
<template>
  <!--Vant UI 组件库提供的轮播图组件,可设置 autoplay(自动轮播时间)、indicator-color
```

```html
（滑块的颜色）-->
  <van-swipe class="my-swipe" :autoplay="3000" indicator-color="#1baeae">
    <!--接收外部传入的list数组作为参数，通过v-for指令循环渲染出需要展示的图片-->
    <van-swipe-item v-for="(item, index) in list" :key="index">
      <!--每张图片会设置一个单击事件，若传入的参数中有redirectUrl跳转地址参数，就会
跳转到相应的详情页面-->
      <img :src="item.carouselUrl" alt="" @click="goTo(item.redirectUrl)">
    </van-swipe-item>
  </van-swipe>
</template>

<script>
export default {
  props: {
    list: {
      type: Array,
      default: [] // 默认空数组
    }
  },
  setup() {
    // 跳转方法
    const goTo = (url) => {
      window.open(url)
    }
    // 返回给template使用
    return {
      goTo
    }
  }
}
</script>

<style lang='less' scoped>
  .my-swipe {
    img {
      width: 100%;
      height: 100%;
    }
  }
</style>
```

在上述组件代码中，笔者已经添加了相应的注释。完成组件代码编写后，在 Home.vue 中将其引入，并且通过 service/home.js 中的 getHome 方法获取参数并传入，代码如下：

```vue
<template>
  <div class="home">
    <!--头部搜索框-->
    <header class="home-header wrap">
      ...
    </header>
    <!--轮播图组件-->
    <swiper :list="swiperList"></swiper>
    <!--公用底部导航栏-->
    <nav-bar />
  </div>
</template>

<script>
import { reactive, onMounted, toRefs } from 'vue'
import NavBar from 'components/NavBar.vue' // 引入底部导航栏组件
import Swiper from '@/components/Swiper.vue'
import { getLocal } from 'utils/help' // 引入工具库方法
import { getHome } from '@/service/home' // 引入接口方法
export default {
  name: 'Home',
  components: {
    NavBar, // 注册底部导航组件
    Swiper, // 注册轮播图方法
  },
  setup() {
    const state = reactive({
      isLogin: false, // 声明是否登录变量
      swiperList: [], // 轮播图列表变量
    })

    onMounted(async () => {
      const token = getLocal('token') // 通过 getLocal 获取本地 token 参数
      if (token) {
        // 当有 token 时，赋值 isLogin 为 true
        state.isLogin = true
      }
      const { data } = await getHome()
      // 接口返回字段描述
      /*
```

```
      {
        // 轮播图数组
        carousels: [
          carouselUrl: 图片地址
          redirectUrl: 跳转地址
        ]
      }
    */
    state.swiperList = data.carousels // 赋值轮播图列表变量 swiperList
    })
    // 返回变量给 template 使用
    return {
      ...toRefs(state)
    }
  }
}
</script>
```
...

打开 main.js 入口脚本，注册轮播图组件，代码如下：

```
import { createApp } from 'vue'
import App from './App.vue'
import { Button, Icon, Form, Field, Skeleton, Swipe, SwipeItem } from 'vant'
import router from './router'
import store from './store'
import 'lib-flexible'

const app = createApp(App)

app.use(router)
app.use(store)
app
  .use(Button)
  .use(Icon)
  .use(Form)
  .use(Field)
  .use(Skeleton)
  .use(Swipe)
  .use(SwipeItem)

app.mount('#app')
```

查看浏览器中的效果，如图 26-4 所示。

图 26-4　首页顶部增加轮播图后的效果

26.2.3　中部导航栏模块的代码编写

首页的中间部分有一个导航模块，单击任意一个导航选项都会跳转到相应的功能模块。由于新蜂商城项目并没有如此多的功能模块，所以这部分只是用来美化页面的，并不会有真实的功能代码。

打开 src/views/Home.vue，添加如下代码：

```
<template>
  <div class="home">
    ...
    <!--导航栏模块-->
    <div class="category-list">
      <div v-for="item in categoryList" v-bind:key="item.categoryId" @click="tips">
        <img :src="item.imgUrl">
        <span>{{item.name}}</span>
      </div>
    </div>
    <!--公用底部导航栏-->
    <nav-bar />
  </div>
</template>

<script>
...
```

```
export default {
  ...
  setup() {
    const state = reactive({
      ...
      categoryList: [ // 导航栏数组
        {
          name: '新蜂超市',
          imgUrl: 'https://s.yezgea02.com/1604041127880/%E8%B6%85%E5%B8%82%402x.png',
          categoryId: 100001
        }, {
          name: '新蜂服饰',
          imgUrl: 'https://s.yezgea02.com/1604041127880/%E6%9C%8D%E9%A5%B0%402x.png',
          categoryId: 100003
        }, {
          name: '全球购',
          imgUrl: 'https://s.yezgea02.com/1604041127880/%E5%85%A8%E7%90%83%E8%B4%AD%402x.png',
          categoryId: 100002
        }, {
          name: '新蜂生鲜',
          imgUrl: 'https://s.yezgea02.com/1604041127880/%E7%94%9F%E9%B2%9C%402x.png',
          categoryId: 100004
        }, {
          name: '新蜂到家',
          imgUrl: 'https://s.yezgea02.com/1604041127880/%E5%88%B0%E5%AE%B6%402x.png',
          categoryId: 100005
        }, {
          name: '充值缴费',
          imgUrl: 'https://s.yezgea02.com/1604041127880/%E5%85%85%E5%80%BC%402x.png',
          categoryId: 100006
        }, {
          name: '9.9元拼',
          imgUrl: 'https://s.yezgea02.com/1604041127880/9.9%402x.png',
          categoryId: 100007
        }, {
          name: '领券',
          imgUrl: 'https://s.yezgea02.com/1604041127880/%E9%A2%86%E5%88%B8%
```

```
402x.png',
        categoryId: 100008
      }, {
        name: '省钱',
        imgUrl:
'https://s.yezgea02.com/1604041127880/%E7%9C%81%E9%92%B1%402x.png',
        categoryId: 100009
      }, {
        name: '全部',
        imgUrl: 'https://s.yezgea02.com/1604041127880/%E5%85%A8%E9%83%A8%
402x.png',
        categoryId: 100010
      }
    ],
  })
  ...
  // 返回变量给template使用
  return {
    ...toRefs(state)
  }
 }
}
</script>
<style lang="less" scoped>
@import '../theme/custom';
.home {
  height: 100%;
}
...
.category-list {
    display: flex;
    flex-shrink: 0;
    flex-wrap: wrap;
    width: 100%;
    padding-bottom: 13px;
    div {
      display: flex;
      flex-direction: column;
      width: 20%;
      text-align: center;
      img {
        .wh(36px, 36px);
        margin: 13px auto 8px auto;
```

```
          }
        }
      }
    }
</style>
```

首页中部导航栏对应的数据是 categoryList，这部分数据是写死的。将 categoryList 返回给 template 进行模板渲染，利用 flex 进行 CSS 布局，注意总共有 10 个模块，每一行是 5 个模块，每一项的宽度控制在 20%，通过设置属性"flex-wrap: wrap"可以让列表顺利地换行。

每一项内部也使用 flex 布局，不一样的是通过属性"flex-direction: column"设置纵向布局，上面是图片，下面是文字。此时的页面效果如图 26-5 所示。

图 26-5　首页中部导航栏效果

26.2.4　商品推荐模块的代码编写

首页商品推荐模块包括最新商品、热门商品、推荐商品 3 个栏目，效果如图 26-6 所示。

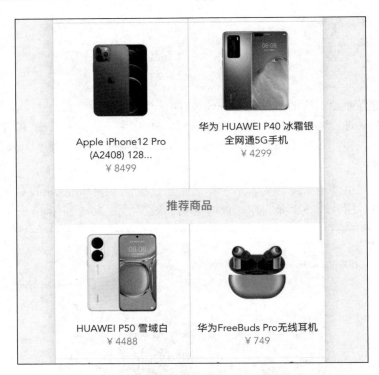

图 26-6　推荐商品栏目的展示效果

每个栏目的样式是一致的，需要展示的字段也一样，包括商品图片、商品名称和商品价格，因此笔者将这部分商品单项提取为公共组件使用。在外部只需引入它，添加一些关键参数，便能显示商品信息。

在 src/components 目录下新建 GoodItem.vue 组件，代码如下：

```
<template>
  <!--商品单项，添加单击事件-->
  <div class="good-item" @click="goToDetail(id)">
    <!--商品图片，赋值 cover-->
    <img :src="cover" alt="">
    <!--商品描述-->
    <div class="good-desc">
      <!--商品名称-->
      <div class="title">{{ name }}</div>
      <!--商品价格-->
      <div class="price">¥ {{ price }}</div>
    </div>
  </div>
```

```
</template>

<script>
export default {
  props: {
    // 商品id
    id: {
      type: Number,
      default: ''
    },
    // 图片参数
    cover: {
      type: String,
      default: ''
    },
    // 商品名称
    name: {
      type: String,
      default: ''
    },
    // 商品价格
    price: {
      type: String,
      default: ''
    },
    // 跳转方法
    goToDetail: {
      type: Function,
      default: () => {}
    }
  },
  setup(props, ctx) {
    // 单击事件
    const goToDetail = (id) => {
      // 触发传入组件的 goToDetail 事件，并将 id 通过 emit 的第 2 个参数传给父组件
      ctx.emit('goToDetail', id)
    }
    return {
      goToDetail
    }
  }
}
</script>

<style lang='less' scoped>
```

```css
@import '../theme/custom';
.good-item {
  box-sizing: border-box;
  width: 50%;
  border-bottom: 1PX solid #e9e9e9;
  padding: 10px 10px;
  img {
    display: block;
    width: 120px;
    margin: 0 auto;
  }
  .good-desc {
    text-align: center;
    font-size: 14px;
    padding: 10px 0;
    .title {
      color: #222333;
    }
    .price {
      color: @primary;
    }
  }
  &:nth-child(2n + 1) {
    border-right: 1PX solid #e9e9e9;
  }
}
</style>
```

GoodItem.vue 组件接收几个商品信息字段，以及一个跳转详情页面的方法 goToDetail。外部传入方法后，组件内会通过 ctx.emit('goToDetail', id) 将商品的 id 返回给父组件传入的回调方法。

编写完组件之后，将其引入 Home.vue 中，并在代码中添加"最新商品"模块的代码，代码如下：

```
<template>
  <div class="home">
    ...
    <div class="good">
      <header class="good-header">新品上线</header>
      <!--在数据未加载前，使用骨架屏占位，提升页面的体验-->
      <van-skeleton title :row="3" :loading="loading">
        <div class="good-box">
          <!--v-for 循环 newGoodses 参数，引入 good-item 作为循环项-->
          <template v-for="(item, index) in newGoodses" :key="index">
```

```html
            <!--$filters.prefix为全局过滤项-->
            <good-item
              :cover="$filters.prefix(item.goodsCoverImg)"
              :name="item.goodsName"
              :price="item.sellingPrice"
              @goToDetail="goToDetail"
              :id="item.goodsId"
            />
          </template>
        </div>
      </van-skeleton>
    </div>
    <!--公用底部导航栏-->
    <nav-bar />
  </div>
</template>
<script>
...
import GoodItem from '@/components/GoodItem.vue'
export default {
  name: 'Home',
  components: {
    NavBar, // 注册底部导航组件
    Swiper, // 注册轮播图方法
    GoodItem, // 商品组件
  },
  setup() {
    const state = reactive({
      ...
      newGoodses: [], // 新上商品列表
      loading: true, // 用于骨架屏的显示或隐藏操作
    })

    onMounted(async () => {
      const token = getLocal('token') // 通过getLocal获取本地token参数
      if (token) {
        // 当有token时，赋值isLogin为true
        state.isLogin = true
      }
      const { data } = await getHome()
      state.swiperList = data.carousels // 赋值轮播图列表变量swiperList
      // 最新商品数据结构如下
      /*
        {
          newGoodses: [{
```

```
            goodsCoverImg: 商品图片
            goodsId: 商品ID
            goodsIntro: 商品介绍
            goodsName: 商品名称
            sellingPrice: 商品价格
            tag: 标签
         }]
      }
      */
      state.newGoodses = data.newGoodses // 最新商品赋值
      state.loading = false
    })
    // 前往商品详情页面
    const goToDetail = (id) => {
      console.log('前往商品详情页面', id)
    }
    // 返回变量给template使用
    return {
      ...toRefs(state),
      goToDetail
    }
  }
}
</script>
<style lang="less" scoped>
@import '../theme/custom';
.home {
  height: 100%;
}
...
.good {
  padding-bottom: 50px;
  .good-header {
    background: #f9f9f9;
    height: 50px;
    line-height: 50px;
    text-align: center;
    color: @primary;
    font-size: 16px;
    font-weight: 500;
  }
  .good-box {
    display: flex;
    justify-content: flex-start;
    flex-wrap: wrap;
```

```
    }
}
</style>
```

上述代码中使用了全局过滤方法$filters.prefix，这里需要在 main.js 文件中进行设置，代码如下：

```
// main.js
// 全局过滤器
app.config.globalProperties.$filters = {
  prefix(url) {
    if (url && url.startsWith('http')) {
      return url
    } else {
      url = 'http://backend-api-01.newbee.ltd${url}'
      return url
    }
  }
}
```

因为项目中会使用本地路径的图片，也会使用网络图片，所以进行了图片路径的处理。如果返回的图片是以 http 开头的，就表示其为网络图片，不用做额外的处理；否则将图片视为项目服务器中的相对地址，需要使用服务器部署的服务端 host 地址作为图片路径的头部进行拼接。

此时，首页在浏览器中的效果如图 26-7 所示。

图 26-7 首页增加了推荐商品后的效果

利用组件，编写类似的代码就轻松许多，比如接下来的热门商品栏目和推荐商品栏目，可以用同样的方式添加到页面中，代码如下：

```
<template>
  <div class="home">
    ...
    <div class="good">
      ...
      <header class="good-header">热门商品</header>
      <van-skeleton title :row="3" :loading="loading">
        <div class="good-box">
          <template v-for="(item, index) in hots" :key="index">
            <good-item
              :cover="$filters.prefix(item.goodsCoverImg)"
              :name="item.goodsName"
              :price="item.sellingPrice"
              @goToDetail="goToDetail"
              :id="item.goodsId"
            />
          </template>
        </div>
      </van-skeleton>
      <header class="good-header">推荐商品</header>
      <van-skeleton title :row="3" :loading="loading">
        <div class="good-box">
          <template v-for="(item, index) in recommends" :key="index">
            <good-item
              :cover="$filters.prefix(item.goodsCoverImg)"
              :name="item.goodsName"
              :price="item.sellingPrice"
              @goToDetail="goToDetail"
              :id="item.goodsId"
            />
          </template>
        </div>
      </van-skeleton>
    </div>
    <!--公用底部导航栏-->
    <nav-bar />
  </div>
</template>
<script>
...
```

```js
export default {
  name: 'Home',
  components: {
    NavBar, // 注册底部导航组件
    Swiper, // 注册轮播图方法
    GoodItem, // 商品组件
  },
  setup() {
    const state = reactive({
      ...
      newGoodses: [], // 最新商品列表变量
      hots: [], //热门商品列表变量
      recommends: [], // 推荐商品变量
      loading: true,
    })

    onMounted(async () => {
      const token = getLocal('token') // 通过 getLocal 获取本地 token 参数
      if (token) {
        // 当有 token 时，赋值 isLogin 为 true
        state.isLogin = true
      }
      const { data } = await getHome()
      state.swiperList = data.carousels // 赋值轮播图列表变量 swiperList
      state.newGoodses = data.newGoodses
      state.hots = data.hotGoodses
      state.recommends = data.recommendGoodses
      state.loading = false
    })
    // 前往商品详情页面
    const goToDetail = (id) => {
      console.log('前往商品详情页面', id)
    }
    // 返回变量给 template 使用
    return {
      ...toRefs(state),
      goToDetail
    }
  }
}
</script>
```

热门商品和推荐商品两个栏目的内容，可以通过复制最新商品栏目的代码完成，只需改变循环输出的变量值即可。

添加完上述代码后重启项目，首页的效果如图 26-8 所示。

图 26-8　添加商品推荐模块后的首页效果

26.2.5　头部搜索框滚动优化

观察图 26-8 不难发现，顶部导航栏部分的样式被下面的商品信息干扰，出现了文字重叠现象。为了解决这个问题，笔者想要通过监听滚动事件，动态地改变头部导航栏的背景色。当滚动条距离顶部的值大于轮播图区块的高度时，通过修改 headerScroll 变量，添加头部搜索框的类名，从而改变背景色。

完整代码如下：

```
<template>
  <div class="home">
    <!--头部搜索框-->
    <!--通过 headerScroll 变量为 true 或 false，动态添加或删除 active 类名-->
    <header class="home-header wrap" :class="{'active' : headerScroll}">
      ...
    </header>
  </div>
```

```
</template>

<script>
import { nextTick } from 'vue'
export default {
  ...
  setup() {
    const state = reactive({
      ...
      headerScroll: false, // 滚动透明判断
    })
    ...
    nextTick(() => {
      const homeNode = document.querySelector('.home')
      homeNode.addEventListener('scroll', () => {
        // 获取滚动条距离顶部的高度
        let scrollTop = homeNode.pageYOffset || homeNode.scrollTop || homeNode.scrollTop
        // 当高度大于100px时, 修改 headerScroll 的值为 true, 否则为 false
        scrollTop > 100 ? state.headerScroll = true : state.headerScroll = false
      })
    })
  }
}
</script>
<style lang="less" scoped>
@import '../theme/custom';
.home {
  height: 100%;
  overflow: hidden;
  overflow-y: scroll;
}
</style>
```

注意，必须将.home 标签的样式设置为超出滚动模式，否则无法监听页面的滚动事件。滚动监听事件必须写在 nextTick 方法的回调函数内，nextTick 事件的作用是等到整个页面加载完毕后再执行，在没有加载完毕前，是无法通过 document.querySelector 方法获取标签节点的。

当页面滚动距离超过 100px 时，浏览器显示效果如图 26-9 所示。

图 26-9 顶部文字重叠问题解决后的显示效果

此时首页顶部文字重叠的现象不见了。

26.3 分类页面的制作

分类页面的前端编码主要包括实现分类页面的样式、向服务端发送请求来获取分类数据，并将这些数据显示到页面中。

分类页面的显示效果可参考图 26-1。分类页面的顶部是一个搜索框，单击之后跳转至商品搜索页面，商品搜索页面在后续的章节中会讲解。单击左侧的返回图标，页面会跳转至商城首页。分类页面的内容部分是左右布局的结构，左边显示商品的一级类目，右边显示一级类目对应的二级类目和三级类目。

打开前端项目，在 src/views/Category.vue 中添加头部代码，代码如下：

```
<template>
  <div class="categray">
    <div class="header-box">
      <!--添加 van-hairline--bottom 类名，设置底部 1px 边线-->
      <header class="category-header wrap van-hairline--bottom">
        <!--添加返回 icon 字体图标，绑定单击事件 goHome-->
        <i class="nbicon nbfanhui" @click="goHome"></i>
        <!--搜索框-->
        <div class="header-search">
          <!--模拟搜索框，单击之后跳转至商品搜索页面，在后续的章节中会讲到-->
```

```
            <i class="nbicon nbSearch"></i>
            <router-link class="search-title" to="./product-list?from=category">全场 50 元起步</router-link>
        </div>
        <i class="iconfont icon-More"></i>
      </header>
    </div>
    <nav-bar></nav-bar>
  </div>
</template>

<script>
import NavBar from 'components/NavBar.vue'
import { useRouter } from 'vue-router'
export default {
  name: 'Category',
  components: {
    NavBar
  },
  setup() {
    // 生成路由实例,也可以引入 src/router/index.js 中的路由实例,效果是一样的
    const router = useRouter()
    // 返回首页的方法
    const goHome = () => {
      router.push({ path: 'home' })
    }
    // 返回给 template 使用
    return {
      goHome
    }
  }
}
</script>

<style lang="less" scoped>
@import '../theme/custom';
.categray {
  .category-header {
    background: #fff;
    position: fixed;
    left: 0;
    top: 0;
    .fj();
```

```less
    .wh(100%, 50px);
    line-height: 50px;
    padding: 0 15px;
    box-sizing: border-box;
    font-size: 15px;
    color: #656771;
    z-index: 10000;
    &.active {
      background: @primary;
    }
    .icon-left {
      font-size: 25px;
      font-weight: bold;
    }
    .header-search {
      display: flex;
      width: 80%;
      line-height: 20px;
      margin: 10px 0;
      padding: 5px 0;
      color: #232326;
      background: #F7F7F7;
      border-radius: 20px;
      .nbSearch {
        padding: 0 10px 0 20px;
        font-size: 17px;
      }
      .search-title {
        font-size: 12px;
        color: #666;
        line-height: 21px;
      }
    }
    .icon-More {
      font-size: 20px;
    }
  }
}
</style>
```

在上述代码中，搜索框为模拟输入框的样式，实则为单击跳转至商品搜索页面，完成上述布局后，页面效果如图 26-10 所示。

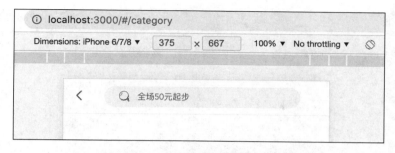

图 26-10 分类页面顶部搜索框的效果

接下来编写分类页面主体部分的代码。

先通过 BetterScroll 插件封装一个滚动公用组件，BetterScroll 是一款重点解决移动端（已支持 PC）各种滚动场景需求的插件。它的核心借鉴了 iscroll 的实现，其 API 设计基本兼容 iscroll，在 iscroll 的基础上又扩展了一些 feature 及做了一些性能优化。BetterScroll 是使用纯 JavaScript 实现的，这意味着它是无依赖的。

更详细的介绍可以查看 BetterScroll 的官方文档。

在 src/components 目录下新建一个组件 ListScroll.vue，代码如下：

```vue
<template>
  <!--声明一个外部包裹标签，用于初始化better-scroll-->
  <div ref="wrapper" class="scroll-wrapper">
    <slot></slot>
  </div>
</template>

<script>
import BScroll from 'better-scroll'
import { nextTick, onUpdated } from 'vue'
export default {
  props: {
    /**
     * 1 滚动的时候派发scroll事件，会截流。
     * 2 滚动的时候实时派发scroll事件，不会截流。
     * 3 除实时派发scroll事件外，在swipe情况下仍然能实时派发scroll事件
     */
    probeType: {
      type: Number,
      default: 1
    },
    // 单击列表是否派发click事件
```

```js
    click: {
      type: Boolean,
      default: true
    },
    // 是否开启横向滚动
    scrollX: {
      type: Boolean,
      default: false
    },
    // 是否派发滚动事件
    listenScroll: {
      type: Boolean,
      default: false
    },
    // 列表的数据
    scrollData: {
      type: Array,
      default: null
    },
    // 是否派发滚动到底部的事件，用于上拉加载
    pullup: {
      type: Boolean,
      default: false
    },
    // 是否派发顶部下拉的事件，用于下拉刷新
    pulldown: {
      type: Boolean,
      default: false
    },
    // 是否派发列表滚动开始的事件
    beforeScroll: {
      type: Boolean,
      default: false
    },
    // 当数据更新后，刷新scroll延时
    refreshDelay: {
      type: Number,
      default: 20
    }
  },
  setup() {
    let bs
    nextTick(() => {
```

```
    initScroll()
  })
  onUpdated(() => {
    bs.refresh()
  })
  const initScroll = () => {
    // better-scroll 初始化
    bs = new BScroll('.scroll-wrapper', {
      probeType: 3,
      click: true
    })
  }
}
</script>

<style lang="less" scoped>
  .scroll-wrapper {
    width: 100%;
    height: 100%;
    overflow: hidden;
    overflow-y: scroll;
    touch-action: pan-y;
  }
</style>
```

注意，初始化操作 initScroll 方法需要在 nextTick 的回调函数中进行，因为在 Dom 没有生成之前，是获取不到 scroll-wrapper 标签的。

此时已经完成了 BetterScroll 插件的二次封装，接下来进入 Category.vue 进行主体代码的编写，代码和注释如下：

```
<template>
  <div class="categray">
    ...
    <!--主体代码div标签-->
    <div class="search-wrap" ref="searchWrap">
      <!--左边栏是大类目，通过list-scroll组件包裹-->
      <list-scroll class="nav-side-wrapper">
        <ul class="nav-side">
          <!--循环输出结构返回categoryData参数，设置currentIndex参数，当用户单
击当前标签时，给予active类名，设置文字高亮-->
          <li
```

```html
            v-for="item in categoryData"
            :key="item.categoryId"
            v-text="item.categoryName"
            :class="{'active' : currentIndex == item.categoryId}"
            @click="selectMenu(item.categoryId)"
        ></li>
      </ul>
    </list-scroll>
    <!--大类目对应的内容部分-->
    <div class="search-content">
      <!--同样采用list-scroll组件包裹-->
      <list-scroll>
        <div class="swiper-container">
          <div class="swiper-wrapper">
            <!--循环输出categoryData数组内容-->
            <template v-for="(category, index) in categoryData">
              <!--循环输出时，已经将所有类目都显示出来了，通过currentIndex参数显示当前选中的类目信息-->
              <div class="swiper-slide" v-if="currentIndex == category.categoryId" :key="index">
                <!--在categoryData数组项内，secondLevelCategoryVOS是二级数组，代表每个二级类目-->
                <div class="category-list" v-for="(products, index) in category.secondLevelCategoryVOS" :key="index">
                  <p class="catogory-title">{{products.categoryName}}</p>
                  <!--secondLevelCategoryVOS二级数组内有thirdLevelCategoryVOS三级数组，代表每个二级类目的单项-->
                  <div class="product-item" v-for="(product, index) in products.thirdLevelCategoryVOS" :key="index" @click="selectProduct(product)">
                    <img src="//s.weituibao.com/1583591077131/%E5%88%86%E7%B1%BB.png" class="product-img"/>
                    <p v-text="product.categoryName" class="product-title"></p>
                  </div>
                </div>
              </div>
            </template>
          </div>
        </div>
      </list-scroll>
    </div>
  </div>
  <nav-bar></nav-bar>
</div>
```

```html
</template>

<script>
import { ref, reactive, onMounted, toRefs } from 'vue'
import NavBar from 'components/NavBar.vue' // 引入公用底部导航组件
import ListScroll from 'components/ListScroll.vue' // 引入滚动组件
import { useRouter } from 'vue-router' // 引入路由插件
import { Toast } from 'vant' // 引入提示组件
import { getCategory } from "service/good" // 引入类目服务接口
export default {
  name: 'Category',
  // 注册组件
  components: {
    NavBar,
    ListScroll,
  },
  setup() {
    // 生成路由实例,也可以引入 src/router/index.js 中的路由实例,效果是一样的
    const router = useRouter()
    //
    const searchWrap = ref(null)
    const state = reactive({
      categoryData: [], // 类目数组
      currentIndex: 15 // 默认选中第一个类目 ID
    })
    onMounted(() => {
      init() // 初始化方法
    })
    const init = async () => {
      // 获取视图中可视区域高度
      let $screenHeight = document.documentElement.clientHeight
      // 将 searchWrap 标签的高度减去头部和底部的高度,也就是100px
      searchWrap.value.style.height = $screenHeight - 100 + 'px'
      // 显示加载中的动画
      Toast.loading('加载中...')
      // 获取类目数据,结构如下
      /*
        {
          categoryId: 当前类目 ID
          categoryLevel: 当前类目级别, 1 表示 1 级, 以此类推
          categoryName: 当前类目名称
          // 二级类目
```

```
      secondLevelCategoryVOS: [{
        categoryId: 当前类目ID
        categoryLevel: 当前类目级别，1表示1级，以此类推
        categoryName: 当前类目名称
        parentId: 当前类目的父级类目ID
        // 三级类目
        thirdLevelCategoryVOS: [{
          categoryId: 当前类目ID
          categoryLevel: 当前类目级别，1表示1级，以此类推
          categoryName: 当前类目名称
        }]
      }]
    }
    */
    const { data } = await getCategory()
    Toast.clear() // 清除加载状态
    state.categoryData = data // 赋值给类目变量，渲染视图
  }
  ...
  // 单击左侧类目，切换当前高亮，并显示当前类目信息
  const selectMenu = (index) => {
    state.currentIndex = index
  }
  // 单击三级类目，跳转到商品搜索页面，直接搜索类目ID下的商品列表
  const selectProduct = (item) => {
    router.push({ path: '/product-list', query: { categoryId: item.categoryId } })
  }

  // 返回给template使用
  return {
    ...
    selectMenu,
    selectProduct,
    searchWrap
  }
 }
}
</script>

<style lang="less" scoped>
@import '../theme/custom';
.categray {
  .search-wrap {
```

```less
.fj();
width: 100%;
margin-top: 50px;
background: #F8F8F8;
.nav-side-wrapper {
  width: 28%;
  height: 100%;
  overflow: hidden;
  .nav-side {
    width: 100%;
    .boxSizing();
    background: #F8F8F8;
    li {
      width: 100%;
      height: 56px;
      text-align: center;
      line-height: 56px;
      font-size: 14px;
      &.active {
        color: @primary;
        background: #fff;
      }
    }
  }
}
.search-content {
  width: 72%;
  height: 100%;
  padding: 0 10px;
  background: #fff;
  overflow-y: scroll;
  touch-action: pan-y;
  * {
      touch-action: pan-y;
    }
  .boxSizing();
  .swiper-container {
    width: 100%;
    .swiper-slide {
      width: 100%;
      .category-main-img {
        width: 100%;
      }
```

```css
      .category-list {
        display: flex;
        flex-wrap: wrap;
        flex-shrink: 0;
        width: 100%;
        .catogory-title {
          width: 100%;
          font-size: 17px;
          font-weight: 500;
          padding: 20px 0;
        }
        .product-item {
          width: 33.3333%;
          margin-bottom: 10px;
          text-align: center;
          font-size: 15px;
          .product-img {
            .wh(30px, 30px);
          }
        }
      }
    }
   }
  }
 }
}
</style>
```

整个分类页面的数据结构有三层,最外层用于展示左侧的导航列表,作为一级分类展示。第二层数据 secondLevelCategoryVOS,其中包含父级分类 id 及子集数组。二级类目通过 thirdLevelCategoryVOS 循环输出三级类目,单击三级类目,则前往对应的商品搜索页面(将在第 27 章讲解)。

笔者已经将详细的注释都写在代码中了,需要注意的是,有些涉及标签的操作需要等到 Dom 加载完毕之后才能操作,否则会报错。

至此,首屏页面和分类页面的代码编写完成,读者可以按照笔者的实现步骤自行编码实现这两个页面,如果有问题也可以参考本书中提供的对应章节的源码进行学习和实践。

第 27 章

Vue 3 项目实战之商品搜索和商品详情

本章将编写商城项目的商品搜索列表页面和商品详情页面的代码。

其中,商品搜索列表页面涉及的下拉刷新和上拉"加载更多"的功能是移动端网页开发的必备知识点。笔者将详细分析如何运用 Vant UI 提供的 List 组件,以及"加载更多"的触发策略。本项目中讲解的搜索列表功能,使用真实数据编写,可将其运用于真实的移动端网页项目。

27.1 需求分析和前期准备

在本书第 13 章中,已经对商品搜索的流程进行了拆解和分析,对功能解析、页面跳转的步骤、页面中需要展示的字段都做了简单的介绍。本章主要讲解实现商品搜索列表页面和商品详情页面时的注意事项。在制作这两个页面之前,先来看看最终要实现的页面效果,如图 27-1 所示。

图 27-1 中的左图为商品搜索列表页面,该页面由 3 部分组成:顶部是搜索栏,包括搜索框和"搜索"按钮;中间是一个 Tab 栏,用于进行搜索结果的排序;页面的下半部分为主要功能区域,用于展示搜索结果的列表。在搜索框中输入内容后,单击右侧的"搜索"按钮,会带上搜索参数触发商品搜索接口,接口返回列表渲染至页面。搜索结果出来后,单击中间 Tab 栏中的选项,可以分别过滤出对应 Tab 的商品,如推荐、新品、价格等。

图 27-1　商品搜索列表页面和商品详情页面

图 27-1 中的右图为商品详情页面。该页面顶部是一个轮播组件,当图片超过一张时,会有轮播效果。该页面的下半部分是商品信息的展示,详情介绍部分使用的是内嵌 HTML 的形式,Vue 已经提供了 v-html 指令,该指令可以直接渲染一段 HTML 字符串,在后台管理系统有富文本的情况下,该指令的用处就体现出来了。页面下方为固定的功能按钮区域,悬浮于页面底部。具体使用方法会在后续的代码编写环节进行讲解。

将本章需要使用的接口添加至 src/service/good.js 中,代码如下:

```js
// good.js
import axios from '../utils/axios'

export function searchGood(params) {
  return axios.get('/search', { params });
}

export function getDetail(id) {
  // 商品详情接口的商品 id 通过路径传参的形式传递
  return axios.get('/goods/detail/${id}');
}
```

将本章需要使用的组件提前注册，打开 src/main.js，添加如下代码：

```
// main.js
import { Tabs, Tab, PullRefresh, List, ActionBar, ActionBarIcon,
ActionBarButton } from 'vant'
...
app
  .use(Tabs)
  .use(Tab)
  .use(PullRefresh)
  .use(List)
  .use(ActionBar)
  .use(ActionBarIcon)
  .use(ActionBarButton)

app.mount('#app')
```

27.2 商品搜索列表页面的制作

想要实现下拉刷新和滚动"加载更多"的功能，了解页面的布局至关重要。商品搜索列表页面的布局设计和高度的定义如图 27-2 所示。

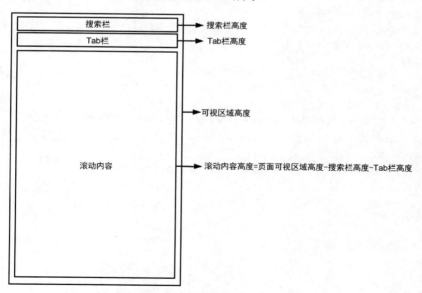

图 27-2　商品搜索列表页面布局和高度的定义

在图 27-2 中确定了搜索栏和 Tab 栏的高度后，滚动内容高度可以用可视区域高度减搜索栏和 Tab 栏的高度。将滚动区域的样式设置成超出隐藏，并加上 Y 轴的滚动。这样一来，整个商品列表便可以在滚动内容区域内上下滑动。

27.2.1　商品搜索列表页面的布局

在 src/views 目录下新建页面组件 ProductList.vue，添加如下代码：

```vue
<template>
  <div class="product-list-wrap">
    <!--搜索页面头部，包括搜索栏和 Tab 栏-->
    <div class="product-list-header">
      <!--搜索栏左中右布局-->
      <header class="product-header wrap">
        <!--"返回"按钮标签-->
        <i class="nbicon nbfanhui"></i>
        <!--搜索主体-->
        <div class="header-search">
          <i class="nbicon nbSearch"></i>
          <!--搜索主体内嵌输入框-->
          <input
            type="text"
            class="search-title"
            v-model="keyword"/>
        </div>
        <!--单击"搜索"按钮，需要手写样式美化-->
        <span class="search-btn">搜索</span>
      </header>
      <!--要使用 Vant UI 提供的 Tab 组件，需要在 main.js 中进行注册，否则无法展示-->
      <van-tabs type="card" color="#1baeae">
        <van-tab title="推荐" name=""></van-tab>
        <van-tab title="新品" name="new"></van-tab>
        <van-tab title="价格" name="price"></van-tab>
      </van-tabs>
    </div>
  </div>
</template>

<script>
export default {
  name: 'ProductList'
```

```less
}
</script>

<style lang="less" scoped>
@import '../theme/custom';
.product-list-header {
  .product-header {
    .fj();
    width: 100%;
    /*将搜索栏的高度设置为50px*/
    height: 50px;
    line-height: 50px;
    padding: 0 15px;
    .boxSizing();
    font-size: 15px;
    color: #656771;
    z-index: 10000;
    .header-search {
      display: flex;
      flex: 1 0 0;
      line-height: 20px;
      margin: 10px;
      padding: 5px 0;
      color: #232326;
      background: #F7F7F7;
      overflow: hidden;
      .borderRadius(20px);
      .nbSearch {
        padding: 0 5px 0 20px;
        font-size: 17px;
      }
      .search-title {
        width: 100%;
        font-size: 12px;
        color: #666;
        background: #F7F7F7;
      }
    }
  }
  .search-btn {
    height: 28px;
    margin: 8px 0;
    line-height: 28px;
    padding: 0 5px;
    color: #fff;
    background: @primary;
```

```
      .borderRadius(5px);
    margin-top: 10px;
    }
  }
}
</style>
```

注意，想要展示该页面，需要在 src/router/index.js 文件中配置路由，代码如下：

```
// router/index.js
...
import ProductList from '@/views/ProductList.vue'

// createRouter 创建路由实例
const router = createRouter({
  history: createWebHashHistory(), // Hash 模式：createWebHashHistory。History
模式：createWebHistory
  routes: [
    ...
    {
      path: '/product-list',
      name: 'ProductList',
      component: ProductList
    }
  ]
})

// 抛出路由实例，在 main.js 中引用
export default router
```

打开浏览器，此时的显示效果如图 27-3 所示。

图 27-3　商品搜索列表页面顶部的效果

此时，输入框呈现出浏览器的默认样式，浏览器的默认样式非常不美观，并不是开发时想要的效果，因此需要在 App.vue 文件里重置输入框的浏览器默认样式，代码如下：

```
<!--App.vue-->
<style>
 ...
 input{
   border: none;
   outline: none;
   -webkit-appearance: none;
   -webkit-appearance: none;
   -webkit-tap-highlight-color: rgba(0, 0, 0, 0);
 }
</style>
```

刷新浏览器，显示效果如图 27-4 所示。

图 27-4　商品搜索列表页面顶部完善后的效果

此时，搜索栏和 Tab 栏的高度大概是 80px。需要记住这个数值，后面在布局滚动区域时会用到 CSS 的 calc 计算属性来动态地设置滚动区域的高度。

设置滚动区域的高度，添加如下代码：

```
<template>
  <div class="product-list-wrap">
    <!--搜索页面头部，包括搜索栏和 Tab 栏-->
    <div class="product-list-header">
      ...
    </div>
    <!--滚动区域，内容部分-->
    <div class="content">
```

```html
            <!--搜索商品列表单项，通过v-for模拟10个商品的数量-->
            <div class="product-item" v-for="item in 10" :key="item">
                <!--商品图片-->
                <img src="http://backend-api-01.newbee.ltd/goods-img/183481c3-47ff-4b2e-926f-b02b926ac02c.jpg" alt="商品图片" />
                <!--商品信息-->
                <div class="product-info">
                    <!--商品名称，模拟很长的商品名称，设置若超出单行，则省略-->
                    <p class="name">商品名称商品名称商品名称商品名称商品名称</p>
                    <!--商品副标题-->
                    <p class="subtitle">商品副标题</p>
                    <!--商品价格-->
                    <span class="price">￥ 14</span>
                </div>
            </div>
        </div>
    </div>
</template>

<script>
export default {
    name: 'ProductList'
}
</script>

<style lang="less" scoped>
@import '../theme/custom';
/*通过CSS的计算属性calc动态计算滚动区域的高度，这里的页面可视区域高度为100vh，减搜索栏和Tab栏的高度80px，最终的高度便是滚动区域的高度*/
.content {
    height: calc(~"(100vh - 80px)");
    /*超出隐藏*/
    overflow: hidden;
    /*Y轴设置可滚动*/
    overflow-y: scroll;
}
.product-item {
    .fj();
    width: 100%;
    padding: 16px;
    border-bottom: 1px solid #dcdcdc;
    img {
```

```
    width: 140px;
    height: 120px;
    .boxSizing();
  }
  .product-info {
    width: 56%;
    padding: 5px;
    text-align: left;
    .boxSizing();
    .name {
      line-height: 20px;
      font-size: 15px;
      color: #333;
      overflow: hidden;
      text-overflow:ellipsis;
      white-space: nowrap;
    }
    .subtitle {
      line-height: 30px;
      font-size: 13px;
      color: #999;
      overflow: hidden;
    }
    .price {
      color: @primary;
      font-size: 16px;
    }
  }
}
</style>
```

注意，p 标签有浏览器全局默认边距，这里还需要在 App.vue 入口页重置全局样式，代码如下：

```
<!--App.vue-->
<style>
  ...
  p {
    margin: 0;
    padding: 0;
  }
</style>
```

重置全局样式后的商品搜索列表页面效果如图 27-5 所示。

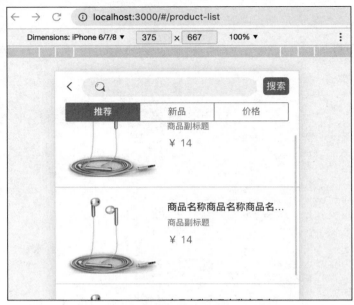

图 27-5　商品搜索列表页面效果

底边线在移动端网页上显得有些粗，使用 Vant 组件库中的 Style 内置样式进行修改，它是专门解决 1px 边线问题的，修改代码如下：

```
<template>
  <div class="product-list-wrap">
    <!--搜索页面头部，包括搜索栏和 Tab 栏-->
    <div class="product-list-header">
      ...
    </div>
    <div class="content">
      <div class="product-item van-hairline--bottom" v-for="item in 10" :key="item">
        <img src="http://backend-api-01.newbee.ltd/goods-img/183481c3-47ff-4b2e-926f-b02b926ac02c.jpg" alt="商品图片" />
        <div class="product-info">
          <p class="name">商品名称商品名称商品名称商品名称商品名称</p>
          <p class="subtitle">商品副标题</p>
          <span class="price">￥ 14</span>
        </div>
      </div>
    </div>
```

```
    </div>
  </div>
</template>
...
```

给 product-item 标签添加一个内置样式 van-hairline--bottom，此时的显示效果如图 27-6 所示。

图 27-6 添加内置样式后的商品搜索列表页面效果

读者可以自行对比添加样式前后的区别。

27.2.2 实现商品搜索列表页面的上滑加载

本节基于第 27.2.1 节的代码进行开发，在编写搜索列表页面的上滑加载代码之前，介绍 Vant UI 组件库提供的 List 组件的属性，这些属性在后续的编码环节中都会用到。

- v-model:loading: 接收 Boolean 类型，判断是否处于加载状态，加载过程中不触发 load 事件，该属性用于列表的防抖。

- finished：接收 Boolean 类型，判断是否已加载完成，加载完成后不再触发 load 事件，当数据全部加载完成时，可以通过该属性结束加载更多。
- finished-text：接收 String 类型，列表全部加载完毕后，作为提示文字显示在页面底部。
- offset：接收 String 或 Number 类型，滚动条与底部距离小于 offset 时触发 load 事件。
- load：接收 Function 类型，滚动条与底部距离小于 offset 时触发，常用于初始化和加载列表数据。

了解 List 组件的属性后，继续完善商品搜索列表页面，添加如下代码：

```
<template>
  <div class="product-list-wrap">
    <!--搜索页面头部，包括搜索栏和 Tab 栏-->
    <div class="product-list-header">
      <!--搜索栏左中右布局-->
      <header class="product-header wrap">
        <!--"返回"按钮标签-->
        <i class="nbicon nbfanhui" @click="goBack"></i>
        <!--搜索主体-->
        <div class="header-search">
          <i class="nbicon nbSearch"></i>
          <!--搜索主体内嵌输入框-->
          <input
            type="text"
            class="search-title"
            v-model="keyword"/>
        </div>
        <!--单击"搜索"按钮，需要手写样式美化-->
        <span class="search-btn" @click="getSearch">搜索</span>
      </header>
      <!--要使用 Vant UI 提供的 Tab 组件，需要在 main.js 中进行注册，否则无法展示-->
      <van-tabs type="card" color="#1baeae" @click="changeTab">
        <van-tab title="推荐" name=""></van-tab>
        <van-tab title="新品" name="new"></van-tab>
        <van-tab title="价格" name="price"></van-tab>
      </van-tabs>
    </div>
    <div class="content">
      <!--滚动列表-->
      <van-list
        v-model:loading="loading"
```

```html
        :finished="finished"
        :finished-text="productList.length ? '没有更多了' : '搜索想要的商品'"
        @load="onLoad"
        @offset="10"
      >
        <!--productList 为接口返回的商品列表-->
        <template v-if="productList.length">
          <!--通过 for 循环输出商品的每一项-->
          <div class="product-item van-hairline--bottom" v-for="(item, index) in productList" :key="index" @click="productDetail(item)">
            <!--图片通过全局过滤方法过滤-->
            <img :src="$filters.prefix(item.goodsCoverImg)" />
            <div class="product-info">
              <p class="name">{{item.goodsName}}</p>
              <p class="subtitle">{{item.goodsIntro}}</p>
              <span class="price">¥ {{item.sellingPrice}}</span>
            </div>
          </div>
        </template>
        <!--当没有数据时，展示的空状态-->
        <img class="empty" v-else src="https://s.yezgea02.com/1604041313083/kesrtd.png" alt="搜索">
      </van-list>
    </div>
  </div>
</template>

<script>
import {reactive, toRefs} from 'vue'
import { useRoute, useRouter } from 'vue-router'
import { searchGood } from 'service/good'
export default {
  name: 'ProductList',
  setup() {
    const route = useRoute()
    const router = useRouter()
    const state = reactive({
      keyword: '',           // 关键词
      loading: false,        // 数据是否加载中
      finished: false,       // 数据是否全部加载完毕
      productList: [],       // 数据列表
      page: 1,               // 分页
      totalPage: 0,          // 总共有多少页
```

```
    orderBy: ''            //
  })
  // 获取数据方法
  const initData = async () => {
    // 必须输入关键词搜索,否则接口报异常
    if (!state.keyword) {
      // 重置参数
      state.finished = true
      state.loading = false
      return
    }
    const { data } = await searchGood({
      pageNumber: state.page,    // 分页参数
      keyword: state.keyword,    // 关键词参数
      orderBy: state.orderBy,    // 排序参数
    })
    /*
       data 参数结构
       {
         currPage: 当前所在分页
         pageSize: 每页商品的数量
         totalCount: 商品总数量
         totalPage: 商品总页数
         list: [
           {
             goodsCoverImg: 商品图片
             goodsId: 商品 ID
             goodsIntro: 商品简介
             goodsName: 商品名称
             sellingPrice: 商品单价
           }
         ]
       }
    */
    // 接口请求完成后,赋值给商品列表
    state.productList = state.productList.concat(data.list)
    // 商品总页数
    state.totalPage = data.totalPage
    // 单次执行完成后,将 loading 设置为 false
    state.loading = false
    // 如果当前页大于或等于总页数,则说明数据全部加载完毕,没有下一页了,将 finished 设置为 true
```

```
    if (state.page >= data.totalPage) state.finished = true
  }
  // 在 Vant UI 组件库中, 使用 List 组件的 load 方法
  const onLoad = () => {
    // 当当前页的页数小于商品列表总页数时, page 加 1, 再次执行 initData 方法
    if (state.page < state.totalPage) {
      state.page = state.page + 1
    }
    initData()
  }
  // 重新加载数据, 初始化参数
  const onRefresh = () => {
    // 初始化参数
    state.finished = false
    state.loading = true
    state.page = 1
    // 重新加载数据
    onLoad()
  }
  // Tab 栏切换方法
  const changeTab = (name) => {
    state.orderBy = name
    onRefresh()
  }
  // 返回方法
  const goBack = () => {
    router.go(-1)
  }
  // 单击"搜索"按钮, 触发 onRefresh 事件
  const getSearch = () => {
    onRefresh()
  }
  // 跳转至详情页面
  const productDetail = (item) => {
    router.push({ path: '/product-detail', query: { id: item.goodsId } })
  }

  return {
    ...toRefs(state),
    onLoad,
    changeTab,
    goBack,
    getSearch,
```

```
        productDetail
    }
  }
}
</script>
```

上述代码有两个作用：一是将 List 组件引入 template 模板中渲染列表页面；二是设置 List 组件的 load 事件，触发数据的加载。详细注释已经在上述代码中标注。

在搜索框中输入想要查询的字段，之后单击右侧的"搜索"按钮。在整个搜索过程中，浏览器的显示效果如图 27-7 所示。

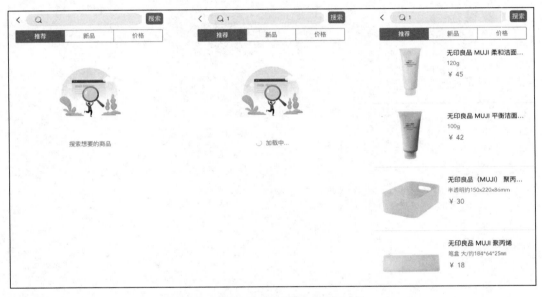

图 27-7　搜索商品时的浏览器显示效果

此时，不断在页面中往下滑动，当滚动条接触到底部时，触发 onLoad 方法，判断当前页数是否小于商品总页数，若为真，则页数加 1，继续触发 initData 方法向服务端发送请求来获取下一页的商品数据；若为假，则表明 finished 变量已被赋值为 true，List 组件中的 load 方法不再被触发。

搜索过程中向服务端发送的请求数据如图 27-8 所示。

图 27-8　搜索商品时向服务端发送的请求数据

向服务端发送的请求数据可以在浏览器的"Network"选项卡中查看。

27.2.3　实现商品搜索列表页面的下拉刷新

Vant UI 组件库同样为开发人员提供了下拉刷新的组件 PullRefresh，被它包裹的组件可以实现下拉刷新的视觉效果。

下面介绍 PullRefresh 组件的属性和方法。

- v-model：接收 Boolean 类型，判断是否处于加载中的状态，用于在下拉时加载状态的控制。
- refresh：接收 Function 类型，下拉刷新时触发，用于重新获取接口数据。

下面为列表添加 PullRefresh 方法，实现下拉刷新，代码如下：

```
<template>
  <div class="product-list-wrap">
    ...
    <div class="content">
      <van-pull-refresh v-model="refreshing" @refresh="onRefresh" class="product-list-refresh">
        <!--滚动列表-->
        <van-list
          v-model:loading="loading"
          :finished="finished"
          :finished-text="productList.length ? '没有更多了' : '搜索想要的商品'"
```

```html
          @load="onLoad"
          @offset="10"
        >
          ...
        </van-list>
      </van-pull-refresh>
    </div>
  </div>
</template>
```

```javascript
<script>
import {reactive, toRefs} from 'vue'
import { searchGood } from 'service/good'
export default {
  name: 'ProductList',
  setup() {
    const state = reactive({
      ...
      refreshing: false, // 下拉刷新状态控制
    })
    // 获取数据方法
    ...
    // 在 Vant UI 组件库中，使用 List 组件的 load 方法
    const onLoad = () => {
      // 当当前页的页数小于商品列表总页数时，page 加 1，再次执行 initData 方法
      // 如果是下拉刷新，则不必进行页数加 1 的判断
      if (!state.refreshing && state.page < state.totalPage) {
        state.page = state.page + 1
      }
      // 当下拉刷新状态为 true 时，重置 productList 为空数组，清理之前残留的数据
      if (state.refreshing) {
        state.productList = [];
        state.refreshing = false;
      }
      initData()
    }
    // 重新加载数据，初始化参数
    // 下拉刷新，首先会触发 onRefresh 方法，将 refreshing 设置为 true，其他参数恢复初始状态
    const onRefresh = () => {
      // 初始化参数
      state.refreshing = true
      state.finished = false
```

```
      state.loading = true
      state.page = 1
      // 重新加载数据
      onLoad()
    }
    ...
    return {
      ...
      onRefresh
    }
  }
}
</script>
```

注意，一定要将 onRefresh 方法返回给 template 模板使用，否则 PullRefresh 组件内的 refresh 方法无法被触发。浏览器中的显示效果如图 27-9 所示。

图 27-9　商品搜索列表页面下拉刷新的效果

在第 26 章中讲解分类页面时，设置过单击三级分类跳转至商品搜索页面，并且将分类 id 带入浏览器查询字符串。此时，可以取出分类 id，对商品搜索接口的参数进行查询，代码如下：

```
...
<script>
import {reactive, toRefs} from 'vue'
import { useRoute, useRouter } from 'vue-router'
import { searchGood } from 'service/good'
export default {
```

```
name: 'ProductList',
setup() {
  const route = useRoute()
  const router = useRouter()
  ...
  // 获取数据方法
  const initData = async () => {
    // 通过 route 实例获取查询参数
    const { categoryId } = route.query
    // 必须输入关键词搜索，否则接口会报异常
    if (!categoryId && !state.keyword) {
      // 重置参数
      state.finished = true
      state.loading = false
      return
    }
    const { data } = await searchGood({
      ...
      goodsCategoryId: categoryId // 商品分类 id
    })
    ...
  }
  ...
}
</script>
```

回到分类页面，单击三级分类，可以跳转至商品搜索页面，搜索对应分类 id 的商品。

27.3 商品详情页面的制作

商品详情页面是整个购物下单流程的开始，知识点涉及图片轮播展示、详情内嵌 HTML、添加购物车（后续章节讲解）、立即购买等功能。

本章讲解商品详情页面的布局、商品数据的获取和渲染。

在 src/views 目录下新建 ProductDetail.vue，对其进行布局，代码如下：

```
<template>
  <!--商品详情-->
  <div class="product-detail">
    <!--公用头部组件-->
```

```html
<custom-header :title="'商品详情'"></custom-header>
<div class="detail-content">
  <div class="detail-swipe-wrap">
    <!--轮播图组件-->
    <van-swipe class="my-swipe" indicator-color="#1baeae">
      <van-swipe-item>
        <img src="https://newbee-mall.oss-cn-beijing.aliyuncs.com/images/iphone-13-pink-select-2021.png" alt="">
      </van-swipe-item>
      <van-swipe-item>
        <img src="https://newbee-mall.oss-cn-beijing.aliyuncs.com/images/iphone-13-pink-select-2021.png" alt="">
      </van-swipe-item>
    </van-swipe>
  </div>
  <!--商品信息描述-->
  <div class="product-info">
    <div class="product-title">
      商品名称
    </div>
    <div class="product-desc">免邮费 顺丰快递</div>
    <div class="product-price">
      <span>¥200</span>
    </div>
  </div>
  <!--商品参数-->
  <div class="product-intro">
    <ul>
      <li>概述</li>
      <li>参数</li>
      <li>安装服务</li>
      <li>常见问题</li>
    </ul>
    <!--详情页面-->
    <div class="product-content">详情页面</div>
  </div>
</div>
<!--底部操作按钮，需要提前在main.js里注册好Vant UI组件-->
<van-action-bar>
  <van-action-bar-icon icon="chat-o" text="客服" />
  <van-action-bar-icon icon="cart-o" text="购物车" />
  <van-action-bar-button type="warning" text="加入购物车" />
  <van-action-bar-button type="danger" text="立即购买" />
```

```
      </van-action-bar>
    </div>
</template>

<script>
import { reactive, onMounted, toRefs } from 'vue'
import CustomHeader from 'components/CustomHeader.vue'
export default {
  name: 'ProductDetail',
  components: {
    CustomHeader
  }
}
</script>

<style lang="less">
  @import '../theme/custom';
  .product-detail {
    .detail-header {
      .fj();
      .wh(100%, 44px);
      line-height: 44px;
      padding: 0 10px;
      .boxSizing();
      color: #252525;
      background: #fff;
      border-bottom: 1px solid #dcdcdc;
      .product-name {
        font-size: 14px;
      }
    }
    .detail-content {
      height: calc(100vh - 50px);
      overflow: hidden;
      overflow-y: auto;
      .detail-swipe-wrap {
        .my-swipe .van-swipe-item {
          img {
            width: 100%;
            // height: 300px;
          }
        }
      }
      .product-info {
        padding: 0 10px;
```

```css
    .product-title {
      font-size: 18px;
      text-align: left;
      color: #333;
    }
    .product-desc {
      font-size: 14px;
      text-align: left;
      color: #999;
      padding: 5px 0;
    }
    .product-price {
      .fj();
      span:nth-child(1) {
        color: #F63515;
        font-size: 22px;
      }
      span:nth-child(2) {
        color: #999;
        font-size: 16px;
      }
    }
  }
  .product-intro {
    width: 100%;
    padding-bottom: 50px;
    ul {
      .fj();
      width: 100%;
      margin: 10px 0;
      li {
        flex: 1;
        padding: 5px 0;
        text-align: center;
        font-size: 15px;
        border-right: 1px solid #999;
        box-sizing: border-box;
        &:last-child {
          border-right: none;
        }
      }
    }
    .product-content {
      padding: 0 20px;
      img {
```

```css
      width: 100%;
    }
   }
  }
 }
 .van-action-bar-button--warning {
   background: linear-gradient(to right,#6bd8d8, @primary)
 }
 .van-action-bar-button--danger {
   background: linear-gradient(to right, #0dc3c3, #098888)
 }
}
</style>
```

上述布局都是前端开发的基础布局，浏览器显示效果如图 27-10 所示。

图 27-10　商品详情页面显示效果

接下来，向服务端请求商品详情接口，将数据填充至视图，代码如下：

```html
<template>
  <!--商品详情-->
  <div class="product-detail">
    <!--公用头部组件-->
    <custom-header :title="'商品详情'"></custom-header>
    <div class="detail-content">
      <div class="detail-swipe-wrap">
        <!--轮播图组件-->
        <van-swipe class="my-swipe" indicator-color="#1baeae">
          <van-swipe-item v-for="(item, index) in detail.goodsCarouselList":key="index">
            <img :src="item" alt="">
          </van-swipe-item>
        </van-swipe>
      </div>
      <!--商品信息描述-->
      <div class="product-info">
        <div class="product-title">
          {{ detail.goodsName || '' }}
        </div>
        <div class="product-desc">免邮费 顺丰快递</div>
        <div class="product-price">
          <span>¥{{ detail.sellingPrice || '' }}</span>
        </div>
      </div>
      <!--商品参数-->
      <div class="product-intro">
        <ul>
          <li>概述</li>
          <li>参数</li>
          <li>安装服务</li>
          <li>常见问题</li>
        </ul>
        <!--详情页面-->
        <div class="product-content" v-html="detail.goodsDetailContent || ''"></div>
      </div>
    </div>
    <!--底部操作按钮，需要提前在main.js里注册好 Vant UI 组件-->
    ...
  </div>
```

```vue
</template>

<script>
import { reactive, onMounted, toRefs, getCurrentInstance } from 'vue'
import CustomHeader from 'components/CustomHeader.vue' // 公用头部
import { getDetail } from 'service/good' // 详情接口方法
import { useRoute } from 'vue-router' // 路由插件
export default {
  name: 'ProductDetail',
  components: {
    CustomHeader // 注册组件
  },
  setup() {
    // 通过 Vue 提供的 getCurrentInstance 方法, 在 setup 函数内获取 main.js 入口脚本中定义的全局方法
    const { appContext: { config: { globalProperties } } } = getCurrentInstance()
    const route = useRoute() // 生成路由实例
    const state = reactive({
      detail: {
        goodsCarouselList: [] // 声明轮播图数组
      }
    })
    // 初始化方法
    onMounted(() => {
      initData()
    })
    // 获取详情数据
    const initData = async () => {
      const { id } = route.query
      const { data } = await getDetail(id)
      /*
        data 数据结构
        {
          goodsCarouselList: 轮播图数组
          goodsCoverImg: 商品的默认展示图片
          goodsDetailContent: 商品详情介绍
          goodsId: 商品 id
          goodsIntro: 商品简介
          goodsName: 商品名称
          originalPrice: 商品原价
          sellingPrice: 商品单价
          tag: 商品标签
```

```
      }
      */
      // 过滤出图片
      data.goodsCarouselList = data.goodsCarouselList.map(i =>
globalProperties.$filters.prefix(i))
      state.detail = data
    }

    return {
      ...toRefs(state)
    }
  }
}
</script>
```

上述代码释义整理如下。

首先，引入 service/good.js 文件中的 getDetail()方法。

然后，在 onMounted()初始化方法中执行获取数据的 initData()方法。

在 initData()方法内，通过路由实例属性 route.query 获得浏览器地址栏中的查询字符串 id，将 id 传入 getDetail()方法，通过接口请求 id 对应的商品详情参数。

接口返回的参数整理如下。

（1）goodsCoverImg：商品的默认展示图片。

（2）goodsDetailContent：商品详情介绍。

（3）goodsId：商品 id。

（4）goodsIntro：商品简介。

（5）goodsName：商品名称

（6）originalPrice：商品原价。

（7）sellingPrice：商品单价。

（8）tag：商品标签。

其中，goodsDetailContent 属性需要特别说明。由于服务端返回的是 HTML 格式的文本段，因此可以使用 Vue.js 为开发人员提供的 v-html 指令直接渲染静态 HTML 标签，通过设置 v-html="goodsDetailContent"让页面直接显示 HTML 内容。

在上述代码中，商品的 id 字段是通过解析浏览器查询字符串得到的。还可以采用另一种路由的形式，直接将参数放置在路径下，比如/product-detail/13，就能够通过解析路径参数来获取商品的 id 字段了。

如果使用上述传参形式,就要修改 router/index.js,代码如下:

```
{
  path: '/product-detail/:id',
  name: 'ProductDetail',
  component: ProductDetail
}
```

最后,在页面中通过如下代码获取参数值。

```
const { id } = route.params
```

通过解析 URL 中的查询参数和路径参数,能够完成对商品详情 id 的传递和获取,可以根据具体需求灵活运用。

第 28 章

Vue 3 项目实战之下单购物流程

下单购物流程是整个商城项目的核心内容，本章将讲解购物车状态管理、金额结算规则、地址栏的"增删改查"、个人订单中心。以上全部内容组成了一个完整的下单购物流程，可谓麻雀虽小，五脏俱全。

28.1 需求分析和前期准备

商城项目的下单购物流程简图如图 28-1 所示。

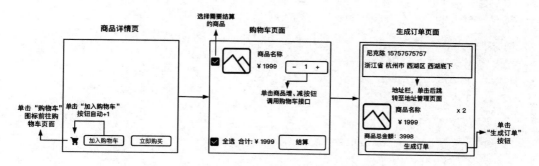

图 28-1 商城项目的下单购物流程简图

下单购物流程从商品详情页面开始，选择想要购买的商品并单击"加入购物车"按钮，此时会调用添加购物车接口，通过全局购物车商品数量的变化，底部左侧的小图标会获取最新的购物车商品数量。在前往另一个商品详情页面时，购物车小图标上的数字也是实时同步的。单击"购物车"图标和"立即购买"按钮，都会跳转至购物车页面。不同的是，前者是单纯地跳转至购物车页面，后者会默认将当前商品添加至购物车列表，多了一个操作。

在购物车页面中，会显示购物车中的商品列表。可以通过单击列表左侧的复选框，筛选想要进行结算的商品。单击商品右侧的"增"或"减"按钮，会调用添加购物车接口，修改购物车列表中商品的数量。页面底部展示用户所选的商品价格总和。单击"结算"按钮，页面将跳转至生成订单页面。

在生成订单页面中，顶部显示用户的默认地址，当用户没有设置任何地址的时候，显示"前往地址栏设置地址"字样，单击后跳转至地址管理页面。中间部分显示需要结算的商品信息。底部显示金额和"生成订单"按钮，单击该按钮会向服务端发起请求并生成订单数据，成功后会弹窗提示选择支付方式，单击后模拟支付生成订单。无论支付成功与否，都会跳转至个人订单列表页面。

将本章需要使用的接口添加至 service 目录下。首先添加地址管理接口，在 service 目录下新建 address.js 文件，添加如下代码：

```javascript
// address.js
import axios from '../utils/axios'

// 添加地址
export function addAddress(params) {
  return axios.post('/address', params);
}
// 编辑地址
export function EditAddress(params) {
  return axios.put('/address', params);
}
// 删除地址
export function DeleteAddress(id) {
  return axios.delete('/address/${id}');
}
// 获取默认地址
export function getDefaultAddress() {
  return axios.get('/address/default');
}
// 获取地址列表
export function getAddressList() {
  return axios.get('/address', { pageNumber: 1, pageSize: 1000 })
}
// 获取地址详情
export function getAddressDetail(id) {
  return axios.get('/address/${id}')
}
```

然后添加购物车接口，新建 cart.js 文件，添加如下代码：

```js
// cart.js
import axios from '../utils/axios'
// 添加商品至购物车
export function addCart(params) {
  return axios.post('/shop-cart', params);
}
// 修改购物车中的商品
export function modifyCart(params) {
  return axios.put('/shop-cart', params);
}
// 获取购物车信息
export function getCart(params) {
  return axios.get('/shop-cart', { params });
}
// 删除购物车单项商品
export function deleteCartItem(id) {
  return axios.delete('/shop-cart/${id}');
}
// 根据 id 获取购物车内的商品信息
export function getByCartItemIds(params) {
  return axios.get('/shop-cart/settle', { params });
}
```

最后添加个人订单接口，新建 order.js 文件，添加如下代码：

```js
import axios from '../utils/axios'
// 生成订单
export function createOrder(params) {
  return axios.post('/saveOrder', params);
}
// 获取订单列表
export function getOrderList(params) {
  return axios.get('/order', { params });
}
// 获取订单详情
export function getOrderDetail(id) {
  return axios.get('/order/${id}');
}
// 取消订单
export function cancelOrder(id) {
```

```js
  return axios.put('/order/${id}/cancel');
}
// 确认收货
export function confirmOrder(id) {
  return axios.put('/order/${id}/finish')
}
// 付款接口
export function payOrder(params) {
  return axios.get('/paySuccess', { params })
}
```

将本章需要使用的组件提前注册好,代码如下:

```js
import { AddressEdit, AddressList, CheckboxGroup, SwipeCell, Checkbox,
Stepper, SubmitBar, Popup, Card } from 'vant'
...
app
  .use(AddressEdit)
  .use(AddressList)
  .use(CheckboxGroup)
  .use(SwipeCell)
  .use(Checkbox)
  .use(Stepper)
  .use(SubmitBar)
  .use(Popup)
  .use(Card)

app.mount('#app')
```

28.2 地址管理模块功能实现

按照笔者的思路,先讲解地址管理部分代码的编写。因为在下单购物流程中,会涉及收获地址的选择,为了保持下单购物流程的连贯性,先完成地址栏的管理操作。

28.2.1 新增地址

笔者选择 Vant UI 作为项目的组件库,因为它高度集成了与电商相关的一些组件,比如商品卡片、轮播图、优惠券、提交订单栏、地址编辑等，与本书所开发的实战商城项目非常契合，可以使开发过程非常顺利。

本节将使用 Vant UI 提供的业务组件 AddressEdit 完成地址栏的开发工作。

在 src/views 目录下新建 AddressEdit.vue，用于输入地址信息，新增地址页面的布局如图 28-2 所示。

图 28-2　新增地址页面

接下来笔者将分析项目中使用的 AddressEdit 组件的属性。

1. area-list

在初始化省、市、区组件时，需要通过 area-list 属性传入省、市、区数据。areaList 为对象结构，包含 province_list、city_list、county_list 3 个 key。每项以地区码作为 key，省、市、区名字作为 value。地区码为 6 位数字，前两位代表省份，中间两位代表城市，后两位代表区县，以 0 补足 6 位。比如北京的地区码为 11，以 0 补足 6 位，为 110000。

示例代码如下：

```
const areaList = {
  province_list: {
    110000: '北京市',
    120000: '天津市',
  },
  city_list: {
```

```
    110100: '北京市',
    120100: '天津市',
  },
  county_list: {
    110101: '东城区',
    110102: '西城区',
    // ....
  },
};
```

2. address-info

AddressEditInfo 仅作为初始值传入，表单最终内容可以在 save 事件中获取，可以初始化的属性总结如下。

（1）id：当前地址 id。

（2）name：姓名。

（3）tel：电话。

（4）province：省份名称。

（5）city：市级名称。

（6）county：区域乡镇名称。

（7）addressDetail：详细地址。

（8）areaCode：区域乡镇地址编码。

（9）isDefault：是否是默认地址。

在编辑地址时，获取的地址可以通过以上属性初始化地址组件 AddressEdit，用于显示信息。

介绍完上述关键属性，还有一个很重要的内容，即获取省、市、区的编码数据。

笔者准备了一份静态资源脚本，已经写好了各个省、市、区对应的地址编码，需要通过静态脚本的形式载入，找到根目录的 index.html 文件，加载如下地址资源：

```
<!DOCTYPE html>
<html lang="en">
  <head>
    <meta charset="UTF-8" />
    <link rel="icon" href="/favicon.ico" />
    <meta name="viewport" content="width=device-width, initial-scale=1.0" />
    <link rel="stylesheet"
```

```
href="https://at.alicdn.com/t/font_1623819_3g3arzgtlmk.css">
    <title>新蜂商城</title>
  </head>
  <body>
    <div id="app"></div>
    <!--地址资源提前加载-->
    <script src='https://s.yezgea02.com/1641120061385/tdist.js'></script>
    <script type="module" src="/src/main.js"></script>
  </body>
</html>
```

上述静态地址资源加载完毕后，可以在浏览器环境下打印出城市信息（window.tdist），如图 28-3 所示。

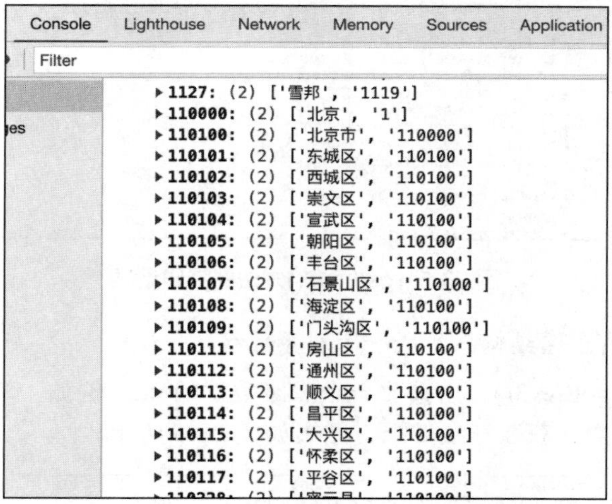

图 28-3　打印城市信息结果

图 28-3 是 window.tdist 对象的键值对，其特点是 key 值为 value 数组第一个值的地址 code，value 数组第二个值为当前地址的所属地址。比如北京市东城区对应的 code 值为 110101，其所属地址的 code 为北京市 110100。

同时，window.tdist 提供了 3 个方法。

第一个方法是 getLev1()，其作用是获取一级数据，组成对象数组，结构如图 28-4 所示。

第二个方法是 getLev2()，它接收一个一级数据的 id。例如，笔者使用河北省的 code 130000 作为参数，获取二级数据列表，结果如图 28-5 所示。

```
> tdist.getLev1()
< (35) [{...}, {...}, {...}, {...}, {...}, {...}, {...}, {...}, {...}, {...},
  {...}, {...}, {...}, {...}, {...}, {...}, {...}, {...}, {...}, {...},
  {...}, {...}] 🛈
  ▼ 0:
      id: "110000"
      text: "北京"
    ▶ [[Prototype]]: Object
  ▼ 1:
      id: "120000"
      text: "天津"
    ▶ [[Prototype]]: Object
  ▼ 2:
      id: "130000"
      text: "河北省"
    ▶ [[Prototype]]: Object
```

图 28-4 getLev1()方法的结构

```
> tdist.getLev2('130000')
< ▼(11) [{...}, {...}, {...}, {...}, {...}, {...}, {...}, {...}, {...}, {...}, {...}] 🛈
   ▶ 0: {id: '130100', text: '石家庄市'}
   ▶ 1: {id: '130200', text: '唐山市'}
   ▶ 2: {id: '130300', text: '秦皇岛市'}
   ▶ 3: {id: '130400', text: '邯郸市'}
   ▶ 4: {id: '130500', text: '邢台市'}
   ▶ 5: {id: '130600', text: '保定市'}
   ▶ 6: {id: '130700', text: '张家口市'}
   ▶ 7: {id: '130800', text: '承德市'}
   ▶ 8: {id: '130900', text: '沧州市'}
   ▶ 9: {id: '131000', text: '廊坊市'}
   ▶ 10: {id: '131100', text: '衡水市'}
     length: 11
   ▶ [[Prototype]]: Array(0)
```

图 28-5 getLev2()方法的打印结果

河北省下的所有市区结构，生成一个对象数组。

第三个方法是 getLev3()，它接收一个二级数据的 id。例如，笔者使用石家庄市的 code 130100 作为参数，获取三级数据，结果如图 28-6 所示。

```
> tdist.getLev3('130100')
< ▼(24) [{...}, {...}, {...}, {...}, {...}, {...}, {...}, {...}, {...}, {...}, {...}, {...}, {...}, {...}, {...},
  {...}, {...}, {...}, {...}, {...}] 🛈
   ▶ 0: {id: '130102', text: '长安区'}
   ▶ 1: {id: '130103', text: '桥东区'}
   ▶ 2: {id: '130104', text: '桥西区'}
   ▶ 3: {id: '130105', text: '新华区'}
   ▶ 4: {id: '130107', text: '井陉矿区'}
   ▶ 5: {id: '130108', text: '裕华区'}
   ▶ 6: {id: '130121', text: '井陉县'}
   ▶ 7: {id: '130123', text: '正定县'}
   ▶ 8: {id: '130124', text: '栾城县'}
   ▶ 9: {id: '130125', text: '行唐县'}
   ▶ 10: {id: '130126', text: '灵寿县'}
   ▶ 11: {id: '130127', text: '高邑县'}
   ▶ 12: {id: '130128', text: '深泽县'}
   ▶ 13: {id: '130129', text: '赞皇县'}
   ▶ 14: {id: '130130', text: '无极县'}
   ▶ 15: {id: '130131', text: '平山县'}
   ▶ 16: {id: '130132', text: '元氏县'}
   ▶ 17: {id: '130133', text: '赵县'}
   ▶ 18: {id: '130181', text: '辛集市'}
   ▶ 19: {id: '130182', text: '藁城市'}
   ▶ 20: {id: '130183', text: '晋州市'}
   ▶ 21: {id: '130184', text: '新乐市'}
   ▶ 22: {id: '130185', text: '鹿泉市'}
   ▶ 23: {id: '130186', text: '其它区'}
     length: 24
   ▶ [[Prototype]]: Array(0)
```

图 28-6 getLev3()方法的打印结果

根据上述 3 个方法,可以通过遍历的形式,排列组合数据,用得到的结果给地址组件 AddressEdit 中的 area-list 属性赋值,示例代码和对应的代码注释如下:

```vue
<!--AddressEdit.vue-->
<template>
  <div class="address-edit-box">
    <!--公用头部,通过 type 判断是新增还是编辑-->
    <custom-header :title="`${type == 'add' ? '新增地址' : '编辑地址'}`">
</custom-header>
    <!--Vant UI 组件库提供的地址栏组件-->
    <van-address-edit
      class="edit"
      :area-list="areaList"
      :show-delete="type == 'edit'"
      show-set-default
      show-search-result
      :search-result="searchResult"
      :area-columns-placeholder="['请选择', '请选择', '请选择']"
      @save="onSave"
      @delete="onDelete"
    />
  </div>
</template>

<script>
import { reactive, onMounted, toRefs } from 'vue'
import { Toast } from 'vant'
import CustomHeader from 'components/CustomHeader.vue' // 引入公用头部
import { addAddress } from '@/service/address' // 引入地址管理相应接口方法
import { useRoute } from 'vue-router' // 引入路由方法
export default {
  components: {
    CustomHeader // 注册组件
  },
  setup() {
    const route = useRoute() // 生成 route 实例
    const state = reactive({
      // 省、市、区对象
      areaList: {
        province_list: {}, // 省份数据
        city_list: {}, // 市级别数据
        county_list: {} // 地区级别数据
      },
```

```js
    searchResult: [],
    type: 'add', // add：添加操作。edit：编辑操作
  })

  onMounted(() => {
    // 初始化数据
    const { type } = route.query // 获取类型
    state.type = type // 赋值给type
    initData()
  })

  const initData = async () => {
    // 省、市、区列表构造
    let _province_list = {} // 省
    let _city_list = {} // 市
    let _county_list = {} // 区
    // 通过tdist的getLev1方法，获取省级数据，将id作为key，将text作为value,
赋值给_province_list
    window.tdist.getLev1().forEach(p => {
      _province_list[p.id] = p.text
      // 通过tdist的getLev2方法，获取市级数据，将id作为key，将text作为value,
赋值给_city_list
      window.tdist.getLev2(p.id).forEach(c => {
        _city_list[c.id] = c.text
        // 通过tdist的getLev3方法,获取区级数据,将id作为key,将text作为value,
赋值给_county_list
        window.tdist.getLev3(c.id).forEach(q => _county_list[q.id] = q.text)
      })
    })
    // 使用上述代码，组装好AddressEdit所需的area-list数据后，赋值给相应的变量
    state.areaList.province_list = _province_list
    state.areaList.city_list = _city_list
    state.areaList.county_list = _county_list
  }
  // 保存方法，注意AddressEdit组件的save方法，会返回填入的数据作为参数，下面的
content便是address-info的值
  const onSave = async (content) => {
    const params = {
      userName: content.name, // 收件人
      userPhone: content.tel, // 电话
      provinceName: content.province, // 省份名称
```

```
          cityName: content.city, // 市级名称
          regionName: content.county, // 区级名称
          detailAddress: content.addressDetail, // 详细地址
          defaultFlag: content.isDefault ? 1 : 0, // 是否为默认收货地址
        }
        // 调用添加地址接口
        await addAddress(params)
        Toast('保存成功')
      }

      return {
        ...toRefs(state),
        onSave
      }
    }
  }
</script>

<style lang="less">
  @import '../theme/custom';
  .edit {
    .van-field__body {
      textarea {
        height: 26px!important;
      }
    }
  }
  .address-edit-box {
    .van-address-edit {
      .van-button--danger {
        background: @primary;
        border-color: @primary;
      }
      .van-switch--on {
        background: @primary;
      }
    }
  }
</style>
```

在初始化方法 initData() 中,通过 tdist 中的 3 个方法遍历赋值 3 个变量——省、市、区,最后依次赋值给 state.areaList,通过双向绑定,AddressEdit 组件会接收这个参数变

量，从而构建出省、市、区三级联动的效果。

完成代码编写后打开浏览器，测试接口是否调用成功，如图 28-7 所示。

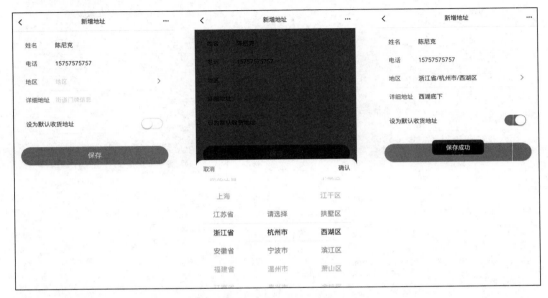

图 28-7　测试新增地址接口

28.2.2　地址列表

Vant UI 为开发人员提供了地址栏列表组件 AddressList，再一次验证了选择一个适合项目的组件库是多么重要。

在 src/views 目录下新建 Address.vue 组件，在第 28.2.1 节中已经增加了一些地址信息，接下来在 Address.vue 组件中将地址列表展示出来，代码如下：

```
<template>
  <div class="address-box">
    <custom-header :title="'地址管理'" back="/user"></custom-header>
    <div class="address-item">
      <van-address-list
        v-model="chosenAddressId"
        :list="list"
        default-tag-text="默认"
        @add="onAdd"
```

```
          @edit="onEdit"
        />
      </div>
    </div>
</template>

<script>
import { reactive, toRefs, onMounted } from 'vue'
import CustomHeader from 'components/CustomHeader.vue'
import { getAddressList } from 'service/address'
import { useRoute, useRouter } from 'vue-router'
export default {
  components: {
    CustomHeader
  },
  setup() {
    const route = useRoute()
    const router = useRouter()
    const state = reactive({
      chosenAddressId: '1', // 被选中的地址 id
      list: [], // 地址列表
    })

    onMounted(() => {
      // 初始化数据
      initData()
    })

    const initData = async () => {
      // 获取地址列表
      const { data } = await getAddressList()
      if (!data) {
        state.list = []
        return
      }
      // 将数据构造成 AddressList 组件适配的格式
      state.list = data.map(item => {
        return {
          id: item.addressId, // 地址 id
          name: item.userName, // 收货人
          tel: item.userPhone, // 电话
          address: `${item.provinceName} ${item.cityName} ${item.regionName} ${item.detailAddress}`, // 省、市、区
```

```
            isDefault: !!item.defaultFlag   // 是否为默认地址
        }
      })
    }
    // 添加方法，单击前往地址操作页面添加地址
    const onAdd = () => {
      router.push({ path: '/address-edit', query: { type: 'add' }})
    }
    // 编辑方法，单击前往地址操作页面编辑地址
    const onEdit = (item) => {
      router.push({ path: 'address-edit', query: { type: 'edit', addressId: item.id }})
    }

    return {
      ...toRefs(state),
      onAdd,
      onEdit
    }
  }
}
</script>

<style lang="less">
  @import '../theme/custom';
  .address-box {
    .van-radio__icon {
      display: none;
    }
    .address-item {
      .van-button {
        background: @primary;
        border-color: @primary;
      }
    }
  }
</style>
```

在上述代码中，通过 getAddressList 接口方法获取地址列表信息，再通过 map 方法将列表项重新组合成一个 address 属性，其值为省、市、区的字段组合，用于 AddressList 组件的 address 属性的显示。单击"添加"和"新增"按钮，都会前往地址编辑页面，通过是否携带 id 参数判断是新增操作还是编辑操作。

完成上述地址列表的代码编辑后，打开 src/views/User.vue 页面，添加地址管理的跳转路径，代码如下：

```
...
<li class="van-hairline--bottom" @click="goTo('/address')">
  <span>地址管理</span>
  <van-icon name="arrow" />
</li>
...
```

同时，别忘记在 src/router/index.js 文件中对 Address.vue 页面进行路由配置。最后查看地址管理页面的效果，如图 28-8 所示。

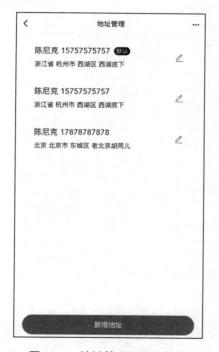

图 28-8　地址管理页面的效果

28.2.3　编辑地址

在上述地址列表代码中，调用 onEdit 方法将页面跳转至 address-edit 页面，并且带上了 type 为 edit、addressId 为当前选择的需要修改的地址 id。

因此，需要在 address-edit 页面中接收传进来的 addressId 参数，并通过它获取地址详情信息，将获取的信息初始化给 AddressEdit 组件，之后修改 address-edit.vue 组件，添加获取 addressId 参数的代码逻辑，并在调用详情接口时传入 addressId。具体代码如下：

```
<template>
  <div class="address-edit-box">
    <!--公用头部，通过 type 判断是新增还是编辑-->
    <custom-header :title="'${type == 'add' ? '新增地址' : '编辑地址'}'"></custom-header>
    <!--Vant UI 组件库提供的地址栏组件-->
    <van-address-edit
      class="edit"
      :area-list="areaList"
      :address-info="addressInfo"
      :show-delete="type == 'edit'"
      show-set-default
      show-search-result
      :search-result="searchResult"
      :area-columns-placeholder="['请选择', '请选择', '请选择']"
      @save="onSave"
      @delete="onDelete"
    />
  </div>
</template>

<script>
...
import { addAddress, getAddressDetail, EditAddress, DeleteAddress } from 'service/address' // 引入地址管理相应接口方法
...
export default {
  components: {
    CustomHeader // 注册组件
  },
  setup() {
    const route = useRoute() // 生成 route 实例
    const state = reactive({
      ...
      addressId: '',
      addressInfo: {}
    })
```

```js
onMounted(() => {
  // 初始化数据
  initData()
})

const initData = async () => {
  ...
  const { type, addressId } = route.query // 获取类型
  state.type = type // 赋值给 type
  if (addressId && type == 'edit') {
    state.addressId = addressId
    addressDetail()
  }
}

// 保存方法，注意 AddressEdit 组件的 save 方法，会返回填入的数据作为参数，下面的
// content 便是 address-info 的值
const onSave = async (content) => {
  const params = {
    userName: content.name, // 收件人
    userPhone: content.tel, // 电话
    provinceName: content.province, // 省份名称
    cityName: content.city, // 市级名称
    regionName: content.county, // 区级名称
    detailAddress: content.addressDetail, // 详细地址
    defaultFlag: content.isDefault ? 1 : 0, // 是否为默认收货地址
  }
  if (state.type == 'edit') {
    params['addressId'] = state.addressId
  }
  // 根据 type 判断是使用添加接口还是使用编辑接口
  await state.type == 'add' ? addAddress(params) : EditAddress(params)
  Toast('保存成功')
}

const addressDetail = async () => {
  const { data: addressDetail } = await getAddressDetail(state.addressId)
  let _areaCode = ''
  const province = window.tdist.getLev1()
  Object.entries(state.areaList.county_list).forEach(([id, text]) => {
    // 找出当前对应的区
```

```js
          if (text == addressDetail.regionName) {
            // 找到区对应的几个省份
            const provinceIndex = province.findIndex(item => item.id.substr(0, 2) == id.substr(0, 2))
            // 找到区对应的几个市区
            // eslint-disable-next-line no-unused-vars
            const cityItem = Object.entries(state.areaList.city_list).filter(([cityId, cityName]) => cityId.substr(0, 4) == id.substr(0, 4))[0]
            // 对比找到的省份和接口返回的省份是否一致，因为有些区会重名
            if (province[provinceIndex].text == addressDetail.provinceName && cityItem[1] == addressDetail.cityName) {
              _areaCode = id
            }
          }
        }
      })
      // 初始化数据
      state.addressInfo = {
        id: addressDetail.addressId,
        name: addressDetail.userName,
        tel: addressDetail.userPhone,
        province: addressDetail.provinceName,
        city: addressDetail.cityName,
        county: addressDetail.regionName,
        addressDetail: addressDetail.detailAddress,
        areaCode: _areaCode,
        isDefault: !!addressDetail.defaultFlag
      }
    }

    const onDelete = async () => {
      await DeleteAddress(state.addressId)
      Toast('删除成功')
      // 操作成功之后，不能马上返回列表，数据清理需要时间
      setTimeout(() => {
        router.back()
      }, 1000)
    }

    return {
      ...toRefs(state),
      onSave,
      onDelete
```

```
      }
    }
  }
}
</script>
```

在新增地址时,将省、市、区通过遍历数组构造成新的对象,之后填充至 AddressEdit 组件的 area-list 参数,便可获得省、市、区的三级联动。

在编辑地址时,获取地址详情后,通过详情中的省、市、区的值反推出它们所对应的地区编码,赋值给 state.addressInfo 中的 areaCode,组件就会显示当前需要修改的地址信息中所选的省、市、区。

此时,保存地址方法 onSave() 多了一个判断是否为编辑状态的条件,若是,则添加 addressId 参数。

编辑地址页面的效果如图 28-9 所示。

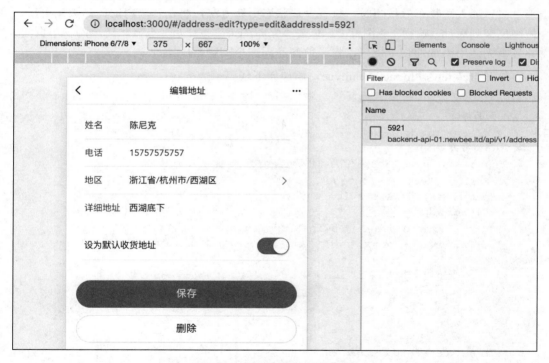

图 28-9　编辑地址页面的效果

至此,收货地址模块的列表、新增、编辑、删除功能代码都已编写完成。

28.3 购物车模块页面实现

购物车模块处于整个购物环节的中间状态，负责打通商品和订单两个模块。在第14章中对购物车模块及购物车模块后端接口的实现进行了详细的介绍。接下来，实现购物车模块相关页面的编码和前端功能。

28.3.1 商品加入购物车功能实现

购物车中的商品的添加需要在商品详情页面中操作。因此，需要给详情页面底部的操作按钮添加与购物车相关的功能代码。当单击"购物车"图标时，跳转至购物车页面。当单击"加入购物车"按钮时，执行全局状态更新方法，将购物车内的商品数量更新，最终反馈到底部"购物车"图标上。单击"立即购买"按钮后，直接跳转至购物车页面，并且事先调用添加购物车接口，将当前商品添加至购物车。

打开 src/views/ProductDetail.vue，添加如下代码：

```
<template>
 <!--商品详情-->
 <div class="product-detail">
   <!--公用头部组件-->
   <custom-header :title="'商品详情'"></custom-header>
   <div class="detail-content">
     <div class="detail-swipe-wrap">
       <!--轮播图组件-->
       <van-swipe class="my-swipe" indicator-color="#1baeae">
         <van-swipe-item v-for="(item, index) in detail.goodsCarouselList":key="index">
           <img :src="item" alt="">
         </van-swipe-item>
       </van-swipe>
     </div>
     <!--商品信息描述-->
     <div class="product-info">
       <div class="product-title">
         {{ detail.goodsName || '' }}
       </div>
       <div class="product-desc">免邮费 顺丰快递</div>
       <div class="product-price">
```

```html
        <span>¥{{ detail.sellingPrice || '' }}</span>
      </div>
    </div>
    <!--商品参数-->
    <div class="product-intro">
      <ul>
        <li>概述</li>
        <li>参数</li>
        <li>安装服务</li>
        <li>常见问题</li>
      </ul>
      <!--详情页面-->
      <div class="product-content" v-html="detail.goodsDetailContent || ''"></div>
    </div>
  </div>
  <!--底部操作按钮，需要提前在main.js里注册好Vant UI组件-->
  <van-action-bar>
    <van-action-bar-icon icon="chat-o" text="客服" />
    <!--count参数，设置"购物车"图标右上角的商品数量-->
    <van-action-bar-icon icon="cart-o" :badge="!count ? '' : count" text="购物车" @click="goTo" />
    <van-action-bar-button type="warning" text="加入购物车" @click="handleAddCart" />
    <van-action-bar-button type="danger" text="立即购买" @click="handleBuy" />
  </van-action-bar>
</div>
</template>
```

```js
<script>
...
import { reactive, onMounted, toRefs, getCurrentInstance, computed } from 'vue'
import { addCart } from '@/service/cart'
import { useStore } from 'vuex' // 引入Vuex插件，管理购物车中的商品数量
import { useRouter } from 'vue-router' // 引入vue-router插件，用于生成路由实例
import { Toast } from 'vant'
export default {
  ...
  setup() {
    ...
    const store = useStore() // 生成store实例
    const router = useRouter() // 生成路由实例
```

```javascript
    ...
    // 获取详情数据
    const initData = async () => {
      ...
      // 更新购物车商品数量
      store.dispatch('updateCart')
    }
    // 前往购物车页面
    const goTo = () => {
      router.push({ path: '/cart' })
    }
    // 添加购物车方法
    const handleAddCart = async () => {
      const { resultCode } = await addCart({ goodsCount: 1, goodsId: state.detail.goodsId })
      if (resultCode == 200 ) Toast.success('添加成功')
      // 添加完毕后，更新购物车商品数量
      store.dispatch('updateCart')
    }
    // 立即购买
    const handleBuy = async () => {
      await addCart({ goodsCount: 1, goodsId: state.detail.goodsId })
      // 调用立即购买结构，更新购物车中的商品数量
      store.dispatch('updateCart')
      router.push({ path: '/cart' })
    }
    // 通过计算方法 computed，监听 store.state.cartCount 购物车商品数量的变化
    const count = computed(() => {
      console.log('cartCount', store.state.cartCount)
      return store.state.cartCount
    })

    return {
      ...toRefs(state),
      goTo,
      handleAddCart,
      handleBuy,
      count
    }
  }
}
</script>
```

在 ActionBarIcon 组件中添加 badge 属性,可以使其右上角出现数字,上述代码中的 badge 表示购物车中的商品数量。

对于上述代码中购物车的数量,需要设置一个全局变量进行管理,因为其被使用到的地方很多,比如底部导航栏的购物车 Tab、详情页面的"购物车"图标等。

接下来对全局状态进行配置。上述代码中的全局状态 cartCount 需要在 src/store/state.js 中声明,并且需要在 src/store/actions.js 中声明 updateCart 方法,用于触发 cartCount 的更新。状态管理在第 22 章中有详细的讲解。

购物车数量状态设置的具体代码如下:

```js
// store/state.js
export default {
  cartCount: 0, // 购物车商品数量全局状态,当它被更新时,在页面中通过 computed 可以监听到变化
}

// store/actions.js
import { getCart } from '../service/cart'

export default {
  // ProductDetail.vue 中的 store.dispatch('updateCart')方法,会触发下列方法的执行
  async updateCart(ctx) {
    // 通过调用购物车接口 getCart,获取购物车中的商品数量
    const { data } = await getCart()
    // ctx.commit('addCart')方法会触发 mutations.js 中声明的方法,改变 state.js 中的 cartCount 值
    ctx.commit('addCart', {
      count: data.length || 0
    })
  }
}

// store/mutations.js
export default {
  // 被 acctions.js 中的方法触发,更新 state.js 中的 cartCount 的值
  addCart (state, payload) {
    state.cartCount = payload.count
  }
}
```

编码完成后，在任何页面都可以通过 useStore 生成的 store 实例获取 state.js 中的变量，也可以通过 store.dispatch 触发 actions.js 中的方法，更新相应的全局状态。

单击商品详情页面底部的"加入购物车"按钮，效果如图 28-10 所示。

图 28-10　将商品添加至购物车的效果

添加成功后会弹出提示框，且"购物车"图标右上角的商品数量会实时更新。

28.3.2　购物车列表页面编码

实现商品加入购物车的功能之后，就能够进行购物车列表页面的编码工作了。购物车列表页面涉及的交互和计算非常多，比如商品单项中的数量增减和价格变化、列表支持可选、底部全选和列表可选项的联动、结算金额的计算等。

在本书的实战项目中，购物车列表页面使用 Vant UI 组件库提供的 CheckboxGroup、

Checkbox、SwipeCell、Stepper 和 SubmitBar 5 个组件。

使用 CheckboxGroup 组件可以实现购物车列表页面的多选功能，通过 v-model 的值动态绑定其内部包裹的 Checkbox 组件。如果有两个 Checkbox 组件，其 name 属性分别为 1 和 2，则只需在最外层包裹 CheckboxGroup，并设置 v-model 的值为数组[1,2]，即可让内部两个 Checkbox 处于被选状态，其他状态以此类推。

使用 SwipeCell 组件可以完成购物车商品单项的包裹，其目的是让 SwipeCell 组件具备侧滑显示操作按钮的功能。这里可以让商品单项侧滑显示出"删除"按钮，单击后调用购物车商品的删除接口。

使用 Stepper 组件可以完成购物车单项商品数量的增减操作，通过单击"增加"或"减少"按钮，异步调用购物车的修改接口，之后根据数量动态地计算商品的总价。

Vant UI 组件库专门为开发人员提供了一个"提交订单栏"组件，编码时可以将其放在购物车页面的底部，作为购物车中商品结算的"提交"按钮。在当前业务需求下，只需在其内部添加一个是否全选所有商品的 Checkbox 组件。单击"结算"按钮后，将前往"生成订单"页面。

分析完页面的基本逻辑后，打开 src/views/Cart.vue 文件，添加如下代码：

```html
<template>
  <div class="cart-box">
    <!--公用头部-->
    <custom-header :title="'购物车'" :noback="true"></custom-header>
    <!--所选商品主体-->
    <div class="cart-body">
      <!--多选框群组，groupChange 方法监听 van-checkbox 的变化，result 为所选的购物车商品单项 id 数组-->
      <van-checkbox-group @change="groupChange" v-model="result" ref="checkboxGroup">
        <!--Vant UI 提供的 cell 组件，list 为接口请求回来的购物车商品列表，此处通过 v-for 循环输出-->
        <van-swipe-cell :right-width="50" v-for="(item, index) in list" :key="index">
          <div class="good-item">
            <!--checkbox 组件的 name 属性设定的值，是 groupChange 方法返回参数的数组单项-->
            <van-checkbox :name="item.cartItemId" />
            <!--图片通过全局过滤项过滤-->
            <div class="good-img"><img :src="$filters.prefix(item.goodsCoverImg)" alt=""></div>
            <div class="good-desc">
              <div class="good-title">
```

```html
                <!--商品名称-->
                <span>{{ item.goodsName }}</span>
                <!--商品数量-->
                <span>x{{ item.goodsCount }}</span>
              </div>
              <div class="good-btn">
                <!--商品单价-->
                <div class="price">¥{{ item.sellingPrice }}</div>
                <!--计步器，用于控制购买商品的数量，每改变一次，调用一次modifyCart修
改购物车，通过设置async-change支持异步修改-->
                <van-stepper
                  integer
                  :min="1"
                  :max="5"
                  :model-value="item.goodsCount"
                  :name="item.cartItemId"
                  async-change
                  @change="onChange"
                />
              </div>
            </div>
            <!--设置滑动删除，当向左滑动时，右侧会出现"删除"按钮-->
            <template #right>
              <van-button
                square
                icon="delete"
                type="danger"
                class="delete-button"
                @click="deleteGood(item.cartItemId)"
              />
            </template>
          </van-swipe-cell>
      </van-checkbox-group>
  </div>
  <!--提交组件，专门用于电商购物车提交-->
  <van-submit-bar
    v-if="list.length > 0"
    class="submit-all van-hairline--top"
    :price="total * 100"
    button-text="结算"
    @submit="onSubmit"
  >
    <van-checkbox @click="allCheck" v-model:checked="checkAll">全选
```

```
      </van-checkbox>
    </van-submit-bar>
    <!--当没有购物车商品时，空状态-->
    <div class="empty" v-if="!list.length">
      <img class="empty-cart" src="https://s.yezgea02.com/1604028375097/empty-car.png" alt="空购物车">
      <div class="title">购物车空空如也</div>
      <van-button round color="#1baeae" type="primary" @click="goTo" block>前往选购</van-button>
    </div>
    <nav-bar></nav-bar>
  </div>
</template>

<script>
import { reactive, onMounted, computed, toRefs } from 'vue'
import { useRouter } from 'vue-router'
import { useStore } from 'vuex'
import { Toast } from 'vant'
import NavBar from 'components/NavBar.vue' // 公用底部导航栏
import CustomHeader from 'components/CustomHeader.vue' // 公用头部组件
import { getCart, deleteCartItem, modifyCart } from 'service/cart' // 引入购物车相关接口方法

export default {
  // 注册组件
  components: {
    NavBar,
    CustomHeader
  },
  setup() {
    const router = useRouter() // 生成路由实例
    const store = useStore() // 生成全局状态管理实例
    const state = reactive({
      list: [], // 购物车商品列表
      result: [], // 商品多选数组
      checkAll: true // 是否全选
    })

    onMounted(() => {
      // 初始化方法
      initData()
    })
```

```js
const initData = async () => {
  // 进入购物车页面，加载数据动画
  Toast.loading({ message: '加载中...', forbidClick: true });
  const { data } = await getCart({ pageNumber: 1 })
  /*
    购物车列表返回数据结构
    data: [
      {
        cartItemId: 购物车列表单项 id
        goodsCount: 单项商品数量
        goodsCoverImg: 商品图片
        goodsId: 商品 id
        goodsName: 商品名称
        sellingPrice: 商品单价
      }
    ]
  */
  state.list = data // 赋值给 list
  // 默认全部选中，将 data 中的 cartItemId 通过 map 方法制作成数组，如[1,2,3,4]
  state.result = data.map(item => item.cartItemId)
  Toast.clear() // 取消动画
}
const total = computed(() => {
  let sum = 0
  // total 变量，通过 computed 方法监听 result 的变化，随之将 list 过滤出来
  let _list = state.list.filter(item => state.result.includes(item.cartItemId))
  // 通过 forEach 方法累加商品总价
  _list.forEach(item => {
    sum += item.goodsCount * item.sellingPrice
  })
  return sum
})
// 返回
const goBack = () => {
  router.go(-1)
}
// 前往首页
const goTo = () => {
  router.push({ path: '/home' })
}
// 当计步器改变时，触发
const onChange = async (value, detail) => {
```

```js
    if (value > 5) {
      Toast.fail('超出单个商品的最大购买数量')
      return
    }
    if (value < 1) {
      Toast.fail('商品数量不得小于0')
      return
    }
    // 如果改变后的商品数量和改变之前的商品数量相同，则不再往下执行
    if (state.list.filter(item => item.cartItemId == detail.name)
[0].goodsCount == value) return
    Toast.loading({ message: '修改中...', forbidClick: true });
    const params = {
      cartItemId: detail.name,
      goodsCount: value
    }
    // 根据购物车单项id，改变商品数量
    await modifyCart(params)
    // 改变成功后，将对应的数量进行手动增加
    state.list.forEach(item => {
      if (item.cartItemId == detail.name) {
        item.goodsCount = value
      }
    })
    Toast.clear();
  }
  // 提交购物车方法
  const onSubmit = async () => {
    if (state.result.length == 0) {
      Toast.fail('请选择商品进行结算')
      return
    }
    const params = JSON.stringify(state.result)
    // 提交购物车，将所选的购物车商品id通过浏览器查询参数传递给CreateOrder.vue，
生成订单页面
    router.push({ path: '/create-order', query: { cartItemIds: params } })
  }
  // 删除商品的方法
  const deleteGood = async (id) => {
    await deleteCartItem(id)
    // 删除商品后，需要更新全局购物车商品数量
    store.dispatch('updateCart')
    initData()
  }
```

```js
    // 多选框监听 change 事件
    const groupChange = (result) => {
      // 当 result 的长度等于商品列表的长度时, 全选状态为 true
      if (result.length == state.list.length) {
        state.checkAll = true
      } else {
        // 否则为 false
        state.checkAll = false
      }
      // 赋值 result
      state.result = result
    }
    // 全选状态变化方法
    const allCheck = () => {
      if (!state.checkAll) {
        state.result = state.list.map(item => item.cartItemId)
      } else {
        state.result = []
      }
    }
    return {
      ...toRefs(state),
      total,
      goBack,
      goTo,
      onChange,
      onSubmit,
      deleteGood,
      groupChange,
      allCheck
    }
  }
}
</script>

<style lang="less">
  @import '../theme/custom';
  .cart-box {
    .cart-header {
      .fj();
      .wh(100%, 44px);
      line-height: 44px;
      padding: 0 10px;
      .boxSizing();
```

```
      color: #252525;
      background: #fff;
      border-bottom: 1px solid #dcdcdc;
      .cart-name {
        font-size: 14px;
      }
    }
    .cart-body {
      margin: 16px 0 100px 0;
      padding-left: 10px;
      padding-bottom: 100px;
      .good-item {
        display: flex;
        .good-img {
          img {
            .wh(100px, 100px)
          }
        }
        .good-desc {
          display: flex;
          flex-direction: column;
          justify-content: space-between;
          flex: 1;
          padding: 20px;
          .good-title {
            display: flex;
            justify-content: space-between;
          }
          .good-btn {
            display: flex;
            justify-content: space-between;
            .price {
              font-size: 16px;
              color: red;
              line-height: 28px;
            }
            .van-icon-delete {
              font-size: 20px;
              margin-top: 4px;
            }
          }
        }
      }
    }
    .delete-button {
      width: 50px;
```

```css
      height: 100%;
    }
  }
  .empty {
    width: 50%;
    margin: 0 auto;
    text-align: center;
    .empty-cart {
      width: 150px;
      margin-bottom: 20px;
    }
    .van-icon-smile-o {
      font-size: 50px;
    }
    .title {
      font-size: 16px;
      margin-bottom: 20px;
    }
  }
  .submit-all {
    margin-bottom: 50px;
    .van-checkbox {
      margin-left: 10px;
    }
    .van-submit-bar__text {
      margin-right: 10px;
    }
    .van-submit-bar__button {
      background: @primary;
    }
  }
  .van-checkbox__icon--checked .van-icon {
    background-color: @primary;
    border-color: @primary;
  }
}
</style>
```

result 变量为选中的购物车单项的 id,通过 computed 方法监听 result 的变化,从而通过 filter 方法过滤出被选中的购物车列表单项,再通过 forEach 遍历过滤后的列表,累加计算出总价(total),将其返回给 template 模板显示。

allCheck 方法用于控制是否全选的状态,当 checkAll 变量为 False 时,表示当前处于非全选状态,此时需要将购物车列表所有的单项 id 赋值给 result 变量,从而让所有的

Checkbox 组件都处于被选状态。否则，直接将 result 置空。

购物车页面交互效果如图 28-11 所示。

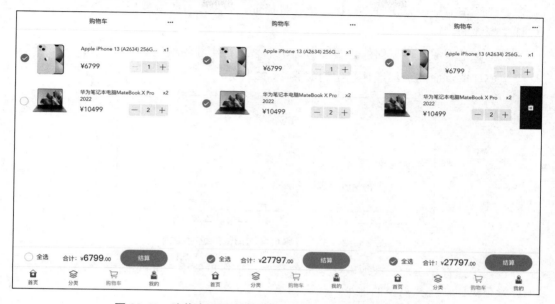

图 28-11　购物车页面中的选择、编辑、删除的页面交互效果

28.4　订单模块页面实现

订单模块是本书实战章节中的最后一项内容了，在第 15 章中对订单模块做了详细的介绍，包括订单流程、参数和返回字段的设计，以及订单模块后端接口的实现。接下来实现订单模块相关页面的编码和前端功能。

28.4.1　生成订单页面编码

在第 15.1 节中，对生成订单页面做了详细的介绍，读者可以参考这部分内容了解订单确认页面的编码开发。

生成订单页面的前置步骤是购物车页面中的"结算"按钮，单击该按钮后，页面会由购物车页面跳转至生成订单页面，并且在链接中会带上用户在购物车页面中选中的购物项 id 列表 cartIds，cartIds 字段用于查询用户所选择的商品信息并显示在生成订单页面中。生成订单页面中需要展示的另一个内容是用户的地址信息，这里有一个逻辑：如果用户已经设置了默认地址，则直接在生成订单页面中显示默认地址；如果没有默认地址，则需要跳转至地址列表让用户选择一个收货地址，如果没有收货地址，是不允许后续生成订单步骤的。

以上就是生成订单页面的主要逻辑，接下来进行实际的编码。

生成订单页面的顶部地址栏结构如图 28-12 所示。

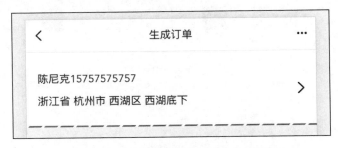

图 28-12　生成订单页面的顶部地址栏结构

进入生成订单页面，获取默认地址信息并显示在页面中，可以单击右侧的箭头进入地址管理页面，选择需要的地址，代码如下：

```vue
<template>
  <div class="create-order">
    <!--生成订单页面公用头部，这里需要提供一个 callback 方法，当单击"返回"按钮的时候执行 deleteLocal 方法，清理 cartItemIds 数据-->
    <custom-header :title="'生成订单'" @callback="deleteLocal"></custom-header>
    <div class="address-wrap">
      <!--收货地址，单击前往地址管理页面-->
      <div class="name" @click="goTo">
        <!--收货人名称-->
        <span>{{ address.userName }} </span>
        <!--收货人手机号码-->
        <span>{{ address.userPhone }}</span>
      </div>
      <!--详细地址-->
      <div class="address">
        {{ address.provinceName }} {{ address.cityName }} {{ address.regionName }} {{ address.detailAddress }}
      </div>
      <van-icon class="arrow" name="arrow" />
    </div>
```

```vue
    </div>
</template>

<script>
import { reactive, onMounted, toRefs } from 'vue'
import CustomHeader from 'components/CustomHeader.vue' // 公用头部
import { getDefaultAddress, getAddressDetail } from 'service/address' // 地
址相关接口方法
import { setLocal } from 'utils/help' // 工具方法
import { Toast } from 'vant'
import { useRoute, useRouter } from 'vue-router'
export default {
  components: {
    CustomHeader // 注册组件
  },
  setup() {
    const router = useRouter() // 生成 router 实例
    const route = useRoute() // 生成 route 实例
    const state = reactive({
      address: {} // 地址详情变量
    })

    onMounted(() => {
      initData()
    })
    // 初始化数据
    const initData = async () => {
      Toast.loading({ message: '加载中...', forbidClick: true });
      // 获取地址栏查询参数 addressId
      const { addressId } = route.query
      // 在有 addressId 的情况下，说明是从地址管理页面选择新的地址的，再返回来生成订单
页面，此时需要调用 getAddressDetail 方法
      // 在没有 addressId 的情况下，说明是从购物车页面进入的，直接通过 getDefaultAddress
方法获取默认地址
      const { data: address } = addressId ? await getAddressDetail(addressId) : await getDefaultAddress()
      if (!address) {
        // 当 address 对象没有值时，说明没有设置默认地址，需要默认前往 address 地址管理
页面新建地址
        router.push({ path: '/address' })
        return
      }
```

```
      // 如果有address对象，则赋值给state.address
      state.address = address
      Toast.clear()
    }
    // 手动单击，前往地址管理页面
    const goTo = () => {
      // 需要在返回时带上cartItemIds参数
      router.push({ path: '/address', query: { cartItemIds: JSON.stringify(state.cartItemIds), from: 'create-order' }})
    }
    // 清理本地cartItemIds方法
    const deleteLocal = () => {
      setLocal('cartItemIds', '')
    }
    // 返回给template使用
    return {
      ...toRefs(state),
      goTo,
      deleteLocal,
    }
  }
}
</script>

<style lang="less" scoped>
  @import '../theme/custom';
  .create-order {
    background: #f9f9f9;
    .address-wrap {
      margin-bottom: 20px;
      background: #fff;
      position: relative;
      font-size: 14px;
      padding: 15px;
      color: #222333;
      .name, .address {
        margin: 10px 0;
      }
      .arrow {
        position: absolute;
        right: 10px;
        top: 50%;
        transform: translateY(-50%);
```

```
      font-size: 20px;
    }
    &::before {
      position: absolute;
      right: 0;
      bottom: 0;
      left: 0;
      height: 2px;
      background: -webkit-repeating-linear-gradient(135deg, #ff6c6c 0,
#ff6c6c 20%, transparent 0, transparent 25%, #1989fa 0, #1989fa 45%,
transparent 0, transparent 50%);
      background: repeating-linear-gradient(-45deg, #ff6c6c 0, #ff6c6c 20%,
transparent 0, transparent 25%, #1989fa 0, #1989fa 45%, transparent 0,
transparent 50%);
      background-size: 80px;
      content: '';
    }
  }
}
</style>
```

完成上述代码编写后,打开浏览器查看顶部地址栏的效果,如图28-13所示。

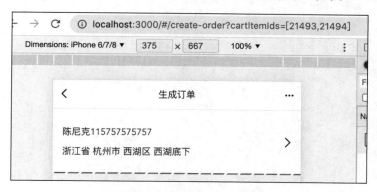

图28-13 顶部地址栏的效果

接下来添加地址栏下方的商品信息,可以获取浏览器地址栏中的 cartItemIds 参数,再通过 getByCartItemIds 方法向服务端发起请求并获取这些商品信息。

在 CreateOrder.vue 页面添加如下代码:

```
<template>
  <div class="create-order">
    <!--生成订单页面公用头部,这里需要提供一个callback方法,当单击"返回"按钮的时候
```

执行deleteLocal方法，清理cartItemIds数据-->
```
    <custom-header :title="'生成订单'" @callback="deleteLocal"></custom-header>
    ...
    <!--商品展示部分-->
    <div class="good">
      <!--单项商品，通过cartList变量循环输出-->
      <div class="good-item" v-for="(item, index) in cartList" :key="index">
        <div class="good-img"><img :src="$filters.prefix(item.goodsCoverImg)" alt=""></div>
        <div class="good-desc">
          <div class="good-title">
            <span>{{ item.goodsName }}</span>
            <span>x{{ item.goodsCount }}</span>
          </div>
          <div class="good-btn">
            <div class="price">¥{{ item.sellingPrice }}</div>
          </div>
        </div>
      </div>
    </div>
  </div>
</template>

<script>
import { getByCartItemIds } from 'service/cart'
...
export default {
  ...
  setup() {
    const state = reactive({
      ...
      cartList: [], // 选中的购物车商品
    })

    onMounted(() => {
      initData()
    })
    // 初始化数据
    const initData = async () => {
      ...
      // 获取地址栏查询参数addressId、cartItemIds
      const { addressId, cartItemIds } = route.query
      // 判断cartItemIds是否有值，在没有值的情况下，前往localStorage获取
```

```
      const _cartItemIds = cartItemIds ? JSON.parse(cartItemIds) : JSON.parse
(getLocal('cartItemIds'))
      // 再次设置 cartItemIds
      setLocal('cartItemIds', JSON.stringify(_cartItemIds))
      // 通过 getByCartItemIds 接口获取购物车商品列表
      const { data: list } = await getByCartItemIds({ cartItemIds: _cartItemIds.join(',') })
      ...
      // 购物车商品列表
      state.cartList = list
    ...
    }
    ...
  }
}
</script>

<style lang="less" scoped>
  @import '../theme/custom';
  .create-order {
    background: #f9f9f9;
    ...
    .good {
      margin-bottom: 120px;
    }
    .good-item {
      padding: 10px;
      background: #fff;
      display: flex;
      .good-img {
        img {
          .wh(100px, 100px)
        }
      }
      .good-desc {
        display: flex;
        flex-direction: column;
        justify-content: space-between;
        flex: 1;
        padding: 20px;
        .good-title {
          display: flex;
          justify-content: space-between;
```

```
      }
      .good-btn {
        display: flex;
        justify-content: space-between;
        .price {
          font-size: 16px;
          color: red;
          line-height: 28px;
        }
        .van-icon-delete {
          font-size: 20px;
          margin-top: 4px;
        }
      }
    }
   }
  }
}
</style>
```

在生成订单页面增加商品信息列表的显示效果如图 28-14 所示。

图 28-14　在生成订单页面增加商品信息列表的显示效果

最后，在生成订单页面底部添加本次订单所有商品的价格总和，以及"生成订单"按钮，代码如下：

```
<template>
  <div class="create-order">
    <!--生成订单页面公用头部，这里需要提供一个callback方法，当单击"返回"按钮的时候
执行deleteLocal方法，清理cartItemIds数据-->
    <custom-header :title="'生成订单'"
@callback="deleteLocal"></custom-header>
    ...
    <!--底部金额和"生成订单"按钮部分-->
    <div class="pay-wrap">
      <div class="price">
        <span>商品金额</span>
        <!--通过计算属性计算出商品总额-->
        <span>¥{{ total }}</span>
      </div>
      <!--单击"生成订单"按钮，调用handleCreateOrder方法，将地址id和购物车单项id作
为参数传入，完成后把订单id赋值给orderNo，触发底部弹窗显示-->
      <van-button @click="handleCreateOrder" class="pay-btn" color="#1baeae"
type= "primary" block>生成订单</van-button>
    </div>
    <!--模拟支付宝和微信的付款弹窗-->
    <van-popup
      closeable
      :close-on-click-overlay="false"
      v-model:show="showPay"
      position="bottom"
      :style="{ height: '30%' }"
      @close="close"
    >
      <div :style="{ width: '90%', margin: '0 auto', padding: '50px 0' }">
        <van-button :style="{ marginBottom: '10px' }" color="#1989fa" block
@click="handlePayOrder(1)">支付宝支付</van-button>
        <van-button color="#4fc08d" block @click="handlePayOrder(2)">微信支
付</van-button>
      </div>
    </van-popup>
  </div>
</template>

<script>
import { createOrder, payOrder } from '@/service/order'
```

```js
...
export default {
  ...
  setup() {
    const router = useRouter() // 生成 router 实例
    const route = useRoute() // 生成 route 实例
    const state = reactive({
      ...
      showPay: false, // 显示付款弹出层
      orderNo: '', // 生成订单后的订单 id
    })
    ...
    // 清理本地 cartItemIds 方法
    const deleteLocal = () => {
      setLocal('cartItemIds', '')
    }
    // 生成订单方法
    const handleCreateOrder = async () => {
      const params = {
        addressId: state.address.addressId, // 选择的地址 id
        cartItemIds: state.cartList.map(item => item.cartItemId) // 购物车商品 id
      }
      const { data } = await createOrder(params)
      setLocal('cartItemIds', '')
      state.orderNo = data
      state.showPay = true
    }
    // 关闭弹窗后，直接跳转至个人订单中心，此时订单已经生成，但未付款
    const close = () => {
      router.push({ path: '/order' })
    }
    // 订单付款，模拟支付宝和微信付款界面
    const handlePayOrder = async (type) => {
      await payOrder({ orderNo: state.orderNo, payType: type })
      Toast.success('支付成功')
      setTimeout(() => {
        router.push({ path: '/order' })
      }, 2000)
    }
    // 通过计算属性计算该笔订单的总额
    const total = computed(() => {
      let sum = 0
      state.cartList.forEach(item => {
```

```
      sum += item.goodsCount * item.sellingPrice
    })
    return sum
  })
  // 返回给template使用
  return {
    ...
    handleCreateOrder,
    handlePayOrder,
    close,
    total
  }
 }
}
</script>

<style lang="less" scoped>
  @import '../theme/custom';
  .create-order {
    background: #f9f9f9;
    ...
    .pay-wrap {
      position: fixed;
      bottom: 0;
      left: 0;
      width: 100%;
      background: #fff;
      padding: 10px 0;
      padding-bottom: 50px;
      border-top: 1px solid #e9e9e9;
      >div {
        display: flex;
        justify-content: space-between;
        padding: 0 5%;
        margin: 10px 0;
        font-size: 14px;
        span:nth-child(2) {
          color: red;
          font-size: 18px;
        }
      }
      .pay-btn {
        position: fixed;
```

```
      bottom: 7px;
      right: 0;
      left: 0;
      width: 90%;
      margin: 0 auto;
    }
  }
}
</style>
```

单击"生成订单"按钮后会执行 handleCreateOrder()方法，此时会向服务端发送生成订单的请求，服务端生成订单后会将此订单号返回。在获得订单号后会执行 handlePayOrder()方法进行模拟支付，支付成功后提示用户"支付成功"并跳转至订单中心页面。

还有一点需要注意，在单击收货地址栏的时候，会跳转至地址管理页面。需要在 Address.vue 组件中添加 select 逻辑，代码如下：

```
<template>
  <div class="address-box">
    <custom-header :title="'地址管理'" back="/user"></custom-header>
    <div class="address-item">
      <!--如果不是从个人中心页面进来的，就释放 select 功能；
      如果是从生成订单页面进来的，就需要选择地址，之后返回生成订单页面，并带上地址 id-->
      <van-address-list
        v-if="from != 'mine'"
        v-model="chosenAddressId"
        :list="list"
        default-tag-text="默认"
        @add="onAdd"
        @edit="onEdit"
        @select="select"
      />
      <van-address-list
        v-else
        v-model="chosenAddressId"
        :list="list"
        default-tag-text="默认"
        @add="onAdd"
        @edit="onEdit"
      />
    </div>
  </div>
</template>
```

```
<script>
...
export default {
  ...
  setup() {
    ...
    const state = reactive({
      ...
      from: route.query.from
    })
    ...
    // 筛选地址，返回"订单生成"页面
    const select = (item) => {
      router.push({ path: '/create-order', query: { addressId: item.id, from: state.from }})
    }

    return {
      ....
      select
    }
  }
}
</script>
```

生成订单、地址管理和模拟支付流程的页面显示效果如图28-15所示。

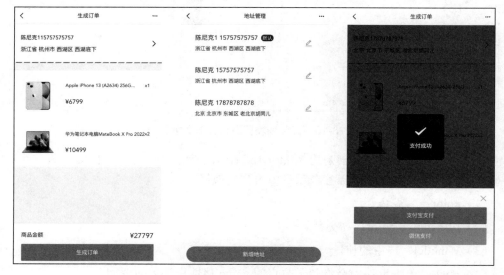

图 28-15 生成订单、地址管理和模拟支付流程的页面显示效果

28.4.2 个人订单中心

个人订单中心有两个页面，一个页面用于显示订单列表，另一个页面用于显示订单详情，以及详情中的一些与订单相关的操作，页面显示效果如图 28-16 所示。

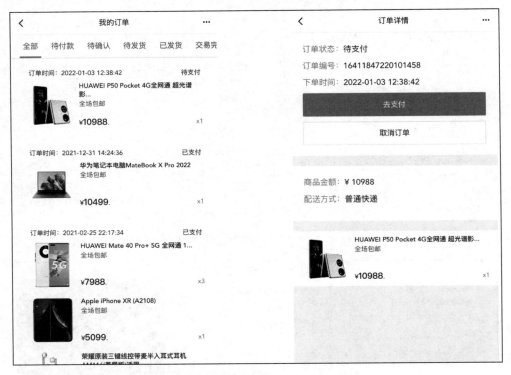

图 28-16 订单列表页面和订单详情页面

在订单列表页面中，顶部是用 Vant UI 组件库提供的 Tab 标签组件实现的，并且支持横线滚动。下面讲解 Tab 标签在项目中用到的属性。

（1）color：主题色。

（2）title-active-color：高亮色。

（3）v-model：选中的值。

（4）click：单击事件，会将其子节点的 name 属性作为参数返回。

订单状态有 5 个，总结如下。

(1) 待付款：0。

(2) 待确认：1。

(3) 待发货：2。

(4) 已发货：3。

(5) 交易完成：4。

根据上述状态值，对头部的 Tab 选项进行设置，当单击某个选项时，会根据单击事件回调的参数，重新执行订单列表接口更新视图，筛选列表信息。在 src/views 目录下新建 Order.vue 组件，具体代码如下：

```vue
<template>
  <div class="order-box">
    <!--公用头部，单击"返回"按钮，直接前往个人中心-->
    <custom-header :title="'我的订单'" :back="'/user'"></custom-header>
    <!--6个Tab选项，横向滚动，切换时触发 onChangeTab 方法，更新数据-->
    <van-tabs @click="onChangeTab" :color="'#1baeae'" :title-active-color="'#1baeae'" class="order-tab" v-model="status">
      <van-tab title="全部" name=''></van-tab>
      <van-tab title="待付款" name="0"></van-tab>
      <van-tab title="待确认" name="1"></van-tab>
      <van-tab title="待发货" name="2"></van-tab>
      <van-tab title="已发货" name="3"></van-tab>
      <van-tab title="交易完成" name="4"></van-tab>
    </van-tabs>
  </div>
</template>

<script>
import { reactive, toRefs } from 'vue'
import CustomHeader from 'components/CustomHeader.vue' // 引入公用头部
import { getOrderList } from 'service/order' // 订单相关接口方法
import { useRouter } from 'vue-router'// 引入路由方法

export default {
  name: 'Order',
  components: {
    CustomHeader // 注册组件
  },
  setup() {
```

```
    // 生成路由实例
    const router = useRouter()
    const state = reactive({
      status: '', // 状态变量
    })

    const onChangeTab = (name) => {
      // 这里 Tab 最好使用单击事件@click,如果使用@change 事件,则进入页面会默认执行一
次代码,导致数据重复
      state.status = name
      onRefresh()
    }

    return {
      ...toRefs(state),
      onChangeTab
    }
  }
}
</script>

<style lang="less" scoped>
  @import '../theme/custom';
  .order-box {
    .order-header {
      .fj();
      .wh(100%, 44px);
      line-height: 44px;
      padding: 0 10px;
      .boxSizing();
      color: #252525;
      background: #fff;
      border-bottom: 1px solid #dcdcdc;
      .order-name {
        font-size: 14px;
      }
    }
    .order-tab {
      position: fixed;
      left: 0;
      z-index: 1000;
      width: 100%;
      border-bottom: 1px solid #e9e9e9;
```

```
    }
  }
</style>
```

在上述代码中，Tab 组件最好使用单击事件@click，如果使用改变事件@change，则进入页面会默认执行一次代码，后续使用 List 组件配置上滑加载更多功能时，会触发两次列表加载，导致页面中的数据重复出现。

将 Tab 组件通过 fixed 布局固定在页面的顶部。这样做的目的是，无论将页面滚动多长，想要切换状态时，无须再回滚至顶部，页面效果如图 28-17 所示。

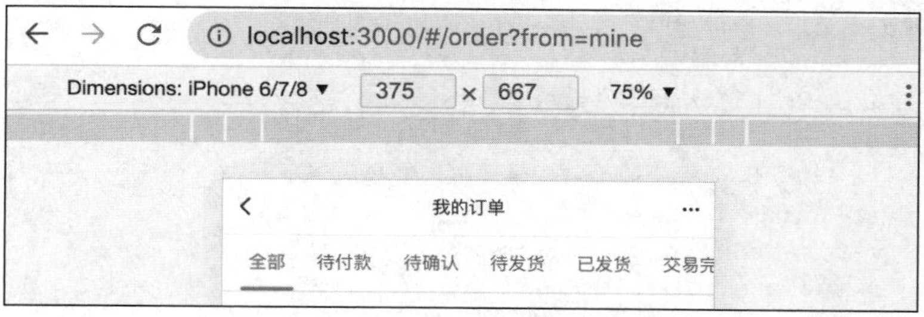

图 28-17　订单列表页面顶部切换 Tab

接下来编写有下拉刷新和上滑滚动加载更多功能的订单列表部分。这两个功能在第 27 章商品搜索部分详细分析过，可以用该部分代码作为参考。

从图 28-16 可知，订单列表是一个数组对象内嵌套数组的形式，相关字段的设计在第 15 章中已经做过介绍。此处，同样使用 List 组件和 PullRefresh 组件进行编写，代码如下：

```
<template>
  <div class="order-box">
    ...
    <!--列表部分-->
    <div class="content">
      <!--下拉刷新-->
      <van-pull-refresh v-model="refreshing" @refresh="onRefresh" class="order-list-refresh">
        <!--上滑加载更多-->
        <!--
          v-model:loading: 加载状态
          finished: 判断是否结束，没有下一页
          finished-text: 结束文字
          load: 加载事件
```

```html
            offset: 滚动条距离底部的距离，可触发加载事件
        -->
        <van-list
          v-model:loading="loading"
          :finished="finished"
          finished-text="没有更多了"
          @load="onLoad"
          @offset="10"
        >
          <div v-for="(item, index) in list" :key="index" class="order-item-box" @click="goTo(item.orderNo)">
            <div class="order-item-header">
              <span>订单时间: {{ item.createTime }}</span>
              <span>{{ item.orderStatusString }}</span>
            </div>
            <!--Vant UI 组件库的 Card 组件用于创建类似卡片形式的布局,比如订单列表项-->
            <van-card
              v-for="one in item.newBeeMallOrderItemVOS"
              :key="one.orderId"
              :num="one.goodsCount"
              :price="one.sellingPrice"
              desc="全场包邮"
              :title="one.goodsName"
              :thumb="$filters.prefix(one.goodsCoverImg)"
            />
          </div>
        </van-list>
      </van-pull-refresh>
    </div>
  </div>
</template>

<script>
...
export default {
  setup() {
    // 生成路由实例
    const router = useRouter()
    const state = reactive({
      ...
      loading: false,
      finished: false,
      refreshing: false,
```

```js
    list: [],
    page: 1,
    totalPage: 0
  })
  ...
  // 初始化数据
  const loadData = async () => {
    const { data, data: { list } } = await getOrderList({ pageNumber: state.page, status: state.status })
    /*
      data 数据结构
      [
        {
          createTime: 创建时间
          orderId: 订单 id
          orderNo: 订单号
          orderStatus: 状态值
          orderStatusString: 状态名
          payType: 支付类型，1 为支付宝，2 为微信
          totalPrice: 订单总额
          newBeeMallOrderItemVOS: [{
            goodsCount: 商品数量
            goodsCoverImg: 商品图片
            goodsId: 商品 id
            goodsName: 商品名称
          }]
        }
      ]
    */
    // 使用 concat 方式，加载新的一页数据，拼接到旧数据后面
    state.list = state.list.concat(list)
    // 设置总页数，用于控制是否加载到最后一页
    state.totalPage = data.totalPage
    // 加载状态
    state.loading = false;
    // 当前页数大于或等于总页数时，表示已经加载完毕，没有更多页了
    if (state.page >= data.totalPage) state.finished = true
  }
  // 前往订单详情页面，带上 id 用于查询
  const goTo = (id) => {
    router.push({ path: '/order-detail', query: { id } })
  }
```

```js
    // 初始化加载数据
    const onLoad = () => {
      if (!state.refreshing && state.page < state.totalPage) {
        // 非下拉刷新且当前页数小于总页数时，page 加 1
        state.page = state.page + 1
      }
      // 下拉刷新时，清空列表
      if (state.refreshing) {
        state.list = [];
        state.refreshing = false;
      }
      loadData()
    }
    // 下拉刷新
    const onRefresh = () => {
      state.refreshing = true
      state.finished = false
      state.loading = true
      state.page = 1
      onLoad()
    }

    return {
      ...toRefs(state),
      onChangeTab,
      goTo,
      onLoad,
      onRefresh
    }
  }
}
</script>

<style lang="less" scoped>
  @import '../theme/custom';
  .order-box {
    ...
    .skeleton {
      margin-top: 60px;
    }
    .content {
      height: calc(~"(100vh - 70px)");
      overflow: hidden;
```

```css
      overflow-y: scroll;
      margin-top: 34px;
    }
    .order-list-refresh {
      .van-card__content {
        display: flex;
        flex-direction: column;
        justify-content: center;
      }
      .van-pull-refresh__head {
        background: #f9f9f9;
      }
      .order-item-box {
        margin: 20px 10px;
        background-color: #fff;
        .order-item-header {
          padding: 10px 20px 0 20px;
          display: flex;
          justify-content: space-between;
        }
        .van-card {
          background-color: #fff;
          margin-top: 0;
        }
      }
    }
  }
</style>
```

Vant UI 组件库的 Card 组件用于创建类似卡片形式的布局，比如订单列表项，非常适用于电商类型的项目。订单列表返回的数据结构总结如下。

（1）createTime：创建时间。

（2）orderId：订单 id。

（3）orderNo：订单号。

（4）orderStatus：状态值。

（5）orderStatusString：状态名。

（6）payType：支付类型，1 为支付宝，2 为微信。

（7）totalPrice：订单总额。

（8）newBeeMallOrderItemVOS:[{goodsCount: 商品数量, goodsCoverImg: 商品图片,

goodsId：商品 id, goodsName：商品名称 }]：newBeeMallOrderItemVOS 属性需要在 Card 组件上循环输出，将商品信息都显示出来。

订单列表页面效果如图 28-18 所示。

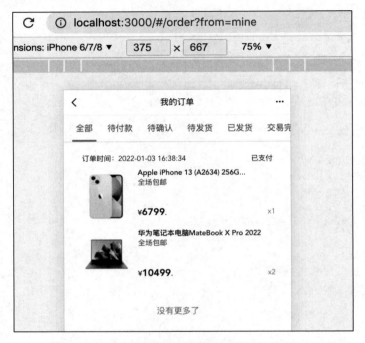

图 28-18　订单列表页面效果

下面进行订单详情页面的制作。订单详情页面主要用于显示信息，唯一的难点在于根据不同的状态显示不同的按钮。状态显示按钮如下。

（1）待付款（0）：显示"去付款"按钮。

（2）待确认（1）：显示"取消订单"按钮。

（3）待发货（2）：显示"取消订单"按钮。

（4）已发货（3）：显示"确认收货"按钮。

（5）交易完成（4）：不显示任何按钮。

厘清这个逻辑之后，就可以编写订单详情页面的代码了。

在 src/views 目录下新建 OrderDetail.vue，添加如下代码：

```
<template>
  <div class="order-detail-box">
```

```html
<!--自定义公用头部,单击"返回"按钮触发回调函数close,关闭Dialog生成的弹窗,否
则会一直霸占着页面-->
  <custom-header :title="'订单详情'" @callback="close"></custom-header>
  <!--显示订单基本信息-->
  <div class="order-status">
    <div class="status-item">
      <label>订单状态: </label>
      <span>{{ detail.orderStatusString }}</span>
    </div>
    <div class="status-item">
      <label>订单编号: </label>
      <span>{{ detail.orderNo }}</span>
    </div>
    <div class="status-item">
      <label>下单时间: </label>
      <span>{{ detail.createTime }}</span>
    </div>
    <!--状态按钮的判断-->
    <van-button v-if="detail.orderStatus == 3" style="margin-bottom: 10px"
color="#1baeae" block @click="handleConfirmOrder(detail.orderNo)">确认收货
</van-button>
    <!--模拟支付-->
    <van-button v-if="detail.orderStatus == 0" style="margin-bottom: 10px"
color="#1baeae" block @click="showPayFn">去支付</van-button>
    <!--取消订单,单击调用handleCancelOrder方法,执行二次确认弹窗-->
    <van-button v-if="!(detail.orderStatus < 0 || detail.orderStatus == 4)"
block @click="handleCancelOrder(detail.orderNo)">取消订单</van-button>
  </div>
  <!--订单金额和快递信息-->
  <div class="order-price">
    <div class="price-item">
      <label>商品金额: </label>
      <span>¥ {{ detail.totalPrice }}</span>
    </div>
    <div class="price-item">
      <label>配送方式: </label>
      <span>普通快递</span>
    </div>
  </div>
  <!--订单商品详情显示-->
  <van-card
```

```
        v-for="item in detail.newBeeMallOrderItemVOS"
        :key="item.goodsId"
        style="background: #fff"
        :num="item.goodsCount"
        :price="item.sellingPrice"
        desc="全场包邮"
        :title="item.goodsName"
        :thumb="$filters.prefix(item.goodsCoverImg)"
      />
      <!--底部上滑弹窗，确认支付方式，模拟支付-->
      <van-popup
        v-model:show="showPay"
        position="bottom"
        :style="{ height: '24%' }"
      >
        <div :style="{ width: '90%', margin: '0 auto', padding: '20px 0' }">
          <van-button :style="{ marginBottom: '10px' }" color="#1989fa" block @click="handlePayOrder(detail.orderNo, 1)">支付宝支付</van-button>
          <van-button color="#4fc08d" block @click="handlePayOrder(detail.orderNo, 2)">微信支付</van-button>
        </div>
      </van-popup>
  </div>
</template>

<script>
import { reactive, toRefs, onMounted } from 'vue'
import CustomHeader from 'components/CustomHeader.vue'
import { getOrderDetail, cancelOrder, confirmOrder, payOrder } from 'service/order'
import { Dialog, Toast } from 'vant'
import { useRoute } from 'vue-router'
export default {
  name: 'OrderDetail',
  components: {
    CustomHeader
  },
  setup() {
    const route = useRoute()
    const state = reactive({
      detail: {}, // 订单详情变量
```

```javascript
  showPay: false // 是否显示支付方式弹窗
})
// 初始化
onMounted(() => {
  initData()
})

const initData = async () => {
  Toast.loading({
    message: '加载中...',
    forbidClick: true
  });
  const { id } = route.query
  const { data } = await getOrderDetail(id)
  /*
    data 数据结构
    {
      createTime: 创建时间
      newBeeMallOrderItemVOS: [{
        goodsId: 商品id,
        goodsCount: 商品数量,
        goodsName: 商品名称
      }]
      orderNo: 订单编号
      orderStatus: 订单状态值
      orderStatusString: 订单状态名称
      payStatus: 支付状态
      payTime: 支付时间
      payType: 支付类型
      payTypeString: 支付方式名称
      totalPrice: 总价
    }
  */
  state.detail = data
  Toast.clear()
}
// 取消订单二次确认弹窗方法
const handleCancelOrder = (id) => {
  Dialog.confirm({
    title: '确认取消订单？',
  }).then(() => {
```

```
      cancelOrder(id).then(res => {
        if (res.resultCode == 200) {
          Toast('删除成功')
          init()
        }
      })
    }).catch(() => {
      // on cancel
    });
}
// 确认订单方法
const handleConfirmOrder = (id) => {
  Dialog.confirm({
     title: '是否确认订单？',
    }).then(() => {
      confirmOrder(id).then(res => {
        if (res.resultCode == 200) {
          Toast('确认成功')
          init()
        }
      })
    }).catch(() => {
      // on cancel
    });
}
// 调用支付方式弹窗
const showPayFn = () => {
  state.showPay = true
}
// 模拟支付方法
const handlePayOrder = async (id, type) => {
  Toast.loading
  await payOrder({ orderNo: id, payType: type })
  state.showPay = false
  init()
}
// 返回的回调函数
const close = () => {
  Dialog.close()
}
```

```
      return {
        ...toRefs(state),
        handleCancelOrder,
        handleConfirmOrder,
        showPayFn,
        handlePayOrder,
        close
      }

  }
}
</script>

<style lang="less" scoped>
  .order-detail-box {
    background: #f7f7f7;
    .order-status {
      background: #fff;
      padding: 20px;
      font-size: 15px;
      .status-item {
        margin-bottom: 10px;
        label {
          color: #999;
        }
        span {

        }
      }
    }
    .order-price {
      background: #fff;
      margin: 20px 0;
      padding: 20px;
      font-size: 15px;
      .price-item {
        margin-bottom: 10px;
        label {
          color: #999;
        }
        span {
```

```
      }
    }
  }
  .van-card {
    margin-top: 0;
  }
  .van-card__content {
    display: flex;
    flex-direction: column;
    justify-content: center;
  }
}
</style>
```

订单详情页面的数据结构总结如下。

（1）createTime：创建时间。

（2）newBeeMallOrderItemVOS: [{goodsId: 商品 id, goodsCount: 商品数量, goodsName: 商品名称 }]：商品信息。

（3）orderNo：订单编号。

（4）orderStatus：订单状态值。

（5）orderStatusString：订单状态名称。

（6）payStatus：支付状态。

（7）payTime：支付时间。

（8）payType：支付类型。

（9）payTypeString：支付方式名称。

（10）totalPrice：总价。

直接通过 import 形式引入 Dialog 组件，它支持以方法的形式调用，比如 Dialog.confirm 调用二次确认弹窗。在使用时要注意，在离开页面时一定要手动执行 Dialog.close 方法关闭弹窗，否则在进入其他页面时，弹窗还会覆盖在页面上。

合理地利用 Vant UI 组件库提供给开发人员的组件，能大幅度提高编程效率。比如在上述代码中，需要再次显示商品的相关信息，此时笔者义无反顾地继续使用 Card 组件进行数据显示。最终效果如图 28-19 所示。

至此，下单购物流程的编码讲解完毕。

图 28-19 订单详情页面

28.5 商城系统的展望

虽然新蜂商城项目 Vue 3 版本的功能模块已经全部讲解完毕，但是新蜂商城的优化和迭代工作不会停止，不仅是功能的优化，技术栈也会不断地增加，截至笔者整理这本书稿时，新蜂商城已经发布了 3 个重要的版本。

软件的需求是不断变化的，技术的更新迭代也越来越快，新蜂商城系统会一步步跟上技术演进的脚步，在未来不断地更新和完善。

　　不仅是新蜂商城各个版本的功能开发，相关的开发文档和知识点讲解笔者也会不断地整理。本书所讲解的内容主要是新蜂商城 Vue 3 版本中的知识，关于 Vue 3+Element UI Plus 技术栈实现的后台管理系统的项目讲解和开发文档，笔者也会继续整理。

　　行文至此，笔者也是万般不舍。在本书的最后，诚心地祝愿读者能够在编程的道路上找到属于自己的精彩！